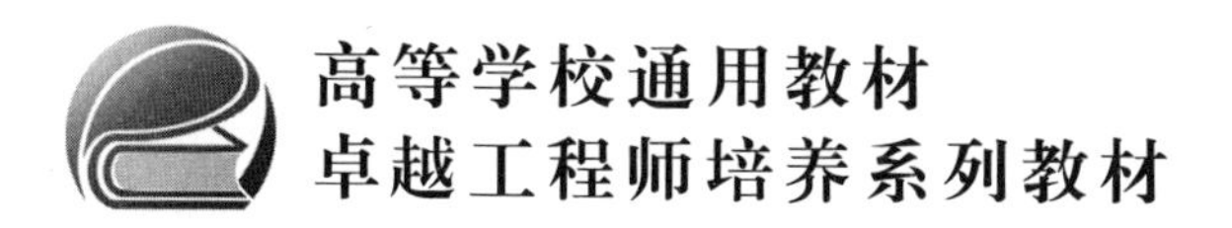

矩阵理论及信息通信应用

郎荣玲　主编

北京航空航天大学出版社

内 容 简 介

本书主要讲解矩阵理论的基本理论与方法，包括线性代数引论、常见的矩阵分解、广义逆矩阵、范数理论及应用、矩阵函数及应用、矩阵的直积以及常用的特殊矩阵。全书共 7 章，均配有相应的习题及信息通信领域的应用实例，不仅有助于学生更好地掌握基础理论，同时也利于学生从应用的角度学习基础理论知识。

本书可作为工程类研究生或本研一体化矩阵理论的教材，也可以作为理工科相关专业技术人员的参考资料。

图书在版编目(CIP)数据

矩阵理论及信息通信应用 / 郎荣玲主编. -- 北京 ：北京航空航天大学出版社，2025. 4. -- ISBN 978-7-5124-4441-6

Ⅰ. O151.21

中国国家版本馆 CIP 数据核字第 20249Q72L1 号

矩阵理论及信息通信应用

郎荣玲　主编

策划编辑　蔡　喆　　责任编辑　冯维娜

*

北京航空航天大学出版社出版发行

北京市海淀区学院路 37 号(邮编 100191)　http://www.buaapress.com.cn

发行部电话：(010)82317024　传真：(010)82328026

读者信箱：goodtextbook@126.com　　邮购电话：(010)82316936

北京溢漾印刷有限公司印装　各地书店经销

*

开本：787×1 092　1/16　印张：12.25　字数：314 千字

2025 年 4 月第 1 版　2025 年 4 月第 1 次印刷　印数：1 000 册

ISBN 978-7-5124-4441-6　定价：39.00 元

若本书有倒页、脱页、缺页等印装质量问题，请与本社发行部联系调换。联系电话：(010)82317024

前　言

矩阵理论既是学习经典数学的基础，又是一门具有实用价值的数学理论，是各科技领域中用于处理有限维空间形式和数量关系的强有力工具，在5G/6G通信、信号与信息处理、电路与系统等领域都得到了广泛的应用。学习和掌握矩阵理论的基本理论和方法，对于工科研究生而言是必不可少的。

笔者多年来一直从事信息通信领域的科学工作，深刻感受矩阵理论在本领域的重要作用。本书不仅包含了矩阵理论的基础理论，而且体现了其在信息通信领域的重要应用。全书力求做到强化学生的逻辑思维和抽象思维，同时注重培养学生的工程创新能力和解决复杂工程问题的能力。

全书共7章。第1章补充和强化线性空间、线性变换、Jordan标准型、欧式空间和酉空间等重要理论，便于学生更好地与大学阶段的“线性代数”课程衔接，这部分知识也是信息通信领域的很多算法和理论的基础；第2章为矩阵分解，是化简计算和分析矩阵特性的重要工具；第3章为矩阵的广义逆及最小二乘法中的应用；第4章为范数理论及应用，着重介绍范数理论在特征值估计中的应用；第5章为矩阵函数、矩阵函数的微分、矩阵微分方程求解；第6章为矩阵的直积及矩阵方程求解；第7章介绍几类在信息通信领域常用的特殊矩阵。

本书既可作为工程类研究生或本研一体化矩阵理论的教材，也可作为相关专业技术人员的参考书。

书中如有不妥之处，恳请广大读者批评指正。

编　者

2024年12月

前 言

2024年12月

目　录

第1章 线性代数引论

本章主要内容包括线性空间、线性变换、相似矩阵与Jordan标准型、欧氏空间以及酉空间等理论。这些理论和方法已渗透到自然科学与工程技术的各个领域，并被广泛应用。

1.1 线性空间

1.1.1 线性空间定义

线性空间是一种特殊的代数系统，是 n 维实向量空间的进一步抽象和推广，其本质是具有元素的加法和数乘运算的集合，并且加法和数乘运算满足一些运算律。

定义 1.1-1 设 V 是一非空集合，若 V 中有一种加法运算＋，使得 $\forall \boldsymbol{u},\boldsymbol{v}\in V$，都有 V 中唯一的元与之对应，称之为 $\boldsymbol{u}$ 与 $\boldsymbol{v}$ 的和，记为 $\boldsymbol{u}+\boldsymbol{v}$，且具有以下性质：

① 交换律：$\boldsymbol{u}+\boldsymbol{v}=\boldsymbol{v}+\boldsymbol{u}$，$\forall \boldsymbol{u},\boldsymbol{v}\in V$；

② 结合律：$(\boldsymbol{u}+\boldsymbol{v})+\boldsymbol{w}=\boldsymbol{u}+(\boldsymbol{v}+\boldsymbol{w})$，$\forall \boldsymbol{u},\boldsymbol{v},\boldsymbol{w}\in V$；

③ 存在零元$\boldsymbol{0}\in V$，使得 $\forall \boldsymbol{u}\in V$，$\boldsymbol{u}+\boldsymbol{0}=\boldsymbol{u}$；

④ $\forall \boldsymbol{u}\in V$，存在 V 中唯一负元，记为 $-\boldsymbol{u}$，使得 $\boldsymbol{u}+(-\boldsymbol{u})=\boldsymbol{0}$；

此时称 V 在加法运算下构成一个**加群**，记为$(V,+)$。

例 1.1-1 在数的加法运算下，所有整数、有理数、实数、复数均构成加群，分别记为$(\mathbb{Z},+)$，$(\mathbb{Q},+)$，$(\mathbb{R},+)$，$(\mathbb{C},+)$。

例 1.1-2 在数的乘法运算下，所有非零有理数构成加群，记为$(\mathbb{Q}\setminus\{0\},\cdot)$。同样$(\mathbb{R}\setminus\{0\},\cdot)$及$(\mathbb{C}\setminus\{0\},\cdot)$也是加群，而$(\mathbb{Z}\setminus\{0\},\cdot)$不构成加群(负元不封闭)。

一个数集，若其中任意两个数的和、差、积、商(除数不为0)仍在该数集中(即对四则运算封闭)，则该数集称为**数域**。显然$\mathbb{Q}$，$\mathbb{R}$，$\mathbb{C}$均为数域(有理数域，实数域，复数域)，本书中所讨论的主要是$\mathbb{R}$或$\mathbb{C}$。

定义 1.1-2 设$(V,+)$是一个加群。F 是一个数域，若数乘运算满足，$\forall \lambda\in F,\boldsymbol{u}\in V$，有 V 中唯一的元 $\lambda\boldsymbol{u}$ 与之对应，且满足以下性质：

① 对加法的分配律：$\lambda(\boldsymbol{u}+\boldsymbol{v})=\lambda\boldsymbol{u}+\lambda\boldsymbol{v}$，$\forall \lambda\in F$，$\boldsymbol{u},\boldsymbol{v}\in V$；

② 对数的加法的分配律：$(\lambda+\mu)\boldsymbol{u}=\lambda\boldsymbol{u}+\mu\boldsymbol{u}$，$\forall \lambda,\mu\in F$，$\boldsymbol{u}\in V$；

③ 结合律：$\lambda(\mu\boldsymbol{u})=(\lambda\mu)\boldsymbol{u}$，$\forall\lambda,\mu\in F$，$\boldsymbol{u}\in V$；

④ $1\boldsymbol{u}=\boldsymbol{u}$，$\forall\boldsymbol{u}\in V$。

此时，称 V 是数域 F 上的**线性空间或向量空间**（V 中元称为**向量**）。

特别地，当 $F=\mathbb{R}$ 时，称 V 为**实线性空间**；当 $F=\mathbb{C}$ 时，称 V 为**复线性空间**。线性空间 V 中的零元是唯一的，任一元的负元也是唯一的。

例 1.1-3 令 $V=\{\boldsymbol{x}\mid\boldsymbol{x}=(x_1,x_2,\cdots,x_n)^{\mathrm{T}},x_i\in\mathbb{R},i=1\cdots,n\}$，取 $F=\mathbb{R}$，对任意的 $\lambda\in\mathbb{R}$，$\boldsymbol{y}=(y_1,y_2,\cdots,y_n)^{\mathrm{T}}$，定义 $\boldsymbol{x}=\boldsymbol{y}\Leftrightarrow x_i=y_i,i=1,2,\cdots,n$ 且 $\boldsymbol{x}+\boldsymbol{y}=(x_1+y_1,\cdots,x_n+y_n)^{\mathrm{T}}$，$\lambda\boldsymbol{x}=(\lambda x_1,\cdots,\lambda x_n)^{\mathrm{T}}$，$\boldsymbol{0}=(0,\cdots,0)^{\mathrm{T}}$（零向量）。

易验证 V 对上述运算保持封闭，且满足定义中的各种运算律，故 V 是 $\mathbb{R}$ 上的线性空间，称此为 **n 维实坐标向量空间**，记为 $\mathbb{R}^n$，同理可定义 $\mathbb{C}^n$。

例 1.1-4 在某区间 (a,b) 上，{全体多项式}$\subset${全体可微函数}$\subset${全体连续函数}$\subset${全体可积函数}$\subset${全体实函数}，在通常函数的加法运算及数乘函数运算下分别构成 $\mathbb{R}$ 上的线性空间。

例 1.1-5 取 V 为 $\mathbb{C}$ 上所有 $m\times n$ 矩阵构成的集合，即 $V=\{(a_{ij})_{m\times n}\mid a_{ij}\in\mathbb{C}\}$，在矩阵的加法运算及数乘矩阵运算下，$V$ 构成 $\mathbb{C}$ 上的线性空间（$m\times n$ 阶复矩阵空间），记为 $\mathbb{C}^{m\times n}$。类似可定义 $\mathbb{R}^{m\times n}$（$m\times n$ 阶实矩阵空间）。

例 1.1-6 取定 $\boldsymbol{A}\in\mathbb{C}^{m\times n}$，令 $W=\{\boldsymbol{x}\in\mathbb{C}^n\mid\boldsymbol{A}\boldsymbol{x}=\boldsymbol{0}\}$，不难验证 W 是 $\mathbb{C}$ 上的线性空间，称之为 $\boldsymbol{A}$ 的**零空间（或核）**，它也是方程组 $\boldsymbol{A}\boldsymbol{x}=\boldsymbol{0}$ 的解空间，记为 $N(\boldsymbol{A})$。

例 1.1-7 一个 n 阶线性齐次微分方程的解集合 D，即

$$D=\left\{y\,\middle|\,\sum_{i=1}^{n}p_i(x)\frac{\mathrm{d}^{n-i}y}{\mathrm{d}x^{n-i}}=0,p_i(x)\text{ 为实函数}\right\}$$

为 $\mathbb{R}$ 上的一个线性空间，称为该方程的**解空间**。

例 1.1-8 正弦函数的集合 $S[x]=\{a\sin(x+b)\mid a,b\in\mathbb{R}\}$，通常函数加法及数与函数的乘法构成线性空间。任取 $s_1,s_2\in S[x]$，$s_1=A_1\sin(x+B_1)$，$s_2=A_2\sin(x+B_2)$

证明
$$\begin{aligned}\because s_1+s_2&=A_1\sin(x+B_1)+A_2\sin(x+B_2)\\&=(a_1\cos x+b_1\sin x)+(a_2\cos x+b_2\sin x)\\&=(a_1+a_2)\cos x+(b_1+b_2)\sin x\\&=A\sin(x+B)\in S[x]\end{aligned}$$

其中，

$$a_1=A_1\sin B_1,a_2=A_2\sin B_2$$
$$b_1=A_1\cos B_1,b_2=A_2\cos B_2$$
$$\lambda s_1=\lambda A_1\sin(x+B_1)=(\lambda A_1)\sin(x+B_1)\in S[x]$$

所以 $S[x]$ 是一个线性空间。

以上示例可知，线性空间作为一种重要的代数系统，其涵盖的范围非常广泛。V 中的元可以是几何向量、数、数组、矩阵、函数等。

1.1.2 维数、基底与坐标

$\mathbb{R}^n$ 中向量组的代数性质诸如线性组合、线性相关以及线性无关等类似的概念和性质完全可延伸到一般的线性空间。

定义 1.1-3　设 V 为 F 上线性空间，$\boldsymbol{x}_i \in V\ (i=1,\cdots,m)$。若有 $c_i \in F\ (i=1,\cdots,m)$，使得

$$\boldsymbol{x}=c_1\boldsymbol{x}_1+c_2\boldsymbol{x}_2+\cdots+c_m\boldsymbol{x}_m$$

则称 $\boldsymbol{x}$ 为 $\boldsymbol{x}_1,\cdots,\boldsymbol{x}_m$ 的线性组合，或者说 $\boldsymbol{x}$ 可由 $\boldsymbol{x}_1,\cdots,\boldsymbol{x}_m$ 线性表示。

若存在一组不全为零的数 $k_1,\cdots,k_m$，使得 $\sum\limits_{i=1}^{m}k_i\boldsymbol{x}_i=\boldsymbol{0}$，则称向量组 $\boldsymbol{x}_1,\cdots,\boldsymbol{x}_m$ **线性相关**；否则为**线性无关**，即若 $\sum\limits_{i=1}^{m}k_i\boldsymbol{x}_i=\boldsymbol{0}$，则必有 $k_1=\cdots=k_m=0$。

下面引入线性空间维数的概念。

定义 1.1-4　线性空间 V 的极大线性无关组中的向量个数叫作 V 的维数，记为 $\dim V$。当 $\dim V<+\infty$，称 V 为**有限空间**；否则为**无限维空间**，记 $\dim V=+\infty$。

无限维空间是很多的，如

$$K=\left\{\sum_{i=0}^{\infty}\alpha_i\pi^i\,\middle|\,\alpha_i\in\mathbb{Q},i\in\mathbb{N}\right\}\quad(\pi\text{ 为圆周率})$$

不难验证，K 是有理数域$\mathbb{Q}$上的线性空间，易见 $1,\pi,\pi^2,\cdots,\pi^i\cdots$ 线性无关，i 为任一自然数，故 $\dim K=+\infty$。

空间 V 的维数是刻画 V 的重要特征数字，本书中所涉及的空间一般指有限维的。

例 1.1-9　$\mathbb{C}$ 是$\mathbb{C}$上一维空间，是$\mathbb{R}$上的 2 维空间，是$\mathbb{Q}$上的无限维空间，由此可以看出空间维数与数域相关。

定义 1.1-5　设 V 是数域 F 上的线性空间。$\boldsymbol{x}_1,\cdots,\boldsymbol{x}_r\in V$，若满足：

① $\boldsymbol{x}_1,\cdots,\boldsymbol{x}_r$ 线性无关；

② V 中任一 $\boldsymbol{x}$ 均可由 $\boldsymbol{x}_1,\cdots,\boldsymbol{x}_r$ 线性表示。

则称 $\boldsymbol{x}_1,\cdots,\boldsymbol{x}_r$ 为 V 的一组**基底(基)**。

由定义可知，若 $\boldsymbol{x}_1,\cdots,\boldsymbol{x}_r$ 为 V 的一组基底，则

$$V=\left\{\sum_{i=1}^{r}\alpha_i\boldsymbol{x}_i\,\middle|\,\alpha_i\in F\right\}=\operatorname{span}(\boldsymbol{x}_1,\cdots,\boldsymbol{x}_r)$$

定理 1.1-1　设 $\dim V<+\infty$，则 $\dim V=n\Leftrightarrow V$ 的任一基底中向量的个数均为 n。

证明　"$\Rightarrow$"：任取 V 的一个基底 $\boldsymbol{x}_1,\cdots,\boldsymbol{x}_r$，由维数定义知 $r\leqslant n$。若 $r<n$，则存在 V 中线性无关组 $\boldsymbol{y}_1,\cdots,\boldsymbol{y}_n$。又因为 $\boldsymbol{x}_1,\cdots,\boldsymbol{x}_r$ 为基底，故每一个 $\boldsymbol{y}_j\,(1\leqslant j\leqslant n)$ 均可由 $\boldsymbol{x}_1,\cdots,\boldsymbol{x}_r$ 线性表出，设

$$\boldsymbol{y}_j=\sum_{i=1}^{r}a_{ij}\boldsymbol{x}_i,\quad j=1,2,\cdots,n$$

此与 $\boldsymbol{y}_1,\cdots,\boldsymbol{y}_n$ 线性无关矛盾，故 $r=n$。

"$\Leftarrow$"：设 $\dim V=m$，则存在 $\boldsymbol{x}_1,\cdots,\boldsymbol{x}_m$ 为 V 中极大线性无关组，对于 $\forall\,\boldsymbol{u}\in V$，则 $\boldsymbol{u},\boldsymbol{x}_1,\cdots,\boldsymbol{x}_m$ 线性相关，故存在不全为 0 的数 $k_1,k_2,\cdots,k_m,k_{m+1}$，使得

$$k_1\boldsymbol{x}_1+\cdots+k_m\boldsymbol{x}_m+k_{m+1}\boldsymbol{u}=\boldsymbol{0}$$

而 $k_{m+1}\neq0$，故

$$\boldsymbol{u}=\sum_{i=1}^{m}\left(-\frac{k_i}{k_{m+1}}\right)\boldsymbol{x}_i$$

故 $\boldsymbol{x}_1,\cdots,\boldsymbol{x}_m$ 为 V 的一组基，所以 $m=n=\dim V$。

推论 1　设 $\dim V=n$，则 V 中任意 n 个线性无关的向量均为 V 的一组基底，且任一线性

无关组 $\boldsymbol{x}_1,\cdots,\boldsymbol{x}_r(r\leqslant n)$可扩充为 V 的一个基。

推论 2 设 $\dim V=n,\boldsymbol{x}_1,\cdots,\boldsymbol{x}_n$ 是 V 的一个基底，则对于 $\forall\, \boldsymbol{y}\in V$，$\boldsymbol{y}$ 可由 $\boldsymbol{x}_1,\cdots,\boldsymbol{x}_n$ 唯一表示。

定义 1.1-6 设 $\dim V=n,\boldsymbol{x}_1,\cdots,\boldsymbol{x}_n$ 为 V 的一组基，$\forall\, \boldsymbol{y}\in V$，令 $\boldsymbol{y}=\sum\limits_{i=1}^{n}a_i\boldsymbol{x}_i$，称有序数组$(a_1,\cdots,a_n)^{\mathrm{T}}$ 为 $\boldsymbol{y}$ 在基 $\boldsymbol{x}_1,\cdots,\boldsymbol{x}_n$ 下的坐标，它由 $\boldsymbol{y}$ 与基 $\boldsymbol{x}_1,\cdots,\boldsymbol{x}_n$ 唯一确定。

例 1.1-10 $P_n(x)=\left\{\sum\limits_{i=0}^{n}a_i\boldsymbol{x}^i \mid a_i\in\mathbb{R}\right\}$ 为 $n+1$ 维线性空间，$1,\boldsymbol{x},\cdots,\boldsymbol{x}^n$ 为它的一组基，$a_0,a_1,\cdots,a_n$为向量在这组基下的坐标。

1.1.3 基变换与坐标变换

由定义 1.1-6 可以看出，不同基下同一向量的坐标有可能不同，也就是指不同的基规定了线性空间不同的结构。接下来，分析线性空间中不同基底间及向量关于不同基底的坐标之间的关系。

定义 1.1-7 设 $\boldsymbol{x}_1,\cdots,\boldsymbol{x}_n$ 及 $\boldsymbol{y}_1,\cdots,\boldsymbol{y}_n$ 是空间 V 的两组基，令

$$\boldsymbol{y}_i=a_{1i}\boldsymbol{x}_1+\cdots+a_{ni}\boldsymbol{x}_n=(\boldsymbol{x}_1,\cdots,\boldsymbol{x}_n)\begin{pmatrix}a_{1i}\\ \vdots\\ a_{ni}\end{pmatrix},\quad i=1,\cdots,n$$

引入矩阵 $\boldsymbol{A}=(a_{ij})_{n\times n}\in F^{n\times n}$，则$(\boldsymbol{y}_1,\cdots,\boldsymbol{y}_n)=(\boldsymbol{x}_1,\cdots,\boldsymbol{x}_n)\boldsymbol{A}$，称 $\boldsymbol{A}$ 为由基 $\boldsymbol{x}_1,\cdots,\boldsymbol{x}_n$ 到基 $\boldsymbol{y}_1,\cdots,\boldsymbol{y}_n$ 的**过渡矩阵(变换阵)**。

由线性方程组理论不难得到 $\boldsymbol{A}$ 是可逆的，故有$(\boldsymbol{x}_1,\cdots,\boldsymbol{x}_n)=(\boldsymbol{y}_1,\cdots,\boldsymbol{y}_n)\boldsymbol{A}^{-1}$，即 $\boldsymbol{A}^{-1}$ 为 $\boldsymbol{y}_1,\cdots,\boldsymbol{y}_n$到 $\boldsymbol{x}_1,\cdots,\boldsymbol{x}_n$ 的过渡矩阵。

任取 $\boldsymbol{x}\in V$，设 $\boldsymbol{x}=\sum\limits_{i=1}^{n}\xi_i\boldsymbol{x}_i=\sum\limits_{i=1}^{n}\eta_i\boldsymbol{y}_i$

故
$$\boldsymbol{x}=(\boldsymbol{x}_1,\cdots,\boldsymbol{x}_n)\begin{pmatrix}\xi_1\\ \vdots\\ \xi_n\end{pmatrix}=(\boldsymbol{y}_1,\cdots,\boldsymbol{y}_n)\left(\boldsymbol{A}^{-1}\begin{pmatrix}\xi_1\\ \vdots\\ \xi_n\end{pmatrix}\right)=(\boldsymbol{y}_1,\cdots,\boldsymbol{y}_n)\begin{pmatrix}\eta_1\\ \vdots\\ \eta_n\end{pmatrix}$$

由坐标的唯一性，得

$$(\eta_1,\cdots,\eta_n)^{\mathrm{T}}=\boldsymbol{A}^{-1}(\xi_1,\cdots,\xi_n)^{\mathrm{T}}\quad 或\quad (\xi_1,\cdots,\xi_n)^{\mathrm{T}}=\boldsymbol{A}(\eta_1,\cdots,\eta_n)^{\mathrm{T}}$$

此即为向量 $\boldsymbol{x}$ 在不同基下的坐标之间的变换公式，故基变换矩阵确定后，坐标之间的变换公式也随之确定。

例 1.1-11 已知矩阵空间$\mathbb{R}^{2\times 2}$的两个基分别如下：

$$(\mathrm{I})\ \boldsymbol{A}_1=\begin{pmatrix}1&0\\0&1\end{pmatrix},\boldsymbol{A}_2=\begin{pmatrix}1&0\\0&-1\end{pmatrix},\boldsymbol{A}_3=\begin{pmatrix}0&1\\1&0\end{pmatrix},\boldsymbol{A}_4=\begin{pmatrix}0&1\\-1&0\end{pmatrix};$$

$$(\mathrm{II})\ \boldsymbol{B}_1=\begin{pmatrix}1&1\\1&1\end{pmatrix},\boldsymbol{B}_2=\begin{pmatrix}1&1\\1&0\end{pmatrix},\boldsymbol{B}_3=\begin{pmatrix}1&1\\0&0\end{pmatrix},\boldsymbol{B}_4=\begin{pmatrix}1&0\\0&0\end{pmatrix}。$$

求由基(Ⅰ)到基(Ⅱ)的过渡矩阵。

解 为了计算简单，采用中介基方法. 引进$\mathbb{R}^{2\times 2}$的简单基

（Ⅲ）$E_{11}=\begin{pmatrix}1&0\\0&0\end{pmatrix},E_{12}=\begin{pmatrix}0&1\\0&0\end{pmatrix},E_{21}=\begin{pmatrix}0&0\\1&0\end{pmatrix},E_{22}=\begin{pmatrix}0&0\\0&1\end{pmatrix}$

直接写出由基（Ⅲ）到基（Ⅰ）的过渡矩阵为

$$C_1=\begin{pmatrix}1&1&0&0\\0&0&1&1\\0&0&1&-1\\1&-1&0&0\end{pmatrix}$$

即

$$(A_1,A_2,A_3,A_4)=(E_{11},E_{12},E_{21},E_{22})C_1$$

再写出由基（Ⅲ）到基（Ⅱ）的过渡矩阵为

$$C_2=\begin{pmatrix}1&1&1&1\\1&1&1&0\\1&1&0&0\\1&0&0&0\end{pmatrix}$$

即

$$(B_1,B_2,B_3,B_4)=(E_{11},E_{12},E_{21},E_{22})C_2$$

所以有

$$(B_1,B_2,B_3,B_4)=(A_1,A_2,A_3,A_4)C_1^{-1}C_2$$

于是得由基（Ⅰ）到基（Ⅱ）的过渡矩阵为

$$C=C_1^{-1}C_2=\frac{1}{2}\begin{pmatrix}1&0&0&1\\1&0&0&-1\\0&1&1&0\\0&1&-1&0\end{pmatrix}\begin{pmatrix}1&1&1&1\\1&1&1&0\\1&1&0&0\\1&0&0&0\end{pmatrix}=\frac{1}{2}\begin{pmatrix}2&1&1&1\\0&1&1&1\\2&2&1&0\\0&0&1&0\end{pmatrix}$$

1.1.4　子空间与维数定理

三维空间$\mathbb{R}^3$中，引两个不共线向量 $a=\overrightarrow{OA}$，$b=\overrightarrow{OB}$，则由 a 与 b 所张成的空间为 Π，即 $\Pi=\mathrm{span}(a,b)=\{\lambda a+\mu b\,|\,\lambda,\mu\in\mathbb{R}\}$ 是 O,A,B 所在的平面，Π 为一个二维空间。同样 $l=\mathrm{span}(a)$为 O,A 所在的直线 l，l 为一维空间。$\Pi\subseteq\mathbb{R}^3$，$l\subseteq\mathbb{R}^3$，故 Π，l 均为$\mathbb{R}^3$的子空间。

定义 1.1－8　设 V 是域 F 上的线性空间，$W\subseteq V$，W 非空，若 W 中向量关于 V 的加法及数乘运算也构成 F 上的线性空间，称 W 为 V 的一个子空间。任一空间 V 有两个平凡子空间 V 及$\{\mathbf{0}\}$。

例 1.1－12　任取 $x_1,\cdots,x_m\in V$，令 $W=\mathrm{span}(x_1,\cdots,x_m)=\left\{\sum\limits_{i=1}^{m}\lambda_i x_i\,\middle|\,\lambda_i\in F\right\}\subseteq V$，不难验证 W 是 V 的子空间，称为由 $x_1,\cdots,x_m$ 生成的子空间。

例 1.1－13　取定 $A\in\mathbb{R}^{m\times n}$，令

$$N(A)=\{x\in\mathbb{R}^n\,|\,Ax=\mathbf{0}\};\quad R(A)=\{y\in\mathbb{R}^m\,|\,y=Ax,x\in\mathbb{R}^n\},$$

$N(A)$及 $R(A)$分别是$\mathbb{R}^n$及$\mathbb{R}^m$的子空间，分别称为矩阵 A 的核与值域；它们的维数分别记为 $n(A)$及 $r(A)$，$n(A)$和 $r(A)$分别称为矩阵 A 的零度和秩。$r(A)=\mathrm{rank}A$，$\mathrm{rank}A+n(A)=n$。

例如,已知 $A=\begin{pmatrix}1&0&1\\0&1&1\end{pmatrix}$,显然 $\boldsymbol{a}_1+\boldsymbol{a}_2-\boldsymbol{a}_3=\boldsymbol{0}$,即 $\boldsymbol{A}$ 的三个列向量线性相关。但 $\boldsymbol{A}$ 的任何两个列向量的均线性无关,故 $\mathrm{rank}\boldsymbol{A}=2$。又由 $\boldsymbol{Ax}=\boldsymbol{0}$ 可求出 $\boldsymbol{x}=t(1,1,-1)^{\mathrm{T}}$,$t$ 为任意参数,从而有 $n(\boldsymbol{A})=1$。

定理 1.1-2 V 是 F 上的线性空间,$W\subseteq V$,则 W 为 V 的子空间 $\Leftrightarrow W$ 关于 V 的线性运算封闭,即 $\forall\lambda,\mu\in F,\lambda\boldsymbol{x}+\mu\boldsymbol{y}\in W$。

对于子空间,常见有两种重要运算:

定义 1.1-9 设 W_1,W_2 为 V 的子空间。定义 W_1 及 W_2 的交为 $W_1\cap W_2\triangleq\{\boldsymbol{x}\in V\mid\boldsymbol{x}\in W_1,\boldsymbol{x}\in W_2\}$;$W_1$ 及 W_2 的和为:$W_1+W_2\triangleq\{\boldsymbol{x}_1+\boldsymbol{x}_2\mid\boldsymbol{x}_1\in W_1,\boldsymbol{x}_2\in W_2\}$。

不难验证,$W_1\cap W_2$ 及 W_1+W_2 仍是 V 的子空间,分别称其为 W_1 及 W_2 的交空间及和空间。$W_1\cap W_2$ 是包含于 W_1 及 W_2 的最大子空间,W_1+W_2 是包含 W_1 及 W_2 的最小子空间。

定理 1.1-3 设 W_1,W_2 为 V 的子空间,则以下维数公式成立:

$$\dim(W_1+W_2)=\dim W_1+\dim W_2-\dim(W_1\cap W_2)$$

证明 令 $\dim W_i=m_i$,$(i=1,2)$,$\dim(W_1+W_2)=n_1$,$\dim(W_1\cap W_2)=n_2$。设 $\boldsymbol{x}_1,\cdots,\boldsymbol{x}_{n_2}$ 是 $W_1\cap W_2\subseteq W_i(i=1,2)$ 的基底,将其分别扩充为 W_1 的基底:$\{\boldsymbol{x}_1,\cdots,\boldsymbol{x}_{n_2},\boldsymbol{y}_1,\cdots,\boldsymbol{y}_k\}$ 及 W_2 的基底 $\{\boldsymbol{x}_1,\cdots,\boldsymbol{x}_{n_2},\boldsymbol{z}_1,\cdots,\boldsymbol{z}_l\}$,其中 $m_1=n_2+k,m_2=n_2+l$。

故

$$\begin{aligned}W_1+W_2&=\{\boldsymbol{\sigma}+\boldsymbol{\tau}\mid\boldsymbol{\sigma}\in W_1,\boldsymbol{\tau}\in W_2\}\\&=\left\{\sum_{i=1}^{n_2}\lambda_i\boldsymbol{x}_i+\sum_{i=1}^{k}\mu_i\boldsymbol{y}_i+\sum_{i=1}^{l}\xi_i\boldsymbol{z}_i\,\middle|\,\lambda_i,\mu_i,\xi_i\in F\right\}\\&=\mathrm{span}(\boldsymbol{x}_1,\cdots,\boldsymbol{x}_{n_2},\boldsymbol{y}_1,\cdots,\boldsymbol{y}_k,\boldsymbol{z}_1,\cdots,\boldsymbol{z}_l)\end{aligned}$$

设

$$a_1\boldsymbol{x}_1+\cdots+a_{n_2}\boldsymbol{x}_{n_2}+b_1\boldsymbol{y}_1+\cdots+b_k\boldsymbol{y}_k+c_1\boldsymbol{z}_1+\cdots+c_l\boldsymbol{z}_l=\boldsymbol{0}\tag{1-1}$$

则

$$c_1\boldsymbol{z}_1+\cdots+c_l\boldsymbol{z}_l=-\sum_{i=1}^{n_2}a_i\boldsymbol{x}_i-\sum_{i=1}^{k}b_i\boldsymbol{y}_i\in W_1\cap W_2$$

故 $c_1\boldsymbol{z}_1+\cdots+c_l\boldsymbol{z}_l=a_1'\boldsymbol{x}_1+\cdots+a_{n_2}'\boldsymbol{x}_{n_2}$,即 $a_1'\boldsymbol{x}_1+\cdots+a_{n_2}'\boldsymbol{x}_{n_2}-c_1\boldsymbol{z}_1-\cdots-c_l\boldsymbol{z}_l=0$

从而

$$c_1=\cdots=c_l=0$$

由式(1-1)有 $a_1\boldsymbol{x}_1+\cdots+a_{n_2}\boldsymbol{x}_{n_2}+b_1\boldsymbol{y}_1+\cdots+b_k\boldsymbol{y}_k=\boldsymbol{0}$

从而 $a_1=\cdots=a_{n_2}=b_1=\cdots=b_k=0$,故 $\boldsymbol{x}_1,\cdots,\boldsymbol{x}_{n_2},\boldsymbol{y}_1,\cdots,\boldsymbol{y}_k,\boldsymbol{z}_1,\cdots,\boldsymbol{z}_l$ 线性无关,从而构成了 W_1+W_2 的一个基底,故 $n_1=n_2+k+l$,从而

$$\dim(W_1+W_2)+\dim(W_1\cap W_2)=n_1+n_2=n_2+k+n_2+l=\dim W_1+\dim W_2$$

W_1+W_2 的向量可分解为 W_1 与 W_2 中向量之和,但这种分解一般不唯一,由此引入直和的概念。

定义 1.1-10 如果和空间 W_1+W_2 中任一向量均唯一地表成 W_1 中的一个向量与 W_2 中的一个向量之和,则称 W_1+W_2 是 W_1 与 W_2 的**直和**,记为 $W_1\oplus W_2$。

以下是刻画直和的几个等价条件:

定理 1.1-4 设 W_1,W_2 为 V 的子空间,则以下命题等价:

① W_1+W_2 是直和;

② W_1+W_2 中零元表示方式唯一;

③ $W_1\cap W_2=\{\boldsymbol{0}\}$;

④ $\dim(W_1+W_2)=\dim W_1+\dim W_2$。

证明　①⇒②显然成立。

②⇒③　$\forall \boldsymbol{\alpha}\in W_1\cap W_2$，有$\mathbf{0}=\boldsymbol{\alpha}+(-\boldsymbol{\alpha})$，由条件②知，$\boldsymbol{\alpha}=\mathbf{0}$。

③⇔④　由维数定理可证。

③⇒①　任取$\boldsymbol{\alpha}\in W_1+W_2$，设$\boldsymbol{\alpha}=\boldsymbol{u}_1+\boldsymbol{v}_1=\boldsymbol{u}_2+\boldsymbol{v}_2$，$\boldsymbol{u}_1,\boldsymbol{u}_2\in W_1$，$\boldsymbol{v}_1,\boldsymbol{v}_2\in W_2$，有$\boldsymbol{u}_1-\boldsymbol{u}_2=\boldsymbol{v}_2-\boldsymbol{v}_1\in W_1\cap W_2=\{\mathbf{0}\}$，故$W_1+W_2$是直和。

例 1.1-14　$V=\mathbb{R}^{n\times n}$，$W_1=\{\mathbf{A}\in V\,|\,\mathbf{A}^{\mathrm{T}}=\mathbf{A}\}$，$W_2=\{\mathbf{A}\in V\,|\,\mathbf{A}^{\mathrm{T}}=-\mathbf{A}\}$。

不难验证W_1及W_2均是V的子空间，$\dim W_1=1+\cdots+n=\dfrac{n(n+1)}{2}$，$\dim W_2=1+\cdots+(n-1)=\dfrac{n(n-1)}{2}$。

$\forall \mathbf{A}\in V=\mathbb{R}^{n\times n}$，且

$$\mathbf{A}=\frac{\mathbf{A}+\mathbf{A}^{\mathrm{T}}}{2}+\frac{\mathbf{A}-\mathbf{A}^{\mathrm{T}}}{2}$$

易见$\dfrac{\mathbf{A}+\mathbf{A}^{\mathrm{T}}}{2}\in W_1$，$\dfrac{\mathbf{A}-\mathbf{A}^{\mathrm{T}}}{2}\in W_2$，所以$V=W_1+W_2$。

对任意的$\boldsymbol{B}\in W_1\cap W_2$，则$\boldsymbol{B}^{\mathrm{T}}=\boldsymbol{B}$且$\boldsymbol{B}^{\mathrm{T}}=-\boldsymbol{B}$，故$\boldsymbol{B}=-\boldsymbol{B}$，即$\boldsymbol{B}=\mathbf{0}$。
所以$W_1\cap W_2=\{\mathbf{0}\}$，故$\mathbb{R}^{n\times n}=W_1\oplus W_2$。

子空间的交、和以及直和概念可推广到有限个子空间，定理 1.1-4 的结果可推广到有限个子空间情形，即

$$\sum_{i=1}^{k}W_i\text{ 是直和}\Leftrightarrow\dim\left(\sum_{i=1}^{k}W_i\right)=\sum_{i=1}^{k}\dim W_i\Leftrightarrow W_i\cap\left(\sum_{j\neq i}W_j\right)=\{\mathbf{0}\}\ (i=1,\cdots,k)。$$

例 1.1-15　设$\mathbb{R}^4$的两个子空间为

$$V_1=\{(\xi_1,\xi_2,\xi_3,\xi_4)\,|\,\xi_1=\xi_2=\xi_3,\xi_i\in\mathbb{R},i=1,2,3,4\}$$
$$V_2=L(\boldsymbol{x}_1,\boldsymbol{x}_2),\quad \boldsymbol{x}_1=(1,0,1,0),\quad \boldsymbol{x}_2=(0,1,0,1)$$

(1) 求V_1+V_2的基与维数；

(2) 求$V_1\cap V_2$的基与维数。

解　(1) 因为

$$(\xi_1,\xi_2,\xi_3,\xi_4)=(\xi_1,\xi_1,\xi_1,\xi_4)=\xi_1(1,1,1,0)+\xi_4(0,0,0,1)$$

设$\boldsymbol{y}_1=(1,1,1,0)$，$\boldsymbol{y}_2=(0,0,0,1)$，则有$V_1=L(\boldsymbol{y}_1,\boldsymbol{y}_2)$
故$V_1+V_2=L(\boldsymbol{y}_1,\boldsymbol{y}_2,\boldsymbol{x}_1,\boldsymbol{x}_2)$.

因为$\boldsymbol{y}_1,\boldsymbol{y}_2,\boldsymbol{x}_1,\boldsymbol{x}_2$的秩为 3，且$\boldsymbol{y}_1,\boldsymbol{y}_2,\boldsymbol{x}_1$是其一个极大无关组，所以$\dim(V_1+V_2)=3$，$\boldsymbol{y}_1,\boldsymbol{y}_2,\boldsymbol{x}_1$是$V_1+V_2$的一个基。

(2) 设$\boldsymbol{x}\in V_1\cap V_2$，则有$k_1,k_2,l_1,l_2$，使

$$\boldsymbol{x}=k_1\boldsymbol{y}_1+k_2\boldsymbol{y}_2=l_1\boldsymbol{x}_1+l_2\boldsymbol{x}_2$$

所以

$$\begin{cases}k_1-l_1=0\\k_1-l_2=0\\k_2-l_1=0\\k_2-l_2=0\end{cases}$$

则有
$$\begin{cases}k_1=l_2\\k_2=l_2\\l_1=l_2\end{cases}$$

$$\boldsymbol{x}=k_1\boldsymbol{y}_1+k_2\boldsymbol{y}_2=l_2\boldsymbol{y}_1+l_2\boldsymbol{y}_2=l_2(\boldsymbol{y}_1+\boldsymbol{y}_2)=l_2(1,1,1,1)$$

所以(1,1,1,1)为 $V_1\cap V_2$ 的一个基，$\dim(V_1\cap V_2)=1$。

例 1.1－16 设 $\boldsymbol{A}\in F^{n\times n}$ 满足 $\boldsymbol{A}^2=\boldsymbol{A}$，令 $V_1=\{\boldsymbol{X}\in F^n\mid \boldsymbol{AX}=\boldsymbol{0}\}$，$V_2=\{\boldsymbol{X}\in F^n\mid(\boldsymbol{A}-\boldsymbol{I})\boldsymbol{X}=\boldsymbol{0}\}$。证明：$F^n=V_1\oplus V_2$。

证明 任取向量 $\boldsymbol{\beta}\in V_1\cap V_2$，则有 $\boldsymbol{A\beta}=\boldsymbol{0}$ 且 $(\boldsymbol{A}-\boldsymbol{I})\boldsymbol{\beta}=\boldsymbol{0}$ 成立，故 $\boldsymbol{\beta}=\boldsymbol{0}$，所以 $V_1\cap V_2=\{\boldsymbol{0}\}$。

对于 V_1，不妨设 $\operatorname{rank}\boldsymbol{A}=r$，则有
$$\dim V_1=n-r \tag{1-2}$$
由条件 $\boldsymbol{A}^2=\boldsymbol{A}$，可得 $\boldsymbol{A}(\boldsymbol{A}-\boldsymbol{I})=\boldsymbol{0}$，所以 $\boldsymbol{A}-\boldsymbol{I}$ 每一个列向量均在 V_1 中，因此
$$\dim(\boldsymbol{A}-\boldsymbol{I})\leqslant n-r$$
故 V_2 的秩满足
$$\dim(V_2)=n-\dim(\boldsymbol{A}-\boldsymbol{I})\geqslant r \tag{1-3}$$

由式(1-2)和式(1-3)可知
$$\dim V_1+\dim V_2\geqslant n=\dim(F^n)$$
从而 $$\dim(V_1+V_2)=\dim V_1+\dim V_2-\dim(V_1\cap V_2)\geqslant n$$
又由于 $V_1+V_2\subset F^n$，有 $F^n=V_1+V_2$

又因为 $V_1\cap V_2=\{\boldsymbol{0}\}$，所以 $F^n=V_1\oplus V_2$。

由例 1.1－16 可以看出，每个幂等矩阵($\boldsymbol{A}^2=\boldsymbol{A}$)，都对应一种空间分解。

习　题

1. 证明：在实函数空间中，$1,\cos^2 t,\cos 2t$ 是线性相关的。

2. 求下列线性空间的维数与一组基：

(1) 矩阵空间 $\mathbb{C}^{m\times n}$；(2) $V=\{\boldsymbol{A}\in\mathbb{R}^{n\times n}\mid\boldsymbol{A}^{\mathrm{T}}=\boldsymbol{A}\}$；(3) $V=\{\boldsymbol{A}\in\mathbb{R}^{n\times n}\mid\boldsymbol{A}^{\mathrm{T}}=-\boldsymbol{A}\}$。

3. 设 $W_1=\operatorname{span}\{\boldsymbol{\alpha}_1,\boldsymbol{\alpha}_2\}$，$W_2=\operatorname{span}\{\boldsymbol{\beta}_1,\boldsymbol{\beta}_2\}$ 求：$\dim(W_1+W_2)$ 及 $\dim(W_1\cap W_2)$，其中 $\boldsymbol{\alpha}_1=(1,2,1,0)$，$\boldsymbol{\alpha}_2=(-1,1,1,1)$，$\boldsymbol{\beta}_1=(2,-1,0,1)$，$\boldsymbol{\beta}_2=(1,-1,3,7)$。

4. 证明：$\mathbb{C}^n$ 是 $\mathbb{R}$ 上的 $2n$ 维维性空间。

5. 设 $\boldsymbol{\alpha}_1=(1,1,\cdots,1)$，$\boldsymbol{\alpha}_2=(1,\cdots,1,0)$，$\cdots$，$\boldsymbol{\alpha}_n=(1,0,\cdots,0)$。$\boldsymbol{\alpha}=(a_1,a_2,\cdots,a_n)$ 是 $\mathbb{R}^n$ 中的向量，证明：$\{\boldsymbol{\alpha}_1,\boldsymbol{\alpha}_2,\cdots,\boldsymbol{\alpha}_n\}$ 是 $\mathbb{R}^n$ 的一组基底，求出 $\boldsymbol{\alpha}$ 在此基下的坐标。

1.2　线性变换及矩阵

线性代数的核心内容不仅要讨论线性空间的结构，而且要探究线性变换。矩阵是反映线性变换内在性质的数学表现，是研究线性变换的基本方法之一。本节着重介绍线性变换的基

本概念，并借助矩阵手段来表示及刻画其各种性质。

1.2.1 线性变换

定义 1.2-1 设 V,W 是域 F 上的线性空间，映射 $T:V\to W$ 具有以下性质：$\forall \lambda,\mu\in F,\boldsymbol{x},\boldsymbol{y}\in V$，有 $T(\lambda\boldsymbol{x}+\mu\boldsymbol{y})=\lambda T\boldsymbol{x}+\mu T\boldsymbol{y}$，称 T 为 V 到 W 的一个线性映射。特别当 $V=W$ 时，T 为 V 到自身的线性映射，称 T 为 V 上的一个**线性变换**。

例 1.2-1 恒等变换 $T:V\to V,T\boldsymbol{x}=\boldsymbol{x},\forall \boldsymbol{x}\in V$。

零变换 $T:V\to V,T\boldsymbol{x}=\boldsymbol{0},\forall \boldsymbol{x}\in V$。

易见这两种变换均是线性变换。

例 1.2-2 平面旋转变换 T：取定 $\varphi(0\leqslant\varphi<2\pi)$，$\forall \boldsymbol{x}=(x_1,x_2)$，$T\boldsymbol{x}=T(x_1,x_2)=(x_1\cos\varphi-x_2\sin\varphi,x_1\sin\varphi+x_2\cos\varphi)=(x_1,x_2)\begin{pmatrix}\cos\varphi & \sin\varphi\\ -\sin\varphi & \cos\varphi\end{pmatrix}$，$T$ 将 $\mathbb{R}^2$ 中任一向量绕原点逆时针旋转 φ，易验证 T 是线性变换。

设 $\boldsymbol{x}=(x_1,x_2),\boldsymbol{y}=(y_1,y_2),\lambda,\mu\in\mathbb{R}$，

$$\begin{aligned}T(\lambda\boldsymbol{x}+\mu\boldsymbol{y})&=T(\lambda x_1+\mu y_1,\lambda x_2+\mu y_2)\\&=(\lambda x_1+\mu y_1,\lambda x_2+\mu y_2)\begin{pmatrix}\cos\varphi & \sin\varphi\\ -\sin\varphi & \cos\varphi\end{pmatrix}\\&=\lambda(x_1,x_2)\begin{pmatrix}\cos\varphi & \sin\varphi\\ -\sin\varphi & \cos\varphi\end{pmatrix}+\mu(y_1,y_2)\begin{pmatrix}\cos\varphi & \sin\varphi\\ -\sin\varphi & \cos\varphi\end{pmatrix}\\&=\lambda T\boldsymbol{x}+\mu T\boldsymbol{y}\end{aligned}$$

例 1.2-3 投影变换 $T:\mathbb{R}^3\to\mathbb{R}^3$，$\forall(x,y,z)\in\mathbb{R}^3$，$T(x,y,z)=(x,y,0)$，此为 Oxy 平面上的投影。不难验证 $T(\lambda\boldsymbol{a}+\mu\boldsymbol{b})=\lambda T\boldsymbol{a}+\mu T\boldsymbol{b}$，$T$ 是 $\mathbb{R}^3$ 上的一个线性变换。

例 1.2-4 微分算子及积分算子。

令 $C[a,b]$ 及 $C^{(1)}[a,b]$ 分别表示 $[a,b]$ 上全体连续函数及全体具有一阶连续导数的集合，均为线性空间。令

$$S:C[a,b]\to C^{(1)}[a,b]$$

$$S(f(x))=\int_a^x f(t)\mathrm{d}t,\quad \forall f(x)\in C[a,b]$$

$$D:C^{(1)}[a,b]\to C[a,b]$$

$$D(f(x))=f'(x),\ \forall f(x)\in C^{(1)}[a,b]$$

由积分及导数的性质知，S 为 $C[a,b]$ 上的线性变换，D 为 $C^{(1)}[a,b]$ 到 $C[a,b]$ 的线性映射。

设 V 及 W 是 F 上的线性空间。令 $L(V,W)$ 表示所有 V 到 W 的线性映射所构成的集合，设 $T\in L(V,W)$，令

$$N(T)=\{\boldsymbol{x}\in V\mid T\boldsymbol{x}=\boldsymbol{0}\}$$

$$R(T)=\{\boldsymbol{y}\in W\mid y=T\boldsymbol{x},\boldsymbol{x}\in V\}$$

易验证 $N(T)$ 为 V 的子空间；$R(T)$ 为 W 的子空间；称 $N(T)$ 及 $R(T)$ 为 T 的核空间及像空间。称 $\dim N(T)$ 为 T 的零度（或亏），记为 $n(T)$；$\dim R(T)$ 为 T 的秩。

定理 1.2-1 （亏加秩定理）设 $T\in L(V,W)$，V 为有限维的，则 $N(T)$ 及 $R(T)$ 均为有限维，且 $\dim N(T)+\dim R(T)=\dim V$。

证明 设 $\dim V=n,\dim N(T)=k$。取 $N(T)$的一组基 $\boldsymbol{e}_1,\cdots,\boldsymbol{e}_k$,将其扩充为 V 的一组基 $\boldsymbol{e}_1,\cdots,\boldsymbol{e}_k,\boldsymbol{e}_{k+1},\cdots,\boldsymbol{e}_{k+r}(k+r=n)$,下面只须证 $T(\boldsymbol{e}_{k+1}),\cdots,T(\boldsymbol{e}_{k+r})$构成 $R(T)$的一组基即可。

事实上,若 $\sum\limits_{i=1}^{r}a_{k+i}T(\boldsymbol{e}_{k+i})=\boldsymbol{0}$,有 $T\left(\sum\limits_{i=1}^{r}a_{k+i}\boldsymbol{e}_{k+i}\right)=\boldsymbol{0}$,从而 $\sum\limits_{i=1}^{r}a_{k+i}\boldsymbol{e}_{k+i}\in N(T)$,故有

$\sum\limits_{i=1}^{r}a_{k+i}\boldsymbol{e}_{k+i}=\sum\limits_{i=1}^{k}a_i\boldsymbol{e}_i$,所以 $a_1=\cdots=a_k=a_{k+1}\cdots=a_{k+r}=0$,故 $T(\boldsymbol{e}_1),\cdots,T(\boldsymbol{e}_{k+r})$线性无关。

$\forall\,\boldsymbol{y}\in R(T),\exists\,\boldsymbol{x}\in V$,使得 $\quad\boldsymbol{y}=T\boldsymbol{x}$,令 $\boldsymbol{x}=\sum\limits_{i=1}^{k+r}b_i\boldsymbol{e}_i$

则
$$\boldsymbol{y}=T\boldsymbol{x}=T\left(\sum_{i=1}^{k+r}b_i\boldsymbol{e}_i\right)=T\left(\sum_{i=1}^{k}b_i\boldsymbol{e}_i\right)+T\left(\sum_{i=k+1}^{k+r}b_i\boldsymbol{e}_i\right)=\sum_{i=k+1}^{k+r}b_iT(\boldsymbol{e}_i)$$

故 $T(\boldsymbol{e}_1),\cdots,T(\boldsymbol{e}_{k+r})$构成 $R(T)$的一组基。

所以
$$\dim R(T)=r=n-k=n-\dim N(T)$$

定义 1.2-2 设 T_1,T_2是 V 的两个线性变换,定义它的和 T_1+T_2为
$$(T_1+T_2)\boldsymbol{x}\triangleq T_1\boldsymbol{x}+T_2\boldsymbol{x}$$

显然 T_1+T_2 是 V 上的线性变换,并且满足
$$\begin{cases}T_1+T_2=T_2+T_1\\(T_1+T_2)+T_3=T_1+(T_2+T_3)\\T+T_0=T\\T+(-T)=T_0\end{cases}$$

设 T 为 V 中的线性变换,定义数 k 与 T 的乘积 kT 为
$$(kT)\boldsymbol{x}\triangleq\lambda T\boldsymbol{x},\quad k\in F,\quad \boldsymbol{x}\in V$$

显然 kT 是 V 上的线性变换,并且满足
$$\begin{cases}k(T_1+T_2)=kT_1+kT_2\\(k+l)T=kT+lT\\(kl)T=k(lT)\\1T=T\end{cases}$$

综上可得,V 上的所有线性变换的集合形成一个线性空间,记为 $L(V,V)$。

1.2.2 线性变换的矩阵

线性变换包含了广泛的实际背景,且有很多几何内涵。从数学角度来讲,更希望能找出其众多背景中所具有的一些共同形式,得到其明确的数学表现形式,这样可以从更广的范围进一步研究线性变换的性质和特点。

定义 1.2-3 设 $\dim V=n,\ T\in L(V,V)$,取 V 的一组基 $\boldsymbol{e}_1,\cdots,\boldsymbol{e}_n$,令
$$T\boldsymbol{e}_j=a_{1j}\boldsymbol{e}_1+\cdots+a_{nj}\boldsymbol{e}_n,\quad 1\leqslant j\leqslant n$$

采用矩阵表示方法:
$$T(\boldsymbol{e}_1,\cdots,\boldsymbol{e}_n)\triangleq(T\boldsymbol{e}_1,\cdots,T\boldsymbol{e}_n)=(\boldsymbol{e}_1,\cdots,\boldsymbol{e}_n)\boldsymbol{A}\tag{1-4}$$

其中
$$A=\begin{pmatrix} a_{11} & a_{12} & \cdots & a_{1n} \\ a_{21} & a_{22} & \cdots & a_{2n} \\ \vdots & \vdots & \cdots & \vdots \\ a_{n1} & a_{n2} & \cdots & a_{nn} \end{pmatrix}=(a_{ij})_{n\times n}\in F^{n\times n}$$

式(1-4)中的矩阵 $\boldsymbol{A}$ 称为 T 在基 $\boldsymbol{e}_1,\cdots,\boldsymbol{e}_n$ 下的矩阵或简称 $\boldsymbol{A}$ 为 T 的矩阵。

由式(1-4)可以看出，给定 V 的一组基 $\boldsymbol{e}_1,\cdots,\boldsymbol{e}_n$，对任一 $T\in L(V,V)$，则唯一确定一个矩阵$\boldsymbol{A}\in F^{n\times n}$；反之给定一个矩阵 $\boldsymbol{A}$，也能唯一地确定一个线性变换。

定理 1.2-2　设 $\dim V=n$，$\boldsymbol{e}_1,\cdots,\boldsymbol{e}_n$ 为 V 的一组基，任取 $\boldsymbol{A}=(a_{ij})_{n\times n}\in F^{n\times n}$，则有且仅有一个线性变换 $T\in L(V,V)$，使其矩阵为 $\boldsymbol{A}$。

证明　$\forall \boldsymbol{x}\in V$，$\boldsymbol{x}=\sum_{j=1}^{n}\xi_j\boldsymbol{e}_j$，令 $T:V\to V$，$T\boldsymbol{x}=\sum_{i,j=1}^{n}\xi_j a_{ij}\boldsymbol{e}_i$
易证：(1)T 是 V 上的线性变换，(2)T 在 $\boldsymbol{e}_1,\cdots,\boldsymbol{e}_n$ 基底下的矩阵为 $\boldsymbol{A}$。

由定理 1.2-2 可以看出 $L(V,V)$ 与 $F^{n\times n}$ 之间存在一一对应关系且有完全相同的代数结构。由此可以将抽象的线性变换用具体的矩阵形式表示，故具有几何内涵的线性变换可以转化为代数形式的矩阵进行研究。

1.2.3　线性空间的同构

定义 1.2-4　设 V,W 是 F 上线性空间，若存在 $f:V\to W$，满足：

① f 是双射；

② $\forall\lambda,\mu\in F,\boldsymbol{x},\boldsymbol{y}\in V$，有 $f(\lambda\boldsymbol{x}+\mu\boldsymbol{y})=\lambda f(\boldsymbol{x})+\mu f(\boldsymbol{y})$。

则称 V 与 W 是同构的，记为 $V\cong W$。

同构的线性空间具有完全一致的空间结构及运算律，故同构的空间可视为一个。

定理 1.2-3　$L(V,V)\cong F^{n\times n}$。

证明　取定 V 的一组基 $\boldsymbol{e}_1,\cdots,\boldsymbol{e}_n$，则
$$\forall T\in L(V,V),\quad T(\boldsymbol{e}_1,\cdots,\boldsymbol{e}_n)=(\boldsymbol{e}_1,\cdots,\boldsymbol{e}_n)\boldsymbol{A},\quad \boldsymbol{A}\in F^{n\times n}$$
令
$$f:L(V,V)\to F^{n\times n},\quad f(T)=\boldsymbol{A},\quad \forall T\in L(V,V)$$
由定理 1.2-2 知，f 是$L(V,V)$到 $F^{n\times n}$的双射。

设 $T_1,T_2\in L(V,V)$，令
$$T_1(\boldsymbol{e}_1,\cdots,\boldsymbol{e}_n)=(\boldsymbol{e}_1,\cdots,\boldsymbol{e}_n)\boldsymbol{A}_1$$
$$T_2(\boldsymbol{e}_1,\cdots,\boldsymbol{e}_n)=(\boldsymbol{e}_1,\cdots,\boldsymbol{e}_n)\boldsymbol{A}_2$$
即 $f(T_i)=\boldsymbol{A}_i(i=1,2)$，由 $\lambda,\mu\in F$，得
$$\begin{aligned}(\lambda T_1+\mu T_2)(\boldsymbol{e}_1,\cdots,\boldsymbol{e}_n)&=((\lambda T_1+\mu T_2)\boldsymbol{e}_1,\cdots,(\lambda T_1+\mu T_2)\boldsymbol{e}_n)\\&=(\lambda T_1\boldsymbol{e}_1+\mu T_2\boldsymbol{e}_1,\cdots,\lambda T_1\boldsymbol{e}_n+\mu T_2\boldsymbol{e}_n)\\&=\lambda(T_1\boldsymbol{e}_1,\cdots,T_1\boldsymbol{e}_n)+\mu(T_2\boldsymbol{e}_1,\cdots,T_2\boldsymbol{e}_n)\\&=\lambda(\boldsymbol{e}_1,\cdots,\boldsymbol{e}_n)\boldsymbol{A}_1+\mu(\boldsymbol{e}_1,\cdots,\boldsymbol{e}_n)\boldsymbol{A}_2\\&=(\boldsymbol{e}_1,\cdots,\boldsymbol{e}_n)(\lambda\boldsymbol{A}_1+\mu\boldsymbol{A}_2)\end{aligned}$$
故
$$f(\lambda T_1+\mu T_2)=\lambda\boldsymbol{A}_1+\mu\boldsymbol{A}_2=\lambda f(T_1)+\mu f(T_2)$$

所以 $$L(V,V)\cong F^{n\times n}$$

定理 1.2-3 的结构可推广到以下更一般形式：

$$L(V,W)\cong F^{n\times m},\quad (\dim V=m,\dim W=n)$$

若对 $L(V,V)$中的元引入乘法：两个变换乘积为变换的合成（连续作用）：$(T_1T_2)\boldsymbol{x}\triangleq T_1(T_2\boldsymbol{x})$。可进一步断言：$L(V,V)$与 $F^{n\times n}$ 作为 F 上的环（或代数）也是同构的，从而矩阵作为线性变换的数学表现形式包含了其全部的信息。

同构的线性空间视为同一个，刻画其特征的是线性空间的维数。

定理 1.2-4 $V\cong W\Leftrightarrow \dim V=\dim W$。

证明 $\Rightarrow$：设 $T:V\to W$ 为同构映射，取 V 的一组基 $\boldsymbol{e}_1,\cdots,\boldsymbol{e}_n$，则 $T\boldsymbol{e}_1,\cdots,T\boldsymbol{e}_n$ 必为 W 的一组基，所以 $\dim V=\dim W$。

$\Leftarrow$：令 $\boldsymbol{u}_1,\cdots,\boldsymbol{u}_n$ 及 $\boldsymbol{v}_1,\cdots,\boldsymbol{v}_n$ 分别是 V 及 W 的基。$\forall\, \boldsymbol{x}\in V,\boldsymbol{x}=\sum_{i=1}^{n}\xi_i\boldsymbol{u}_i$，令

$$T:\sum_{i=1}^{n}\xi_i\boldsymbol{u}_i\to\sum_{i=1}^{n}\xi_i\boldsymbol{v}_i,\quad (\xi_i\in F)$$

易证 T 是同构映射。

推论 1 任一实（复）n 维线性空间均与$\mathbb{R}^n$（$\mathbb{C}^n$）同构。

推论 2 $\dim L(V,W)=\dim F^{n\times m}=nm$。（$\dim V=m,\dim W=n$），特别地，$\dim L(V,V)=n^2=(\dim V)^2$

推论 3 设 $\dim V=n,T\in L(V,V)$，T 在基 $\boldsymbol{e}_1,\cdots,\boldsymbol{e}_n$ 下矩阵 $\mathbf{A}\in F^{n\times n}$，令 $N(\mathbf{A})=\{\boldsymbol{\alpha}\in F^n\mid \mathbf{A}\boldsymbol{\alpha}=0\}$，$R(\mathbf{A})=\{\beta\in F^n\mid \boldsymbol{\beta}=\mathbf{A}\boldsymbol{\alpha},\boldsymbol{\alpha}\in F^n\}$，则

① $\dim N(T)=\dim N(\mathbf{A})$；

② $\dim R(T)=\dim R(\mathbf{A})=r(\mathbf{A})$；

③ （亏加秩定理）$\dim N(\mathbf{A})+\dim R(\mathbf{A})=n$。

证明 ① 不难看到 $N(\mathbf{A})$是 F^n 的子空间。$N(T)$是 V 的子空间，只须证明

$$N(T)\cong N(\mathbf{A})$$

$$\forall\,\boldsymbol{x}\in V,\quad \boldsymbol{x}=\sum_{i=1}^{n}\xi_i\boldsymbol{e}_i=(\boldsymbol{e}_1,\cdots,\boldsymbol{e}_n)\boldsymbol{\alpha},\quad \boldsymbol{\alpha}=(\xi_1,\cdots,\xi_n)^{\mathrm{T}}\in F^n$$

令 $$f_1:N(T)\to N(\mathbf{A})$$

$\forall\, x\in N(T)$，令 $$T\boldsymbol{x}=T(\boldsymbol{e}_1,\cdots,\boldsymbol{e}_n)\boldsymbol{\alpha}=(\boldsymbol{e}_1,\cdots,\boldsymbol{e}_n)(\mathbf{A}\boldsymbol{\alpha})$$

故 $$T\boldsymbol{x}=\mathbf{0}\Leftrightarrow\mathbf{A}\boldsymbol{\alpha}=\mathbf{0}$$

故 f_1 是 $N(T)$到 $N(\mathbf{A})$的一一映射。

且 $$f_1(\lambda\boldsymbol{x}_1+\mu\boldsymbol{x}_2)=\lambda f_1(\boldsymbol{x}_1)+\mu f_1(\boldsymbol{x}_2),\quad \forall\lambda,\quad \mu\in F,\boldsymbol{x}_1,\boldsymbol{x}_2\in N(T)$$

所以 $N(T)\cong N(\mathbf{A})$，由定理 1.2-4 即得①。

② 只须证明 $R(T)\cong R(\mathbf{A})$

$\forall\,\boldsymbol{y}=T\boldsymbol{x}\in R(T)$，在 $\boldsymbol{e}_1,\cdots,\boldsymbol{e}_n$ 下 T$\boldsymbol{x}$ 的坐标为 $\mathbf{A}\boldsymbol{\alpha}$

令 $$f_2:R(T)\to R(\mathbf{A}),\quad T\boldsymbol{x}\to\mathbf{A}\boldsymbol{\alpha}$$

显然 f_2 为一一到上的映射

且 $$f_2(\lambda\boldsymbol{y}_1+\mu\boldsymbol{y}_2)=\lambda f_2(\boldsymbol{y}_1)+\mu f_2(\boldsymbol{y}_2),\quad \forall\lambda,\quad \mu\in F,\boldsymbol{y}_1,\boldsymbol{y}_2\in R(T)$$

所以
$$R(T)\cong R(\boldsymbol{A})$$
故由定理 1.2－4 即得②。

令
$$\boldsymbol{A}=(\boldsymbol{A}_1,\cdots,\boldsymbol{A}_n)\text{（列分块）}$$
$$\begin{aligned}R(\boldsymbol{A})&=\{\boldsymbol{\beta}\in F^n\mid \boldsymbol{A\alpha}=\boldsymbol{\beta},\boldsymbol{\alpha}\in F^n\}\\&=\{\boldsymbol{\beta}=(A_1,\cdots,A_n)(\xi_1,\cdots,\xi_n)^{\mathrm{T}}\mid \xi_i\in F^n\}\\&=\{\xi_1A_1+\xi_2A_2+\cdots+\xi_nA_n\mid \xi_i\in F\}\\&=\mathrm{span}(A_1,\cdots,A_n)\end{aligned}$$
故
$$\dim R(\boldsymbol{A})=\dim\mathrm{span}(A_1,\cdots,A_n)=r(\boldsymbol{A})$$

③由①，②及亏加秩定理即得结论。

最后介绍线性变换 T 在 V 的不同基下矩阵间的关系。

定理 1.2－5　设 $T\in L(V,V)$，则 T 在不同基下的矩阵间是相似的。

证明　取 $\boldsymbol{e}_1,\cdots,\boldsymbol{e}_n$ 及 $\boldsymbol{e}_1',\cdots,\boldsymbol{e}_n'$是 V 的两组基

令
$$(\boldsymbol{e}_1',\cdots,\boldsymbol{e}_n')=(\boldsymbol{e}_1,\cdots,\boldsymbol{e}_n)\boldsymbol{C}\quad(\boldsymbol{C}\text{ 为过渡矩阵})$$
设
$$T(\boldsymbol{e}_1,\cdots,\boldsymbol{e}_n)=(\boldsymbol{e}_1,\cdots,\boldsymbol{e}_n)\boldsymbol{A}$$
$$T(\boldsymbol{e}_1',\cdots,\boldsymbol{e}_n')=(\boldsymbol{e}_1',\cdots,\boldsymbol{e}_n')\boldsymbol{B}=(\boldsymbol{e}_1,\cdots,\boldsymbol{e}_n)(\boldsymbol{CB})$$
$$T(\boldsymbol{e}_1',\cdots,\boldsymbol{e}_n')=T((\boldsymbol{e}_1,\cdots,\boldsymbol{e}_n)\boldsymbol{C})=(T(\boldsymbol{e}_1,\cdots,\boldsymbol{e}_n))\boldsymbol{C}=(\boldsymbol{e}_1,\cdots,\boldsymbol{e}_n)\boldsymbol{AC}$$
由上两式有
$$(\boldsymbol{e}_1,\cdots,\boldsymbol{e}_n)(\boldsymbol{AC}-\boldsymbol{CB})=\boldsymbol{0}$$
所以
$$\boldsymbol{AC}=\boldsymbol{BC}$$
故
$$\boldsymbol{B}=\boldsymbol{C}^{-1}\boldsymbol{AC}\text{，即 }\boldsymbol{A}\sim\boldsymbol{B}\text{（相似）}$$

线性变换在不同基下的矩阵是两两相似的，反之亦然。相似矩阵所反映的是同一线性变换，故相似矩阵间所具有的共同性质就是线性变换所特有的。相似关系是矩阵间的等价关系，希望在同一等价类中找出一个形式最简单的作为代表元，即线性变换在某一基下的表现矩阵最简单，这就是后面要学习的矩阵标准型(Jordan 标准型)问题。

1.2.4　特征值与特征向量

有限维空间 V 上的线性变换在取不同基时，其矩阵是相似的，故我们自然想知道该线性变换在什么基下的矩阵形式最简单。换句话说对矩阵而言在相似变形下的矩阵存在怎样的最简单形式，为此引入特征值及特征向量的概念，它对研究线性变换及矩阵都非常重要。

定义 1.2－5　设 $T\in L(V,V)$，若存在 $\lambda_0\in F$ 及 V 中的非零向量 $\boldsymbol{\xi}$，使得 $T\boldsymbol{\xi}=\lambda_0\boldsymbol{\xi}$，则称 λ_0 为 T 的一个**特征值**，而 $\boldsymbol{\xi}$ 称为 T 的属于特征值 λ_0 的一个**特征向量**。

从几何上来看，特征向量 $\boldsymbol{\xi}$ 在线性变换作用下保持方位不变(在同一直线上)。由于线性变换较为抽象，直接由定义去求解方程 $T\boldsymbol{\xi}=\lambda_0\boldsymbol{\xi}$ 来寻找特征值及特征向量是很困难的，为此可利用 T 的矩阵表现形式将该问题转化为一个纯代数问题。

取定 V 的一组基 $\boldsymbol{e}_1,\cdots,\boldsymbol{e}_n$，设 $T(\boldsymbol{e}_1,\cdots,\boldsymbol{e}_n)=(\boldsymbol{e}_1,\cdots,\boldsymbol{e}_n)\boldsymbol{A}$，且

$T(\boldsymbol{\xi})=\lambda_0\boldsymbol{\xi}(\boldsymbol{\xi}\neq\boldsymbol{0})$，$\boldsymbol{\xi}=(\boldsymbol{e}_1,\cdots,\boldsymbol{e}_n)\boldsymbol{\alpha}$，$\boldsymbol{\alpha}\in F^n$，则
$$T(\boldsymbol{\xi})=T(\boldsymbol{e}_1,\cdots,\boldsymbol{e}_n)\boldsymbol{\alpha}=(\boldsymbol{e}_1,\cdots,\boldsymbol{e}_n)\boldsymbol{A\alpha}=\lambda_0\boldsymbol{\xi}=(\boldsymbol{e}_1,\cdots,\boldsymbol{e}_n)(\lambda_0\boldsymbol{\alpha})$$
所以
$$\boldsymbol{A\alpha}=\lambda_0\boldsymbol{\alpha}$$

即 $$(\lambda_0 \boldsymbol{I}-\boldsymbol{A})\boldsymbol{\alpha}=\boldsymbol{0}, \quad (\boldsymbol{\alpha}\neq\boldsymbol{0}) \tag{1-5}$$

从而 $$|\lambda_0 \boldsymbol{I}-\boldsymbol{A}|=0$$

由以上分析立即可知：

① λ_0 是 T 的特征值$\Leftrightarrow\lambda_0$ 是 $\boldsymbol{A}$ 的特征值；

② $\boldsymbol{\xi}$ 是 T 的属于λ_0 的特征向量$\Leftrightarrow\boldsymbol{\alpha}$ 是 $\boldsymbol{A}$ 的属于λ_0 的特征向量，其中，$\boldsymbol{\xi}=(\boldsymbol{e}_1,\cdots,\boldsymbol{e}_n)\boldsymbol{\alpha}$。

$\boldsymbol{A}$ 的属于λ_0 的全部特征向量再添加零向量就构成了 F^n 的一个线性子空间，称之为 $\boldsymbol{A}$ 的一个特征子空间，记为 $E(\lambda_0)$，该子空间就是齐次线性方程组$(\lambda_0\boldsymbol{I}-\boldsymbol{A})\boldsymbol{X}=\boldsymbol{0}$的解空间。

求矩阵 $\boldsymbol{A}$ 的全部特征值及特征向量的步骤：

① 计算行列式$|\lambda\boldsymbol{I}-\boldsymbol{A}|$；

② 求出多项式 $f(\lambda)=|\lambda\boldsymbol{I}-\boldsymbol{A}|$在数域$F$ 中的全部根(即 $\boldsymbol{A}$ 的特征值)；

③ 通过解齐次线性方程组$(\lambda_i\boldsymbol{I}-\boldsymbol{A})\boldsymbol{X}=\boldsymbol{0}$，求出它的一组基础解系 $\boldsymbol{\alpha}_1,\boldsymbol{\alpha}_2,\cdots,\boldsymbol{\alpha}_t$，则 $\boldsymbol{A}$ 的属于特征值 λ_i 的全部特征向量为 $k_1\boldsymbol{\alpha}_1+k_2\boldsymbol{\alpha}_2+\cdots+k_t\boldsymbol{\alpha}_t$，$(\boldsymbol{\alpha}_i\in F^n)$，$k_1,k_2,\cdots,k_t$ 不全为零。

求解 T 的特征值与特征向量与上述的步骤基本相同，属于 λ_i 的某个特征向量为 $\boldsymbol{\xi}_i=(\boldsymbol{e}_1,\cdots,\boldsymbol{e}_n)\boldsymbol{\alpha}_i(1\leqslant i\leqslant t)$，则属于 λ_i 的全部特征向量为 $k_1\boldsymbol{\xi}_1+k_2\boldsymbol{\xi}_2+\cdots+k_t\boldsymbol{\xi}_t(k_1,\cdots,k_t$ 不全为零)。

例 1.2-5 设 $T\in L(\mathbb{R}^3,\mathbb{R}^3)$，在基 $\boldsymbol{e}_1,\boldsymbol{e}_2,\boldsymbol{e}_3$ 下的矩阵为

$$\boldsymbol{A}=\begin{pmatrix} 2 & -2 & 2 \\ -2 & -1 & 4 \\ 2 & 4 & -1 \end{pmatrix}$$

求 T 的全部特征值及全部特征向量。

解 $f(\lambda)=|\lambda\boldsymbol{I}-\boldsymbol{A}|=(\lambda-3)^2(\lambda+6)$

故特征值为 $$\lambda=3(\text{二重}), \quad \lambda=-6$$

对于 $\lambda=3$，齐次线性组$(3\boldsymbol{I}-\boldsymbol{A})\boldsymbol{X}=\boldsymbol{0}$

取其基础解系 $$\boldsymbol{\alpha}_1=(-2,1,0)^{\mathrm{T}}, \quad \boldsymbol{\alpha}_2=(2,0,1)^{\mathrm{T}}$$

所以 T 的属于 $\lambda=3$ 的特征向量为

$$\boldsymbol{\xi}_1=(\boldsymbol{e}_1,\boldsymbol{e}_2,\boldsymbol{e}_3)\boldsymbol{\alpha}_1=-2\boldsymbol{e}_1+\boldsymbol{e}_2$$

$$\boldsymbol{\xi}_2=(\boldsymbol{e}_1,\boldsymbol{e}_2,\boldsymbol{e}_3)\boldsymbol{\alpha}_2=2\boldsymbol{e}_1-\boldsymbol{e}_3$$

所以属于 $\lambda=3$ 的全部特征向量为

$$k_1\boldsymbol{\xi}_1+k_2\boldsymbol{\xi}_2, \quad (k_1,k_2\in\mathbb{R} \text{ 且 } k_1^2+k_2^2\neq0)$$

对 $\lambda=-6$，齐次线性方程组$(-6\boldsymbol{I}-\boldsymbol{A})\boldsymbol{X}=\boldsymbol{0}$ 的基础解系为

$$\boldsymbol{\alpha}_3=(1,2,-2)^{\mathrm{T}}$$

令 $$\boldsymbol{\xi}_3=(\boldsymbol{e}_1,\boldsymbol{e}_2,\boldsymbol{e}_3)\boldsymbol{\alpha}_3=\boldsymbol{e}_1+2\boldsymbol{e}_2-2\boldsymbol{e}_3$$

故属于 $\lambda=-6$ 的全部特征向量为 $k\boldsymbol{\xi}_3(k\neq0)$

例 1.2-6 设 $\boldsymbol{B}=\begin{pmatrix} 1 & 1 \\ 0 & 1 \end{pmatrix}$，线性空间

$$V=\{\boldsymbol{X}=(\boldsymbol{x}_{ij})_{2\times2} \mid \boldsymbol{x}_{11}+\boldsymbol{x}_{22}=0,\boldsymbol{x}_{ij}\in\mathbb{R}\}$$

中的线性变换为 $T(\boldsymbol{X})=\boldsymbol{B}^{\mathrm{T}}\boldsymbol{X}-\boldsymbol{X}^{\mathrm{T}}\boldsymbol{B}(\forall\boldsymbol{X}\in V)$，求 T 的特征值与特征向量。

解 设 $\boldsymbol{X}=\begin{pmatrix} x_{11} & x_{12} \\ x_{21} & x_{22} \end{pmatrix}\in V$，则有

$$\boldsymbol{X}=\begin{pmatrix}x_{11} & x_{12}\\ x_{21} & -x_{11}\end{pmatrix}=\begin{pmatrix}x_{11} & 0\\ 0 & -x_{11}\end{pmatrix}+\begin{pmatrix}0 & x_{12}\\ 0 & 0\end{pmatrix}+\begin{pmatrix}0 & 0\\ x_{21} & 0\end{pmatrix}$$
$$=x_{11}\begin{pmatrix}1 & 0\\ 0 & -1\end{pmatrix}+x_{12}\begin{pmatrix}0 & 1\\ 0 & 0\end{pmatrix}+x_{21}\begin{pmatrix}0 & 0\\ 1 & 0\end{pmatrix}$$

这表明 $\boldsymbol{X}\in V$ 可由

$$\boldsymbol{X}_1=\begin{pmatrix}1 & 0\\ 0 & -1\end{pmatrix},\quad \boldsymbol{X}_2=\begin{pmatrix}0 & 1\\ 0 & 0\end{pmatrix},\quad \boldsymbol{X}_3=\begin{pmatrix}0 & 0\\ 1 & 0\end{pmatrix}$$

线性表示。容易验证 $\boldsymbol{X}_1,\boldsymbol{X}_2,\boldsymbol{X}_3$ 线性无关，故 $\boldsymbol{X}_1,\boldsymbol{X}_2,\boldsymbol{X}_3$ 构成 V 的一个基，且 $\boldsymbol{X}$ 在该基下的坐标为 $(x_{11},x_{12},x_{21})^{\mathrm{T}}$. 由线性变换的公式求得

$$T(\boldsymbol{X}_1)=\begin{pmatrix}0 & -1\\ 1 & 0\end{pmatrix}=0\boldsymbol{X}_1-1\boldsymbol{X}_2+1\boldsymbol{X}_3$$
$$T(\boldsymbol{X}_2)=\begin{pmatrix}0 & 1\\ -1 & 0\end{pmatrix}=0\boldsymbol{X}_1+1\boldsymbol{X}_2-1\boldsymbol{X}_3$$
$$T(\boldsymbol{X}_3)=\begin{pmatrix}0 & -1\\ 1 & 0\end{pmatrix}=0\boldsymbol{X}_1-1\boldsymbol{X}_2+1\boldsymbol{X}_3$$

故 T 在该基下的矩阵为

$$\boldsymbol{A}=\begin{pmatrix}0 & 0 & 0\\ -1 & 1 & -1\\ 1 & -1 & 1\end{pmatrix}$$

求得 $\boldsymbol{A}$ 的特征值与线性无关的特征向量为

$$\lambda_1=\lambda_2=0,\quad \boldsymbol{\alpha}_1=\begin{pmatrix}1\\1\\0\end{pmatrix},\quad \boldsymbol{\alpha}_2=\begin{pmatrix}0\\1\\1\end{pmatrix};\quad \lambda_3=2,\quad \boldsymbol{\alpha}_3=\begin{pmatrix}0\\1\\-1\end{pmatrix}$$

那么，T 的特征值 $\lambda_1=\lambda_2=0$ 对应的线性无关的特征向量为

$$\boldsymbol{Y}_1=(\boldsymbol{X}_1,\boldsymbol{X}_2,\boldsymbol{X}_3)\boldsymbol{\alpha}_1=\begin{pmatrix}1 & 1\\ 0 & -1\end{pmatrix},\quad \boldsymbol{Y}_2=(\boldsymbol{X}_1,\boldsymbol{X}_2,\boldsymbol{X}_3)\boldsymbol{\alpha}_2=\begin{pmatrix}0 & 1\\ 1 & 0\end{pmatrix}$$

全体特征向量为 $k_1\boldsymbol{Y}_1+k_2\boldsymbol{Y}_2$（$k_1,k_2\in\mathbb{R}$ 不同时为零）；T 的特征值 $\lambda_3=2$ 对应的线性无关的特征向量为

$$\boldsymbol{Y}_3=(\boldsymbol{X}_1,\boldsymbol{X}_2,\boldsymbol{X}_3)\boldsymbol{\alpha}_3=\begin{pmatrix}0 & 1\\ -1 & 0\end{pmatrix}$$

全体特征向量为 $k_3\boldsymbol{Y}_3$ $(0\neq k_3\in\mathbb{R})$。

特征值与特征向量存在是否依赖于 V 所在的数域 F，如 $T\in L(\mathbb{R}^2,\mathbb{R}^2)$，其在某组基下的矩阵为 $\begin{pmatrix}0 & -1\\ 1 & 0\end{pmatrix}$，则特征多项式 $f(\lambda)=\begin{vmatrix}\lambda & 1\\ -1 & \lambda\end{vmatrix}=\lambda^2+1$ 在 $\mathbb{R}$ 中无根，故不存在特征值及特征向量。当 $\dim V=n$，且较大时，以上求法理论上成立，但实际操作非常烦琐，可借助计算机及数值代数的方法求解。

$$E(\lambda_i)=\{\boldsymbol{X}\in F^n\mid(\lambda_i\boldsymbol{I}-\boldsymbol{A})\boldsymbol{X}=\boldsymbol{0}\}=N(\lambda_i\boldsymbol{I}-\boldsymbol{A})\quad（解空间）$$

由亏加秩
$$r(\lambda_i\boldsymbol{I}-\boldsymbol{A})+\dim N(\lambda_i\boldsymbol{I}-\boldsymbol{A})=n$$

所以特征子空间 $E(\lambda_i)$ 的维数是

$$\dim E(\lambda_i)=n-r(\lambda_i \boldsymbol{I}-\boldsymbol{A}) \quad (\lambda_i \text{ 的几何重数})$$

例 1.2-7 设 $\boldsymbol{A}\in\mathbb{C}^{m\times n},\boldsymbol{B}\in\mathbb{C}^{n\times m}(m>n)$。证明：$|\lambda\boldsymbol{I}-\boldsymbol{AB}|=\lambda^{m-n}|\lambda\boldsymbol{I}-\boldsymbol{BA}|$。

引入两个互逆的矩阵，$\begin{pmatrix}\boldsymbol{I}&\boldsymbol{O}\\\boldsymbol{B}&\boldsymbol{I}\end{pmatrix}$和$\begin{pmatrix}\boldsymbol{I}&\boldsymbol{O}\\-\boldsymbol{B}&\boldsymbol{I}\end{pmatrix}$，且$\begin{pmatrix}\boldsymbol{I}&\boldsymbol{O}\\\boldsymbol{B}&\boldsymbol{I}\end{pmatrix}\begin{pmatrix}\boldsymbol{I}&\boldsymbol{O}\\-\boldsymbol{B}&\boldsymbol{I}\end{pmatrix}=\begin{pmatrix}\boldsymbol{I}&\boldsymbol{O}\\\boldsymbol{O}&\boldsymbol{I}\end{pmatrix}$，

则下式成立，即

$$\begin{pmatrix}\boldsymbol{I}&\boldsymbol{O}\\\boldsymbol{B}&\boldsymbol{I}\end{pmatrix}\begin{pmatrix}\boldsymbol{AB}&\boldsymbol{A}\\\boldsymbol{O}&\boldsymbol{O}\end{pmatrix}\begin{pmatrix}\boldsymbol{I}&\boldsymbol{O}\\-\boldsymbol{B}&\boldsymbol{I}\end{pmatrix}=\begin{pmatrix}\boldsymbol{O}&\boldsymbol{A}\\\boldsymbol{O}&\boldsymbol{BA}\end{pmatrix}$$

因此

$$\begin{aligned}\left|\lambda\boldsymbol{I}-\begin{pmatrix}\boldsymbol{O}&\boldsymbol{A}\\\boldsymbol{O}&\boldsymbol{BA}\end{pmatrix}\right|&=\left|\lambda\boldsymbol{I}-\begin{pmatrix}\boldsymbol{I}&\boldsymbol{O}\\\boldsymbol{B}&\boldsymbol{I}\end{pmatrix}\begin{pmatrix}\boldsymbol{AB}&\boldsymbol{A}\\\boldsymbol{O}&\boldsymbol{O}\end{pmatrix}\begin{pmatrix}\boldsymbol{I}&\boldsymbol{O}\\-\boldsymbol{B}&\boldsymbol{I}\end{pmatrix}\right|\\&=\left|\begin{pmatrix}\boldsymbol{I}&\boldsymbol{O}\\\boldsymbol{B}&\boldsymbol{I}\end{pmatrix}\left[\lambda\boldsymbol{I}-\begin{pmatrix}\boldsymbol{AB}&\boldsymbol{A}\\\boldsymbol{O}&\boldsymbol{O}\end{pmatrix}\right]\begin{pmatrix}\boldsymbol{I}&\boldsymbol{O}\\-\boldsymbol{B}&\boldsymbol{I}\end{pmatrix}\right|\\&=\left|\begin{pmatrix}\boldsymbol{I}&\boldsymbol{O}\\\boldsymbol{B}&\boldsymbol{I}\end{pmatrix}\right|\left|\left[\lambda\boldsymbol{I}-\begin{pmatrix}\boldsymbol{AB}&\boldsymbol{A}\\\boldsymbol{O}&\boldsymbol{O}\end{pmatrix}\right]\right|\left|\begin{pmatrix}\boldsymbol{I}&\boldsymbol{O}\\-\boldsymbol{B}&\boldsymbol{I}\end{pmatrix}\right|\\&=\left|\left[\lambda\boldsymbol{I}-\begin{pmatrix}\boldsymbol{AB}&\boldsymbol{A}\\\boldsymbol{O}&\boldsymbol{O}\end{pmatrix}\right]\right|\end{aligned}$$

故可得 $$|\lambda\boldsymbol{I}(\lambda\boldsymbol{I}-\boldsymbol{BA})|=|\lambda\boldsymbol{I}(\lambda\boldsymbol{I}-\boldsymbol{AB})|$$

即 $$\lambda^n|(\lambda\boldsymbol{I}-\boldsymbol{AB})|=\lambda^m|(\lambda-\boldsymbol{BA})|$$

从而有 $$|(\lambda\boldsymbol{I}-\boldsymbol{AB})|=\lambda^{m-n}|(\lambda\boldsymbol{I}-\boldsymbol{BA})|$$

由例 1.2-7 可以看出，矩阵 $\boldsymbol{AB}$ 与 $\boldsymbol{BA}$ 的非零特征值相同。若 $\boldsymbol{A},\boldsymbol{B}$ 为同阶方阵，则 $\boldsymbol{AB}$ 与 $\boldsymbol{BA}$ 有相同的特征根。

定理 1.2-6(Schur 引理) 任意的 $\boldsymbol{A}\in\mathbb{C}^{n\times n}$都相似于一个上三角阵，即存在满秩阵 $\boldsymbol{P}$，使 $\boldsymbol{P}^{-1}\boldsymbol{AP}$ 为上三角阵，其主对角上的元表为 $\boldsymbol{A}$ 的全部特征值。

证明 归纳法：$n=1$ 时自然成立。

假定对 $n-1$ 阶矩阵结论成立，取 $\boldsymbol{A}$ 的一个特征值 λ_1（必存在）属于 λ_1 的特征向量 $\boldsymbol{X}_1$，作一满秩阵 $\boldsymbol{P}_1=(\boldsymbol{X}_1,\cdots)$（即 $\boldsymbol{X}_1$ 为 $\boldsymbol{P}_1$ 的第一列向量）

从而有 $$\boldsymbol{AP}_1=(\boldsymbol{AX}_1,\cdots)=(\lambda_1\boldsymbol{X}_1,\cdots)$$

进而 $$\boldsymbol{P}_1^{-1}\boldsymbol{AX}_1=\boldsymbol{P}_1^{-1}(\lambda_1\boldsymbol{X}_1)=\lambda_1\boldsymbol{P}_1^{-1}\boldsymbol{X}_1=\lambda_1\begin{pmatrix}1\\0\\\vdots\\0\end{pmatrix}$$

故有 $$\boldsymbol{P}_1^{-1}\boldsymbol{AP}_1=(\boldsymbol{P}_1^{-1}\boldsymbol{AX}_1,\cdots)=\begin{pmatrix}\lambda_1&*\\\boldsymbol{0}&\boldsymbol{A}_1\end{pmatrix}$$

$\boldsymbol{A}_1$ 为 $n-1$ 阶阵，由假设存在 $n-1$ 阶可逆阵 $\boldsymbol{Q}_1$，使得 $\boldsymbol{Q}_1^{-1}\boldsymbol{A}_1\boldsymbol{Q}_1$ 为上三角阵，即

$$\boldsymbol{Q}_1^{-1}\boldsymbol{A}_1\boldsymbol{Q}_1=\begin{pmatrix}\lambda_2&&*\\&\ddots&\\\boldsymbol{0}&&\lambda_n\end{pmatrix}$$

令 $\boldsymbol{P}_2=\begin{pmatrix}1&\boldsymbol{0}\\\boldsymbol{0}&\boldsymbol{Q}_1\end{pmatrix}$，显然 $\boldsymbol{P}_2^{-1}=\begin{pmatrix}1&\boldsymbol{0}\\\boldsymbol{0}&\boldsymbol{Q}_1^{-1}\end{pmatrix}$

令 $\boldsymbol{P}=\boldsymbol{P}_1\boldsymbol{P}_2$，则 $\boldsymbol{P}^{-1}=\boldsymbol{P}_2^{-1}\boldsymbol{P}_1^{-1}$，故

$$\boldsymbol{P}^{-1}\boldsymbol{AP}=\begin{pmatrix}1 & \boldsymbol{0}\\ \boldsymbol{0} & Q_1^{-1}\end{pmatrix}\begin{pmatrix}\lambda_1 & *\\ \boldsymbol{0} & A_1\end{pmatrix}\begin{pmatrix}1 & \boldsymbol{0}\\ \boldsymbol{0} & Q_1\end{pmatrix}=\begin{pmatrix}\lambda_1 & *'\\ \boldsymbol{0} & Q_1^{-1}A_1Q_1\end{pmatrix}=\left(\begin{array}{c|ccc}\lambda_1 & & *' & \\ \hline & \lambda_2 & & * \\ \boldsymbol{0} & & \ddots & \\ & \boldsymbol{0} & & \lambda_n\end{array}\right)$$

此为上三角阵。

推论　设 $\boldsymbol{A}$ 的 n 个特征值为 $\lambda_1,\cdots,\lambda_n$，$\varphi(x)$ 为 x 的任一多项式，则矩阵多项式 $\varphi(\boldsymbol{A})$ 的 n 个特征值为 $\varphi(\lambda_1),\cdots,\varphi(\lambda_n)$，特别 $k\boldsymbol{A}$ 的特征值为 $k\lambda_1,\cdots,k\lambda_n$，$\boldsymbol{A}^m$ 的特征值为 $\lambda_1^m,\cdots,\lambda_n^m$。

事实上，设 $\boldsymbol{P}^{-1}\boldsymbol{AP}=\begin{pmatrix}\lambda_1 & & *\\ & \ddots & \\ \boldsymbol{0} & & \lambda_n\end{pmatrix}$，令 $\varphi(x)=x^m+a_1x^{m-1}+\cdots+a_{m-1}x+a_m$ 直接验算，可得

$$\begin{aligned}\boldsymbol{P}^{-1}\varphi(\boldsymbol{A})\boldsymbol{P}&=\boldsymbol{P}^{-1}(\boldsymbol{A}^m+a_1\boldsymbol{A}^{m-1}+\cdots+a_{m-1}\boldsymbol{A}+a_m\boldsymbol{I})\boldsymbol{P}\\&=(\boldsymbol{P}^{-1}\boldsymbol{AP})^m+a_1(\boldsymbol{P}^{-1}\boldsymbol{AP})^{m-1}+\cdots+a_{m-1}\boldsymbol{P}^{-1}\boldsymbol{AP}+a_m\boldsymbol{I}\\&=\begin{pmatrix}\lambda_1 & & *\\ & \ddots & \\ \boldsymbol{0} & & \lambda_n\end{pmatrix}^m+a_1\begin{pmatrix}\lambda_1 & & *\\ & \ddots & \\ \boldsymbol{0} & & \lambda_n\end{pmatrix}^{m-1}+\cdots+a_{m+1}\begin{pmatrix}\lambda_1 & & *\\ & \ddots & \\ \boldsymbol{0} & & \lambda_n\end{pmatrix}+a_mI\\&=\begin{pmatrix}\lambda_1^m & & *\\ & \ddots & \\ \boldsymbol{0} & & \lambda_n^m\end{pmatrix}+a_1\begin{pmatrix}\lambda_1^{m-1} & & *\\ & \ddots & \\ \boldsymbol{0} & & \lambda_n^{m-1}\end{pmatrix}+\cdots+a_{m+1}\begin{pmatrix}\lambda_1 & & *\\ & \ddots & \\ \boldsymbol{0} & & \lambda_n\end{pmatrix}+a_mI\\&=\begin{pmatrix}\varphi(\lambda_1) & & *\\ & \ddots & \\ \boldsymbol{0} & & \varphi(\lambda_n)\end{pmatrix}\end{aligned}$$

定理 1.2－7(Hamilton－Cayley 定理)　设 $\boldsymbol{A}\in\mathbb{C}^{n\times n}$，其特征多项式为 $f(\lambda)=|\lambda\boldsymbol{I}-\boldsymbol{A}|$，则必有 $f(\boldsymbol{A})=\boldsymbol{0}$(零矩阵)。

证明　由 Schur 引理可直接证明：

设 $f(\lambda)=(\lambda-\lambda_1)(\lambda-\lambda_2)\cdots(\lambda-\lambda_n)$，及 $\boldsymbol{P}^{-1}\boldsymbol{AP}=\begin{pmatrix}\lambda_1 & & *\\ & \ddots & \\ \boldsymbol{0} & & \lambda_n\end{pmatrix}$，直接验算可得

$$f(\boldsymbol{P}^{-1}\boldsymbol{AP})=\boldsymbol{P}^{-1}f(\boldsymbol{A})\boldsymbol{P}=(\boldsymbol{P}^{-1}\boldsymbol{AP}-\lambda_1\boldsymbol{I})\cdots(\boldsymbol{P}^{-1}\boldsymbol{AP}-\lambda_n\boldsymbol{I})=\boldsymbol{0}$$

故 $f(\boldsymbol{A})=\boldsymbol{0}$。

定理 1.2－7 对于一般数域 F 的矩阵仍成立(其证明须用 λ－矩阵的工具)。由于 $L(V,V)\cong F^{n\times n}$，故对于线性变换有平行的结果：$T\in L(V,V)$，且 $f(\lambda)$ 为 T 的特征多项式，则 $f(T)=0$(零变换)。

例 1.2－8　设 $\boldsymbol{A}=\begin{pmatrix}-1 & 1 & 0\\ -4 & 3 & 0\\ 1 & 0 & 2\end{pmatrix}$，试计算 $\boldsymbol{A}^7-\boldsymbol{A}^5-19\boldsymbol{A}^4+28\boldsymbol{A}^3+6\boldsymbol{A}-4\boldsymbol{I}$。

解　$f(\lambda)=|\lambda\boldsymbol{I}-\boldsymbol{A}|=\lambda^3-4\lambda^2+5\lambda-2$

令 $$g(\lambda)=\lambda^7-\lambda^5-19\lambda^4+28\lambda^3+6\lambda-4$$
由多项式除法 $$g(\lambda)=f(\lambda)h(\lambda)-3\lambda^2+22\lambda-8$$
所以
$$g(\boldsymbol{A})=f(\boldsymbol{A})h(\boldsymbol{A})-3\boldsymbol{A}^2+22\boldsymbol{A}-8\boldsymbol{I}=-3\boldsymbol{A}^2+22\boldsymbol{A}-8\boldsymbol{I}$$
$$=\begin{pmatrix}-21 & 16 & 0\\ -64 & 43 & 0\\ 19 & -3 & 24\end{pmatrix}\text{(Cayley 定理)}$$

由定理 1.2-7 知，任 $\boldsymbol{A}\in F^{n\times n}$，必存在使其零化的多项式，由此引入以下概念。

定义 1.2-6 设 $\boldsymbol{A}\in F^{n\times n}$，集合 $G_A=\{\varphi(\lambda)\in F[\lambda]\,|\,\varphi(\boldsymbol{A})=0\}$ 中次数最低的首一多项式称为 $\boldsymbol{A}$ 的最小多项式，记为 $m_A(\lambda)$。

$m_A(\lambda)$ 是唯一的，且可整除任一 $\boldsymbol{A}$ 的零化多项式，特别 $m_A(\lambda)\,|\,|\lambda\boldsymbol{I}-\boldsymbol{A}|$。

定理 1.2-8 $\boldsymbol{A}$ 的特征多项式 $f(\lambda)$ 与最小多项式 $m_A(\lambda)$ 有相同的根(不计根的重数)。

证明 由 $m_A(\lambda)\,|\,f(\lambda)$，知 $m_A(\lambda_0)=0\Rightarrow f(\lambda_0)=0$，即最小多项式的根是 $\boldsymbol{A}$ 的特征根。反之，若 $f(\lambda_0)=0$，设 $\boldsymbol{\xi}$ 是属于 λ_0 的特征向量，即 $\boldsymbol{A\xi}=\lambda_0\boldsymbol{\xi}$，由于 $m_A(\boldsymbol{A})\boldsymbol{\xi}=m_A(\lambda_0)\boldsymbol{\xi}=\boldsymbol{0}$，而 $\boldsymbol{\xi}\neq\boldsymbol{0}$，故 $m_A(\lambda_0)=\boldsymbol{0}$，故定理成立。

由此不妨设 $\boldsymbol{A}$ 的所有相异特征值为 $\lambda_1,\cdots,\lambda_r,\lambda_i$ 的重数为 n_i，即
$$f(\lambda)=(\lambda-\lambda_1)^{n_1}(\lambda-\lambda_2)^{n_2}\cdots(\lambda-\lambda_r)^{n_r}$$

式中，$\sum\limits_{i=1}^{r}n_i=n$，则 $\boldsymbol{A}$ 的最小多项式 $m_A(\lambda)$ 为
$$m_A(\lambda)=(\lambda-\lambda_1)^{m_1}(\lambda-\lambda_2)^{m_2}\cdots(\lambda-\lambda_r)^{m_r}$$
式中，m_i 为正整数，且 $1\leqslant m_i\leqslant n_i(1\leqslant i\leqslant r)$。

特别当 $f(\lambda)$ 无重根时，$f(\lambda)=m_A(\lambda)$。

例 1.2-9 求矩阵 $\boldsymbol{A}=\begin{pmatrix}7 & 4 & -1\\ 4 & 7 & -1\\ -4 & -4 & 4\end{pmatrix}$ 的最小多项式。

解 由 $f_A(\lambda)=|\lambda\boldsymbol{I}-\boldsymbol{A}|=(\lambda-3)^2(\lambda-12)$

而 $m_A(\lambda)\,|\,f(\lambda)$，且由定理 1.2-9 知，$m_A(\lambda)=f(\lambda)$ 或 $m_A(\lambda)=(\lambda-3)(\lambda-12)$

经验证，$(\boldsymbol{A}-3\boldsymbol{I})(\boldsymbol{A}-12\boldsymbol{I})=\boldsymbol{0}$，所以 $m_A(\lambda)=(\lambda-3)(\lambda-12)$。

习 题

1. 试问，能否有两个 n 阶矩阵 $\boldsymbol{A}$ 和 $\boldsymbol{B}$ 使 $\boldsymbol{AB}-\boldsymbol{BA}=\boldsymbol{I}_n$。

2. 设 $T_1,T_2\in L(F^2)$，其中 $T_1(x_1,x_2)=(x_2,-x_1)$，$T_2(x_1x_2)=(x_1,-x_2)$。
求：T_1+T_2,T_1T_2,T_2T_1。

3. 设 $\mathbb{C}\in F^{n\times n}$，$T:F^{n\times n}\rightarrow F^{n\times n}$，$T(\boldsymbol{A})=\boldsymbol{CA}-\boldsymbol{AC}$，证明：当 $T\in L(F^{n\times n})$，且 $\forall\boldsymbol{A},\boldsymbol{B}\in F^{n\times n}$，有 $T(\boldsymbol{AB})=T(\boldsymbol{A})\boldsymbol{B}+\boldsymbol{A}T(\boldsymbol{B})$。

4. 设 T 是线性空间 V 的线性变换，证明：若 $T^{k-1}\boldsymbol{\alpha}\neq0$ 且 $T^k\boldsymbol{\alpha}=0$，则 $\boldsymbol{\alpha},T\boldsymbol{\alpha},\cdots,T^{k-1}\boldsymbol{\alpha}(k>0)$ 线性无关。

5. 设 $\varepsilon_1=e^{ax}\cos bx,\varepsilon_2=e^{ax}\sin bx,\varepsilon_3=xe^{ax}\cos bx,\varepsilon_4=xe^{ax}\sin bx,\varepsilon_5=\frac{1}{2}x^2e^{ax}\cos bx,\varepsilon_6=\frac{1}{2}x^2e^{ax}\sin bx,V_{\mathbb{R}}=\mathrm{span}\{\varepsilon_1,\varepsilon_2,\varepsilon_3,\varepsilon_4,\varepsilon_5,\varepsilon_6\}$。求微分变换 D 在基 $\varepsilon_1,\varepsilon_2,\varepsilon_3,\varepsilon_4,\varepsilon_5,\varepsilon_6$ 下的矩阵。

6. 设 $\begin{pmatrix} a & b \\ c & d \end{pmatrix}\in F^{2\times 2},T\in L(F^{2\times 2});T\boldsymbol{X}=\boldsymbol{x}\begin{pmatrix} a & b \\ c & d \end{pmatrix},\forall \boldsymbol{x}\in F^{2\times 2}$。

写出 T 在基 $E_{ij}(1\leqslant i,j\leqslant 2)$ 下的矩阵。

7. 设 $T\in L(V)$，$\dim V=n$，证明：T 可逆当且仅当存在一个常数项不为零的多项式 $h(x)$，使得 $h(T)=0$。

8. 设 $T\in L(F^3)$，在基 $\boldsymbol{\alpha}_1=(8,-6,7),\boldsymbol{\alpha}_2=(-16,7,-13),\boldsymbol{\alpha}_3=(9,-3,7)$ 下的矩阵为 $\boldsymbol{A}=\begin{pmatrix} 1 & -18 & 15 \\ -1 & -22 & 20 \\ 1 & -25 & 22 \end{pmatrix}$，求 T 在基 $\boldsymbol{\eta}_1=(1,-2,1),\boldsymbol{\eta}_2=(3,-1,2),\boldsymbol{\eta}_3=(2,1,2)$ 下的矩阵。

9. 设 $\dim V<\infty$，线性变换 T 可逆。证明：(1) T 的特征值不为 0；(2) λ 是 T 的特征值，则 λ^{-1} 是 T^{-1} 的特征值。

10. 设 $\lambda_1,\lambda_2\cdots,\lambda_n$ 是 $\boldsymbol{A}=(a_{ij})_{n\times n}$ 的特征值，证明：$\sum\limits_{i=1}^{n}\lambda_i^2=\mathrm{tr}(\boldsymbol{A}^2)=\sum\limits_{i,j=1}^{n}a_{ij}a_{ji}$。

11. 求极限 $\lim\limits_{n\to\infty}\begin{pmatrix} \frac{1}{2} & 1 & 1 \\ 0 & \frac{1}{3} & 1 \\ 0 & 0 & \frac{1}{5} \end{pmatrix}^n$。

13. 设 $\boldsymbol{A}=\mathrm{diag}\{\boldsymbol{A}_1,\boldsymbol{A}_2,\cdots,\boldsymbol{A}_k\}$，其中 $\boldsymbol{A}_1,\boldsymbol{A}_2,\cdots,\boldsymbol{A}_k$ 为正方子块，证明：$m_{\mathrm{A}}(\lambda)=[m_{\mathrm{A}_1}(\lambda),m_{\mathrm{A}_2}(\lambda),\cdots,m_{\mathrm{A}_k}(\lambda)]$（最小公倍式）。

14. 设 $d_1(\lambda),d_2(\lambda),\cdots,d_n(\lambda)$ 是特征矩阵 $\lambda\boldsymbol{I}-\boldsymbol{A}$ 不变因子，证明：最后一个不变因子 $d_n(\lambda)$ 是 $\boldsymbol{A}$ 的最小多项式。

15. 设 n 阶矩阵 $\boldsymbol{A}$ 的秩 $r<n$，证明：$\boldsymbol{A}$ 至少有 $n-r$ 重 0 特征值。

16. 设 n 阶实矩阵 $\boldsymbol{A}$ 有一个特征根是 $1+\boldsymbol{i}$，若 $\boldsymbol{A}$ 的最小多项式的次数等于 2，证明：$\boldsymbol{A}+\boldsymbol{I}_n$ 可逆。

17. 证明：秩为 1 的 $n(n>1)$ 阶阵 $\boldsymbol{A}$ 的最小多项式是 $\lambda^2-(\mathrm{tr}\boldsymbol{A})\lambda$。

18. 设 $\boldsymbol{A}=(a_1,a_2,\cdots,a_n)^{\mathrm{T}},\boldsymbol{B}=(b_1,b_2,\cdots,b_n)$，求 $\boldsymbol{C}=\boldsymbol{AB}$ 的特征多项式。

19. 设 $\boldsymbol{A}=(a_1,a_2,\cdots,a_n)$，证明：0 为方阵 $\boldsymbol{A}^{\mathrm{T}}\boldsymbol{A}$ 的 $(n-1)$ 重特征根。

1.3　Jordan 标准型

这一节先讨论可对角化矩阵（或单纯矩阵），然后介绍有关 λ-矩阵的一些结果，并将 λ-矩阵作为工具来讨论一般方阵在相似变形下的最简形式，即 Jordan 标准型。

1.3.1 单纯矩阵

定义 1.3-1 若 n 阶方阵 $\boldsymbol{A}$ 相似于一个对角阵，则称 $\boldsymbol{A}$ 为**可对角化矩阵(或单纯矩阵)**。

以下是可对角化矩阵的特征：

定理 1.3-1 设 $\boldsymbol{A}\in\mathbb{C}^{n\times n}$，$\boldsymbol{A}$ 的全部相异特征值为 $\lambda_1,\cdots,\lambda_m$，则以下命题等价：

① $\boldsymbol{A}$ 可对角化；

② $\boldsymbol{A}$ 有 n 个线性无关的特征向量；

③ $\sum\limits_{i=1}^{m}\dim E(\lambda_i)=n$。

证明 ①⇔②，设可逆阵 $\boldsymbol{P}$，使得

$$\boldsymbol{P}^{-1}\boldsymbol{AP}=\mathrm{diag}\{\delta_1,\delta_2,\cdots,\delta_n\}$$

令 $\boldsymbol{P}=(\eta_1,\eta_2,\cdots\eta_n)$，故上式可写成

$$\boldsymbol{A}(\eta_1,\eta_2,\cdots,\eta_n)=(\eta_1,\eta_2,\cdots,\eta_n)\begin{pmatrix}\delta_1 & & \boldsymbol{0}\\ & \ddots & \\ \boldsymbol{0} & & \delta_n\end{pmatrix}$$

也即 $\boldsymbol{A}\eta_i=\delta_i\eta_i(i=1,\cdots,n)$，此示 η_i 是 $\boldsymbol{A}$ 的属于 δ_i 的特征向量，而 $\boldsymbol{P}$ 可逆，故 $\eta_1,\eta_2,\cdots,\eta_n$ 线性无关，反之亦然。

①⇒③，设 $f(\lambda)=|\lambda\boldsymbol{I}-\boldsymbol{A}|=(\lambda-\lambda_1)^{d_1}(\lambda-\lambda_2)^{d_2}\cdots(\lambda-\lambda_m)^{d_m}$，$d_1+\cdots+d_m=n$，即 λ_i 的(代数)重数为 $d_i(1\leqslant i\leqslant m)$。

不妨设
$$\boldsymbol{P}^{-1}\boldsymbol{AP}=\mathrm{diag}\{\underbrace{\lambda_1,\cdots,\lambda_1}_{d_1},\cdots,\underbrace{\lambda_m,\cdots,\lambda_m}_{d_m}\}=\boldsymbol{D}$$

而
$$E(\lambda_i)=\{\boldsymbol{\alpha}\in\mathbb{C}^n\,|\,\boldsymbol{A\alpha}=\lambda_i\boldsymbol{\alpha}\}=\{\boldsymbol{\alpha}\,|\,(\lambda_i\boldsymbol{I}-\boldsymbol{A})\boldsymbol{\alpha}=0\}$$

由亏加秩定理

$$\begin{aligned}\dim E(\lambda_i)&=\dim N(\lambda_i\boldsymbol{I}-\boldsymbol{A})=n-r(\lambda_i\boldsymbol{I}-\boldsymbol{A})=n-r(\boldsymbol{P}^{-1}(\lambda_i\boldsymbol{I}-\boldsymbol{A})\boldsymbol{P})\\&=n-r(\lambda_i\boldsymbol{I}-\boldsymbol{P}^{-1}\boldsymbol{AP})=n-r(\lambda_i\boldsymbol{I}-\boldsymbol{D})\\&=n-(n-d_i)=d_i,(i=1,\cdots,m)\end{aligned}$$

③⇒①，在 $E(\lambda_i)(1\leqslant i\leqslant m)$ 中各取一组基，合起来有 n 个向量，这 n 个向量就是 $\boldsymbol{A}$ 的 n 个线性无关的向量，故 $\boldsymbol{A}$ 可对角化。

称 $\dim E(\lambda_i)$ 为 λ_i 的几何重数，由以上证明可知，$\boldsymbol{A}$ 可对角化⇔$\boldsymbol{A}$ 的每个特征值 λ_i 的代数重数 $=\lambda_i$ 的几何重数。

推论 若 n 阶方阵 $\boldsymbol{A}$ 恰有 n 个互异特征值，则它必可对角化，反之不然。

计算可对角化矩阵 $\boldsymbol{A}$ 的高次 $\boldsymbol{A}^k$(k 较大时)，可利用其特征将其简化。

例 1.3-1 设 $\boldsymbol{A}=\begin{pmatrix}2 & 1\\ 2 & 3\end{pmatrix}$，求 $\boldsymbol{A}^{100}$。

解 $|\lambda\boldsymbol{I}-\boldsymbol{A}|=\begin{vmatrix}\lambda-2 & -1\\ -2 & \lambda-3\end{vmatrix}=(\lambda-1)(\lambda-4)$。

$\boldsymbol{A}$ 的特征值 $\lambda=1,4$，相应于 1 及 4 的特征向量取 $\boldsymbol{\eta}_1=(1,-1)^{\mathrm{T}}$ 及 $\boldsymbol{\eta}_2=(1,2)^{\mathrm{T}}$，令

$$\boldsymbol{P}=(\eta_1,\eta_2)=\begin{pmatrix}1 & 1\\-1 & 2\end{pmatrix}$$

故有

$$\boldsymbol{P}^{-1}\boldsymbol{AP}=\begin{pmatrix}1 & 0\\0 & 4\end{pmatrix}$$

所以

$$A^{100}=\left(\boldsymbol{P}\begin{pmatrix}1 & 0\\0 & 4\end{pmatrix}\boldsymbol{P}^{-1}\right)^{100}=\boldsymbol{P}\begin{pmatrix}1 & 0\\0 & 4^{100}\end{pmatrix}\boldsymbol{P}^{-1}$$
$$=\begin{pmatrix}1 & 1\\-1 & 2\end{pmatrix}\begin{pmatrix}1 & 0\\0 & 4^{100}\end{pmatrix}\begin{pmatrix}\frac{2}{3} & -\frac{1}{3}\\\frac{1}{3} & \frac{1}{3}\end{pmatrix}$$
$$=\begin{pmatrix}\frac{2+4^{100}}{3} & \frac{-1+4^{100}}{3}\\\frac{-2+2\times4^{100}}{3} & \frac{1+2\times4^{100}}{3}\end{pmatrix}$$

定理 1.3-2　$\boldsymbol{A}$ 可对角化$\Leftrightarrow$最小多项式 $m_{\boldsymbol{A}}(\lambda)$无重根。

证明　$\Rightarrow$,设有可逆阵 $\boldsymbol{P}$,使得 $\boldsymbol{P}^{-1}\boldsymbol{AP}=\mathrm{diag}\{\lambda_1,\lambda_2,\cdots,\lambda_n\}$,不妨设 $\lambda_1,\cdots,\lambda_s(s\leqslant n)$为 $\boldsymbol{A}$ 的全部互异特征值。

令

$$g(\lambda)=(\lambda-\lambda_1)(\lambda-\lambda_2)\cdots(\lambda-\lambda_s)$$

由

$$\boldsymbol{P}^{-1}g(\boldsymbol{A})\boldsymbol{P}=g(\boldsymbol{P}^{-1}\boldsymbol{AP})=g(\mathrm{diag}\{\lambda_1,\lambda_2,\cdots,\lambda_n\})$$
$$=\mathrm{diag}\{g(\lambda_1),g(\lambda_2),\cdots,g(\lambda_n)\}=0$$

故 $g(\boldsymbol{A})=0$,即 $g(\lambda)$将 $\boldsymbol{A}$ 零化,从而$m_{\boldsymbol{A}}(\lambda)\mid g(\lambda)$,但 $\boldsymbol{A}$ 的特征值均是 $m_{\boldsymbol{A}}(\lambda)$的根,故 $m_{\boldsymbol{A}}(\lambda)=g(\lambda)$无重根。

$\Leftarrow$充分性证明需要 λ—矩阵的工具计算(略去)。

例 1.3-2　设 $T\in L(\mathbb{R}^3,\mathbb{R}^3)$,在$\mathbb{R}^3$的基 $\boldsymbol{e}_1,\boldsymbol{e}_2,\boldsymbol{e}_3$ 下的矩阵为 $\boldsymbol{A}$,即

$$T(\boldsymbol{e}_1,\boldsymbol{e}_2,\boldsymbol{e}_3)=(\boldsymbol{e}_1,\boldsymbol{e}_2,\boldsymbol{e}_3)\begin{pmatrix}1 & 0 & -2\\0 & 0 & 0\\-2 & 0 & 4\end{pmatrix}$$

问:(1) $\boldsymbol{A}$ 是否可对角化。

(2) 若 $\boldsymbol{A}$ 可对角化,试求满秩阵 $\boldsymbol{P}$,使 $\boldsymbol{P}^{-1}\boldsymbol{AP}$ 为对角阵。

解　$f(\lambda)=|\lambda\boldsymbol{I}-\boldsymbol{A}|=\lambda^2(\lambda-5)$,$\lambda_1=0$(二重),$\lambda_2=5$。

因为 $\boldsymbol{A}(\boldsymbol{A}-5\boldsymbol{I})=\boldsymbol{0}$,所以 $m_{\boldsymbol{A}}(\lambda)=\lambda(\lambda-5)$,$m_{\boldsymbol{A}}(\lambda)$无重根,故 $\boldsymbol{A}$ 可对角化,即 T 可对角化。

对 $\lambda=0$,解方程$(0\boldsymbol{I}-\boldsymbol{A})\boldsymbol{X}=\boldsymbol{0}$,取两个线性无关的特征向量 $\boldsymbol{\eta}_1=(2,0,1)^{\mathrm{T}}$,$\boldsymbol{\eta}_2=(0,1,0)^{\mathrm{T}}$(因为 $\dim E(0)=2$)。

对 $\lambda=5$,解方程$(5\boldsymbol{I}-\boldsymbol{A})\boldsymbol{X}=\boldsymbol{0}$,取一个特征向量 $\boldsymbol{\eta}_3=(1,0,-2)^{\mathrm{T}}$。

令 $\boldsymbol{P}=(\boldsymbol{\eta}_1,\boldsymbol{\eta}_2,\boldsymbol{\eta}_3)$(为三阶满秩阵),且 $\boldsymbol{AP}=\boldsymbol{P}\mathrm{diag}\{0,0,5\}$

即

$$\boldsymbol{P}^{-1}\boldsymbol{AP}=\mathrm{diag}\{0,0,5\}$$

式中 $\boldsymbol{P}=\begin{pmatrix}2 & 0 & 1\\0 & 1 & 0\\1 & 0 & -2\end{pmatrix}$。

例 1.3-3 设 $\boldsymbol{A}\in F^{n\times n}$，(1)若 $\boldsymbol{A}\neq\boldsymbol{0}$，且 $\boldsymbol{A}^m=\boldsymbol{0}$则 $\boldsymbol{A}$ 不可对角化；(2)$\boldsymbol{A}^2=\boldsymbol{A}$(幂等阵)，则 $\boldsymbol{A}$ 必可对角化；(3)$\boldsymbol{A}^k=\boldsymbol{I}$，则 $\boldsymbol{A}$ 必可对角化。

证明 (1)由 $\boldsymbol{A}^m=\boldsymbol{0}$可知 $\boldsymbol{A}$ 只有特征值 0，$\boldsymbol{A}$ 可对角化的条件为 $\boldsymbol{A}$ 的最小多项式只有一重根 0，即满足 $\boldsymbol{A}=\boldsymbol{0}$，该条件显然不满足，所以 $\boldsymbol{A}$ 不可对角化。

(2) 设 $f(\lambda)=\lambda^2-\lambda=\lambda(\lambda-1)$，由条件 $\varphi(\boldsymbol{A})=0$，所以$m_{\boldsymbol{A}}(\lambda)\mid f(\lambda)$，$m_{\boldsymbol{A}}(\lambda)$无重根，故结论成立；

(3) $f(\lambda)=\lambda^k-1$，此多项式无重根，从而 $\boldsymbol{A}$ 的最小多项式无重根，即 $\boldsymbol{A}$ 为单纯矩阵。

1.3.2 λ-矩阵理论简介

我们这里介绍 λ-矩阵的目的是为解决非单纯矩阵的 Jordan 标准型问题，故只将其主要结果及用法进行概要介绍。

定义 1.3-2 以 λ 的多项式为元素的矩阵称为 **λ -矩阵**，记为 $\boldsymbol{A}(\lambda)$，即

$$\boldsymbol{A}(\lambda)=(a_{ij}(\lambda))_{m\times n},\quad a_{ij}(\lambda)\in P[\lambda]。$$

以下仅讨论正方 λ-矩阵。

数字矩阵是特殊的 λ-矩阵，$\lambda\boldsymbol{I}-\boldsymbol{A}$ 是 λ-矩阵。λ-矩阵与通常数字矩阵一样，有各种矩阵运算(加、减、乘等)且有相同的运算规律。可定义正方 λ-矩阵的行列式、子式、代数余子式等，进而可引入秩的概念。

定义 1.3-3 λ-矩阵 $\boldsymbol{A}(\lambda)$ 中不等于零的子式的最高阶数 r 称为 $\boldsymbol{A}(\lambda)$ 的**秩**，记为 $\mathrm{rank}\,(\boldsymbol{A}(\lambda))=r$。

与数字矩阵类似，λ-矩阵可进行初等变换。

定义 1.3-4 λ-矩阵的**初等变换**：

① 两行(列)互换；

② 用数 $k\neq0$ 乘某行(列)；

③ 用 λ 的多项式 $\varphi(\lambda)$乘某行(列)并加到另一行(列)上。

上述 3 种初等变换有相应的 3 种初等矩阵：

$$\boldsymbol{P}(i,j),\quad \boldsymbol{P}(i(k)),\quad \boldsymbol{P}(i(\varphi),j)$$

且实施行变换则左乘初等矩阵，实施列变换则右乘初等矩阵。可见 3 种初等矩阵的行列式均非零(故满秩)，故它们左(右)乘 λ-矩阵并不改变该 λ-矩阵的秩。

定义 1.3-5 若 λ-矩阵$\boldsymbol{A}(\lambda)$经有限次初等变换化为 λ-矩阵 $\boldsymbol{B}(\lambda)$，则称 $\boldsymbol{A}(\lambda)$与 $\boldsymbol{B}(\lambda)$等价，记为 $\boldsymbol{A}(\lambda)\cong\boldsymbol{B}(\lambda)$。

注：两个 λ-矩阵等价，则秩相同，反之不然。这与数字矩阵是有区别的，如

$$\boldsymbol{A}(\lambda)=\begin{pmatrix}\lambda & 1\\0 & \lambda\end{pmatrix},\quad \boldsymbol{B}(\lambda)=\begin{pmatrix}1 & -\lambda\\1 & \lambda\end{pmatrix}$$

则 $|\boldsymbol{A}(\lambda)|=\lambda^2$，$|\boldsymbol{B}(\lambda)|=2\lambda$，秩均为 2，但其不等价。

两个 λ-矩阵等价的判断，在后面的讨论中给出。下面给出 $\boldsymbol{A}(\lambda)$ 在初等变换下的标准型。

定理 1.3-3　设 λ-矩阵 $\boldsymbol{A}(\lambda)$ 的秩为 r，则

$$\boldsymbol{A}(\lambda)=\begin{pmatrix} d_1(\lambda) & & & & & \boldsymbol{0} \\ & \ddots & & & & \\ & & d_r(\lambda) & & & \\ & & & 0 & & \\ & & & & \ddots & \\ \boldsymbol{0} & & & & & 0 \end{pmatrix}$$

且 $d_i(\lambda)$ 为首一多项式，且 $d_i(\lambda)\mid d_{i+1}(\lambda)\ i=1,2,\cdots,r-1$，称此标准型为 $\boldsymbol{A}(\lambda)$ 的 Smith 标准型。

证明　$\boldsymbol{A}(\lambda)$ 的元为有限个且每个元（多项式）的次数有限，故 $\boldsymbol{A}(\lambda)$ 经若干初等变换有

$$\boldsymbol{A}(\lambda)\cong\left(\begin{array}{c:cc} d_1(\lambda) & f(\lambda) & \cdots \\ \hdashline & & \\ \boldsymbol{0} & & \boldsymbol{A}_1(\lambda) \end{array}\right)$$

这里 $d_1(\lambda)$ 为首一的次数最低的多项式，且 $d_1(\lambda)\mid f(\lambda)$，否则由多项式带余除法可得另一个比 $d_1(\lambda)$ 次数更低的多项式（矛盾），进而

$$\boldsymbol{A}(\lambda)\cong\left(\begin{array}{c:c} d_1(\lambda) & \boldsymbol{0} \\ \hdashline \boldsymbol{0} & \boldsymbol{A}_1(\lambda) \end{array}\right)$$

由归纳法即得。

例 1.3-4　设 $\boldsymbol{A}(\lambda)=\begin{pmatrix} 1-\lambda & \lambda^2 & \lambda \\ \lambda & \lambda & -\lambda \\ 1+\lambda^2 & \lambda^2 & -\lambda^2 \end{pmatrix}$，求其 Smith 标准型。

解　进行初等列变换

$$\boldsymbol{A}(\lambda)\xrightarrow{①+③}\begin{pmatrix} 1 & \lambda^2 & \lambda \\ 0 & \lambda & -\lambda \\ 1 & \lambda^2 & -\lambda^2 \end{pmatrix}\xrightarrow[③+①(-\lambda)]{②+①(-\lambda^2)}\begin{pmatrix} 1 & 0 & 0 \\ 0 & \lambda & -\lambda \\ 1 & 0 & -\lambda^2-\lambda \end{pmatrix}$$

$$\xrightarrow[③+②]{③+①(-1)}\begin{pmatrix} 1 & 0 & 0 \\ 0 & \lambda & 0 \\ 0 & 0 & -\lambda^2-\lambda \end{pmatrix}\xrightarrow{③(-1)}\begin{pmatrix} 1 & 0 & 0 \\ 0 & \lambda & 0 \\ 0 & 0 & \lambda(\lambda+1) \end{pmatrix}$$

在 $\boldsymbol{A}(\lambda)$ 的 Smith 标准型中，$d_1(\lambda)$，$\cdots d_r(\lambda)$ 由 $\boldsymbol{A}(\lambda)$ 唯一确定（即无论初等变换如何，最终标准型是不变的，须用行列式因子理论证明），称之为 $\boldsymbol{A}(\lambda)$ 的不变因子。

定理 1.3-4　$\boldsymbol{A}(\lambda)\cong\boldsymbol{B}(\lambda)\Leftrightarrow\boldsymbol{A}(\lambda)$ 与 $\boldsymbol{B}(\lambda)$ 有完全一致的不变因子。

与不变因子密切相关的是初等因子组，它对后面讨论 Jordan 标准型至关重要。以下在复数域上进行讨论，$\mathbb{C}$ 上多项式均可分解为一次因子的幂的乘积。设 $\boldsymbol{A}(\lambda)$ 的不变因子 $d_1(\lambda)$，$\cdots$，$d_r(\lambda)$ 在复数域上的分解为

$$\begin{cases} d_1(\lambda)=(\lambda-\lambda_1)^{e_{11}}(\lambda-\lambda_2)^{e_{12}}\cdots(\lambda-\lambda_s)^{e_{1s}} \\ d_2(\lambda)=(\lambda-\lambda_1)^{e_{21}}(\lambda-\lambda_2)^{e_{22}}\cdots(\lambda-\lambda_s)^{e_{2s}} \\ \qquad\cdots \\ d_r(\lambda)=(\lambda-\lambda_1)^{e_{r1}}(\lambda-\lambda_2)^{e_{r2}}\cdots(\lambda-\lambda_s)^{e_{rs}} \end{cases} \tag{1-6}$$

此处 $\lambda_1,\cdots,\lambda_s$ 互异，而由 $d_i(\lambda)\mid d_{i+1}(\lambda)$，故

$$e_{1j}\leqslant e_{2j}\leqslant\cdots\leqslant e_{rj}\quad j=1,2,\cdots,s$$

且 $e_{r1},e_{r2},\cdots,e_{rs}$ 全不为零。

定义 1.3-6 在式(1-6)中，所有因子

$$(\lambda-\lambda_j)^{e_{ij}},\quad (j=1,\cdots,s,\ i=1,\cdots,r,\ e_{ij}>0)$$

统称为 $\boldsymbol{A}(\lambda)$ 的初等因子(组)。

例 1.3-5 设 $\boldsymbol{A}(\lambda)\cong\mathrm{diag}\{1,1,(\lambda-2)^2(\lambda-3)^3,(\lambda-2)^2(\lambda-3)^4(\lambda+2),0,\cdots,0\}$，显然 $r(A(\lambda))=4$；$d_1(\lambda)=d_2(\lambda)=1$，$d_3(\lambda)=(\lambda-2)^2(\lambda-3)^3$，$d_4(\lambda)=(\lambda-2)^2(\lambda-3)^4(\lambda+2)$。故 $\boldsymbol{A}(\lambda)$ 的初等因子组为 $(\lambda-2)^2,(\lambda-2)^2,(\lambda-3)^3,(\lambda-3)^4,\lambda+2$。

若 $\boldsymbol{A}(\lambda)\cong\boldsymbol{B}(\lambda)$，则 $\boldsymbol{A}(\lambda)$ 与 $\boldsymbol{B}(\lambda)$ 有完全一致的不变因子 $\Rightarrow\boldsymbol{A}(\lambda)$ 与 $\boldsymbol{B}(\lambda)$ 有完全一致的初等因子，反之不真。如 $\boldsymbol{A}(\lambda)=\begin{pmatrix}1&0&0\\0&(\lambda-2)(\lambda-3)&0\\0&0&0\end{pmatrix}$，$\boldsymbol{B}(\lambda)=\begin{pmatrix}1&0&0\\0&1&0\\0&0&(\lambda-2)(\lambda-3)\end{pmatrix}$，$\boldsymbol{A}(\lambda)$ 与 $\boldsymbol{B}(\lambda)$ 的初等因子均为 $\lambda-2,\lambda-3$，而 $r(\boldsymbol{A}(\lambda))=2,r(\boldsymbol{B}(\lambda))=3$，故 $\boldsymbol{A}(\lambda)$ 与 $\boldsymbol{B}(\lambda)$ 不等价。

定理 1.3-5 $\boldsymbol{A}(\lambda)\cong\boldsymbol{B}(\lambda)\Leftrightarrow\boldsymbol{A}(\lambda)$ 与 $\boldsymbol{B}(\lambda)$ 有完全一致的初等因子组，且 $r(\boldsymbol{A}(\lambda))=r(\boldsymbol{B}(\lambda))$。

证明 必要性，由定理 1.3-4 即得。

充分性，设 $\boldsymbol{A}(\lambda)\cong\mathrm{diag}\{d_1^{\boldsymbol{A}}(\lambda),\cdots,d_r^{\boldsymbol{A}}(\lambda),0,\cdots,0\}$，$\boldsymbol{B}(\lambda)\cong\mathrm{diag}\{d_1^{\boldsymbol{B}}(\lambda),\cdots,d_r^{\boldsymbol{B}}(\lambda),0,\cdots,0\}$，不妨取 $\boldsymbol{A}(\lambda)$ 与 $\boldsymbol{B}(\lambda)$ 的关于 $\lambda-\lambda_1$ 的幂的初等因子为

$$(\lambda-\lambda_1)^{e_1},(\lambda-\lambda_1)^{e_2},\cdots,(\lambda-\lambda_1)^{e_k},e_1\leqslant e_2\leqslant\cdots\leqslant e_k \tag{1-7}$$

由 $d_{i-1}^{\boldsymbol{A}}(\lambda)\mid d_i^{\boldsymbol{A}}(\lambda),d_{i-1}^{\boldsymbol{B}}(\lambda)\mid d_i^{\boldsymbol{B}}(\lambda),i=2,3,\cdots,r$，故 $(\lambda-\lambda_1)^{e_k}$ 必为 $d_r^{\boldsymbol{A}}(\lambda)$ 与 $d_r^{\boldsymbol{B}}(\lambda)$ 的公因式，而其他类型的初等因子有类似的结果，故 $d_r^{\boldsymbol{A}}(\lambda)$ 与 $d_r^{\boldsymbol{B}}(\lambda)$ 的一次因式的幂积完全一样，从而 $d_r^{\boldsymbol{A}}(\lambda)\equiv d_r^{\boldsymbol{B}}(\lambda)$，同理对 $i(1\leqslant i\leqslant r-1)$，$d_i^{\boldsymbol{A}}(\lambda)\equiv d_i^{\boldsymbol{B}}(\lambda)$，从而由定理 1.3-4 即得。

在上述讨论中，通过将 $\boldsymbol{A}(\lambda)$ 化为其 Smith 标准型而得的不变因子，进而得 $\boldsymbol{A}(\lambda)$ 的初等因子，但实际这样做并不方便。其实只要将 $\boldsymbol{A}(\lambda)$ 变换成对角形式(未必标准型)，再分解因子即可求出初等因子，进而可得不变因子及 $A(\lambda)$ 的标准型，即：若 $\boldsymbol{A}(\lambda)\cong\mathrm{diag}\{f_1(\lambda),\cdots,f_r(\lambda),0,\cdots,0\}$，则 $f_1(\lambda),\cdots,f_r(\lambda)$ 的所有一次因式的幂就构成 $\boldsymbol{A}(\lambda)$ 的全部初等因子。

例 1.3-6 设 $\boldsymbol{A}(\lambda)\cong\mathrm{diag}\{\lambda(\lambda+1),\lambda^2,(\lambda+1)^2,\lambda(\lambda-1)\}$，求 $\boldsymbol{A}(\lambda)$ 的初等因子、不变因子及标准型。

解 $\boldsymbol{A}(\lambda)$ 的初等因子有 $\lambda,(\lambda+1),\lambda^2,(\lambda+1)^2,\lambda,\lambda-1$，所以 $\boldsymbol{A}(\lambda)$ 的不变因子为 $d_4(\lambda)=\lambda^2(\lambda+1)^2(\lambda-1)$，$d_3(\lambda)=\lambda(\lambda+1)$，$d_2(\lambda)=\lambda$，$d_1(\lambda)=1$，$r(\boldsymbol{A}(\lambda))=4$。

所以 $\boldsymbol{A}(\lambda)$ 的 Smith 标准型为 $\begin{pmatrix} 1 & & & \boldsymbol{0} \\ & \lambda & & \\ & & \lambda(\lambda+1) & \\ \boldsymbol{0} & & & \lambda^2(\lambda+1)^2(\lambda-1) \end{pmatrix}$。

例 1.3-7　求 $\boldsymbol{A}(\lambda)=\begin{pmatrix} \lambda-a & -1 & & & \boldsymbol{0} \\ & \lambda-a & -1 & & \\ & & \ddots & \ddots & \\ & & & \lambda-a & -1 \\ \boldsymbol{0} & & & & \lambda-a \end{pmatrix}_{n\times n}$ 的初等因子及不变因子。

解　$|\boldsymbol{A}(\lambda)|=(\lambda-a)^n$，故 $r(\boldsymbol{A}(\lambda))=n$，由初等变换不难得到

$$\boldsymbol{A}(\lambda)\cong\operatorname{diag}\{1,\cdots,1,(\lambda-a)^n\}$$

故 $\boldsymbol{A}(\lambda)$ 的不变因子有 $1,\cdots,1,(\lambda-a)^n$，初等因子为 $(\lambda-a)^n$。

定理 1.3-6　　设 $\boldsymbol{A},\boldsymbol{B}\in\mathbb{C}^{n\times n}$，则 $\boldsymbol{A}$ 与 $\boldsymbol{B}$ 相似当且仅当 $\lambda\boldsymbol{I}-\boldsymbol{A}$ 与 $\lambda\boldsymbol{I}-\boldsymbol{B}$ 等价，即

$$\boldsymbol{A}\sim\boldsymbol{B}\Leftrightarrow\lambda\boldsymbol{I}-\boldsymbol{A}\cong\lambda\boldsymbol{I}-\boldsymbol{B}。$$

定理的充分性证明须较多的预备知识，从略。以下就必要性证明：

$\boldsymbol{A}\sim\boldsymbol{B}$，则存在可逆阵 $\boldsymbol{P}$，使得 $\boldsymbol{P}^{-1}\boldsymbol{A}\boldsymbol{P}=\boldsymbol{B}$，从而

$$\boldsymbol{P}^{-1}(\lambda\boldsymbol{I}-\boldsymbol{A})\boldsymbol{P}=\lambda\boldsymbol{I}-\boldsymbol{P}^{-1}\boldsymbol{A}\boldsymbol{P}=\lambda\boldsymbol{I}-\boldsymbol{B}$$

$\boldsymbol{P}$ 可分解为若干个初等矩阵，故 $\lambda\boldsymbol{I}-\boldsymbol{A}\cong\lambda\boldsymbol{I}-\boldsymbol{B}$。

对于方阵 $\boldsymbol{A}$，$r(\lambda\boldsymbol{I}-\boldsymbol{A})=n$。故综述上面讨论有：

$\boldsymbol{A}\sim\boldsymbol{B}\Leftrightarrow\lambda\boldsymbol{I}-\boldsymbol{A}\cong\lambda\boldsymbol{I}-\boldsymbol{B}\Leftrightarrow\lambda\boldsymbol{I}-\boldsymbol{A}$ 与 $\lambda\boldsymbol{I}-\boldsymbol{B}$ 有完全一致的不变因子 $\Leftrightarrow\lambda\boldsymbol{I}-\boldsymbol{A}$ 与 $\lambda\boldsymbol{I}-\boldsymbol{B}$ 有完全一致的初等因子(组)。

设 $\lambda\boldsymbol{I}-\boldsymbol{A}\cong\operatorname{diag}\{d_1(A),\cdots,d_n(A)\}$，则 $f_A(\lambda)=|\lambda\boldsymbol{I}-\boldsymbol{A}|=d_1(A)\cdots d_n(A)$（初等因子的乘积），所以 $\deg f_A(\lambda)=n=\sum_{i=1}^{n}\deg d_i(\lambda)$（所有初等因子的次数之和）。

1.3.3　Jordan 标准型

设 $\boldsymbol{A}=(a_{ij})_{n\times n}\in\mathbb{C}^{n\times n}$，特征矩阵 $\lambda\boldsymbol{I}-\boldsymbol{A}$ 的初等因子为

$$(\lambda-\lambda_1)^{k_1},(\lambda-\lambda_2)^{k_2},\cdots,(\lambda-\lambda_t)^{k_t},k_1+k_2+\cdots+k_t=n$$

此处 $i\neq j$ 时可能有 $\lambda_i=\lambda_j$。

作 k_i 级矩阵

$$\boldsymbol{J}_i=\begin{pmatrix} \lambda_i & 1 & & & \boldsymbol{0} \\ & \lambda_i & 1 & & \\ & & \ddots & \ddots & \\ & & & \lambda_i & 1 \\ \boldsymbol{0} & & & & \lambda_i \end{pmatrix}_{k_i\times k_i}\qquad i=1,2,\cdots,t$$

称 $\boldsymbol{J}_i$ 为 $\boldsymbol{A}$ 的 Jordan 块，作 n 级矩阵

$$\boldsymbol{J}=\begin{pmatrix} J_1 & & & \boldsymbol{0} \\ & J_2 & & \\ & & \ddots & \\ \boldsymbol{0} & & & J_t \end{pmatrix}$$

称 $\boldsymbol{J}$ 为 $\boldsymbol{A}$ 的 Jordan 标准型。

$\boldsymbol{J}$ 是由 $\lambda\boldsymbol{I}-\boldsymbol{A}$ 的初等因子确定的上三角阵。

定理 1.3-7 Jordan **标准型定理** $\boldsymbol{A}\sim\boldsymbol{J}$。

证明 由 $\lambda\boldsymbol{I}-\boldsymbol{J}_i=\begin{pmatrix} \lambda-\lambda_i & -1 & & & \boldsymbol{0} \\ & \lambda-\lambda_i & -1 & & \\ & & \ddots & \ddots & \\ & & & \lambda-\lambda_i & -1 \\ \boldsymbol{0} & & & & \lambda-\lambda_i \end{pmatrix}_{k_i\times k_i}$

由例题 1.3-7 知，$\lambda\boldsymbol{I}-\boldsymbol{J}_i$ 的初等因子为$(\lambda-\lambda_i)^{k_i}$，故

$$\lambda\boldsymbol{I}-\boldsymbol{J}_i\cong\begin{pmatrix} 1 & & & \boldsymbol{0} \\ & \ddots & & \\ & & 1 & \\ \boldsymbol{0} & & & (\lambda-\lambda_i)^{k_i} \end{pmatrix}_{k_i\times k_i}$$

所以

$$\lambda\boldsymbol{I}-\boldsymbol{J}\cong\begin{pmatrix} \lambda\boldsymbol{I}-\boldsymbol{J}_1 & & & \boldsymbol{0} \\ & \lambda\boldsymbol{I}-\boldsymbol{J}_2 & & \\ & & \ddots & \\ \boldsymbol{0} & & & \lambda\boldsymbol{I}-\boldsymbol{J}_t \end{pmatrix}_{n\times n}\cong\begin{pmatrix} 1 & & & & & & \boldsymbol{0} \\ & \ddots & & & & & \\ & & (\lambda-\lambda_1)^{k_1} & & & & \\ & & & \ddots & & & \\ & & & & 1 & & \\ & & & & & \ddots & \\ \boldsymbol{0} & & & & & & (\lambda-\lambda_t)^{k_t} \end{pmatrix}$$

由定理 1.3-5 知，$(\lambda-\lambda_1)^{k_1},\cdots,(\lambda-\lambda_t)^{k_t}$ 就是 $\lambda\boldsymbol{I}-\boldsymbol{J}$ 的初等因子，从而

$$\lambda\boldsymbol{I}-\boldsymbol{A}\cong\lambda\boldsymbol{I}-\boldsymbol{J}$$

例 1.3-8 求矩阵 $\boldsymbol{A}=\begin{pmatrix} -1 & -2 & 6 \\ -1 & 0 & 3 \\ -1 & -1 & 4 \end{pmatrix}$ 的 Jordan 标准型。

解

$$\lambda\boldsymbol{I}-\boldsymbol{A}=\begin{pmatrix} \lambda+1 & 2 & -6 \\ 1 & \lambda & -3 \\ 1 & 1 & \lambda-4 \end{pmatrix}\cong\begin{pmatrix} 1 & 0 & 0 \\ 0 & \lambda-1 & 0 \\ 0 & 0 & (\lambda-1)^2 \end{pmatrix}$$

故 $\lambda\boldsymbol{I}-\boldsymbol{A}$ 的初等因子为$(\lambda-1)$，$(\lambda-1)^2$，故 $\boldsymbol{A}$ 的 Jordan 标准型为

$$J=\begin{pmatrix}1 & 0 & 0\\ 0 & 1 & 1\\ 0 & 0 & 1\end{pmatrix}。$$

推论 1　$\boldsymbol{A}$ 可对角化当且仅当 $\lambda\boldsymbol{I}-\boldsymbol{A}$ 的初等因子均为一次的。

证明　⇒，设 $\boldsymbol{P}^{-1}\boldsymbol{A}\boldsymbol{P}=\mathrm{diag}\{\lambda_1,\lambda_2,\cdots,\lambda_n\}=\boldsymbol{D}$，则

$$\boldsymbol{P}^{-1}(\lambda\boldsymbol{I}-\boldsymbol{A})\boldsymbol{P}=\lambda\boldsymbol{I}-\boldsymbol{P}^{-1}\boldsymbol{A}\boldsymbol{P}=\lambda\boldsymbol{I}-\boldsymbol{D}=\mathrm{diag}\{\lambda-\lambda_1,\lambda-\lambda_2,\cdots,\lambda-\lambda_n\}=\boldsymbol{D}$$

故 $\lambda\boldsymbol{I}-\boldsymbol{A}$ 的初等因子为 $\lambda-\lambda_1,\lambda-\lambda_2,\cdots,\lambda-\lambda_n$

⇐，设 $\lambda\boldsymbol{I}-\boldsymbol{A}$ 的初等因子为 $(\lambda-\lambda_1)^{k_1},(\lambda-\lambda_2)^{k_2},\cdots,(\lambda-\lambda_t)^{k_t}$，由条件知，$k_1=k_2=\cdots=k_t=1$，而 $\sum_{i=1}^{t}k_i=n$，故 $t=n$。故每个 Jordan 块 $\boldsymbol{J}_i$ 均为一阶的，即

$$\boldsymbol{J}_i=\lambda_i,\quad i=1,\cdots,n$$

所以 $\boldsymbol{J}=\mathrm{diag}\{\lambda_1,\lambda_2,\cdots,\lambda_n\}$，有 $\boldsymbol{A}\sim\boldsymbol{J}$。

利用 $\lambda\boldsymbol{I}-\boldsymbol{A}$ 的 Smith 标准型，还可以很简单地得到 $\boldsymbol{A}$ 的最小多项式 $m_{\boldsymbol{A}}(\lambda)$。

定理 1.3-8　Frobenious 定理：设 $\lambda\boldsymbol{I}-\boldsymbol{A}$ 的 Smith 标准型为 $\mathrm{diag}\{d_1(\lambda),d_2(\lambda),\cdots,d_n(\lambda)\}$，则

$$m_{\boldsymbol{A}}(\lambda)=d_{\boldsymbol{n}}(\lambda)$$

即 $\boldsymbol{A}$ 的最小多项式为 $\lambda\boldsymbol{I}-\boldsymbol{A}$ 的第 n 个不变因子 $d_n(\lambda)$。

证明需要较多的 λ—矩阵理论，在本书中省略。

推论 2　$\boldsymbol{A}\in\mathbb{C}^{n\times n}$，则以下命题等价：

① $\boldsymbol{A}$ 可对角化；

② $m_{\boldsymbol{A}}(\lambda)$ 无重根；

③ $\lambda\boldsymbol{I}-\boldsymbol{A}$ 的不变因子无重根；

④ $\lambda\boldsymbol{I}-\boldsymbol{A}$ 的初等因子均是一次的。

证明　由定理 1.3-2 即得①⇒②。

②⇒③，设 $\lambda\boldsymbol{I}-\boldsymbol{A}$ 的不变因子 $d_1(\lambda),\cdots,d_n(\lambda)=m_{\boldsymbol{A}}(\lambda)$，而 $d_1(\lambda)\mid d_2(\lambda)\mid\cdots\mid d_n(\lambda)$，由条件 $d_1(\lambda),\cdots,d_n(\lambda)$ 均无重根。

③⇒④，在 $\mathbb{C}$ 上，由条件 $\lambda\boldsymbol{I}-\boldsymbol{A}$ 的初等因子均是一次的可得。

④⇒①，由推论 1 即得。

例 1.3-9　设 $\boldsymbol{A}\in\mathbb{C}^{7\times7}$，$\lambda\boldsymbol{I}-\boldsymbol{A}\cong\mathrm{diag}\{(\lambda-2)^2,1,(\lambda+1)(\lambda-2),\lambda-2,(\lambda+1)^2,1,1\}$，求 $\boldsymbol{A}$ 的不变因子、初等因子、最小多项式及 Jordan 标准型。

解　$\lambda\boldsymbol{I}-\boldsymbol{A}$ 的初等因子：$(\lambda-2)^2,\lambda+1,\lambda-2,\lambda-2,(\lambda+1)^2$，$\lambda\boldsymbol{I}-\boldsymbol{A}$ 不变因子为

$$d_7(\lambda)=(\lambda+1)^2(\lambda-2)^2$$

$$d_6(\lambda)=(\lambda+1)(\lambda-2)$$

$$d_5(\lambda)=\lambda-2$$

$$d_4(\lambda)=d_3(\lambda)=d_2(\lambda)=d_1(\lambda)=1$$

所以 $\boldsymbol{A}$ 的最小多项式为　$m_{\boldsymbol{A}}(\lambda)=(\lambda-2)^2(\lambda+1)^2$

$$\lambda\boldsymbol{I}-\boldsymbol{A}\cong\mathrm{diag}\{1,1,1,1,\lambda-2,(\lambda+1)(\lambda-2),(\lambda+1)^2(\lambda-2)^2\}$$

所以 $\boldsymbol{A}$ 的 Jordan 标准型为 $\boldsymbol{J}=\begin{pmatrix} -1 & & & & & & \boldsymbol{0} \\ & 2 & & & & & \\ & & 2 & & & & \\ & & & -1 & 1 & & \\ & & & 0 & -1 & & \\ & & & & & 2 & 1 \\ \boldsymbol{0} & & & & & 0 & 2 \end{pmatrix}$

从以上两例可以简单描述一下 n 阶方阵 $\boldsymbol{A}$ 化为与之相似的 Jordan 标准型的基本步骤：

① 写出 $\boldsymbol{A}$ 的特征矩阵；

② 求出 $\lambda\boldsymbol{I}-\boldsymbol{A}$ 的全部初等因子；

③ 写出每个初等因子对应的 Jordan 块；

④ 写出 Jordan 标准型。

例 1.3-10 设 $\boldsymbol{A}=\begin{pmatrix} -1 & 1 & 0 \\ -4 & 3 & 0 \\ 1 & 0 & 2 \end{pmatrix}$，(1)求 Jordan 标准型 J；(2)求可逆阵 $\boldsymbol{P}$，使 $\boldsymbol{P}^{-1}\boldsymbol{AP}=\boldsymbol{J}$。

解
$$\lambda\boldsymbol{I}-\boldsymbol{A}=\begin{pmatrix} \lambda+1 & -1 & 0 \\ 4 & \lambda-3 & 0 \\ -1 & 0 & \lambda-2 \end{pmatrix}\cong\begin{pmatrix} 1 & 0 & 0 \\ 0 & 1 & 0 \\ 0 & 0 & (\lambda-2)(\lambda-1)^2 \end{pmatrix}$$

初等因子为
$$(\lambda-2),(\lambda-1)^2$$

所以
$$\boldsymbol{J}=\begin{pmatrix} 2 & 0 & 0 \\ 0 & 1 & 1 \\ 0 & 0 & 1 \end{pmatrix}$$

令 $\boldsymbol{P}=(\boldsymbol{X}_1,\boldsymbol{X}_2,\boldsymbol{X}_3)$，$\boldsymbol{X}_i(i=1,2,3)$为列向量则 $\boldsymbol{AP}=\boldsymbol{PJ}$

即
$$\boldsymbol{A}(\boldsymbol{X}_1,\boldsymbol{X}_2,\boldsymbol{X}_3)=(\boldsymbol{X}_1,\boldsymbol{X}_2,\boldsymbol{X}_3)\begin{pmatrix} 2 & 0 & 0 \\ 0 & 1 & 1 \\ 0 & 0 & 1 \end{pmatrix}$$

即
$$\boldsymbol{AX}_1=2\boldsymbol{X}_1,\boldsymbol{AX}_2=\boldsymbol{X}_2,\boldsymbol{AX}_3=\boldsymbol{X}_2+\boldsymbol{X}_3$$

所以 $\boldsymbol{X}_1$ 为 $\boldsymbol{A}$ 的关于 $\lambda=2$ 的特征向量，$\boldsymbol{X}_2$ 为 $\boldsymbol{A}$ 的关于 $\lambda=1$ 的特征向量，$\boldsymbol{X}_3$ 为非齐次方程 $(\boldsymbol{A}-\boldsymbol{I})\boldsymbol{X}_3=\boldsymbol{X}_2$ 的解(广义特征向量)。

由 $(2\boldsymbol{I}-\boldsymbol{A})\boldsymbol{X}_1=\boldsymbol{0}$ 解向量
$$\boldsymbol{X}_1=(0,0,1)^{\mathrm{T}}$$

由 $(\boldsymbol{I}-\boldsymbol{A})\boldsymbol{X}_2=\boldsymbol{0}$ 解向量
$$\boldsymbol{X}_2=(1,2,-1)^{\mathrm{T}}$$

由 $(\boldsymbol{I}-\boldsymbol{A})\boldsymbol{X}_3=-\boldsymbol{X}_2$ 解向量
$$\boldsymbol{X}_3=(1,1,0)^{\mathrm{T}}$$

故令
$$\boldsymbol{P}=(\boldsymbol{X}_1,\boldsymbol{X}_2,\boldsymbol{X}_3)=\begin{pmatrix} 0 & 1 & 1 \\ 0 & 2 & 1 \\ 1 & -1 & 0 \end{pmatrix}$$ 可使 $\boldsymbol{P}^{-1}\boldsymbol{AP}=\boldsymbol{J}$

习　题

1. 设方阵 $\boldsymbol{A}$ 满足 $\boldsymbol{A}^2+\boldsymbol{A}=2\boldsymbol{I}$，问 $\boldsymbol{A}$ 能否与对角阵相似？

2. 设 2 阶实阵 $\boldsymbol{A}$ 的行列式是负数，试证存在满秩实阵 $\boldsymbol{T}$ 使 $\boldsymbol{T}^{-1}\boldsymbol{AT}$ 为对角阵。

3. 设 $\boldsymbol{A}$ 的相异特征值为 $\lambda_1,\cdots,\lambda_k$，重数为 $n_1,\cdots,n_k$，且 $n_1+\cdots+n_k=n$，证明：$\boldsymbol{A}$ 可对角化$\Leftrightarrow$秩$(\lambda_j\boldsymbol{I}-\boldsymbol{A})=n-n_j$，$j=1,\cdots,k$；

判定 $\boldsymbol{A}=\begin{pmatrix}-1&1&0\\-4&3&0\\1&0&2\end{pmatrix}$可否对角化。

4. 求下列矩阵的最小多项式并判别其是否可对角化。

(1) $\begin{pmatrix}3&1&-1\\0&2&0\\1&1&1\end{pmatrix}$，(2) $\begin{pmatrix}4&-2&2\\-5&7&-5\\-6&6&-4\end{pmatrix}$，(3) $\begin{pmatrix}1&1&\cdots&1\\1&1&\cdots&1\\\vdots&\vdots&\cdots&\vdots\\1&1&\cdots&1\end{pmatrix}_{n\times n}$。

5. 证明 $\boldsymbol{A}$ 和 $\boldsymbol{A}^{\mathrm{T}}$ 相似。

6. 设多项式 $f(\lambda),g(\lambda)\in F[\lambda]$且$(f(\lambda),g(\lambda))=1$，证明：

$$\begin{pmatrix}f(\lambda)&0\\0&g(\lambda)\end{pmatrix}\cong\begin{pmatrix}1&0\\0&f(\lambda)g(\lambda)\end{pmatrix}。$$

7. 设 $\operatorname{rank}(\boldsymbol{A}(\lambda))=r$，对 $1\leqslant s\leqslant r$，令 $\boldsymbol{D}_s(\lambda)$是 $\boldsymbol{A}(\lambda)$中所有非 0 的 s 阶子式的最高公因式且首一，称 $\boldsymbol{D}_1(\lambda),\boldsymbol{D}_2(\lambda),\cdots,\boldsymbol{D}_r(\lambda)$为 $\boldsymbol{A}(\lambda)$的 r 个行列式因子，证明：

(1) $\boldsymbol{D}_1(\lambda)\mid\boldsymbol{D}_2(\lambda)\mid\cdots\mid\boldsymbol{D}_r(\lambda)$；

(2) 对 $\boldsymbol{A}(\lambda)$做任意次初等变换不改变其 $\boldsymbol{D}_i(\lambda)$；

(3) $\boldsymbol{A}(\lambda)\cong\boldsymbol{B}(\lambda)$当且仅当$\boldsymbol{A}(\lambda)$，$\boldsymbol{B}(\lambda)$有完全一致的行列式因子，即 $\boldsymbol{D}_i^A(\lambda)\equiv\boldsymbol{D}_i^B(\lambda)(1\leqslant i\leqslant r)$。

8. 用初等变换求下列 λ 矩阵的 Smith 标准型。

(1) $\begin{pmatrix}\lambda^3-\lambda&2\lambda^2\\\lambda^2+5\lambda&3\lambda\end{pmatrix}$　　(2) $\begin{pmatrix}\lambda^2+\lambda&0&0\\0&\lambda&0\\0&0&(\lambda+1)^2\end{pmatrix}$

9. 求下列 λ 矩阵的初等因子和不变因子：

(1) $\begin{pmatrix}\lambda&1&0&0\\0&\lambda&0&0\\0&0&\lambda&0\\0&0&0&\lambda-1\end{pmatrix}$；　(2) $\begin{pmatrix}\lambda^3(\lambda+1)^3&0&0\\0&\lambda^2&0\\0&0&(\lambda+1)^2\end{pmatrix}$

10. 设 $\boldsymbol{A}$ 是 8 阶阵，$\lambda\boldsymbol{I}-\boldsymbol{A}\cong\mathrm{diag}\left\{\begin{pmatrix}\lambda^2-1 & 1\\ 0 & \lambda\end{pmatrix},\lambda^2-1,\lambda^2,\lambda,1,1,1\right\}$，求 $\lambda\boldsymbol{I}-\boldsymbol{A}$ 的初等因子及 Smith 标准型。

11. 若 $\boldsymbol{A}$ 的特征根全为 0，则必有 $k\in\mathbb{N}$ 使 $\boldsymbol{A}^k=0$。反之亦然。

12. 对任意多项式 $h(\lambda)$ 及任意方阵 $\boldsymbol{A}$，恒有 $h(\boldsymbol{P}^{-1}\boldsymbol{A}\boldsymbol{P})=\boldsymbol{P}^{-1}h(\boldsymbol{A})\boldsymbol{P}$。

13. 设 $\boldsymbol{A}\in\mathbb{C}^{8\times 8}$，$\lambda\boldsymbol{I}-\boldsymbol{A}\cong\mathrm{diag}\{\lambda^2+1,1,\lambda^2-2,1,\lambda^2,\lambda,\lambda+1,1\}$。求 $\lambda\boldsymbol{I}-\boldsymbol{A}$ 的初等因子，不变因子、Smith 标准型；$\boldsymbol{A}$ 的 Jordan 标准型及最小多项式。

14. 求下列矩阵的 Jordan 标准型：

(1) $\begin{pmatrix}1 & 1 & 1\\ -3 & -3 & 3\\ -2 & -2 & 2\end{pmatrix}$； (2) $\begin{pmatrix}2 & 1 & 4\\ 0 & 2 & 0\\ 0 & 3 & 1\end{pmatrix}$； (3) $\begin{pmatrix}1 & 2 & 3 & 4\\ 0 & 1 & 2 & 3\\ 0 & 0 & 1 & 2\\ 0 & 0 & 0 & 1\end{pmatrix}$，

(4) $\begin{pmatrix}0 & -1 & 0 & 0\\ 1 & 0 & 0 & 0\\ 0 & 0 & 3 & -2\\ 0 & 0 & 2 & -1\end{pmatrix}$； (5) $\begin{pmatrix}0 & 1 & 0 & \cdots & 0\\ 0 & 0 & 1 & \cdots & 0\\ \vdots & \vdots & \vdots & \cdots & \vdots\\ 0 & 0 & 0 & \cdots & 1\\ 0 & 0 & 0 & \cdots & 0\end{pmatrix}_{n\times n}$。

15. 设 $\boldsymbol{A}$ 是 n 阶阵，证明：(1) $\boldsymbol{A}^2=\boldsymbol{A}$，则 $\boldsymbol{A}\sim\mathrm{diag}\{\boldsymbol{I}_r,0\}$；(2) $\boldsymbol{A}^2=\boldsymbol{I}$，则 $\boldsymbol{A}\sim\mathrm{diag}\{\boldsymbol{I}_r,-\boldsymbol{I}_{n-r}\}$。

16. 设 $\boldsymbol{A}=\begin{pmatrix}1 & 0 & 0\\ 0 & 1 & 0\\ 0 & 0 & 0\end{pmatrix}$，$\boldsymbol{B}=\begin{pmatrix}1 & 1 & 1\\ 1 & 1 & 1\\ -1 & 1 & 0\end{pmatrix}$，求 $\boldsymbol{AB}$ 与 $\boldsymbol{BA}$ 的特征多项式及最小多项式。

17. 设 $\boldsymbol{A},\boldsymbol{B}\in\mathbb{C}^{n\times n}$，$\boldsymbol{A},\boldsymbol{B}$ 均可对角化，且 $\boldsymbol{AB}=\boldsymbol{BA}$，证明：$\boldsymbol{A},\boldsymbol{B}$ 必可同时对角化，即存在可逆阵 $\boldsymbol{P}$ 使得 $\boldsymbol{P}^{-1}\boldsymbol{AP},\boldsymbol{P}^{-1}\boldsymbol{BP}$ 为对角阵。

18. 设 $\boldsymbol{A},\boldsymbol{B}\in\mathbb{C}^{n\times n}$，$\boldsymbol{AB}=\boldsymbol{BA}$，证明：(1) $\boldsymbol{A},\boldsymbol{B}$ 有公共的特征向量；(2) 存在可逆阵 $\boldsymbol{P}$ 使得 $\boldsymbol{P}^{-1}\boldsymbol{AP},\boldsymbol{P}^{-1}\boldsymbol{BP}$ 都是上三角阵。

19. 设 $\boldsymbol{A}=\begin{pmatrix}2 & -1 & -1\\ 2 & -1 & -2\\ -1 & 1 & 2\end{pmatrix}$，(1) 求 $\boldsymbol{A}$ 的 Jordan 标准型；(2) 求可逆阵 $\boldsymbol{P}$，使得 $\boldsymbol{P}^{-1}\boldsymbol{AP}=\boldsymbol{J}$。

1.4 欧氏空间和酉空间

本节将度量概念引入一般的线性空间，得到常见的欧氏空间及酉空间。这两类空间是类似的，故在此主要学习欧式空间，最后将相应的结论在酉空间中进行推广。

1.4.1 欧氏空间定义及性质

定义 1.4-1 设 V 是 $\mathbb{R}$ 上线性空间。若 $\forall \boldsymbol{x},\boldsymbol{y}\in V$，有一种规则使之对应一个实数，用 $(\boldsymbol{x},\boldsymbol{y})$ 表示，称该实数为 $\boldsymbol{x}$ 与 $\boldsymbol{y}$ 的内积，它满足以下条件：

① 对称性 $(\boldsymbol{x},\boldsymbol{y})=(\boldsymbol{y},\boldsymbol{x})$；

② 可加性 $(\boldsymbol{x}+\boldsymbol{y},\boldsymbol{z})=(\boldsymbol{x},\boldsymbol{z})+(\boldsymbol{y},\boldsymbol{z})$；

③ 齐次性 $(k\boldsymbol{x},\boldsymbol{y})=k(\boldsymbol{x},\boldsymbol{y})$，$\forall k\in\mathbb{R}$；

④ 非负性 $(\boldsymbol{x},\boldsymbol{x})\geqslant 0$，当且仅当 $\boldsymbol{x}=\boldsymbol{0}$ 有 $(\boldsymbol{x},\boldsymbol{x})=0$，此时称 V 为实内积空间。

有限维的实内积空间称为**欧氏空间**。

由定义中的③和④可得，$\left(\sum_{i=1}^{n}a_i\boldsymbol{x}_i,\sum_{j=1}^{m}b_j\boldsymbol{y}_j\right)=\sum_{i=1}^{n}\sum_{j=1}^{m}\boldsymbol{a}_i\boldsymbol{b}_j(\boldsymbol{x}_i,\boldsymbol{y}_j)$，因此可以得出下面的度量矩阵的定义。

设 V 为 n 维欧氏空间，$\boldsymbol{e}_1,\cdots,\boldsymbol{e}_n$ 为一组基，对于 $\forall \boldsymbol{x},\boldsymbol{y}\in V$，$\boldsymbol{x}=\sum_{i=1}^{n}\xi_i\boldsymbol{e}_i$，$\boldsymbol{y}=\sum_{j=1}^{n}\eta_j\boldsymbol{e}_j$，有

$$(\boldsymbol{x},\boldsymbol{y})=\sum_{i,j=1}^{n}\xi_i\eta_j(\boldsymbol{e}_i,\boldsymbol{e}_j) \tag{1-7}$$

令 $\boldsymbol{A}=(\boldsymbol{a}_{ij})_{n\times n}$，$a_{ij}=(\boldsymbol{e}_i,\boldsymbol{e}_j)$，$\boldsymbol{\alpha}=(\xi_1,\cdots,\xi_n)^{\mathrm{T}}\in\mathbb{R}^n$，$\boldsymbol{\beta}=(\eta_1,\cdots,\eta_n)^{\mathrm{T}}\in\mathbb{R}^n$，则式(1-7)可记为

$$(\boldsymbol{x},\boldsymbol{y})=\sum_{i,j=1}^{n}a_{ij}\xi_i\eta_j=\boldsymbol{\alpha}^{\mathrm{T}}\boldsymbol{A}\boldsymbol{\beta}$$

这里 $\boldsymbol{A}=((\boldsymbol{e}_i,\boldsymbol{e}_j))_{n\times n}=\begin{pmatrix}(\boldsymbol{e}_1,\boldsymbol{e}_1) & \cdots & (\boldsymbol{e}_1,\boldsymbol{e}_n)\\(\boldsymbol{e}_2,\boldsymbol{e}_1) & \cdots & (\boldsymbol{e}_2,\boldsymbol{e}_n)\\ \vdots & \cdots & \vdots\\(\boldsymbol{e}_n,\boldsymbol{e}_1) & \cdots & (\boldsymbol{e}_n,\boldsymbol{e}_n)\end{pmatrix}=\boldsymbol{G}(\boldsymbol{e}_1,\cdots,\boldsymbol{e}_n)$，称为 V 关于基 $\boldsymbol{e}_1,\cdots,\boldsymbol{e}_n$ 的**度量矩阵**(或 **Gram 矩阵**)，度量矩阵 $\boldsymbol{A}$ 是一个**正定阵**。

例 1.4-1 $\mathbb{R}^n$ 中，取 $\boldsymbol{x}=(\xi_1,\cdots,\xi_n)^{\mathrm{T}}$，$\boldsymbol{y}=(\eta_1,\cdots,\eta_n)^{\mathrm{T}}$

令

$$(\boldsymbol{x},\boldsymbol{y})\triangleq\boldsymbol{x}^{\mathrm{T}}\boldsymbol{y}=\xi_1\eta_1+\xi_2\eta_2+\cdots+\xi_n\eta_n$$

$$(\boldsymbol{x},\boldsymbol{y})\triangleq\xi_1\eta_1+2\xi_2\eta_2+\cdots+n\xi_n\eta_n$$

易验证它们均满足内积的四个条件，故在 $\mathbb{R}^n$ 上定义了上述内积后，均为欧氏空间。其中 $(\boldsymbol{x},\boldsymbol{y})\triangleq\boldsymbol{x}^{\mathrm{T}}\boldsymbol{y}=\xi_1\eta_1+\xi_2\eta_2+\cdots+\xi_n\eta_n$ 是 $\mathbb{R}^3$ 中点积(数量积)的推广。

例 1.4-2 $C[a,b]$ 中，任取 $f(x)$，$g(x)$，定义

$$(f(x),g(x))\triangleq\int_a^b f(x)g(x)\mathrm{d}x$$

不难验证它满足内积的四个条件，故 $C[a,b]$ 为实内积空间。

例 1.4-3 在 $\mathbb{R}^{n\times n}$ 中，$\boldsymbol{A}=(a_{ij})_{n\times n}$，$\boldsymbol{B}=(b_{ij})_{n\times n}\in\mathbb{R}^{n\times n}$，定义

$$(\boldsymbol{A},\boldsymbol{B})=\sum_{i,j=1}^{n}a_{ij}b_{ij}=\mathrm{tr}(\boldsymbol{A}\boldsymbol{B}^{\mathrm{T}})$$

可验证满足内积的四个条件，故 $\mathbb{R}^{n\times n}$ 是欧氏空间。

例 1.4-4 设 $\boldsymbol{x}_1,\boldsymbol{x}_2,\cdots,\boldsymbol{x}_n$ 和 $\boldsymbol{y}_1,\boldsymbol{y}_2,\cdots,\boldsymbol{y}_n$ 是 n 维欧氏空间 V 的两个基，$\boldsymbol{P}$ 是过渡矩阵使得 $(\boldsymbol{y}_1,\boldsymbol{y}_2,\cdots,\boldsymbol{y}_n)=(\boldsymbol{x}_1,\boldsymbol{x}_2,\cdots,\boldsymbol{x}_n)\boldsymbol{P}$，设某个内积运算在两组基下的度量矩阵分别为 $\boldsymbol{A}$ 和 $\boldsymbol{B}$，证明：$\boldsymbol{B}=\boldsymbol{P}^{\mathrm{T}}\boldsymbol{A}\boldsymbol{P}$，即不同基的度量矩阵是合同的。

证明 $\boldsymbol{y}_i=p_{1i}\boldsymbol{x}_1+p_{2i}\boldsymbol{x}_2+\cdots+p_{ni}\boldsymbol{x}_n$

从而

$$(\boldsymbol{y}_i,\boldsymbol{y}_j)=\sum_{s=1}^{n}\sum_{t=1}^{n}p_{si}p_{tj}(\boldsymbol{x}_s,\boldsymbol{x}_t)=\boldsymbol{P}_i^{\mathrm{T}}\boldsymbol{A}\boldsymbol{P}_j$$

其中

$$\boldsymbol{P}_i=(p_{1i},p_{2i},\cdots,p_{ni})^{\mathrm{T}}\quad(i=1,\cdots,n)$$

所以 $\boldsymbol{B}=\boldsymbol{P}^{\mathrm{T}}\boldsymbol{A}\boldsymbol{P}$。

在$\mathbb{R}^3$中，$\boldsymbol{x}$ 的长度（大小）为 $\sqrt{(\boldsymbol{x},\boldsymbol{x})}$，将此推广到一般内积空间中。

定义 1.4-2 非负实数 $\sqrt{(\boldsymbol{x},\boldsymbol{x})}$ 称为 $\boldsymbol{x}$ 的**长度(模或范数)**，记为 $\|\boldsymbol{x}\|$。

定理 1.4-1 设 V 是欧氏空间，则

① $\|k\boldsymbol{x}\|=|k|\,\|\boldsymbol{x}\|$，$k\in\mathbb{R}$，$\boldsymbol{x}\in V$；

②（平行四边形公式）$\|\boldsymbol{x}+\boldsymbol{y}\|^2+\|\boldsymbol{x}-\boldsymbol{y}\|^2=2(\|\boldsymbol{x}\|^2+\|\boldsymbol{y}\|^2)$；

③ $|(\boldsymbol{x},\boldsymbol{y})|\leqslant\|\boldsymbol{x}\|\,\|\boldsymbol{y}\|$（柯西-许瓦兹）

④ $\|\boldsymbol{x}+\boldsymbol{y}\|\leqslant\|\boldsymbol{x}\|+\|\boldsymbol{y}\|$（三角不等式）

证明 ①，②直接由定义可得。

③ $\forall\,\boldsymbol{x},\boldsymbol{y}\in V$，$t\in\mathbb{R}$，由 $(\boldsymbol{x}-t\boldsymbol{y},\boldsymbol{x}-t\boldsymbol{y})\geqslant 0$

即

$$(\boldsymbol{y},\boldsymbol{y})t^2-2(\boldsymbol{x},\boldsymbol{y})t+(\boldsymbol{x},\boldsymbol{x})\geqslant 0$$

由初等不等式知

$$(\boldsymbol{x},\boldsymbol{y})^2-(\boldsymbol{x},\boldsymbol{x})(\boldsymbol{y},\boldsymbol{y})\leqslant 0$$

即有

$$|(\boldsymbol{x},\boldsymbol{y})|\leqslant\|\boldsymbol{x}\|\,\|\boldsymbol{y}\|$$

还可进一步证明等号成立当且仅当 $\boldsymbol{x}$ 与 $\boldsymbol{y}$ 线性相关。

④由③可得。

柯西-许瓦兹不等式有着广泛的应用，其中

$$\left|\sum_{i=1}^{n}\xi_i\eta_i\right|\leqslant\left(\sum_{i=1}^{n}\xi_i^2\right)^{\frac{1}{2}}\left(\sum_{i=1}^{n}\eta_i^2\right)^{\frac{1}{2}}$$

$$\left|\int_a^b f(x)g(x)\mathrm{d}x\right|\leqslant\left(\int_a^b f^2(x)\right)^{\frac{1}{2}}\left(\int_a^b g^2(x)\right)^{\frac{1}{2}}$$

都是常用的基本不等式。

在欧氏空间中，引入两个非零向量间的夹角，有

$$\gamma=\langle\boldsymbol{x},\boldsymbol{y}\rangle\triangleq\arccos\frac{(\boldsymbol{x},\boldsymbol{y})}{\|\boldsymbol{x}\|\,\|\boldsymbol{y}\|}\quad(0\leqslant\gamma\leqslant\pi)$$

1.4.2 正交性

定义 1.4-3 欧氏空间中，若向量 $\boldsymbol{x},\boldsymbol{y}$ 满足 $(\boldsymbol{x},\boldsymbol{y})=0$，则称 $\boldsymbol{x}$ 与 $\boldsymbol{y}$ 正交（垂直），记为 $\boldsymbol{x}\perp\boldsymbol{y}$。

$\boldsymbol{x}\perp\boldsymbol{y}\Leftrightarrow\|\boldsymbol{x}+\boldsymbol{y}\|^2=\|\boldsymbol{x}\|^2+\|\boldsymbol{y}\|^2$，推广到一般有，若 $\boldsymbol{x}_1,\cdots,\boldsymbol{x}_k$ 两两正交，则

$$\left\|\sum_{i=1}^{k}\boldsymbol{x}_i\right\|^2=\sum_{i=1}^{k}\|\boldsymbol{x}_i\|^2$$

易验证在$[-\pi,\pi]$上三角函数组 $1,\cos t,\sin t,\cos 2t,\sin 2t,\cdots,\cos kt,\sin kt\cdots$,其中任两个函数正交。

定理 1.4－2　设 $\boldsymbol{x}_1,\cdots,\boldsymbol{x}_m$ 是 V 中非零向量组,且两两正交,则 $\boldsymbol{x}_1,\cdots,\boldsymbol{x}_m$ 必线性无关。

事实上,令 $c_1\boldsymbol{x}_1+\cdots+c_m\boldsymbol{x}_m=\boldsymbol{0}$,两边与 $\boldsymbol{x}_i$ 作内积,可得 $c_i=0(i=1,\cdots,m)$。

因此 n 维欧氏空间中任 n 个两两正交的非零向量组为此空间的一个基底。

定义 1.4－4　n 维欧氏空间 V 中 n 个向量 $\boldsymbol{e}_1,\cdots,\boldsymbol{e}_n$ 若满足$(\boldsymbol{e}_i,\boldsymbol{e}_j)=\begin{cases}1 & i=j\\0 & i\neq j\end{cases}$,则称 $\boldsymbol{e}_1,\cdots,\boldsymbol{e}_n$ 为 V 的一个**标准正交基**。此时 $\boldsymbol{e}_1,\cdots,\boldsymbol{e}_n$ 为两两正交单位长度向量。

注:$\boldsymbol{e}_1,\cdots,\boldsymbol{e}_n$ 为标准正交基$\Leftrightarrow$其 Gram 矩阵为 $\boldsymbol{I}_n$,此时$(\boldsymbol{x},\boldsymbol{y})=\boldsymbol{\alpha}^{\mathrm{T}}\boldsymbol{\beta},\boldsymbol{x}=(\boldsymbol{e}_1,\cdots,\boldsymbol{e}_n)\boldsymbol{\alpha},\boldsymbol{y}=(\boldsymbol{e}_1,\cdots,\boldsymbol{e}_n)\boldsymbol{\beta}$。

定理 1.4－3　对于 n 维欧氏空间的任一基 $\boldsymbol{x}_1,\cdots,\boldsymbol{x}_n$,均可转化为一组标准正交基。

证明　证明过程是构造性的,称之为 Gram-Schmidt 正交化方法。

取 $\boldsymbol{y}_1=\boldsymbol{x}_1$,令 $\boldsymbol{y}_2=\boldsymbol{x}_2+k\boldsymbol{y}_1$,此处由正交条件$(\boldsymbol{y}_1,\boldsymbol{y}_2)=0$ 来确定 k。

由
$$(\boldsymbol{y}_1,\boldsymbol{y}_2)=(\boldsymbol{x}_2+k\boldsymbol{y}_1,\boldsymbol{y}_1)=(\boldsymbol{x}_2,\boldsymbol{y}_1)+k(\boldsymbol{y}_1,\boldsymbol{y}_1)=0$$
得
$$k=-\frac{(\boldsymbol{x}_2,\boldsymbol{y}_1)}{(\boldsymbol{y}_1,\boldsymbol{y}_1)}$$

从而 $\boldsymbol{y}_1,\boldsymbol{y}_2$ 正交,再令
$$\boldsymbol{y}_3=\boldsymbol{x}_3+k_1\boldsymbol{y}_1+k_2\boldsymbol{y}_2$$

由正交条件$(\boldsymbol{y}_1,\boldsymbol{y}_3)=(\boldsymbol{y}_2,\boldsymbol{y}_3)=0$ 确定 k_1,k_2
$$k_2=-\frac{(\boldsymbol{x}_3,\boldsymbol{y}_2)}{(\boldsymbol{y}_2,\boldsymbol{y}_2)},\quad k_1=-\frac{(\boldsymbol{x}_3,\boldsymbol{y}_1)}{(\boldsymbol{y}_1,\boldsymbol{y}_1)}$$

从而 $\boldsymbol{y}_1,\boldsymbol{y}_2,\boldsymbol{y}_3$ 两两正交,继续下去,设已得 m 个两两正交向量(非零)$\boldsymbol{y}_1,\cdots,\boldsymbol{y}_m$。

令
$$\boldsymbol{y}_{m+1}=\boldsymbol{x}_{m+1}+\sum_{i=1}^{m}l_i\boldsymbol{y}_i$$

由正交条件$(\boldsymbol{y}_{m+1},\boldsymbol{y}_j)=0(j=1,\cdots,m)$确定
$$l_j=-\frac{(\boldsymbol{x}_{m+1},\boldsymbol{y}_j)}{(\boldsymbol{y}_j,\boldsymbol{y}_j)}\quad(j=1,\cdots,m)$$

故可得 $\boldsymbol{y}_{m+1}$。

由此可得,基 $\boldsymbol{x}_1,\cdots,\boldsymbol{x}_n$ 构造出 n 个两两正交向量 $\boldsymbol{y}_1,\cdots,\boldsymbol{y}_n$,可作为 V 的一个正交基,再将其单位化(规范化),令 $\boldsymbol{z}_j=\dfrac{1}{\|\boldsymbol{y}_j\|}\boldsymbol{y}_j(j=1,\cdots,n)$,则 $\boldsymbol{z}_1,\cdots,\boldsymbol{z}_n$ 为 V 的一个标准正交基。

例 1.4－5　在$\mathbb{R}^4$中,取一组基 $\boldsymbol{x}_1=(1,1,0,0)^{\mathrm{T}},\boldsymbol{x}_2=(1,0,1,0)^{\mathrm{T}},\boldsymbol{x}_3=(-1,0,0,1)^{\mathrm{T}},\boldsymbol{x}_4=(1,-1,-1,1)^{\mathrm{T}}$,将其正交规范化。

解　正交化,即
$$\boldsymbol{y}_1=\boldsymbol{x}_1=(1,1,0,0)^{\mathrm{T}}$$
$$\boldsymbol{y}_2=\boldsymbol{x}_2-\frac{(\boldsymbol{x}_2,\boldsymbol{y}_1)}{(\boldsymbol{y}_1,\boldsymbol{y}_1)}\boldsymbol{y}_1=\left(\frac{1}{2},-\frac{1}{2},1,0\right)^{\mathrm{T}}$$

$$\boldsymbol{y}_3=\boldsymbol{x}_3-\frac{(\boldsymbol{x}_3,\boldsymbol{y}_2)}{(\boldsymbol{y}_2,\boldsymbol{y}_2)}\boldsymbol{y}_2-\frac{(\boldsymbol{x}_3,\boldsymbol{y}_1)}{(\boldsymbol{y}_1,\boldsymbol{y}_1)}\boldsymbol{y}_1=\left(-\frac{1}{3},\frac{1}{3},\frac{1}{3},1\right)^{\mathrm{T}}$$

$$\boldsymbol{y}_4=\boldsymbol{x}_4-\frac{(\boldsymbol{x}_4,\boldsymbol{y}_3)}{(\boldsymbol{y}_3,\boldsymbol{y}_3)}\boldsymbol{y}_3-\frac{(\boldsymbol{x}_4,\boldsymbol{y}_2)}{(\boldsymbol{y}_2,\boldsymbol{y}_2)}\boldsymbol{y}_2-\frac{(\boldsymbol{x}_4,\boldsymbol{y}_1)}{(\boldsymbol{y}_1,\boldsymbol{y}_1)}\boldsymbol{y}_1=(1,-1,-1,1)^{\mathrm{T}}$$

单位化，即

$$\boldsymbol{z}_1=\frac{1}{\|\boldsymbol{y}_1\|}\boldsymbol{y}_1=\left(\frac{1}{\sqrt{2}},\frac{1}{\sqrt{2}},0,0\right)^{\mathrm{T}}$$

$$\boldsymbol{z}_2=\frac{1}{\|\boldsymbol{y}_2\|}\boldsymbol{y}_2=\left(\frac{1}{\sqrt{6}},-\frac{1}{\sqrt{6}},\frac{2}{\sqrt{6}},0\right)^{\mathrm{T}}$$

$$\boldsymbol{z}_3=\frac{1}{\|\boldsymbol{y}_3\|}\boldsymbol{y}_3=\left(-\frac{1}{\sqrt{12}},\frac{1}{\sqrt{12}},\frac{1}{\sqrt{12}},\frac{3}{\sqrt{12}}\right)^{\mathrm{T}}$$

$$\boldsymbol{z}_4=\frac{1}{\|\boldsymbol{y}_4\|}\boldsymbol{y}_4=\left(\frac{1}{2},-\frac{1}{2},-\frac{1}{2},1\right)^{\mathrm{T}}$$

Gram-Schmidt 正交化方法将基 $\boldsymbol{x}_1,\cdots,\boldsymbol{x}_n$ 变为标准正交基 $\boldsymbol{z}_1,\cdots,\boldsymbol{z}_n$，由证明过程知

$$\boldsymbol{y}_k=\boldsymbol{x}_k-\sum_{i=1}^{k-1}\frac{(\boldsymbol{x}_k,\boldsymbol{y}_i)}{(\boldsymbol{y}_i,\boldsymbol{y}_i)}\boldsymbol{y}_i=\boldsymbol{x}_k-\sum_{i=1}^{k-1}\frac{(\boldsymbol{x}_k,\boldsymbol{y}_i)}{\|\boldsymbol{y}_i\|^2}\boldsymbol{y}_i=\boldsymbol{x}_k-\sum_{i=1}^{k-1}(\boldsymbol{x}_k,\boldsymbol{z}_i)\boldsymbol{z}_i\quad k=1,\cdots,n$$

而
$$\boldsymbol{z}_k=\frac{1}{\|\boldsymbol{y}_k\|}\boldsymbol{y}_k\quad k=1,\cdots,n$$

故
$$\boldsymbol{x}_k=\sum_{i=1}^{k-1}(\boldsymbol{x}_k,\boldsymbol{z}_i)\boldsymbol{z}_i+\|\boldsymbol{y}_k\|\boldsymbol{z}_k\quad k=1,\cdots,n$$

即
$$(\boldsymbol{x}_1,\cdots,\boldsymbol{x}_n)=(\boldsymbol{z}_1,\cdots,\boldsymbol{z}_n)\begin{pmatrix}\|\boldsymbol{y}_1\| & (\boldsymbol{x}_2,\boldsymbol{z}_1) & \cdots & (\boldsymbol{x}_n,\boldsymbol{z}_1)\\ & \|\boldsymbol{y}_2\| & \cdots & (\boldsymbol{x}_n,\boldsymbol{z}_2)\\ & & \ddots & \vdots\\ \boldsymbol{0} & & & \|\boldsymbol{y}_n\|\end{pmatrix}$$

n 维欧氏空间 V 取定标准正交基 $\boldsymbol{e}_1,\cdots,\boldsymbol{e}_n$，则 $\forall\boldsymbol{x}\in V$，$\boldsymbol{x}=\sum_{i=1}^{n}(\boldsymbol{x},\boldsymbol{e}_i)\boldsymbol{e}_i$，$\left(\text{因为 }\boldsymbol{x}=\sum_{i=1}^{n}\xi_i\boldsymbol{e}_i\Rightarrow\xi_i=(\boldsymbol{x},\boldsymbol{e}_i),i=1,\cdots,n\right)$，即 $\boldsymbol{x}$ 在标准正交基下的坐标可用内积表示。$\forall\boldsymbol{x},\boldsymbol{y}\in V$，$\boldsymbol{x}=(\boldsymbol{e}_1,\cdots,\boldsymbol{e}_n)(\boldsymbol{\xi}_1,\cdots,\boldsymbol{\xi}_n)^{\mathrm{T}}$，$\boldsymbol{y}=(\boldsymbol{e}_1,\cdots,\boldsymbol{e}_n)(\boldsymbol{\eta}_1,\cdots,\boldsymbol{\eta}_n)^{\mathrm{T}}$，则

$$(\boldsymbol{x},\boldsymbol{y})=\sum_{i=1}^{n}\boldsymbol{\xi}_i\boldsymbol{\eta}_i$$

即在标准正交基下，内积运算形式最简单。

定义 1.4-5 V 为欧氏空间，$W\subseteq V$，$\boldsymbol{x}\in V$，若 $\forall\boldsymbol{y}\in W$，有 $\boldsymbol{x}\perp\boldsymbol{y}$，则称 $\boldsymbol{x}$ 与 W 正交，记为 $\boldsymbol{x}\perp W$；W_1 与 W_2 为 V 的子集，若 $\forall\boldsymbol{x}\in W_1$，$\forall\boldsymbol{y}\in W_2$，有 $\boldsymbol{x}\perp\boldsymbol{y}$，则称 W_1 与 W_2 是**正交**的，记为 $W_1\perp W_2$。

显见当 W 为 V 的子空间时，$\boldsymbol{x}\perp W\Leftrightarrow\boldsymbol{x}$ 与 W 的中每个向量均正交，且 $W^{\perp}=\{\boldsymbol{x}\in V\mid\boldsymbol{x}\perp W\}$ 仍是 V 的子空间，称之为 W 的正交补。

定理 1.4-4 设 W 为欧氏空间 V 的子空间，则必有 $V=W\oplus W^{\perp}$。

证明 显然 $V\supseteq W+W^{\perp}$，

另一方面，设 $\dim W=k(k\leqslant\dim V=n)$，取 W 的标准正交基 $\boldsymbol{z}_1,\cdots,\boldsymbol{z}_k$，将其扩展为 V 的标

准正交基 $z_1,\cdots,z_k,z_{k+1},\cdots,z_n$，不难看出

$$W=\text{span}\{z_1,\cdots,z_k\},\quad W^{\perp}=\text{span}\{z_{k+1},\cdots,z_n\}$$

因此 $V\subseteq W+W^{\perp}$，综上 $V=W+W^{\perp}$。

$\boldsymbol{x}\in W\cap W^{\mathrm{T}}\Rightarrow(\boldsymbol{x},\boldsymbol{x})=0\Rightarrow\boldsymbol{x}=\boldsymbol{0}$，所以 $V=W\oplus W^{\perp}$。

定理中的分解称为 V 的正交直和分解。V 关于子空间直和分解是唯一的，而一般直和分解未必唯一。

推论　(1) $\dim V=\dim W+\dim W^{\perp}$；

(2) $(W^{\perp})^{\perp}=W$；

(3) 任取 $\boldsymbol{A}=(a_{ij})_{n\times n}\in\mathbb{R}^{n\times n}$，有 $N(\boldsymbol{A})\oplus R(\boldsymbol{A}^{\mathrm{T}})=\mathbb{R}^n$，且 $R(\boldsymbol{A}^{\mathrm{T}})=N(\boldsymbol{A})^{\perp}$（此为正交直和分解）。

证明　$\forall\boldsymbol{\alpha}\in W,\forall\boldsymbol{\beta}\in W^{\perp},(\boldsymbol{\alpha},\boldsymbol{\beta})=0$，故 $W\subset(W^{\perp})^{\perp}$，又由

$V=W\oplus W^{\perp},V=W^{\perp}\oplus(W^{\perp})^{\perp}$，有 $\dim W+\dim W^{\perp}=\dim W^{\perp}+\dim(W^{\perp})^{\perp}$，即 $\dim W=\dim(W^{\perp})^{\perp}$，因为 $W,(W^{\perp})^{\perp}$ 都是线性子空间，故 $(W^{\perp})^{\perp}=W$。

事实上，由定理 1.4-4 知 $\mathbb{R}^n=N(\boldsymbol{A})\oplus N(\boldsymbol{A})^{\perp}$。$\forall\boldsymbol{x}\in R(\boldsymbol{A}^{\mathrm{T}})$，有 $\boldsymbol{x}=\boldsymbol{A}^{\mathrm{T}}\boldsymbol{\alpha},\boldsymbol{\alpha}\in\mathbb{R}^n$，$\forall\boldsymbol{y}\in N(\boldsymbol{A})$，$\boldsymbol{A}\boldsymbol{y}=0$，故 $(\boldsymbol{x},\boldsymbol{y})=\boldsymbol{x}^{\mathrm{T}}\boldsymbol{y}=(\boldsymbol{A}^{\mathrm{T}}\boldsymbol{\alpha})^{\mathrm{T}}\boldsymbol{y}=\boldsymbol{\alpha}^{\mathrm{T}}\boldsymbol{A}\boldsymbol{y}=0$，所以 $R(\boldsymbol{A}^{\mathrm{T}})\subseteq N(\boldsymbol{A})^{\perp}$。$\dim R(\boldsymbol{A}^{\mathrm{T}})=\text{rank}(\boldsymbol{A}^{\mathrm{T}})=\text{rank}\boldsymbol{A}=n-\dim N(\boldsymbol{A})=\dim N(\boldsymbol{A})^{\perp}$，所以 $R(\boldsymbol{A}^{\mathrm{T}})=N(\boldsymbol{A})^{\perp}$。

例 1.4-6　设 W,W_1,W_2 是 n 维内积空间 V 的子空间，求证：

(1) $(W_1+W_2)^{\perp}=W_1^{\perp}\cap W_2^{\perp}$；(2) $(W_1\cap W_2)^{\perp}=W_1^{\perp}+W_2^{\perp}$；(3) $V^{\perp}=\{\boldsymbol{0}\}$。

证明

(1) $\forall\boldsymbol{\eta}\in(W_1+W_2)^{\perp},\boldsymbol{\eta}\perp W_1,\boldsymbol{\eta}\perp W_2$

故
$$\boldsymbol{\eta}\in W_1^{\perp}\cap W_2^{\perp}$$
从而
$$(W_1+W_2)^{\perp}\subset W_1^{\perp}\cap W_2^{\perp}$$
$$\forall\boldsymbol{\eta}\in W_1^{\perp}\cap W_2^{\perp},\forall\boldsymbol{\gamma}\in W_1+W_2,\boldsymbol{\gamma}=\boldsymbol{\alpha}+\boldsymbol{\beta},\boldsymbol{\alpha}\in W_1,\boldsymbol{\beta}\in W_2$$
所以
$$(\boldsymbol{\eta},\boldsymbol{\alpha})=0,(\boldsymbol{\eta},\boldsymbol{\beta})=0$$
从而
$$(\boldsymbol{\eta},\boldsymbol{\gamma})=0$$
因此
$$W_1^{\perp}\cap W_2^{\perp}\subset(W_1+W_2)^{\perp}$$
综上
$$(W_1+W_2)^{\perp}=W_1^{\perp}\cap W_2^{\perp}$$

(2)
$$W_1\cap W_2=(W_1^{\perp})^{\perp}\cap(W_2^{\perp})^{\perp}=(W_1^{\perp}+W_2^{\perp})^{\perp}$$
故
$$(W_1\cap W_2)^{\perp}=W_1^{\perp}+W_2^{\perp}$$

(3) $\forall\boldsymbol{\alpha}\in V,\boldsymbol{\alpha}\neq\boldsymbol{0}$，都有 $(\boldsymbol{\alpha},\boldsymbol{\alpha})>0$

所以
$$\boldsymbol{\alpha}\notin V^{\perp}$$
因为
$$\boldsymbol{0}\in V^{\perp},\forall\boldsymbol{\alpha}\in V,(\boldsymbol{\alpha},\boldsymbol{0})=0$$
所以
$$V^{\perp}=\{\boldsymbol{0}\}$$

1.4.3　正交变换与正交矩阵

在解析几何中，旋转反射变换使向量长度保持不变，将此类变换推广到欧氏空间，即考虑使度量不变的一类变换。

定义 1.4-6 设 V 是欧氏空间，$T\in L(V,V)$，若 T 保持 V 中的内积不变，即 $\forall \boldsymbol{x},\boldsymbol{y}\in V$，$(T\boldsymbol{x},T\boldsymbol{y})=(\boldsymbol{x},\boldsymbol{y})$，则称 T 是 V 上的一个**正交变换**。

此类变换保持长度（范数）、角度、距离等不变。关于正交变换有以下刻画：

定理 1.4-5 V 是欧氏空间，$T\in L(V,V)$，则以下命题等价：

① T 是正交变换；

② $\forall \boldsymbol{x}\in V,\|T\boldsymbol{x}\|=\|\boldsymbol{x}\|$；

③ 若 $\boldsymbol{e}_1,\cdots,\boldsymbol{e}_n$ 是 V 的标准正交基，则 $T\boldsymbol{e}_1,\cdots,T\boldsymbol{e}_n$ 也是 V 的标准正交基；

④ T 在 V 的标准正交基下的矩阵 $\boldsymbol{Q}$ 满足 $\boldsymbol{Q}^{\mathrm{T}}=\boldsymbol{Q}^{-1}$（即 $\boldsymbol{Q}^{\mathrm{T}}\boldsymbol{Q}=\boldsymbol{I}_n$）。

证明 ①⇒②，由 $(T\boldsymbol{x},T\boldsymbol{x})=(\boldsymbol{x},\boldsymbol{x})$，开方即得。

②⇒③，由条件
$$\|T\boldsymbol{e}_i\|=\|\boldsymbol{e}_i\|=1,i=1,\cdots,n$$
$i\neq j$ 时，由 $\|T(\boldsymbol{e}_i+\boldsymbol{e}_j)\|^2=\|\boldsymbol{e}_i+\boldsymbol{e}_j\|^2$ 展开有
$$(T\boldsymbol{e}_i,T\boldsymbol{e}_i)+2(T\boldsymbol{e}_i,T\boldsymbol{e}_j)+(T\boldsymbol{e}_j,T\boldsymbol{e}_j)=(\boldsymbol{e}_i,\boldsymbol{e}_i)+2(\boldsymbol{e}_i,\boldsymbol{e}_j)+(\boldsymbol{e}_j,\boldsymbol{e}_j)$$
故有
$$(T\boldsymbol{e}_i,T\boldsymbol{e}_j)=(\boldsymbol{e}_i,\boldsymbol{e}_j)=0(i\neq j)$$
即 $T\boldsymbol{e}_1,\cdots,T\boldsymbol{e}_n$ 是 V 的标准正交基。

③⇒④，$\boldsymbol{e}_1,\cdots,\boldsymbol{e}_n$ 是 V 的标准正交基，令
$$T(\boldsymbol{e}_1,\cdots,\boldsymbol{e}_n)=(T\boldsymbol{e}_1,\cdots,T\boldsymbol{e}_n)=(\boldsymbol{e}_1,\cdots,\boldsymbol{e}_n)\boldsymbol{Q} \tag{1-8}$$
$\boldsymbol{Q}$ 是两组标准正交基间的过渡阵，令 $\boldsymbol{Q}=(q_{ij})_{n\times n}$

由式(1-8)
$$T\boldsymbol{e}_i=\sum_{k=1}^{n}q_{ki}\boldsymbol{e}_k\quad(i=1,\cdots,n)$$
所以
$$(T\boldsymbol{e}_i,T\boldsymbol{e}_j)=\left(\sum_{k=1}^{n}q_{ki}\boldsymbol{e}_k,\sum_{l=1}^{n}q_{lj}\boldsymbol{e}_l\right)=\sum_{l,k=1}^{n}q_{ki}q_{lj}(\boldsymbol{e}_k,\boldsymbol{e}_l)$$
$$=\sum_{k=1}^{n}q_{ki}q_{kj}=(\boldsymbol{Q}^{\mathrm{T}}\boldsymbol{Q})_{ij}=\begin{cases}1 & i=j\\0 & i\neq j\end{cases}$$
所以
$$\boldsymbol{Q}^{\mathrm{T}}\boldsymbol{Q}=\boldsymbol{I}_n$$
④⇒①
$$T(\boldsymbol{e}_1,\cdots,\boldsymbol{e}_n)=(\boldsymbol{e}_1,\cdots,\boldsymbol{e}_n)\boldsymbol{Q}\quad(\boldsymbol{Q}^{\mathrm{T}}\boldsymbol{Q}=\boldsymbol{I})$$
又因为
$$(T\boldsymbol{e}_i,T\boldsymbol{e}_j)=(\boldsymbol{Q}^{\mathrm{T}}\boldsymbol{Q})_{ij}=\begin{cases}1 & i=j\\0 & i\neq j\end{cases}$$
故 $T\boldsymbol{e}_1,\cdots,T\boldsymbol{e}_n$ 为标准正交基。

所以 $\forall \boldsymbol{x},\boldsymbol{y}\in V$，设
$$x=\sum_{i=1}^{n}\xi_i\boldsymbol{e}_i,\quad y=\sum_{j=1}^{n}\eta_j\boldsymbol{e}_j$$
有
$$(T\boldsymbol{x},T\boldsymbol{y})=\left(\sum_{i=1}^{n}\xi_iT\boldsymbol{e}_i,\sum_{j=1}^{n}\eta_jT\boldsymbol{e}_j\right)=\sum_{i,j=1}^{n}\xi_i\eta_j(T\boldsymbol{e}_i,T\boldsymbol{e}_j)=\sum_{i=1}^{n}\xi_i\eta_i=(\boldsymbol{x},\boldsymbol{y})$$
所以 T 为正交变换。

1.4.4 酉空间简介

简单地说，欧氏空间为有限维实内积空间，而酉空间就是有限维的复内积空间，它与欧氏空间有完全平行的一套理论，其证明方法也完全类似，故在此只将其定义及主要结论简述如下。

定义 1.4-7　设 V 是复数域$\mathbb{C}$上有限维线性空间，若$\forall \boldsymbol{x},\boldsymbol{y}\in V$，有一复数与之对应，称该复数为 $\boldsymbol{x}$ 与 $\boldsymbol{y}$ 的**内积**，记为$(\boldsymbol{x},\boldsymbol{y})$，满足以下条件：

① 共轭对称性：$(\boldsymbol{x},\boldsymbol{y})=(\overline{\boldsymbol{y},\boldsymbol{x}})$；

② 可加性：$(\boldsymbol{x}+\boldsymbol{y},\boldsymbol{z})=(\boldsymbol{x},\boldsymbol{z})+(\boldsymbol{y},\boldsymbol{z})$；

③ 齐次性$(k\boldsymbol{x},\boldsymbol{y})=k(\boldsymbol{x},\boldsymbol{y})$，$\forall k\in\mathbb{C}$；

④ 非负性 $(\boldsymbol{x},\boldsymbol{x})\geqslant 0$，当且仅当 $\boldsymbol{x}=\boldsymbol{0}$有$(\boldsymbol{x},\boldsymbol{x})=0$，此时称 V 为酉空间。

在$\mathbb{C}^n$中取 $\boldsymbol{x}=(x_1,\cdots,x_n)^{\mathrm{T}}$，$\boldsymbol{y}=(y_1,\cdots,y_n)^{\mathrm{T}}$，$\boldsymbol{y}^{\mathrm{H}}=\overline{\boldsymbol{y}}^{\mathrm{T}}=(\overline{y_1},\cdots,\overline{y_n})$

令
$$(\boldsymbol{x},\boldsymbol{y})=x_1\overline{y_1}+\cdots+x_n\overline{y_n}=\boldsymbol{y}^{\mathrm{H}}\boldsymbol{x}$$
易验证$(\boldsymbol{x},\boldsymbol{y})$满足定义 1.4-7 中 4 个条件，因此$\mathbb{C}^n$成为一个酉空间。

对于厄米特(Hermite)阵 $\boldsymbol{A}=(a_{ij})\in\mathbb{C}^{n\times n}$，即 Hermite 转置
$$\boldsymbol{A}^{\mathrm{H}}=(\overline{a_{ij}})^{\mathrm{T}}=\boldsymbol{A}$$
有$\overline{\boldsymbol{x}^{\mathrm{H}}\boldsymbol{A}\boldsymbol{x}}=(\overline{\boldsymbol{x}^{\mathrm{H}}\boldsymbol{A}\boldsymbol{x}})^{\mathrm{H}}=\boldsymbol{x}^{\mathrm{H}}\boldsymbol{A}\boldsymbol{x}$，可知 $\boldsymbol{x}^{\mathrm{H}}\boldsymbol{A}\boldsymbol{x}$ 为实数。如果 $\boldsymbol{x}^{\mathrm{H}}\boldsymbol{A}\boldsymbol{x}>0(\boldsymbol{x}\neq\boldsymbol{0})$，则称 $\boldsymbol{A}$ 为**正定**的。设 $\boldsymbol{A}=(a_{ij})\in\mathbb{C}^{n\times n}$是 Hermite **正定阵**，取
$$\forall\boldsymbol{x}=(x_1,x_2,\cdots,x_n)^{\mathrm{T}},\quad \boldsymbol{y}=(y_1,y_2,\cdots,y_n)^{\mathrm{T}}\in\mathbb{C}^n\text{，规定}$$
$$(\boldsymbol{x},\boldsymbol{y})=\boldsymbol{y}^{\mathrm{H}}\boldsymbol{A}\boldsymbol{x}$$
容易验证$(\boldsymbol{x},\boldsymbol{y})$满足内积的 4 个条件，从而使$\mathbb{C}^n$构成酉空间。

关于酉空间有以下基本结论：

① $\left(\sum\limits_{i=1}^{n}\xi_i\boldsymbol{x}_i,\sum\limits_{j=1}^{m}\eta_j\boldsymbol{y}_j\right)=\sum\limits_{i=1}^{n}\sum\limits_{j=1}^{m}\xi_i\overline{\eta_j}(\boldsymbol{x}_i,\boldsymbol{y}_j)$

② $\sqrt{(\boldsymbol{x},\boldsymbol{x})}=\|\boldsymbol{x}\|$称为 $\boldsymbol{x}$ 的长度(模)，有 Cauchy 不等式$|(\boldsymbol{x},\boldsymbol{y})|\leqslant\|\boldsymbol{x}\|\|\boldsymbol{y}\|$，当$(\boldsymbol{x},\boldsymbol{y})=0$时，称 $\boldsymbol{x}$ 与 $\boldsymbol{y}$ 垂直，记为 $\boldsymbol{x}\perp\boldsymbol{y}$。

③ 线性无关向量组可通过 Schmidt 正交化方法变为一组标准正交基。

④ 酉空间有标准正交基。

⑤ 对 V 的子空间 W 有正交直和分解 $V=W\oplus W^{\perp}$。

⑥ $T\in L(V,V)$，满足$(T\boldsymbol{x},T\boldsymbol{y})=(\boldsymbol{x},\boldsymbol{y})$，$\forall\boldsymbol{x},\boldsymbol{y}\in V$ 为 V 的酉变换，当且仅当在标准正交基的矩阵 U 满足 $U^{\mathrm{H}}U=\overline{U}^{\mathrm{T}}U=I$，即 U 为**酉矩阵**。

例 1.4-7　证明：Hermite 矩阵 $\boldsymbol{A}$ 的特征根均为实数。

证明　由于 $\boldsymbol{A}$ 为 Hermite 矩阵，则 $\boldsymbol{A}^{\mathrm{H}}=\boldsymbol{A}$。不妨令 $\boldsymbol{x}$ 为特征值λ 所对应的一个特征向量，即 $\boldsymbol{A}\boldsymbol{x}=\lambda\boldsymbol{x}$，可得 $\boldsymbol{A}^{\mathrm{H}}\boldsymbol{x}=\lambda\boldsymbol{x}$，两边同取共轭有
$$(\boldsymbol{A}^{\mathrm{H}}\boldsymbol{x})^{\mathrm{H}}=\boldsymbol{x}^{\mathrm{H}}\boldsymbol{A}=\lambda^*\boldsymbol{x}^{\mathrm{H}}$$
对上式同时右乘特征向量 $\boldsymbol{x}$ 后有 $\boldsymbol{x}^{\mathrm{H}}\boldsymbol{A}\boldsymbol{x}=\lambda^*\boldsymbol{x}^{\mathrm{H}}\boldsymbol{x}$，注意到 $\boldsymbol{A}\boldsymbol{x}=\lambda\boldsymbol{x}$，所以 $\boldsymbol{x}^{\mathrm{H}}\lambda\boldsymbol{x}=\lambda^*\boldsymbol{x}^{\mathrm{H}}\boldsymbol{x}$，从而$\lambda=\lambda^*$，故可知 λ 为实数，从而可知 Hermite 矩阵的特征根为实数。

例 1.4-8　证明：酉矩阵的特征根的模为 1。

证明　对任一酉矩阵 $\boldsymbol{U}$，任取其某一特征值 λ 对应的特征向量 $\boldsymbol{x}$，有
$$\boldsymbol{x}^{\mathrm{H}}\boldsymbol{U}^{\mathrm{H}}\boldsymbol{U}\boldsymbol{x}=(\lambda\boldsymbol{x})^{\mathrm{H}}\lambda\boldsymbol{x}=|\lambda|^2\|\boldsymbol{x}\|^2$$
又因为 $\boldsymbol{U}^{\mathrm{H}}\boldsymbol{U}\boldsymbol{x}=\boldsymbol{I}\boldsymbol{x}$，故 $\boldsymbol{x}^{\mathrm{H}}\boldsymbol{U}^{\mathrm{H}}\boldsymbol{U}\boldsymbol{x}=\|\boldsymbol{x}\|^2$，所以$|\lambda|=1$。

例 1.4-9　证明：酉空间中两组标准正交基的过渡矩阵是酉矩阵。

证明　设标准正交基 $\boldsymbol{\alpha}_1,\cdots,\boldsymbol{\alpha}_n$ 到 $\boldsymbol{\beta}_1,\cdots,\boldsymbol{\beta}_n$ 的过渡矩阵为 $\boldsymbol{P}$，则
$$(\boldsymbol{\beta}_1,\cdots,\boldsymbol{\beta}_n)=(\boldsymbol{\alpha}_1,\cdots,\boldsymbol{\alpha}_n)\boldsymbol{P}$$

对任意一组标准正交基 $\boldsymbol{\alpha}_1,\cdots,\boldsymbol{\alpha}_n$，其 Gram 矩阵可以表示为

$$\begin{pmatrix} (\boldsymbol{\alpha}_1,\boldsymbol{\alpha}_1) & (\boldsymbol{\alpha}_1,\boldsymbol{\alpha}_2) & \cdots & (\boldsymbol{\alpha}_1,\boldsymbol{\alpha}_m) \\ (\boldsymbol{\alpha}_2,\boldsymbol{\alpha}_1) & (\boldsymbol{\alpha}_2,\boldsymbol{\alpha}_2) & \cdots & (\boldsymbol{\alpha}_2,\boldsymbol{\alpha}_m) \\ \vdots & \vdots & & \vdots \\ (\boldsymbol{\alpha}_m,\boldsymbol{\alpha}_1) & (\boldsymbol{\alpha}_m,\boldsymbol{\alpha}_2) & \cdots & (\boldsymbol{\alpha}_m,\boldsymbol{\alpha}_m) \end{pmatrix} = \begin{pmatrix} \boldsymbol{\alpha}_1^{\mathrm{H}} \\ \vdots \\ \boldsymbol{\alpha}_n^{\mathrm{H}} \end{pmatrix} (\boldsymbol{\alpha}_1,\cdots,\boldsymbol{\alpha}_n)$$

因为 $\boldsymbol{\alpha}_1,\cdots,\boldsymbol{\alpha}_n$ 与 $\boldsymbol{\beta}_1,\cdots,\boldsymbol{\beta}_n$ 均为标准正交基，所以

$$\boldsymbol{I} = \begin{pmatrix} \boldsymbol{\beta}_1^{\mathrm{H}} \\ \vdots \\ \boldsymbol{\beta}_n^{\mathrm{H}} \end{pmatrix} (\boldsymbol{\beta}_1,\cdots,\boldsymbol{\beta}_n) = \boldsymbol{P}^{\mathrm{H}} \begin{pmatrix} \boldsymbol{\alpha}_1^{\mathrm{H}} \\ \vdots \\ \boldsymbol{\alpha}_n^{\mathrm{H}} \end{pmatrix} (\boldsymbol{\alpha}_1,\cdots,\boldsymbol{\alpha}_n)\boldsymbol{P} = \boldsymbol{P}^{\mathrm{H}}\boldsymbol{I}\boldsymbol{P} = \boldsymbol{P}^{\mathrm{H}}\boldsymbol{P}$$

故 $\boldsymbol{P}$ 为酉矩阵。

例 1.4-10 设 $\boldsymbol{A}\in\mathbb{C}^{n\times n}$，$\boldsymbol{A}^2=\boldsymbol{A}=\boldsymbol{A}^{\mathrm{H}}$ 证明：(1) 值域 $R(\boldsymbol{A})=\{\boldsymbol{A}\boldsymbol{x}\mid \boldsymbol{x}\in\mathbb{C}^n\}$ 是 $\mathbb{C}^n$ 的子空间；(2) $R(\boldsymbol{A})\cap R(\boldsymbol{I}-\boldsymbol{A})=\{\boldsymbol{0}\}$；(3) $\mathbb{C}^n=R(\boldsymbol{A})\oplus R(\boldsymbol{I}-\boldsymbol{A})$ 是正交直和分解。

证明 (1) 对 $\boldsymbol{A}\boldsymbol{x}_1,\boldsymbol{A}\boldsymbol{x}_2\in R(\boldsymbol{A})$，$k_1,k_2\in\mathbb{C}$，有

$k_1\boldsymbol{A}\boldsymbol{x}_1+k_2\boldsymbol{A}\boldsymbol{x}_2=\boldsymbol{A}(k_1\boldsymbol{x}_1+k_2\boldsymbol{x}_2)\in R(\boldsymbol{A})$，故 $R(\boldsymbol{A})$ 是 $\mathbb{C}^n$ 的子空间。

(2) 因 $\boldsymbol{A}^2=\boldsymbol{A}$，故 $(\boldsymbol{I}-\boldsymbol{A})\boldsymbol{A}=\boldsymbol{A}(\boldsymbol{I}-\boldsymbol{A})=\boldsymbol{0}$，于是 $\forall\boldsymbol{x}\in R(\boldsymbol{A})$，$(\boldsymbol{I}-\boldsymbol{A})\boldsymbol{x}=\boldsymbol{0}$，且 $\forall\boldsymbol{y}\in R(\boldsymbol{I}-\boldsymbol{A})$，$\boldsymbol{A}\boldsymbol{y}=\boldsymbol{0}$，若有 $\boldsymbol{x}\in R(\boldsymbol{A})\cap R(\boldsymbol{I}-\boldsymbol{A})$，则

$$\boldsymbol{x}=\boldsymbol{I}\boldsymbol{x}=\boldsymbol{A}\boldsymbol{x}+(\boldsymbol{I}-\boldsymbol{A})\boldsymbol{x}=\boldsymbol{0}+\boldsymbol{0}=\boldsymbol{0}$$

即
$$\mathrm{R}(\boldsymbol{A})\cap R(\boldsymbol{I}-\boldsymbol{A})=\{\boldsymbol{0}\}$$

(3) $\forall\boldsymbol{x}\in\mathbb{C}^n$：$\boldsymbol{x}=(\boldsymbol{I}-\boldsymbol{A})\boldsymbol{x}+\boldsymbol{A}\boldsymbol{x}$

所以
$$\mathbb{C}^n=R(\boldsymbol{A})+R(\boldsymbol{I}-\boldsymbol{A})$$

由(2)得
$$\mathbb{C}^n=R(\boldsymbol{A})\oplus R(\boldsymbol{I}-\boldsymbol{A})$$

于是只需证明 $R(\boldsymbol{A})\perp R(\boldsymbol{I}-\boldsymbol{A})$：

$$\forall\boldsymbol{x},\boldsymbol{y}\in\mathbb{C}^n,\ (\boldsymbol{A}\boldsymbol{x},(\boldsymbol{I}-\boldsymbol{A})\boldsymbol{y})=\boldsymbol{x}^{\mathrm{H}}\boldsymbol{A}^{\mathrm{H}}(\boldsymbol{I}-\boldsymbol{A})\boldsymbol{y}=\boldsymbol{x}^{\mathrm{H}}\boldsymbol{A}(\boldsymbol{I}-\boldsymbol{A})\boldsymbol{y}=0$$

习　题

1. 在 $\mathbb{R}^4$ 中求一单位向量与 $(1,1,-1,1)^{\mathrm{T}}$，$(1,-1,-1,1)^{\mathrm{T}}$，$(2,1,1,3)^{\mathrm{T}}$ 正交。

2. 用 Schimidt 正交化方法将内积空间 V 的给定子集 S 正交化：

(1) $V=\mathbb{R}^4$，$S=\{(1,2,2,-1)^{\mathrm{T}},(1,1,-5,3)^{\mathrm{T}},(3,2,8,-7)^{\mathrm{T}}\}$；

(2) $V=\mathbb{C}^3$，$S=\{(1+2\mathrm{i},1,-\mathrm{i})^{\mathrm{T}},(3,2\mathrm{i},0)^{\mathrm{T}},(\mathrm{i},-\mathrm{i},0)^{\mathrm{T}}\}$。

(3) 在 $R_4[x]$ 中定义内积为 $(f,g)=\int_{-1}^{1}f(x)g(x)\mathrm{d}x$，求 $R_4[x]$ 的一组标准正交基。

3. 设 $\forall\boldsymbol{\alpha}=(x_1,x_2,\cdots,x_n)^{\mathrm{T}}$，$\boldsymbol{\beta}=(y_1,y_2,\cdots,y_n)^{\mathrm{T}}\in\mathbb{R}^n$，取 $\boldsymbol{A}=(a_{ij})_{n\times n}\in\mathbb{R}^{n\times n}$ 为正定矩阵，证明：$(\boldsymbol{\alpha},\boldsymbol{\beta})=\boldsymbol{\alpha}^{\mathrm{T}}\boldsymbol{A}\boldsymbol{\beta}$ 满足内积的 4 个条件。

4. 求下列齐次线性方程组解空间的一组标准正交基

$$\begin{cases} 2x_1+x_2-x_3+x_4-3x_5=0 \\ x_1+x_2-x_3+x_5=0 \end{cases}$$

5. 设 $\boldsymbol{\alpha}_1,\boldsymbol{\alpha}_2,\cdots,\boldsymbol{\alpha}_m$ 是 n 维欧氏空间 V 的一组向量

$$\boldsymbol{\Delta}=\begin{pmatrix}(\alpha_1,\alpha_1) & (\alpha_1,\alpha_2) & \cdots & (\alpha_1,\alpha_m)\\ (\alpha_2,\alpha_1) & (\alpha_2,\alpha_2) & \cdots & (\alpha_2,\alpha_m)\\ \vdots & \vdots & \cdots & \vdots\\ (\alpha_m,\alpha_1) & (\alpha_m,\alpha_2) & \cdots & (\alpha_m,\alpha_m)\end{pmatrix}$$

证明：当且仅当 $|\boldsymbol{\Delta}|\neq 0$ 时，$\boldsymbol{\alpha}_1,\boldsymbol{\alpha}_2,\cdots,\boldsymbol{\alpha}_m$ 线性无关。

6. 设 V 是 n 维欧氏空间，$\boldsymbol{\alpha}$ 是 V 中一固定非零向量，证明：

(1) $V_1=\{\boldsymbol{x}\,|\,(\boldsymbol{x},\boldsymbol{\alpha})=0,\boldsymbol{x}\in V\}$ 是 V 的子空间；

(2) $\dim V_1=n-1$。

7. 设 $\boldsymbol{A}$ 是上三角阵且为正交阵，证明：$\boldsymbol{A}$ 必为对角阵，且对角元为 $+1$ 或 -1。

8. 设 4 阶方阵 $\boldsymbol{A}$ 的元素全为 1，求正交阵 $\boldsymbol{Q}$ 使 $\boldsymbol{Q}^{-1}\boldsymbol{A}\boldsymbol{Q}$ 为对角阵。

9. 证明：任何二阶正交阵 $\boldsymbol{A}$ 都可表示为以下形状

$$\begin{pmatrix}\cos\theta & -\sin\theta\\ \sin\theta & \cos\theta\end{pmatrix}\quad\text{或者}\quad\begin{pmatrix}\cos\theta & \sin\theta\\ \sin\theta & -\cos\theta\end{pmatrix}。$$

10. 用 Schimidt 方法将线性无关的向量组 $\boldsymbol{v}_1,\boldsymbol{v}_2,\cdots,\boldsymbol{v}_n$ 变成正交向量组 $\boldsymbol{u}_1,\cdots,\boldsymbol{u}_n$。证明：$|\boldsymbol{G}(\boldsymbol{v}_1,\boldsymbol{v}_2,\cdots,\boldsymbol{v}_n)|=|\boldsymbol{G}(\boldsymbol{u}_1,\boldsymbol{u}_2,\cdots,\boldsymbol{u}_n)|=\|\boldsymbol{u}_1\|^2\|\boldsymbol{u}_2\|^2\cdots\|\boldsymbol{u}_n\|^2$（其中 $\boldsymbol{G}(\boldsymbol{v}_1,\boldsymbol{v}_2,\cdots,\boldsymbol{v}_n)$ 是 Gram 矩阵）。

11. 若 $\boldsymbol{A},\boldsymbol{B}$ 同阶实对称阵，且 $\boldsymbol{A}$ 正定，证明：$\boldsymbol{AB}$ 的特征值均为实数。

1.5　应　用

矩阵理论作为理工学科的数学工具，在通信、电子、控制、航空和航天等工程领域具有不可替代的作用。本节主要介绍矩阵论在图像处理及阵列信号处理领域的应用。

1.5.1　线性空间在数字图像处理中的应用

本小节主要介绍了线性空间在图像处理领域中的应用。该领域中的色彩空间是一个线性空间，不同颜色之间的变换实质是基的变换，图像的几何变换是线性变换。

1. 色彩空间

人类的视网膜上有 3 种感知颜色的感光细胞（视锥细胞），3 种视锥细胞分别对红色、绿色、蓝色的光波最为敏感。大自然的颜色千万种，最后传送到大脑里的信号就只有这三种视锥细胞的电信号。根据这三种电信号的强弱，大脑解读成了不同的颜色，这就是三原色理论的生物学依据。红色、绿色及蓝色这三基色彼此独立，任一种基色不能由其他两种基色配出。

根据格拉斯曼定律（Grassmann's Law），两束不同颜色的光 C_1 和 C_2，假设某个视锥细胞对其的反应分别为 r_1 和 r_2。将它们按照一个比例混合，得到第 3 种颜色 $C_3=k_1C_1+k_2C_2$，那么视锥细胞对这个混合颜色的反应也将是前两个反应的线性叠加，即 $r_3=k_1r_1+k_2r_2$，也就是

说人类眼睛对不同颜色光线混合的反应是线性的。

从上面的分析可以看出，由于人类有 3 种感知色彩的视锥细胞，自然界的光被眼睛接收后，可以用红色、绿色及蓝色这三基色来表征。格拉斯曼定律揭示了色彩叠加的线性性质，因此色彩空间实质上就是一个线性空间。

(1) RGB 空间

理论上用 3 种颜色的光可混合出自然界任何一种颜色，根据光色叠加的线性性质，有

$$C=rR+gG+bB \tag{1-9}$$

式(1-9)说明，任何一种颜色 C 都可以由 r 份基色 R，g 份基色 G，b 份基色 B 唯一确定。RGB 空间是指每个像素由 R,G,B 三个分量构成的图像 RGB 空间，是一个线性空间。下面分析 RGB 空间为什么是一个线性空间。

设集合$\mathbb{R}^3$就是某颜色的取值集合 V，对任意颜色 $C_1,C_2\in V$，$C_1=(r_1,g_1,b_1)$，$C_2=(r_2,g_2,b_2)$，定义加法 $C_1+C_2=(r_1,g_1,b_1)+(r_2,g_2,b_2)=(r_1+r_2,g_1+g_2,b_1+b_2)$，对任意实数 $k\in\mathbb{R}$，定义数乘 $kC_1=k(r_1,g_1,b_1)=(kr_1,kg_1,kb_1)$，这样定义满足格拉斯曼定律。

上述定义的加法和数乘满足下列性质：

① $C_1+C_2=C_2+C_1$，即两种颜色叠加的顺序不影响叠加的结果；

② 对任意 $C_1,C_2,C_3\in V$，有$(C_1+C_2)+C_3=C_1+(C_2+C_3)$，即多种颜色叠加的结果与顺序无关；

③ 黑色与其他任何颜色混合都是黑色，即黑色是色彩空间的零元素；

④ 任何与某颜色混合为黑色的颜色即为其反色，即存在负元素；

⑤ 对任意 $\lambda,u\in\mathbb{R}$，$C\in V$，有 $\lambda(\mu C)=(\lambda\mu)C$，即同一颜色强度的数乘具有结合律；

⑥ 对任意 $\lambda,u\in\mathbb{R}$，$C\in V$，有$(\lambda+\mu)C=\lambda C+\mu C$，即同一颜色强度的数乘具有分配律；

⑦ 对任意 $\lambda\in\mathbb{R}$，$C_1,C_2\in V$，有 $\lambda(C_1+C_2)=\lambda C_1+\lambda C_2$，即不同颜色强度的数乘具有分配律；

⑧ 对任意 $\alpha\in V$，有 $1\alpha=\alpha$，即数字 1 为颜色乘法的单位元。

在数字系统中，对于颜色还有量化的过程。在显示时，常用三个 8 bit 分别表示 R,G,B 三个通道的分量，故能表示$(2^8)^3\approx 17$ M 种颜色。数字系统中的颜色对加法和数乘都不再封闭，当两色相加大于最大值时将截止在最大值，而小于最小值时则截止于最小值；当进行数乘之后颜色不一定在 8 bit 的表示范围内时，还需要做近似。故数字系统中对颜色的线性处理都是近似处理，都会有精度损失。

从线性空间的角度来看，三基色为颜色空间的基，随着三基色的选择不同，可以构成任意色彩空间。

(2) 色彩空间之间的变换

色彩空间变换提供了一种三基色色彩空间向另一种三基色色彩空间的映射方法，实现从一组原色向另一组原色转换，这是由于任何原色，都可以由其他组原色的混合来生成。

假设另有一色彩空间为 R′G′B′，则从 RGB 到 R′G′B′的转换如下：

$$\begin{cases} R'=a_{11}R+a_{21}G+a_{31}B \\ G'=a_{12}R+a_{22}G+a_{32}B \\ B'=a_{13}R+a_{23}G+a_{33}B \end{cases}$$

写成 $\boldsymbol{P}'=\boldsymbol{PT}$ 形式，其中 $\boldsymbol{T}$ 为变换矩阵

$$\boldsymbol{T}=\begin{pmatrix} a_{11} & a_{12} & a_{13} \\ a_{21} & a_{22} & a_{23} \\ a_{31} & a_{32} & a_{33} \end{pmatrix} \tag{1-10}$$

$\boldsymbol{P},\boldsymbol{P}'$ 为不同的色彩空间，$P=(R,G,B)$，$P'=(R',G',B')$。

从式(1－10)可以看出不同色彩空间的转变是通过矩阵乘法实现的，不同色彩空间的转换实质上是色彩空间的基变换。

以下为几个色彩空间的变换实例。

1）YUV 与 RGB 的空间变换

YUV 色彩空间：Y 为亮度信息；U,V 为色差信号，U,V 是构成彩色的两个分量。

$$(Y,U,V)=(R,G,B)\begin{pmatrix} 0.299 & -0.17 & 0.615 \\ 0.587 & 0.289 & -0.515 \\ 0.114 & 0.436 & -0.100 \end{pmatrix}$$

从 RGB 空间到 YUV 空间，相当于将从三个颜色基变换到由亮度和两路颜色组成的基的空间中。

2）YIQ 与 RGB 的空间变换

YIQ 色彩空间：Y 为亮度信息；I,Q 为色度值，是两个彩色分量。其中，I 为橙色，Q 为品红。

$$(Y,I,Q)=(R,G,B)\begin{pmatrix} 0.299 & 0.596 & 0.615 \\ 0.587 & -0.275 & -0.523 \\ 0.114 & -0.321 & 0.311 \end{pmatrix}$$

从 RGB 空间到 YIQ 空间，相当于将三个颜色基变换到由亮度和橙色及品红组成的基的空间中。

3）XYZ 与 RGB 的空间变换

国际照明委员会定义了三种标准基色 X,Y,Z，这三种基色是虚拟的，使颜色比配全部为正值，称其为 XYZ 空间。

$$(X,Y,Z)=(R,G,B)\begin{pmatrix} 2.769 & 1.000 & 0.000 \\ 1.752 & 4.591 & 0.057 \\ 1.130 & 0.060 & 5.594 \end{pmatrix}$$

2. 几何变换

在图像处理中，为了便于分析和处理，常采用线性不变性和空间不变性的系统模型处理数字图像。线性系统的输入和输出具有如下的关系：

$$g(x,y)=H[f(x,y)]$$

且

$$g_1(x,y)=H[f_1(x,y)]$$
$$g_2(x,y)=H[f_2(x,y)]$$

其中 k_1 和 k_2 为常数。

由于系统为线性系统，故满足叠加性和齐次性，即

$$\begin{aligned} H[k_1 f_1(x,y)+k_2 f_2(x,y)] &= H[k_1 f_1(x,y)]+H[k_2 f_2(x,y)] \\ &= k_1 H[f_1(x,y)]+k_2 H[f_2(x,y)] \\ &= k_1 g_1(x,y)+k_2 g_2(x,y) \end{aligned}$$

第一个等号体现了叠加性，第二个等号体现了齐次性，因此线性系统为一个定义在图像空间上的线性变换。

图像的常见几何变换，如平移、放大、缩小等都属于线性变换。从信号与系统的角度看，可以说图像变换后的结果是图像通过了一个线性系统的结果。下面主要介绍线性变换在图像几何变换方面的应用。

从图像类型来分，图像的几何变换有二维平面图像几何变换、三维图像几何变换以及由三维向二维平面投影变换等。从变换的性质分，图像的几何变换有平移、缩放、旋转、反射和错切等基本变换以及透视变换等复合变换。

(1) 齐次坐标

图像缩放、反射、错切和旋转等各种变换都可以用矩阵表示和实现，但是变换矩阵却不能实现图像的平移。平面上点的变换矩阵 $\boldsymbol{T}=\begin{pmatrix} a & b \\ c & d \end{pmatrix}$ 中无论 a,b,c,d 取什么值，都不能通过矩阵乘法的形式实现平移变换。

设点 $P_0(x_0,y_0)$ 平移后的坐标为 $P(x,y)$，其中 x 方向的平移量为 Δx，y 方向的平移量为 Δy。那么，点 $P(x,y)$ 的坐标为

$$\begin{cases} x=x_0+\Delta x \\ y=y_0+\Delta y \end{cases}$$

该变换用矩阵运算形式可以表示为

$$\begin{pmatrix} x \\ y \end{pmatrix}=\begin{pmatrix} 1 & 0 \\ 0 & 1 \end{pmatrix}\begin{pmatrix} x_0 \\ y_0 \end{pmatrix}+\begin{pmatrix} \Delta x \\ \Delta y \end{pmatrix}$$

若使用 2×3 阶变换矩阵，取其形式为

$$\boldsymbol{T}=\begin{pmatrix} 1 & 0 & \Delta x \\ 0 & 1 & \Delta y \end{pmatrix} \tag{1-11}$$

此矩阵的第一、二列构成单位矩阵，第三列元素为平移量。对 2D 图像进行变换，只需要将图像的点集矩阵乘以变换矩阵即可，2D 图像对应的点集矩阵是 $2\times n$ 阶的，而式(1-11)扩展后的变换矩阵是 2×3 阶的矩阵，这不符合矩阵相乘时要求前者的列数与后者的行数相等的规则。

为了能够用矩阵线性变换形式表示和实现这些常见图像的几何变换，就需要引入一种新的坐标，即齐次坐标。在点的坐标列矩阵 $(x,y)^{\mathrm{T}}$ 中引入第三个元素，增加一个附加坐标，扩展为 3×1 的列矩阵 $(x,y,1)^{\mathrm{T}}$，这样用三维空间点 $(x,y,1)$ 表示二维空间点 (x,y)，即采用一种特殊的坐标，可以实现平移变换，变换结果为：

$$\boldsymbol{P}=\boldsymbol{T}\cdot\boldsymbol{P}_0=\begin{pmatrix} 1 & 0 & \Delta x \\ 0 & 1 & \Delta y \end{pmatrix}\begin{pmatrix} x_0 \\ y_0 \\ 1 \end{pmatrix}=\begin{pmatrix} x_0+\Delta x \\ y_0+\Delta y \end{pmatrix}=\begin{pmatrix} x \\ y \end{pmatrix}$$

可以得到式$\begin{cases}x=x_0+\Delta x\\y=y_0+\Delta y\end{cases}$符合上述平移后的坐标位置。

通常将 2×3 阶矩阵扩充为 3×3 阶矩阵，以拓宽功能。由此可得平移变换矩阵为

$$\boldsymbol{T}=\begin{pmatrix}1&0&\Delta x\\0&1&\Delta y\\0&0&1\end{pmatrix}$$

下面再验证一下点 $\boldsymbol{P}(x,y)$按照 3×3 的变换矩阵 $\boldsymbol{T}$ 平移变换的结果：

$$\boldsymbol{P}=\boldsymbol{T}\cdot\boldsymbol{P}_0=\begin{pmatrix}1&0&\Delta x\\0&1&\Delta y\\0&0&1\end{pmatrix}\begin{pmatrix}x_0\\y_0\\1\end{pmatrix}=\begin{pmatrix}x_0+\Delta x\\y_0+\Delta y\\1\end{pmatrix}=\begin{pmatrix}x\\y\\1\end{pmatrix}\tag{1-12}$$

从式(1-12)可以看出，引入附加坐标后，扩充了矩阵的第 3 行，并没有使变换结果受到影响。这种用 $n+1$ 维向量表示 n 维向量的方法称为齐次坐标表示法。

(2) 旋转变换

记三维空间中一组基 $\boldsymbol{\varepsilon}_x,\boldsymbol{\varepsilon}_y,\boldsymbol{\varepsilon}_z$ 经过旋转变换后得到 $\boldsymbol{\varepsilon}_x',\boldsymbol{\varepsilon}_y',\boldsymbol{\varepsilon}_z'$。对空间中的同一点，其在两组基下的坐标分别为$(\boldsymbol{p}_x,\boldsymbol{p}_y,\boldsymbol{p}_z)^{\mathrm{T}}$ 和$(\boldsymbol{p}_x',\boldsymbol{p}_y',\boldsymbol{p}_z')^{\mathrm{T}}$。则有

$$(\boldsymbol{\varepsilon}_x,\boldsymbol{\varepsilon}_y,\boldsymbol{\varepsilon}_z)\begin{pmatrix}\boldsymbol{p}_x\\\boldsymbol{p}_y\\\boldsymbol{p}_z\end{pmatrix}=(\boldsymbol{\varepsilon}_x',\boldsymbol{\varepsilon}_y',\boldsymbol{\varepsilon}_z')\begin{pmatrix}\boldsymbol{p}_x'\\\boldsymbol{p}_y'\\\boldsymbol{p}_z'\end{pmatrix}$$

由于 $\boldsymbol{\varepsilon}_x',\boldsymbol{\varepsilon}_y',\boldsymbol{\varepsilon}_z'$是一组基，因此是一个满秩矩阵，因此可以得到

$$\begin{pmatrix}\boldsymbol{p}_x'\\\boldsymbol{p}_y'\\\boldsymbol{p}_z'\end{pmatrix}=(\boldsymbol{\varepsilon}_x',\boldsymbol{\varepsilon}_y',\boldsymbol{\varepsilon}_z')^{-1}(\boldsymbol{\varepsilon}_x,\boldsymbol{\varepsilon}_y,\boldsymbol{\varepsilon}_z)\begin{pmatrix}\boldsymbol{p}_x\\\boldsymbol{p}_y\\\boldsymbol{p}_z\end{pmatrix}\tag{1-13}$$

当 $\boldsymbol{\varepsilon}_x',\boldsymbol{\varepsilon}_y',\boldsymbol{\varepsilon}_z'$是一组标准正交基时，式(2-13)可以化简为

$$\begin{pmatrix}\boldsymbol{p}_x'\\\boldsymbol{p}_y'\\\boldsymbol{p}_z'\end{pmatrix}=\begin{pmatrix}\boldsymbol{\varepsilon}_x^{\mathrm{T}}\boldsymbol{\varepsilon}_x'&\boldsymbol{\varepsilon}_x^{\mathrm{T}}\boldsymbol{\varepsilon}_y'&\boldsymbol{\varepsilon}_x^{\mathrm{T}}\boldsymbol{\varepsilon}_z'\\\boldsymbol{\varepsilon}_y^{\mathrm{T}}\boldsymbol{\varepsilon}_x'&\boldsymbol{\varepsilon}_y^{\mathrm{T}}\boldsymbol{\varepsilon}_y'&\boldsymbol{\varepsilon}_y^{\mathrm{T}}\boldsymbol{\varepsilon}_z'\\\boldsymbol{\varepsilon}_z^{\mathrm{T}}\boldsymbol{\varepsilon}_x'&\boldsymbol{\varepsilon}_z^{\mathrm{T}}\boldsymbol{\varepsilon}_y'&\boldsymbol{\varepsilon}_z^{\mathrm{T}}\boldsymbol{\varepsilon}_z'\end{pmatrix}\begin{pmatrix}\boldsymbol{p}_x\\\boldsymbol{p}_y\\\boldsymbol{p}_z\end{pmatrix}\triangleq\boldsymbol{R}\begin{pmatrix}\boldsymbol{p}_x\\\boldsymbol{p}_y\\\boldsymbol{p}_z\end{pmatrix}\tag{1-14}$$

根据式(1-14)，空间中同一点在一对发生旋转的坐标下的坐标变换可以由旋转矩阵 $\boldsymbol{R}$ 表示。

(3) SLAM 中应用

基于视觉的同时定位与建图(simultaneously localization and mapping，SLAM)是一种利用环境信息同时完成自身位姿估计与环境模型构建的技术。SLAM 问题可以建模为传感器在空间中不同位置对环境中同一特征进行观测，从而计算出载体两帧之间发生的位姿变换。

载体在环境中的运动包括旋转和平移，因此 SLAM 系统的两帧间的变换可以分解为旋转变换和平移变换。假设 SLAM 系统两帧图像对应的载体空间位置分别记为$(x_i,y_i,z_i)^{\mathrm{T}}$ 和$(x_{i+1},y_{i+1},z_{i+1})^{\mathrm{T}}$，旋转变换的旋转矩阵为 $\boldsymbol{R}$，平移变换为 $\boldsymbol{t}$，则有

$$\begin{pmatrix}x_{i+1}\\y_{i+1}\\z_{i+1}\end{pmatrix}=\boldsymbol{R}\begin{pmatrix}x_i\\y_i\\z_i\end{pmatrix}+\boldsymbol{t}\tag{1-15}$$

将式(1－15)转换为齐次坐标，有

$$\begin{pmatrix} x_{i+1} \\ y_{i+1} \\ z_{i+1} \\ 1 \end{pmatrix} = \begin{pmatrix} \boldsymbol{R} & \boldsymbol{t} \\ \boldsymbol{0} & 1 \end{pmatrix}_{4\times 4} \begin{pmatrix} x_i \\ y_i \\ z_i \\ 1 \end{pmatrix} = \boldsymbol{T} \begin{pmatrix} x_i \\ y_i \\ z_i \\ 1 \end{pmatrix}$$

可见，使用齐次坐标可以将SLAM问题中的变换转换为齐次坐标下的矩阵乘法，使得算法更加简洁。在SLAM系统中为了快速更新，通常每一帧保存其与上一关键帧的相对变换，对系统中连续的两帧有

$$\boldsymbol{P}_i = \boldsymbol{T}_{ij} \boldsymbol{P}_j$$

由于全局坐标从第一帧的定位结果求得，则可以得到当前帧点的全局坐标为

$$\boldsymbol{P}_i = \left(\prod_{k=1}^{j} \boldsymbol{T}_{(k-1),k} \right) \boldsymbol{P}_j$$

使用这样的算法，对每一帧的位姿的定义就可以用一组连乘的矩阵表示。

1.5.2 厄米特矩阵在阵列信号处理领域的应用

本小节主要介绍厄米特矩阵在阵列信号处理领域的应用。首先给出了阵列信号的数学模型，在此基础上引出由阵列信号生成的协方差矩阵(协方差矩阵是一个厄米特矩阵)。最后介绍了卫星导航抗干扰算法。该算法是用厄米特矩阵的不同特征值对应的特征向量互相垂直的特性。

1. 阵列信号数学模型

天线阵的排列方式有多种几何形状，主要包括等距直线排列、等距圆周排列和等距平面排列，分别称为均匀线阵、均匀圆阵和均匀平面阵。

设阵元数为M的天线阵的接收信号矢量为

$$\boldsymbol{X}(t) = \boldsymbol{A}(\theta,\phi)\boldsymbol{S}(t) + \boldsymbol{N}(t)$$

式中，$\boldsymbol{X}(t) = [x_1, x_2, \cdots, x_M]^{\mathrm{T}}$为$M\times 1$维接收信号矢量，其中$x_l(l=1,2,\cdots,M)$为第$l$个阵元的接收信号；$\boldsymbol{A}(\theta,\phi) = (\boldsymbol{\alpha}_1, \boldsymbol{\alpha}_2, \cdots, \boldsymbol{\alpha}_q)$为$M\times q$的接收信号方向矩阵；$\theta,\phi$分别为接收到的信号的俯仰角和方位角；$\boldsymbol{\alpha}_i = [\mathrm{e}^{\mathrm{j}\frac{2\pi c}{\lambda_0}\nabla\tau_{i1}}, \mathrm{e}^{\mathrm{j}\frac{2\pi c}{\lambda_0}\nabla\tau_{i2}}, \cdots, \mathrm{e}^{\mathrm{j}\frac{2\pi c}{\lambda_0}\nabla\tau_{iM}}]^{\mathrm{T}}(i=1,2,\cdots,q)$为$M\times 1$维信号的方向矢量；$\nabla\tau_{il}(i=1,2,\cdots,q, l=1,2,\cdots,M)$为第$i$个信号到达阵元$l$的时间延迟(相对于参考点)；$c$为信号传播速度；$\lambda_0$为信号波长。$\boldsymbol{S}(t) = [s_1(t), s_2(t), \cdots, s_q(t)]^{\mathrm{T}}$为$q\times 1$维接收到的信号矢量。$\boldsymbol{N}(t) = [n_1, n_2, \cdots, n_M]^{\mathrm{T}}$为$M\times 1$维天线噪声矢量，其中$n_i(i=1,2,\cdots,M)$是第$i$个阵元的热噪声，服从零均值高斯分布，方差为$\sigma^2$，各阵元间的噪声彼此独立且与接收信号互不相关。

假设均匀线阵的间距为d，以最左边的阵元为参考点，入射方位角为$\varphi(0°\leqslant\varphi\leqslant 180°)$，如图1－1所示。则

$$\Delta\tau_l = \frac{(l-1)d\cos\varphi}{c} \qquad 1\leqslant l\leqslant M$$

对于均匀圆阵，假设 M 个阵元均匀地分布在半径为 r 的圆周上，几何关系如图 1-2 所示。取圆阵的圆心为参考点，若信号入射的仰角为 $\theta(0°\leqslant\theta\leqslant 90°)$，方位角为 $\phi(0°\leqslant\phi\leqslant 360°)$，则信号到达阵元 l 引起的与参考阵元间的时延为

$$\Delta\tau_l=\frac{1}{c}(x_l\cos\theta\cos\phi+y_l\cos\theta\sin\phi)$$

$$x_l=r\cos\left(\frac{(l-1)2\pi}{N}\right),\quad y_l=r\sin\left(\frac{(l-1)2\pi}{N}\right)$$

整理得

$$\Delta\tau_l=\frac{1}{c}r\cos\theta\cos\left(\phi-\frac{(l-1)2\pi}{N}\right)$$

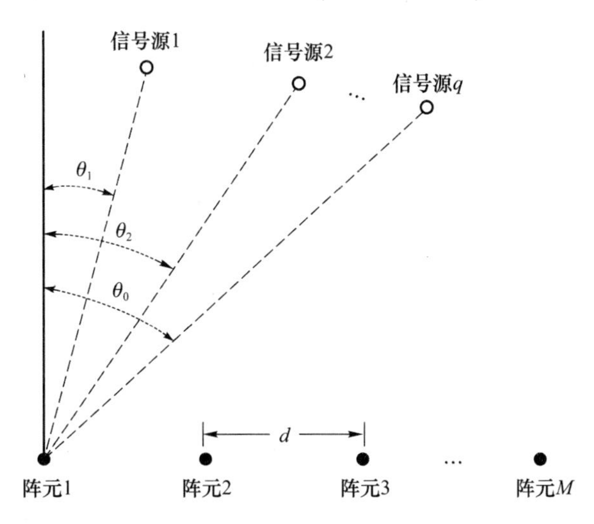

图 1-1　均匀线阵的几何关系

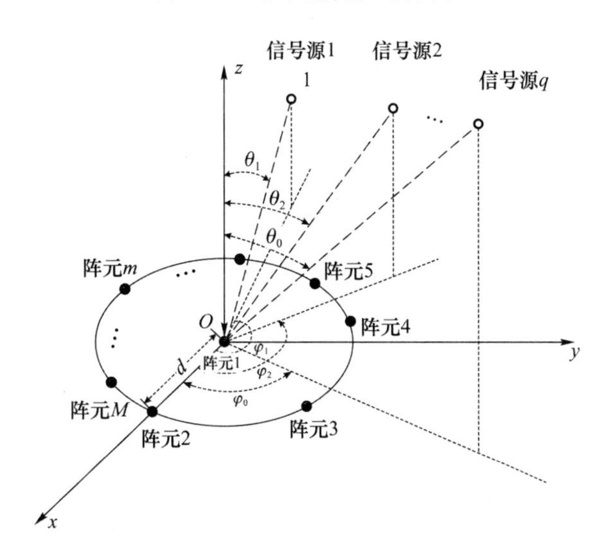

图 1-2　均匀圆阵的几何关系

2. 协方差矩阵及其性质

(1) 协方差矩阵的定义

在实际信号处理过程中,数据是有限时间内的有限次快拍数。在这段时间内假定空间信号源的方向不发生变化。空间信号源的包络虽然随时间变化,但通常认为它是一个平稳随机过程,其统计特性不随时间变化。

阵列信号 $\boldsymbol{X}(t)$ 的协方差矩阵为 $\boldsymbol{R}=E\{[\boldsymbol{X}(t)-E(\boldsymbol{X}(t))][\boldsymbol{X}(t)-E(\boldsymbol{X}(t))]^{\mathrm{H}}\}$。
因为 $E(\boldsymbol{X}(t))=0$,因此

$$\boldsymbol{R}=E[\boldsymbol{X}(t)\boldsymbol{X}(t)^{\mathrm{H}}]=E\{[\boldsymbol{A}(\theta,\phi)\boldsymbol{S}(t)+\boldsymbol{N}(t)][\boldsymbol{A}(\theta,\phi)\boldsymbol{S}(t)+\boldsymbol{N}(t)]^{\mathrm{H}}\}$$

在实际中,协方差矩阵一般满足如下条件:

① 不同方向的信号线性无关,即 $\boldsymbol{A}(\theta,\phi)=(\boldsymbol{\alpha}_1,\boldsymbol{\alpha}_2,\cdots,\boldsymbol{\alpha}_q)$ 中的列向量线性无关,即方向矩阵 $\boldsymbol{A}$ 为列满秩矩阵;

② 加性噪声向量 $\boldsymbol{N}(t)$ 的每个元素都为零均值的高斯白噪声,它们相互独立,并且具有相同的方差 σ^2 且与接收信号互不相关。
因此可得

$$E\{\boldsymbol{N}(t)\}=\boldsymbol{0},E\{\boldsymbol{N}(t)\boldsymbol{N}^{\mathrm{H}}(t)\}=\sigma^2\boldsymbol{I},\quad E\{\boldsymbol{S}(t)\boldsymbol{N}^{\mathrm{H}}(t)\}=E\{\boldsymbol{N}(t)\boldsymbol{S}^{\mathrm{H}}(t)\}=\boldsymbol{0}。$$

因此可以进一步简化协方差矩阵为

$$\boldsymbol{R}=\boldsymbol{A}\cdot E\{\boldsymbol{S}(t)\boldsymbol{S}^{\mathrm{H}}(t)\}\cdot\boldsymbol{A}^{\mathrm{H}}+E\{\boldsymbol{N}(t)\boldsymbol{N}^{\mathrm{H}}(t)\}=\boldsymbol{R}_J+\boldsymbol{R}_N=\boldsymbol{A}\cdot\boldsymbol{P}_{\mathrm{S}}\cdot\boldsymbol{A}^{\mathrm{H}}+\sigma^2\boldsymbol{I}$$

式中,$\boldsymbol{R}_J=\boldsymbol{A}\cdot E\{\boldsymbol{S}(t)\boldsymbol{S}^{\mathrm{H}}(t)\}=\boldsymbol{A}\cdot\boldsymbol{P}_{\mathrm{S}}\cdot\boldsymbol{A}^{\mathrm{H}}$,$\boldsymbol{P}_{\mathrm{S}}=E[\boldsymbol{S}(t)\boldsymbol{S}^{\mathrm{H}}(t)]$,$\boldsymbol{R}_N=E\{\boldsymbol{N}(t)\boldsymbol{N}^{\mathrm{H}}(t)\}=\sigma^2\boldsymbol{I}$。

③ q 个信号互不相关,也就是当 $i\neq j$ 时,对于任意 t,$E(s_i(t)\overline{s_j(t)})=0$,$E(s_i(t)\overline{s_i(t)})=P_i$,$P_i>0$ 为第 i 个干扰的功率。因此 $\boldsymbol{P}_{\mathrm{S}}=E[\boldsymbol{S}(t)\boldsymbol{S}^{\mathrm{H}}(t)]=\mathrm{diag}(P_1,P_2,\cdots,P_q)$ 是一个正定对角阵,$\boldsymbol{R}_J=\boldsymbol{A}\cdot E\{\boldsymbol{S}(t)\boldsymbol{S}^{\mathrm{H}}(t)\}\boldsymbol{A}^{\mathrm{H}}=\boldsymbol{A}\cdot\boldsymbol{P}_{\mathrm{S}}\cdot\boldsymbol{A}^{\mathrm{H}}$ 的秩为 q。

(2) 协方差矩阵的性质

根据以上条件可以看出,协方差矩阵是一个厄米特矩阵,下面根据厄米特矩阵的性质讨论协方差矩阵的性质。

性质 1 协方差矩阵 $\boldsymbol{R}=\boldsymbol{R}_J+\boldsymbol{R}_N$ 为一个正定厄米特矩阵,$\boldsymbol{R}_J$ 为半正定厄米特矩阵。

证明

$$\begin{aligned}\boldsymbol{R}&=\boldsymbol{R}_J+\boldsymbol{R}_N=\boldsymbol{A}\cdot\boldsymbol{P}_{\mathrm{S}}\cdot\boldsymbol{A}^{\mathrm{H}}+\sigma^2\boldsymbol{I}\\&=(\boldsymbol{\alpha}_1,\boldsymbol{\alpha}_2,\cdots,\boldsymbol{\alpha}_q)\begin{pmatrix}P_1&0&0&0\\0&P_2&0&0\\0&0&\vdots&0\\0&0&0&P_q\end{pmatrix}\begin{pmatrix}\boldsymbol{\alpha}_1^{\mathrm{H}}\\\boldsymbol{\alpha}_2^{\mathrm{H}}\\\vdots\\\boldsymbol{\alpha}_q^{\mathrm{H}}\end{pmatrix}+\sigma^2\boldsymbol{I}=\sum_{i=1}^{q}P_i\boldsymbol{\alpha}_i\boldsymbol{\alpha}_i^{\mathrm{H}}+\sigma^2\boldsymbol{I}\end{aligned}$$

对于任意非零的列向量 $\boldsymbol{\omega}\in\mathbb{C}^M$,有

$$\begin{aligned}\boldsymbol{\omega}^{\mathrm{H}}\boldsymbol{R}\boldsymbol{\omega}&=\boldsymbol{\omega}^{\mathrm{H}}\Big(\sum_{i=1}^{q}P_i\boldsymbol{\alpha}_i\boldsymbol{\alpha}_i^{\mathrm{H}}\Big)\boldsymbol{\omega}+\sigma^2\boldsymbol{\omega}^{\mathrm{H}}\boldsymbol{\omega}=\sum_{i=1}^{q}P_i\boldsymbol{\omega}^{\mathrm{H}}\boldsymbol{\alpha}_i\boldsymbol{\alpha}_i^{\mathrm{H}}\boldsymbol{\omega}+\sigma^2\boldsymbol{\omega}^{\mathrm{H}}\boldsymbol{\omega}\\&=\sum_{i=1}^{q}P_i\,|\boldsymbol{\omega}^{\mathrm{H}}\boldsymbol{\alpha}_i|^2+\sigma^2\,|\boldsymbol{\omega}|^2>0\end{aligned}$$

所以矩阵 $\boldsymbol{R}$ 是正定厄米特矩阵,$\boldsymbol{R}_J$ 为半正定厄米特矩阵。

性质 2　设 $\lambda_1,\lambda_2\cdots\lambda_q,\lambda_{q+1},\cdots,\lambda_M$ 为协方差矩阵 $\boldsymbol{R}$ 的特征值,并且按照从大到小的顺序排列,则 $\lambda_1\geqslant\lambda_2\geqslant\cdots\lambda_q>\lambda_{q+1}=\cdots=\lambda_M=\sigma^2$。

证明　$\boldsymbol{R}=\boldsymbol{R}_J+\boldsymbol{R}_N=\boldsymbol{A}\cdot\boldsymbol{P}_{\mathrm{S}}\cdot\boldsymbol{A}^{\mathrm{H}}+\sigma^2\boldsymbol{I}$

由于协方差矩阵 $\boldsymbol{R}$ 是正定厄米特矩阵,因此 $\boldsymbol{R}$ 一定可以酉相似于对角阵,即 $\boldsymbol{R}=\boldsymbol{U}^{\mathrm{H}}\boldsymbol{\Lambda}\boldsymbol{U}$,其中 $\boldsymbol{U}=(\boldsymbol{u}_1,\boldsymbol{u}_2,\cdots,\boldsymbol{u}_M)$ 为一个酉矩阵,$\boldsymbol{\Lambda}=\mathrm{diag}(\lambda_1,\lambda_2,\cdots,\lambda_M)$,$\lambda_1,\lambda_2,\cdots,\lambda_M$ 为 $\boldsymbol{R}$ 的特征值,$\boldsymbol{u}_i$ 为 λ_i 对应的特征向量。

因为 $\boldsymbol{R}=\boldsymbol{R}_J+\boldsymbol{R}_N$,则

$$\boldsymbol{R}=\boldsymbol{U}^{\mathrm{H}}\boldsymbol{\Lambda}\boldsymbol{U}=\boldsymbol{U}^{\mathrm{H}}(\boldsymbol{R}_J+\boldsymbol{R}_N)\boldsymbol{U}=\boldsymbol{U}^{\mathrm{H}}\boldsymbol{R}_J\boldsymbol{U}+\boldsymbol{U}^{\mathrm{H}}\sigma^2\boldsymbol{I}\boldsymbol{U}=\boldsymbol{U}^{\mathrm{H}}\boldsymbol{R}_J\boldsymbol{U}+\sigma^2\boldsymbol{I}$$

因此 $\boldsymbol{U}^{\mathrm{H}}\boldsymbol{R}_J\boldsymbol{U}$ 一定为一个对角阵,设 $\boldsymbol{U}^{\mathrm{H}}\boldsymbol{R}_J\boldsymbol{U}=\mathrm{diag}(r_1,r_2,\cdots,r_q,0,0\cdots)_{M\times M}r_i>0$,则 $\boldsymbol{\Lambda}=\mathrm{diag}(\lambda_1,\ \lambda_2,\ \cdots,\ \lambda_M)=\mathrm{diag}(r_1,r_2,\cdots,r_q,0,0\cdots)+\sigma^2\boldsymbol{I}$。因此

$$\lambda_i=r_i+\sigma^2,i\leqslant q;\lambda_i=\sigma^2,q<i\leqslant M$$

又因为

$$r_i>0$$

所以

$$\lambda_1\geqslant\lambda_2\geqslant\cdots\geqslant\lambda_q>\lambda_{q+1}=\cdots=\lambda_M=\sigma^2$$

3. 应用

(1) 子空间分解

由于协方差矩阵的不同特征值对应的特征向量互相垂直,所以

$$L(\boldsymbol{u}_1,\boldsymbol{u}_2,\cdots,\boldsymbol{u}_p)\perp L(\boldsymbol{u}_{p+1}\cdots\boldsymbol{u}_M)$$

由于 $\boldsymbol{u}_1,\boldsymbol{u}_2,\cdots,\boldsymbol{u}_M$ 线性无关,且 $L(\boldsymbol{u}_1,\boldsymbol{u}_2,\cdots,\boldsymbol{u}_p)\cap L(\boldsymbol{u}_{p+1}\cdots\boldsymbol{u}_M)=\boldsymbol{0}$,则

$$\mathbb{C}^M=L(\boldsymbol{u}_1,\boldsymbol{u}_2,\cdots,\boldsymbol{u}_P)\oplus L(\boldsymbol{u}_{p+1}\cdots\boldsymbol{u}_M)$$

设 $\boldsymbol{e}_i\in L(\boldsymbol{u}_{p+1},\cdots,\boldsymbol{u}_M)$,$\lambda_{\min}$ 是 $\boldsymbol{R}$ 的最小特征值。则有

$$\lambda_{\min}\approx\sigma^2$$

$$\boldsymbol{R}\boldsymbol{e}_i=(\boldsymbol{A}\boldsymbol{P}_S\boldsymbol{A}^{\mathrm{H}}+\sigma^2\boldsymbol{I})\boldsymbol{e}_i=\sigma^2\boldsymbol{e}_i\Rightarrow\boldsymbol{A}\boldsymbol{P}_S\boldsymbol{A}^{\mathrm{H}}\boldsymbol{e}_i=\boldsymbol{0}\tag{1-16}$$

式中,$\boldsymbol{A}$ 是列满秩矩阵,$\boldsymbol{P}_S$ 是一个正定的厄米特矩阵,因此使得式(1-16)恒成立必须有 $\boldsymbol{A}^{\mathrm{H}}\boldsymbol{e}_i=\boldsymbol{0}$。

由于 $\boldsymbol{e}_i$ 是噪声子空间中的任意矢量,因此可以得出信号的方向矢量垂直于噪声子空间。由于信号子空间和噪声子空间互为正交补空间,根据正交补空间的唯一性可知,$\boldsymbol{A}$ 的列向量必属于 $L(\boldsymbol{u}_1,\boldsymbol{u}_2,\cdots,\boldsymbol{u}_P)$,即每个信号对应的方向矢量都属于 $L(\boldsymbol{u}_1,\boldsymbol{u}_2,\cdots,\boldsymbol{u}_P)$。

(2) 应用实验

在抗干扰领域,通常是对输入信号乘以权值向量,使得输出在干扰方向的增益为 0,也就使得 $y(t)=\boldsymbol{\omega}^{\mathrm{H}}\boldsymbol{X}(t)=0$,其中 $y(t)$ 表示 t 时刻抗干扰算法的输出,$\boldsymbol{\omega}$ 为权值向量。根据前面阵列信号的模型,则

$$\begin{aligned}y(t)&=\boldsymbol{\omega}^{\mathrm{H}}\boldsymbol{X}(t)=\boldsymbol{\omega}^{\mathrm{H}}(\boldsymbol{A}(\theta,\phi)\boldsymbol{S}(t)+\boldsymbol{N}(t))\\&=\boldsymbol{\omega}^{\mathrm{H}}(\boldsymbol{A}(\theta,\phi)\boldsymbol{S}(t)+\boldsymbol{N}(t))=\boldsymbol{\omega}^{\mathrm{H}}((\boldsymbol{\alpha}_1,\boldsymbol{\alpha}_2,\cdots,\boldsymbol{\alpha}_q)\boldsymbol{S}(t)+\boldsymbol{N}(t))\\&=(\boldsymbol{\omega}^{\mathrm{H}}\boldsymbol{\alpha}_1,\boldsymbol{\omega}^{\mathrm{H}}\boldsymbol{\alpha}_2,\cdots,\boldsymbol{\omega}^{\mathrm{H}}\boldsymbol{\alpha}_q)\boldsymbol{S}(t)+\boldsymbol{\omega}^{\mathrm{H}}\boldsymbol{N}(t)\end{aligned}\tag{1-17}$$

从式(1-17)可以看出,只要 $\boldsymbol{\omega}$ 和干扰的来向垂直,就可以将干扰祛除。根据上面分析可知,只要 $\boldsymbol{\omega}\in L(\boldsymbol{u}_{p+1}\cdots\boldsymbol{u}_M)$ 就可以满足要求。

下面给 2 个具体的例子,阵列选择 4 阵元的均匀圆阵。

例 1.5-1 一个单频干扰的情况，干扰来向为(200°,40°)。这时干扰的导向矢量为

$$\boldsymbol{\alpha}=(1,-0.64+0.77i,0.91-0.41i,-0.27-0.96i)^{\mathrm{T}}$$

$$\boldsymbol{R}=\begin{pmatrix} 2.00e6 & -1.27e6-1.54e6i & 1.83e6+8.12e5i & -5.39e5+1.93e6i \\ -1.27e6+1.54e6i & 2.00e6 & -1.79e6+8.92e5i & -1.14e6-1.64e6i \\ 1.83e6-8.12e5i & -1.79e6-8.92e5i & 2.00e6 & 2.89e5+1.98e6i \\ -5.39e5-1.93e6i & -1.14e6+1.64e6i & 2.89e5-1.98e6i & 2.00 \end{pmatrix}$$

$\boldsymbol{R}$ 的四个特征值分别为

$$\lambda_1=8.00e6;\lambda_2=0.99;\lambda_3=0.99;\lambda_4=1.01$$

可以看出 $\lambda_1\gg\lambda_2\approx\lambda_3\approx\lambda_4$。对应的特征向量分别为

$$\boldsymbol{u}_1=(-0.13+0.48i,-0.29-0.41i,0.07+0.49i,0.50)^{\mathrm{T}}$$

$$\boldsymbol{u}_2=(0.12-0.63i,-0.24+0.33i,-0.28+0.37i,0.45)^{\mathrm{T}}$$

$$\boldsymbol{u}_3=(0.18-0.37i,-0.08-0.48i,0.20+0.50i,-0.56)^{\mathrm{T}}$$

$$\boldsymbol{u}_4=(-0.24+0.33i,-0.42+0.42i,-0.41+0.28i,0.49)^{\mathrm{T}}$$

令 $\boldsymbol{\omega}=\boldsymbol{u}_2=(0.12-0.63i,-0.24+0.33i,-0.28+0.37i,0.45)^{\mathrm{T}}$，则 $\omega\perp\boldsymbol{u}_1$。抗干扰前后的时域和频域图如图 1-3 所示，从图中可以看出，抗干扰后单频干扰已经去除。

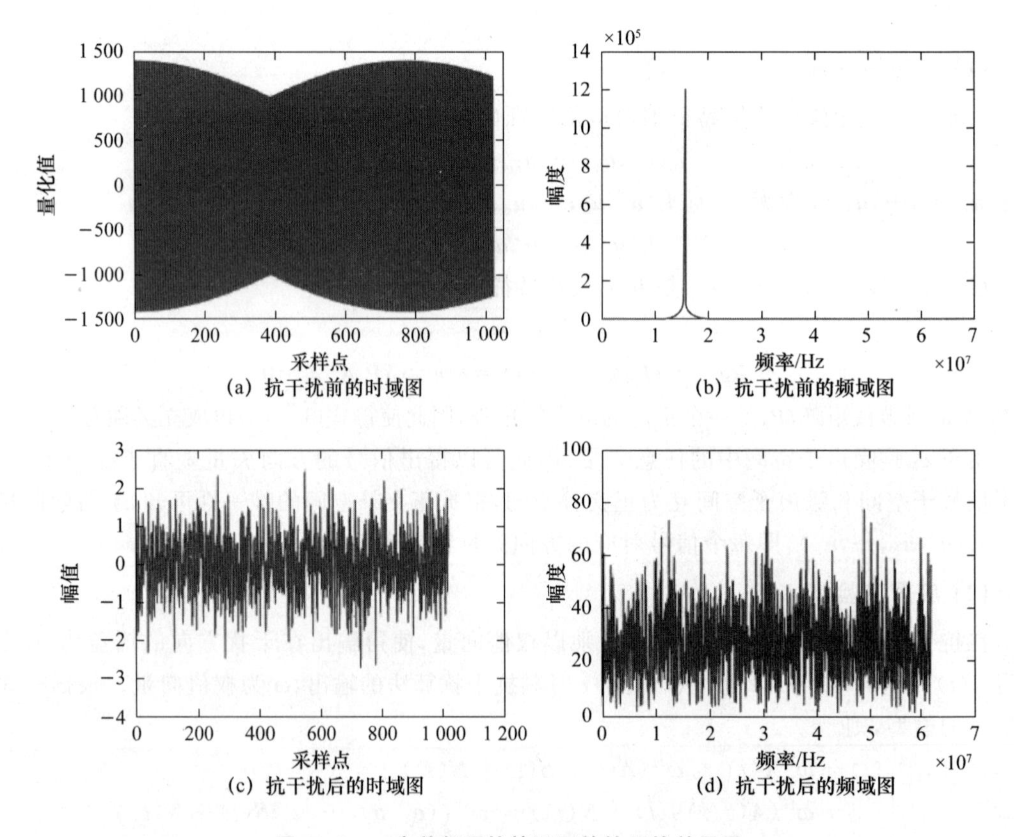

图 1-3 一个单频干扰情况下的抗干扰效果图

例 1.5-2 两个干扰分别为单频干扰和窄带干扰，两个干扰来向分别为(120°,50°)，(60°,70°)，这时干扰的导向矢量分别为

$$\boldsymbol{\alpha}_1=(1,0.53+0.85i,-0.43-0.90i,0.53+0.85i)^{\mathrm{T}}$$

$$\boldsymbol{\alpha}_2=(1,0.86-0.51\mathrm{i},0.86-0.51\mathrm{i},0.48+0.88\mathrm{i})^{\mathrm{T}}$$

$$\boldsymbol{R}=\begin{pmatrix} 2.00\mathrm{e}6 & 1.06\mathrm{e}6-1.69\mathrm{e}6\mathrm{i} & -8.66\mathrm{e}5+1.80\mathrm{e}6\mathrm{i} & 1.07\mathrm{e}6-1.69\mathrm{e}6\mathrm{i} \\ 1.06\mathrm{e}6+1.69\mathrm{e}6\mathrm{i} & 2.00\mathrm{e}6 & -1.99\mathrm{e}6+2.24\mathrm{e}5\mathrm{i} & 2.00\mathrm{e}6-1.00\mathrm{e}3\mathrm{i} \\ -8.66\mathrm{e}5-1.80\mathrm{e}6\mathrm{i} & -1.99\mathrm{e}6-2.24\mathrm{e}5\mathrm{i} & 2.00\mathrm{e}6 & -1.99\mathrm{e}6-2.26\mathrm{e}5\mathrm{i} \\ 1.07\mathrm{e}6+1.69\mathrm{e}6\mathrm{i} & 2.00\mathrm{e}6+1.00\mathrm{e}3\mathrm{i} & -1.99\mathrm{e}6+2.26\mathrm{e}5\mathrm{i} & 2.00 \end{pmatrix}$$

$\boldsymbol{R}$ 的特征值为　　$\lambda_1=1.22\mathrm{e}7;\lambda_2=3.78\mathrm{e}6;\lambda_3=0.92;\lambda_4=1.01$

对应的特征向量为

$$\boldsymbol{u}_1=(0.29-0.49\mathrm{i},0.28-0.29\mathrm{i},-0.29-0.31\mathrm{i},0.57)^{\mathrm{T}}$$

$$\boldsymbol{u}_2=(-0.01+0.14\mathrm{i},-0.51+0.53\mathrm{i},-0.47-0.50\mathrm{i},0.02)^{\mathrm{T}}$$

$$\boldsymbol{u}_3=(-0.44-0.41\mathrm{i},0.43+0.13\mathrm{i},0.14-0.45\mathrm{i},-0.45)^{\mathrm{T}}$$

$$\boldsymbol{u}_4=(-0.54+0.14\mathrm{i},0.07+0.32\mathrm{i},0.35-0.03\mathrm{i},-0.68)^{\mathrm{T}}$$

取　　$\boldsymbol{\omega}=\boldsymbol{u}_3=(-0.44-0.41\mathrm{i},0.43+0.13\mathrm{i},0.14-0.45\mathrm{i},-0.45)^{\mathrm{T}}$

则 $\boldsymbol{\omega}\perp\boldsymbol{u}_1$ 且 $\boldsymbol{\omega}\perp\boldsymbol{u}_2$。

抗干扰前后的的时域和频域如图 1-4 所示，从图 1-4 中可以看出，抗干扰后两个干扰都已经祛除。

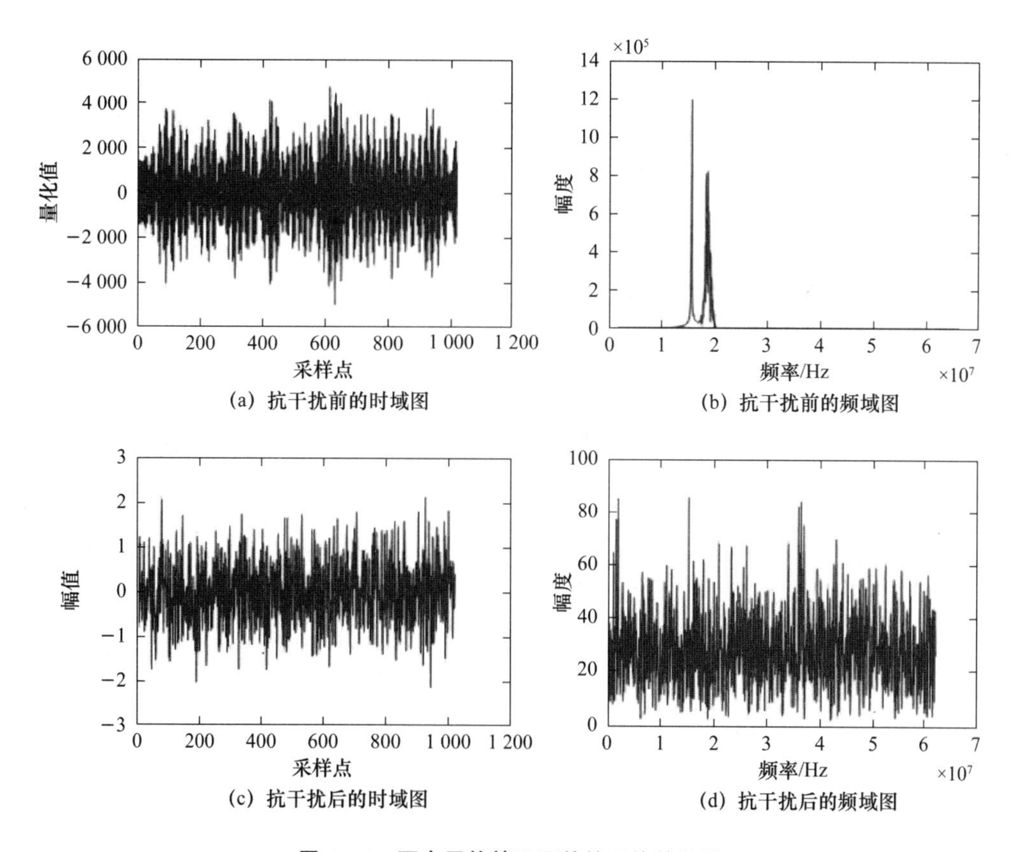

(a) 抗干扰前的时域图　(b) 抗干扰前的频域图

(c) 抗干扰后的时域图　(d) 抗干扰后的频域图

图 1-4　两个干扰情况下的抗干扰效果图

第2章　矩阵的分解

矩阵分解在计算数学领域非常重要，尤其是 QR 分解对数值线性代数理论的近代发展起了关键作用。本章主要讨论 QR 分解(UR 分解)、Schur 分解、满秩分解、奇异值分解以及谱分解。

2.1　QR 分解

本节主要介绍3种 QR 分解的方法，分别为Gram-Schmidt正交化、Givens变换与Householder变换方法。

2.1.1　Gram-Schmidt 正交化方法

在第1章通过Gram-Schmidt正交化过程，将欧氏空间(酉空间)的任一基转化为标准正交基，此说明如下一个重要事实。

定理2.1-1　设满秩方阵 $\boldsymbol{A}\in\mathbb{R}^{n\times n}$，则存在正交矩阵 $\boldsymbol{Q}$ 及正线(主对角线上元为正)上三角阵 $\boldsymbol{R}$，满足 $\boldsymbol{A}=\boldsymbol{QR}$，且分解是唯一的。

证明　$\text{rank}(\boldsymbol{A})=n$，故 $\boldsymbol{A}$ 的 n 个列向量 $\boldsymbol{x}_1,\cdots,\boldsymbol{x}_n$ 线性无关，$\boldsymbol{A}=(\boldsymbol{x}_1,\cdots,\boldsymbol{x}_n)$ 经过正交化过程，即

$$\boldsymbol{y}_k=\boldsymbol{x}_k-\sum_{i=1}^{k-1}\frac{(\boldsymbol{x}_k,\boldsymbol{y}_i)}{(\boldsymbol{y}_i,\boldsymbol{y}_i)}\boldsymbol{y}_i,\quad k=1,\cdots,n$$

对其标准化，即

$$\boldsymbol{z}_k=\frac{1}{\|\boldsymbol{y}_k\|}\boldsymbol{y}_k,\quad k=1,\cdots,n$$

则 $(\boldsymbol{z}_1,\cdots,\boldsymbol{z}_n)$ 为 $\mathbb{R}^n$ 中的一组标准正交基，且有

$$(\boldsymbol{x}_1,\cdots,\boldsymbol{x}_n)=(\boldsymbol{z}_1,\cdots,\boldsymbol{z}_n)\begin{pmatrix}\|\boldsymbol{y}_1\| & (\boldsymbol{x}_2,\boldsymbol{z}_1) & \cdots & (\boldsymbol{x}_n,\boldsymbol{z}_1)\\ 0 & \|\boldsymbol{y}_2\| & \cdots & (\boldsymbol{x}_n,\boldsymbol{z}_2)\\ \vdots & \vdots & \ddots & \vdots\\ 0 & & 0 & \|\boldsymbol{y}_n\|\end{pmatrix}$$

令 $\boldsymbol{Q}=(\boldsymbol{z}_1,\cdots,\boldsymbol{z}_n)$，另一因子为 $\boldsymbol{R}$，则 $\boldsymbol{A}=\boldsymbol{QR}$。

而　$$\boldsymbol{Q}^{\mathrm{T}}\boldsymbol{Q}=(\boldsymbol{z}_1,\cdots,\boldsymbol{z}_n)^{\mathrm{T}}(\boldsymbol{z}_1,\cdots,\boldsymbol{z}_n)=(\boldsymbol{z}_i^{\mathrm{T}}\boldsymbol{z}_j)_{n\times n}=((\boldsymbol{z}_i,\boldsymbol{z}_j))_{n\times n}=\boldsymbol{I}_n$$

故 $\boldsymbol{Q}$ 为正交矩阵。

唯一性：设
$$\boldsymbol{A}=\boldsymbol{Q}_1\boldsymbol{R}_1=\boldsymbol{Q}_2\boldsymbol{R}_2$$
由 $\boldsymbol{Q}_1=\boldsymbol{Q}_2(\boldsymbol{R}_2\boldsymbol{R}_1^{-1})=\boldsymbol{Q}_2\boldsymbol{D},\boldsymbol{D}=\boldsymbol{R}_2\boldsymbol{R}_1^{-1}$，这里 $\boldsymbol{D}$ 仍是正线上三角阵。

而
$$\boldsymbol{I}=\boldsymbol{Q}_1^{\mathrm{T}}\boldsymbol{Q}_1=(\boldsymbol{Q}_2\boldsymbol{D})^{\mathrm{T}}(\boldsymbol{Q}_2\boldsymbol{D})=\boldsymbol{D}^{\mathrm{T}}\boldsymbol{Q}_2^{\mathrm{T}}\boldsymbol{Q}_2\boldsymbol{D}=\boldsymbol{D}^{\mathrm{T}}\boldsymbol{D}$$
故 $\boldsymbol{D}$ 为正交矩阵，但又是正线上三角阵，

故
$$\boldsymbol{D}=\boldsymbol{I}$$
所以 $\boldsymbol{R}_1=\boldsymbol{R}_2$，进而 $\boldsymbol{Q}_1=\boldsymbol{Q}_2$

推论 1　设满秩阵 $\boldsymbol{A}\in\mathbb{C}^{n\times n}$，则存在酉矩阵 $\boldsymbol{U}$ 及正线上三角阵，使 $\boldsymbol{A}=\boldsymbol{U}\boldsymbol{R}$ 且分解是唯一的。

推论 2　列满秩阵 $\boldsymbol{A}\in\mathbb{R}^{m\times n}$（或$\mathbb{C}^{m\times n}$），则存在正交阵 $\boldsymbol{Q}$（酉矩阵 $\boldsymbol{U}$）$\in\mathbb{R}^{m\times m}$（$\mathbb{C}^{m\times m}$），使得
$$\boldsymbol{A}=\boldsymbol{Q}\boldsymbol{R}(\boldsymbol{U}\boldsymbol{R}),\quad \boldsymbol{R}=\begin{pmatrix}\boldsymbol{R}_1\\ \boldsymbol{0}\end{pmatrix}_{m\times n}\quad (n\leqslant m)$$
其中 $\boldsymbol{R}_1$ 为 $n\times n$ 正线上三角阵。

证明　$\mathrm{rank}\boldsymbol{A}=n$，其 n 个列向量 $\boldsymbol{x}_1,\cdots,\boldsymbol{x}_n$ 线性无关，故可扩充为$\mathbb{R}^m$的一组基 $\boldsymbol{x}_1,\cdots,\boldsymbol{x}_n,\boldsymbol{x}_{n+1},\cdots,\boldsymbol{x}_m$。

令 $\boldsymbol{B}=(\boldsymbol{x}_1,\cdots,\boldsymbol{x}_n,\boldsymbol{x}_{n+1},\cdots,\boldsymbol{x}_m)=(\boldsymbol{A},\boldsymbol{K})$ 为 m 阶满秩方阵，由定理 2.1－1 可知正交阵 $\boldsymbol{Q}\in\mathbb{R}^{m\times m}$ 及正线上三角阵 $\boldsymbol{S}\in\mathbb{R}^{m\times m}$，使 $\boldsymbol{B}=\boldsymbol{Q}\boldsymbol{S}$。

令
$$\boldsymbol{S}=(\boldsymbol{R},\boldsymbol{S}_1),\boldsymbol{R}\text{ 为 } m\times n \text{ 阶阵（列满秩）}$$
所以
$$\boldsymbol{B}=(\boldsymbol{A},\boldsymbol{K})=\boldsymbol{Q}\boldsymbol{S}=\boldsymbol{Q}(\boldsymbol{R},\boldsymbol{S}_1)=(\boldsymbol{Q}\boldsymbol{R},\boldsymbol{Q}\boldsymbol{S}_1)$$
所以 $\boldsymbol{A}=\boldsymbol{Q}\boldsymbol{R}$，这里 $\boldsymbol{R}=\begin{pmatrix}\boldsymbol{R}_1\\ \boldsymbol{0}\end{pmatrix}$，$\boldsymbol{R}_1$ 为 n 阶正线上三角阵。

$\boldsymbol{QR}$ 分解可应用于方程 $\boldsymbol{A}\boldsymbol{x}=\boldsymbol{b}$ 的求解问题，当 $\boldsymbol{A}$ 为满秩方阵，方程有唯一解，由 $\boldsymbol{R}\boldsymbol{x}=\boldsymbol{Q}^{\mathrm{T}}\boldsymbol{b}$，而 $\boldsymbol{R}$ 为满秩上三角阵，故可从下至上依次代入求得解向量。当 $\boldsymbol{A}$ 为列满秩，若方程 $\boldsymbol{A}\boldsymbol{x}=\boldsymbol{b}$ 不相容（矛盾），则由 $\boldsymbol{R}\boldsymbol{x}=\boldsymbol{Q}^{\mathrm{T}}\boldsymbol{b}=\begin{pmatrix}\boldsymbol{R}_1\\ \boldsymbol{0}\end{pmatrix}\boldsymbol{x}=\begin{pmatrix}\boldsymbol{d}_1\\ \boldsymbol{d}_2\end{pmatrix}$，且若 $\boldsymbol{d}_2\neq\boldsymbol{0}$，则 $\boldsymbol{x}$ 为最小二乘解。

因为
$$\left\|\begin{pmatrix}\boldsymbol{R}_1\boldsymbol{x}\\ \boldsymbol{0}\end{pmatrix}-\boldsymbol{Q}^{\mathrm{T}}\boldsymbol{b}\right\|^2=\|\boldsymbol{R}_1\boldsymbol{x}-\boldsymbol{d}_1\|^2+\|\boldsymbol{d}_2\|^2$$
即 $\boldsymbol{R}_1\boldsymbol{x}=\boldsymbol{d}_1$ 的解是原方程最小二乘解。

例 2.1－1　设 $\boldsymbol{A}=\begin{pmatrix}1&2&2\\2&1&2\\1&2&1\end{pmatrix}$，求 QR 分解。

解
$$\boldsymbol{A}=(\boldsymbol{x}_1,\boldsymbol{x}_2,\boldsymbol{x}_3)(\mathrm{rank}\boldsymbol{A}=3)$$
其中
$$\boldsymbol{x}_1=(1,2,1)^{\mathrm{T}},\quad \boldsymbol{x}_2=(2,1,2)^{\mathrm{T}},\quad \boldsymbol{x}_3=(2,2,1)^{\mathrm{T}}$$
由正交化过程得
$$\boldsymbol{y}_1=(1,2,1)^{\mathrm{T}},\quad \boldsymbol{y}_2=(1,-1,1)^{\mathrm{T}},\quad \boldsymbol{y}_3=\left(\frac{1}{2},0,-\frac{1}{2}\right)^{\mathrm{T}}$$
单位化
$$\boldsymbol{z}_1=\left(\frac{1}{\sqrt{6}},\ \frac{2}{\sqrt{6}},\frac{1}{\sqrt{6}}\right)^{\mathrm{T}},\quad \boldsymbol{z}_2=\left(\frac{1}{\sqrt{3}},-\frac{1}{\sqrt{3}},\frac{1}{\sqrt{3}}\right)^{\mathrm{T}},\quad \boldsymbol{z}_1=\left(\frac{1}{\sqrt{2}},0,-\frac{1}{\sqrt{2}}\right)^{\mathrm{T}}$$

令
$$Q=(z_1,z_2,z_3)$$

$$R=\begin{pmatrix} \|y_1\| & (x_2,z_1) & (x_3,z_1) \\ 0 & \|y_2\| & (x_3,z_2) \\ 0 & 0 & \|y_3\| \end{pmatrix}=\begin{pmatrix} \sqrt{6} & \sqrt{6} & \frac{7\sqrt{6}}{6} \\ 0 & \sqrt{3} & \frac{\sqrt{3}}{3} \\ 0 & 0 & \frac{\sqrt{2}}{2} \end{pmatrix}$$

所以

$$A=QR=\begin{pmatrix} \frac{1}{\sqrt{6}} & \frac{1}{\sqrt{3}} & \frac{1}{\sqrt{2}} \\ \frac{2}{\sqrt{6}} & -\frac{1}{\sqrt{3}} & 0 \\ \frac{1}{\sqrt{6}} & \frac{1}{\sqrt{3}} & -\frac{1}{\sqrt{2}} \end{pmatrix}\begin{pmatrix} \sqrt{6} & \sqrt{6} & \frac{7\sqrt{6}}{6} \\ 0 & \sqrt{3} & \frac{\sqrt{3}}{3} \\ 0 & 0 & \frac{\sqrt{2}}{2} \end{pmatrix}$$

例 2.1-2 证明:设 $A\in\mathbb{R}^{n\times n}$,若 A 是实对称正定阵,则存在正线上三角阵 R 使 $A=R^{\mathrm{T}}R$(Cholesky 分解)。

证明 因为 A 正定,所以有可逆矩阵 P,使得 $A=P^{\mathrm{T}}P$,对 P 进行 QR 分解得 $P=QR$,其中 R 是正线上三角阵,于是 $A=R^{\mathrm{T}}Q^{\mathrm{T}}QR=R^{\mathrm{T}}R$。

2.1.2 Givens 矩阵与 Givens 变换

在平面解析几何中,使向量 x 顺时针旋转角度 θ 后变为向量 y 的旋转变换为

$$y=\begin{pmatrix} \cos\theta & \sin\theta \\ -\sin\theta & \cos\theta \end{pmatrix}x=Tx$$

因为旋转变换不改变向量的模,所以该变换为正交变换,T 为正交矩阵,且 $\det T=1$。

一般地,在 n 维 Euclid 空间$\mathbb{R}^n$中,令 $e_1,e_2,\cdots,e_n$ 作为一个标准正交基。在平面 (e_i,e_j) 中的旋转变换定义如下。

定义 2.1-1 设实数 c 与 s 满足 $c^2+s^2=1$,称

$$T_{ij}=\begin{pmatrix} 1 & & & & & & & & & & \\ & \ddots & & & & & & & & & \\ & & 1 & & & & & & & & \\ & & & c & & & & s & & & \\ & & & & 1 & & & & & & \\ & & & & & \ddots & & & & & \\ & & & & & & 1 & & & & \\ & & & -s & & & & c & & & \\ & & & & & & & & 1 & & \\ & & & & & & & & & \ddots & \\ & & & & & & & & & & 1 \end{pmatrix}\begin{matrix} \\ \\ \\ (i) \\ \\ \\ \\ (j) \\ \\ \\ \\ \end{matrix}\quad (i<j)$$

$$\qquad\qquad\quad [i] \qquad\qquad\qquad [j]$$

为 **Givens 矩阵(初等旋转矩阵)**，也可记作 $\boldsymbol{T}_{ij}=\boldsymbol{T}_{ij}(c,s)$。由 Givens 矩阵确定的线性变换称为 **Givens 变换(初等旋转变换)**。

容易验证，当 $c^2+s^2=1$ 时，存在角度 θ，使得 $c=\cos\theta, s=\sin\theta$。

性质 1　Givens 矩阵是正交矩阵，且有

$$[\boldsymbol{T}_{ij}(c,s)]^{-1}=[\boldsymbol{T}_{ij}(c,s)]^{\mathrm{T}}=\boldsymbol{T}_{ij}(c,-s)$$
$$\det[\boldsymbol{T}_{ij}(c,s)]=1$$

性质 2　设 $\boldsymbol{x}=(\xi_1,\xi_2,\cdots,\xi_n)^{\mathrm{T}}, \boldsymbol{y}=\boldsymbol{T}_{ij}\boldsymbol{x}=(\eta_1,\eta_2,\cdots,\eta_n)^{\mathrm{T}}$，则有

$$\begin{cases}\eta_i=c\xi_i+s\xi_j\\ \eta_j=-s\xi_i+c\xi_j\\ \eta_k=\xi_k\ (k\neq i,j)\end{cases}\tag{2-1}$$

式(2-1)表明，当 $\xi_i^2+\xi_j^2\neq 0$ 时，选取

$$c=\frac{\xi_i}{\sqrt{\xi_i^2+\xi_j^2}},\quad s=\frac{\xi_j}{\sqrt{\xi_i^2+\xi_j^2}}$$

就可使 $\eta_i=\sqrt{\xi_i^2+\xi_j^2}>0, \eta_j=0$。(这里约定:所涉及的矩阵与向量都是实的)

定理 2.1-2　设 $\boldsymbol{x}=(\xi_1,\xi_2,\cdots,\xi_n)^{\mathrm{T}}\neq\boldsymbol{0}$，则存在有限个 Givens 矩阵的乘积，记作 $\boldsymbol{T}$，使得 $\boldsymbol{T}\boldsymbol{x}=|\boldsymbol{x}|\boldsymbol{e}_1$。

证明　先考虑 $\xi_1\neq 0$ 的情形。对 $\boldsymbol{x}$ 构造 Givens 矩阵 $\boldsymbol{T}_{12}(c,s)$，有

$$c=\frac{\xi_1}{\sqrt{\xi_1^2+\xi_2^2}},\quad s=\frac{\xi_2}{\sqrt{\xi_1^2+\xi_2^2}}$$
$$\boldsymbol{T}_{12}\boldsymbol{x}=\left(\sqrt{\xi_1^2+\xi_2^2},0,\xi_3,\cdots,\xi_n\right)^{\mathrm{T}}$$

再对 $\boldsymbol{T}_{12}\boldsymbol{x}$ 构造 Givens 矩阵 $\boldsymbol{T}_{13}(c,s)$，即

$$c=\frac{\sqrt{\xi_1^2+\xi_2^2}}{\sqrt{\xi_1^2+\xi_2^2+\xi_3^2}},\quad s=\frac{\xi_3}{\sqrt{\xi_1^2+\xi_2^2+\xi_3^2}}$$
$$\boldsymbol{T}_{13}(\boldsymbol{T}_{12}\boldsymbol{x})=\left(\sqrt{\xi_1^2+\xi_2^2+\xi_3^2},0,0,\xi_4,\cdots,\xi_n\right)^{\mathrm{T}}$$

如此继续下去，最后对 $\boldsymbol{T}_{1,n-1}\cdots\boldsymbol{T}_{12}\boldsymbol{x}$ 构造 Givens 矩阵 $\boldsymbol{T}_{1n}(c,s)$，即

$$c=\frac{\sqrt{\xi_1^2+\cdots+\xi_{n-1}^2}}{\sqrt{\xi_1^2+\cdots+\xi_{n-1}^2+\xi_n^2}},s=\frac{\xi_n}{\sqrt{\xi_1^2+\cdots+\xi_{n-1}^2+\xi_n^2}}$$
$$\boldsymbol{T}_{1n}(\boldsymbol{T}_{1,n-1},\cdots,\boldsymbol{T}_{12}\boldsymbol{x})=\left(\sqrt{\xi_1^2+\cdots+\xi_{n-1}^2+\xi_n^2},0,\cdots,0\right)^{\mathrm{T}}$$

令 $\boldsymbol{T}=\boldsymbol{T}_{1n}\boldsymbol{T}_{1,n-1}\cdots\boldsymbol{T}_{12}$，则有 $\boldsymbol{T}\boldsymbol{x}=|\boldsymbol{x}|\boldsymbol{e}_1$。

如果 $\xi_1=0$，考虑 $\xi_1=\cdots=\xi_{k-1}=0, \xi_k\neq 0\ (1<k\leqslant n)$ 的情形，此时 $|\boldsymbol{x}|=\sqrt{\xi_k^2+\cdots+\xi_n^2}$，上述的步骤由 $\boldsymbol{T}_{1k}$ 开始进行，即得结论亦成立。

证毕。

推论 1　设非零列向量 $\boldsymbol{x}\in\mathbb{R}^n$ 及单位列向量 $\boldsymbol{z}\in\mathbb{R}^n$，则存在有限个 Givens 矩阵的乘积，记作 $\boldsymbol{T}$，使得 $\boldsymbol{T}\boldsymbol{x}=|\boldsymbol{x}|\boldsymbol{z}$。

证明　对于向量 $\boldsymbol{x}$，存在

$$\boldsymbol{T}^{(1)}=\boldsymbol{T}_{1n}^{(1)}\cdots\boldsymbol{T}_{13}^{(1)}\boldsymbol{T}_{12}^{(1)}\quad(\boldsymbol{T}_{1j}^{(1)}\text{ 是 Givens 矩阵})$$

使得 $\boldsymbol{T}^{(1)}\boldsymbol{x}=|\boldsymbol{x}|\boldsymbol{e}_1$；对于向量 $\boldsymbol{z}$，存在

$$\boldsymbol{T}^{(2)}=\boldsymbol{T}_{1n}^{(2)}\cdots\boldsymbol{T}_{13}^{(2)}\boldsymbol{T}_{12}^{(2)}\quad(\boldsymbol{T}_{1j}^{(2)}\text{ 是 Givens 矩阵})$$

使得 $\boldsymbol{T}^{(2)}\boldsymbol{z}=|\boldsymbol{z}|\boldsymbol{e}_1=\boldsymbol{e}_1$。于是有

$$\boldsymbol{T}^{(1)}\boldsymbol{x}=|\boldsymbol{x}|\boldsymbol{e}_1=|\boldsymbol{x}|\boldsymbol{T}^{(2)}\boldsymbol{z}$$

或者

$$[\boldsymbol{T}^{(2)}]^{-1}\boldsymbol{T}^{(1)}\boldsymbol{x}=|\boldsymbol{x}|\boldsymbol{z}$$

再由性质 1 可得

$$\boldsymbol{T}=[\boldsymbol{T}^{(2)}]^{-1}\boldsymbol{T}^{(1)}=[\boldsymbol{T}_{1n}^{(2)}\cdots\boldsymbol{T}_{13}^{(2)}\boldsymbol{T}_{12}^{(2)}]^{-1}\boldsymbol{T}^{(1)}=[(\boldsymbol{T}_{12}^{(2)})^{\mathrm{T}}\ (\boldsymbol{T}_{13}^{(2)})^{\mathrm{T}}\cdots(\boldsymbol{T}_{1n}^{(2)})^{\mathrm{T}}][\boldsymbol{T}_{1n}^{(1)}\cdots\boldsymbol{T}_{13}^{(1)}\boldsymbol{T}_{12}^{(1)}]$$

是有限个 Givens 矩阵的乘积。

证毕。

推论 2 任何 n 阶实非奇异矩阵可通过左乘有限个 Givens 矩阵转化为上三角矩阵。

例 2.1-3 设 $\boldsymbol{x}=(3,4,5)^{\mathrm{T}}$，用 Givens 变换化 $\boldsymbol{x}$ 为与 $\boldsymbol{e}_1$ 同方向的向量。

解 对 $\boldsymbol{x}$ 构造 $\boldsymbol{T}_{12}(c,s)$：$c=\dfrac{3}{5},s=\dfrac{4}{5}$，则

$$\boldsymbol{T}_{12}\boldsymbol{x}=(5,0,5)^{\mathrm{T}}$$

对 $\boldsymbol{T}_{12}\boldsymbol{x}$ 构造 $\boldsymbol{T}_{13}(c,s)$：$c=\dfrac{1}{\sqrt{2}},s=\dfrac{1}{\sqrt{2}}$，则

$$\boldsymbol{T}_{13}(\boldsymbol{T}_{12}\boldsymbol{x})=\left(5\sqrt{2},0,0\right)^{\mathrm{T}}$$

于是

$$\boldsymbol{T}=\boldsymbol{T}_{13}\boldsymbol{T}_{12}=\begin{pmatrix}\frac{1}{\sqrt{2}}&0&\frac{1}{\sqrt{2}}\\0&1&0\\-\frac{1}{\sqrt{2}}&0&\frac{1}{\sqrt{2}}\end{pmatrix}\begin{pmatrix}\frac{3}{5}&\frac{4}{5}&0\\-\frac{4}{5}&\frac{3}{5}&0\\0&0&1\end{pmatrix}=\frac{1}{5\sqrt{2}}\begin{pmatrix}3&4&5\\-4\sqrt{2}&3\sqrt{2}&0\\-3&-4&5\end{pmatrix}$$

$$\boldsymbol{T}\boldsymbol{x}=5\sqrt{2}\boldsymbol{e}_1$$

2.1.3 Householder 矩阵和 Householder 变换

在平面$\mathbb{R}^2$中，将向量 $\boldsymbol{x}$ 映射为“关于 $\boldsymbol{e}_1$ 轴对称”（或者关于“与 $\boldsymbol{e}_2$ 轴正交的直线”对称）的向量 $\boldsymbol{y}$ 的变换，称为关于 $\boldsymbol{e}_1$ 轴的镜像（反射）变换。设 $\boldsymbol{x}=\begin{pmatrix}\xi_1\\\xi_2\end{pmatrix}$，则有

$$\boldsymbol{y}=\begin{pmatrix}\xi_1\\-\xi_2\end{pmatrix}=\begin{pmatrix}1&0\\0&-1\end{pmatrix}\begin{pmatrix}\xi_1\\\xi_2\end{pmatrix}=(\boldsymbol{I}-2\boldsymbol{e}_2\boldsymbol{e}_2^{\mathrm{T}})\boldsymbol{x}=\boldsymbol{H}\boldsymbol{x}$$

式中，$\boldsymbol{e}_2=\begin{pmatrix}0\\1\end{pmatrix}$；$\boldsymbol{H}$ 是正交矩阵，且 $\det\boldsymbol{H}=-1$。

将向量 $\boldsymbol{x}$ 映射为关于“与单位向量 $\boldsymbol{u}$ 正交的直线”对称的向量 $\boldsymbol{y}$ 的变换可描述如下：

$$\boldsymbol{x}-\boldsymbol{y}=2\boldsymbol{u}(\boldsymbol{u}^{\mathrm{T}}\boldsymbol{x})$$

$$\boldsymbol{y}=\boldsymbol{x}-2\boldsymbol{u}(\boldsymbol{u}^{\mathrm{T}}\boldsymbol{x})=(\boldsymbol{I}-2\boldsymbol{u}\boldsymbol{u}^{\mathrm{T}})\boldsymbol{x}=\boldsymbol{H}\boldsymbol{x}$$

容易验证，$\boldsymbol{H}$ 是正交矩阵且 $\det\boldsymbol{H}=-1$。

一般地，在$\mathbb{R}^n$中，将向量 $\boldsymbol{x}$ 映射为关于"与单位向量 $\boldsymbol{u}$ 正交的 $n-1$ 维子空间"对称的向量 $\boldsymbol{y}$ 的镜像变换定义如下。

定义 2.1-2　设单位列向量 $\boldsymbol{u}\in\mathbb{R}^n$，称

$$\boldsymbol{H}=\boldsymbol{I}-2\boldsymbol{u}\boldsymbol{u}^{\mathrm{T}}$$

为 Householder 矩阵（初等反射矩阵），由 Householder 矩阵确定的线性变换称为 Householder 变换（初等反射变换）。

Householder 矩阵具有下列性质：

① $\boldsymbol{H}^{\mathrm{T}}=\boldsymbol{H}$（对称矩阵）；

② $\boldsymbol{H}^{\mathrm{T}}\boldsymbol{H}=\boldsymbol{I}$（正交矩阵）；

③ $\boldsymbol{H}^2=\boldsymbol{I}$（对合矩阵）；

④ $\boldsymbol{H}^{-1}=\boldsymbol{H}$（自逆矩阵）；

⑤ $\det\boldsymbol{H}=-1$。

定理 2.1-3　任意给定非零列向量 $\boldsymbol{x}\in\mathbb{R}^n(n>1)$ 及单位列向量 $\boldsymbol{z}\in\mathbb{R}^n$，则存在 Householder 矩阵 $\boldsymbol{H}$，使得 $\boldsymbol{H}\boldsymbol{x}=|\boldsymbol{x}|\boldsymbol{z}$。

证明　当 $\boldsymbol{x}=|\boldsymbol{x}|\boldsymbol{z}$ 时，去单位列向量 $\boldsymbol{u}$ 满足 $\boldsymbol{u}^{\mathrm{T}}\boldsymbol{x}=\boldsymbol{0}$，则有

$$\boldsymbol{H}\boldsymbol{x}=(\boldsymbol{I}-2\boldsymbol{u}\boldsymbol{u}^{\mathrm{T}})\boldsymbol{x}=\boldsymbol{x}-2\boldsymbol{u}(\boldsymbol{u}^{\mathrm{T}}\boldsymbol{x})=\boldsymbol{x}=|\boldsymbol{x}|\boldsymbol{z}$$

当 $\boldsymbol{x}\neq|\boldsymbol{x}|\boldsymbol{z}$ 时，取

$$\boldsymbol{u}=\frac{\boldsymbol{x}-|\boldsymbol{x}|\boldsymbol{z}}{|\boldsymbol{x}-|\boldsymbol{x}|\boldsymbol{z}|}$$

则有

$$\begin{aligned}\boldsymbol{H}\boldsymbol{x}&=\left(\boldsymbol{I}-2\frac{(\boldsymbol{x}-|\boldsymbol{x}|\boldsymbol{z})(\boldsymbol{x}-|\boldsymbol{x}|\boldsymbol{z})^{\mathrm{T}}}{|\boldsymbol{x}-|\boldsymbol{x}|\boldsymbol{z}|^2}\right)\boldsymbol{x}\\&=\boldsymbol{x}-2(\boldsymbol{x}-|\boldsymbol{x}|\boldsymbol{z},\boldsymbol{x})\frac{\boldsymbol{x}-|\boldsymbol{x}|\boldsymbol{z}}{|\boldsymbol{x}-|\boldsymbol{x}|\boldsymbol{z}|^2}\\&=\boldsymbol{x}-(\boldsymbol{x}-|\boldsymbol{x}|\boldsymbol{z})=|\boldsymbol{x}|\boldsymbol{z}\end{aligned}$$

这里利用了等式 $|\boldsymbol{x}-|\boldsymbol{x}|\boldsymbol{z}|^2=2(\boldsymbol{x}-|\boldsymbol{x}|\boldsymbol{z},\boldsymbol{x})$

证毕。

例 2.1-4　设 $\boldsymbol{x}=(1,2,2)^{\mathrm{T}}$，用 Householder 变换化 $\boldsymbol{x}$ 为与 $\boldsymbol{e}_1$ 同方向的向量。

解　计算 $|\boldsymbol{x}|=3$，$\boldsymbol{x}-|\boldsymbol{x}|\boldsymbol{e}_1=2(-1,1,1)^{\mathrm{T}}$。根据 $\boldsymbol{u}=\dfrac{\boldsymbol{x}-|\boldsymbol{x}|\boldsymbol{z}}{|\boldsymbol{x}-|\boldsymbol{x}|\boldsymbol{z}|}$，取 $\boldsymbol{u}=\dfrac{1}{\sqrt{3}}(-1,1,1)^{\mathrm{T}}$，构造 Householder 矩阵，即

$$\boldsymbol{H}=\begin{pmatrix}1&&\\&1&\\&&1\end{pmatrix}-\frac{2}{3}\begin{pmatrix}-1\\1\\1\end{pmatrix}\begin{pmatrix}-1&1&1\end{pmatrix}=\frac{1}{3}\begin{pmatrix}1&2&2\\2&1&-2\\2&-2&1\end{pmatrix}$$

则

$$\boldsymbol{H}\boldsymbol{x}=3\boldsymbol{e}_1$$

推论　任何 n 阶实非奇异矩阵可通过左乘有限个 Householder 矩阵化为上三角矩阵。

下面的定理给出了 Givens 变换和 Householder 变换之间的联系。

定理 2.1-4 初等旋转矩阵(Givens 变换)是两个初等反射矩阵(Householder 变换)的乘积。

证明 对于 Givens 矩阵 $\boldsymbol{T}_{ij}$,如果取单位向量

$$\boldsymbol{u}=\left(0,\cdots,0,\sin\frac{\theta}{4},0,\cdots,0,\cos\frac{\theta}{4},0,\cdots 0\right)^{\mathrm{T}}$$

式中,$\sin\frac{\theta}{4}$是 $\boldsymbol{u}$ 的第 i 个分量;$\cos\frac{\theta}{4}$是 $\boldsymbol{u}$ 的第 j 个分量。

则由 $\boldsymbol{H}=\boldsymbol{I}-2\boldsymbol{u}\boldsymbol{u}^{\mathrm{T}}$ 得初等反射矩阵为

$$\boldsymbol{H}_u=\boldsymbol{I}-2\boldsymbol{u}\boldsymbol{u}^{\mathrm{T}}=\begin{pmatrix}1 & & & & & & \\ & \ddots & & & & & \\ & & \cos\frac{\theta}{2} & & -\sin\frac{\theta}{2} & & \\ & & & \ddots & & & \\ & & -\sin\frac{\theta}{2} & & -\cos\frac{\theta}{2} & & \\ & & & & & \ddots & \\ & & & & & & 1\end{pmatrix}\begin{matrix}\\ \\ (i)\\ \\ (j)\\ \\ \\ \end{matrix}$$

$$\qquad\qquad[i]\qquad\qquad[j]$$

再取单位向量,即

$$\boldsymbol{v}=\left(0,\cdots,0,\sin\frac{3\theta}{4},0,\cdots,0,\cos\frac{3\theta}{4},0,\cdots 0\right)^{\mathrm{T}}$$

式中,$\sin\frac{3\theta}{4}$是 $\boldsymbol{v}$ 的第 i 个分量;$\cos\frac{3\theta}{4}$是 $\boldsymbol{v}$ 的第 j 个分量。

又由 $\boldsymbol{H}=\boldsymbol{I}-2\boldsymbol{u}\boldsymbol{u}^{\mathrm{T}}$ 得初等反射矩阵为

$$\boldsymbol{H}_v=\boldsymbol{I}-2\boldsymbol{u}\boldsymbol{u}^{\mathrm{T}}=\begin{pmatrix}1 & & & & & & \\ & \ddots & & & & & \\ & & \cos\frac{3\theta}{2} & & -\sin\frac{3\theta}{2} & & \\ & & & \ddots & & & \\ & & -\sin\frac{3\theta}{2} & & -\cos\frac{3\theta}{2} & & \\ & & & & & \ddots & \\ & & & & & & 1\end{pmatrix}\begin{matrix}\\ \\ (i)\\ \\ (j)\\ \\ \\ \end{matrix}$$

$$\qquad\qquad[i]\qquad\qquad[j]$$

直接计算可得

$$\boldsymbol{T}_{ij}=\boldsymbol{H}_u\boldsymbol{H}_v$$

证毕。

需要指出,初等反射矩阵不能由若干个初等旋转矩阵的乘积表示,其原因是 $\det\boldsymbol{H}=-1$,

而 $\det \boldsymbol{T}_{ij}=1$。

习　题

1. 求下列矩阵的 QR 分解：

(1) $\begin{pmatrix} 2 & 2 & 1 \\ 0 & 2 & 2 \\ 2 & 1 & 2 \end{pmatrix}$；　　(2) $\begin{pmatrix} 1 & 1 & -1 \\ -1 & 1 & 1 \\ 1 & 1 & -1 \\ 1 & 1 & 1 \end{pmatrix}$。

2. 用归纳法证明：$\forall \boldsymbol{A}\in\mathbb{R}^{n\times n}$，存在正交矩阵 $\boldsymbol{Q}$ 及上三角阵 $\boldsymbol{R}$，使 $\boldsymbol{A}=\boldsymbol{QR}$。

3. 求下列矩阵的 $\boldsymbol{QR}$ 或 $\boldsymbol{UR}$ 分解

(1) $\begin{pmatrix} 0 & 4 & 1 \\ 1 & 1 & 1 \\ 0 & 3 & 2 \end{pmatrix}$；　　(2) $\begin{pmatrix} 3 & 1 & -2 \\ 1 & -1 & 0 \\ 4 & 0 & -2 \end{pmatrix}$；　　(3) $\begin{pmatrix} -1 & \mathrm{i} & 0 \\ -\mathrm{i} & 0 & -\mathrm{i} \\ 0 & \mathrm{i} & -1 \end{pmatrix}$。

2.2　正规矩阵及 Schur 分解

在第 1 章中，证明了任一 $\boldsymbol{A}\in\mathbb{C}^{n\times n}$ 均相似一个上三角阵，即存在满秩矩阵 $\boldsymbol{P}$，使 $\boldsymbol{P}^{-1}\boldsymbol{AP}$ 为上三角阵。这个结果可进一步加强为存在酉矩阵 $\boldsymbol{U}$，使得 $\boldsymbol{U}^{-1}\boldsymbol{AU}=\boldsymbol{U}^{\mathrm{H}}\boldsymbol{AU}$ 为上三角阵，即 Schur 引理。

定理 2.2-1(Schur 引理)　设 $\boldsymbol{A}\in\mathbb{C}^{n\times n}$，则存在酉矩阵 $\boldsymbol{U}$，使得

$$\boldsymbol{U}^{\mathrm{H}}\boldsymbol{AU}=\begin{pmatrix} \lambda_1 & & & * \\ & \lambda_2 & & \\ & & \ddots & \\ \boldsymbol{0} & & & \lambda_n \end{pmatrix}$$

即任一复方阵酉相似于一个上三角阵，其主对角线元素为 $\boldsymbol{A}$ 的特征值。

证明　由第 1 章的结果知，存在满秩阵 $\boldsymbol{P}$，使得 $\boldsymbol{P}^{-1}\boldsymbol{AP}=\boldsymbol{K}$，其中 $\boldsymbol{K}$ 为上三角阵，由矩阵的 $\boldsymbol{UR}$ 分解有 $\boldsymbol{P}=\boldsymbol{UR}$，故

$$\boldsymbol{U}^{\mathrm{H}}\boldsymbol{AU}=\boldsymbol{U}^{\mathrm{H}}\boldsymbol{PKP}^{-1}\boldsymbol{U}=\boldsymbol{U}^{\mathrm{H}}\boldsymbol{URKR}^{-1}\boldsymbol{U}^{-1}\boldsymbol{U}=\boldsymbol{RKR}^{-1}$$

此处 $\boldsymbol{K},\boldsymbol{R}$ 均为上三角阵，故 $\boldsymbol{RKR}^{-1}$ 仍为上三角阵，从而 $\boldsymbol{U}^{\mathrm{H}}\boldsymbol{AU}$ 为上三角阵。
证毕。

对于实方阵而言，$\boldsymbol{A}\in\mathbb{R}^{n\times n}$，且 $\boldsymbol{A}$ 的特征值均为实数，则存在正交矩阵 $\boldsymbol{Q}\in\mathbb{R}^{n\times n}$，使

$$\boldsymbol{Q}^{\mathrm{T}}\boldsymbol{AQ}=\boldsymbol{Q}^{-1}\boldsymbol{AQ}=\begin{pmatrix} \lambda_1 & & & * \\ & \lambda_2 & & \\ & & \ddots & \\ \boldsymbol{0} & & & \lambda_n \end{pmatrix}$$

$\lambda_1,\cdots,\lambda_n$ 为 A 的特征值。

定义 2.2-1 设 $A\in\mathbb{C}^{n\times n}$，若 A 满足 $A^HA=AA^H$，则称 A 为正规矩阵(规范阵)。

例如实对称阵($A^T=A,A\in\mathbb{R}^{n\times n}$)、实反对称阵($A^T=-A,A\in\mathbb{R}^{n\times n}$)、厄米特矩阵(Hermite) ($A^H=A,A\in\mathbb{C}^{n\times n}$)、反厄米特阵($A^H=-A,A\in\mathbb{C}^{n\times n}$)、正交矩阵($A^T=A^{-1},A\in\mathbb{R}^{n\times n}$)及酉矩阵($A^H=A^{-1},A\in\mathbb{C}^{n\times n}$)等均是正规矩阵。

定理 2.2-2 设 $A\in\mathbb{C}^{n\times n}$，则 A 是正规矩阵当且仅当 A 酉相似于一个对角阵，即 $A^HA=AA^H\Leftrightarrow$存在酉矩阵 U，使得

$$U^HAU=\operatorname{diag}\{\lambda_1,\cdots,\lambda_n\} \quad 或 \quad A=U\operatorname{diag}\{\lambda_1,\cdots,\lambda_n\}U^H$$

证明 "$\Rightarrow$"由条件 $A^HA=AA^H$，由 Schur 引理，存在酉矩阵 U，使得

$$U^HAU=K(上三角阵)，即\ A=UKU^H$$

故
$$A^HA=UK^HU^HUKU^H=UK^HKU^H=AA^H=UKU^HUK^HU^H=UKK^HU^H$$

故有
$$KK^H=K^HK，令\ K=(r_{ij})_{n\times n}r_{ij}=0(i>j)$$

而
$$(KK^H)_{ii}=\sum_{j=i}^{n}|r_{ij}|^2,\quad (K^HK)_{ii}=\sum_{j=1}^{i}|r_{ji}|^2$$

由$(KK^H)_{ii}=(K^HK)_{ii}\quad i=1,\cdots,n$，有

$$\sum_{j=i}^{n}|r_{ij}|^2=\sum_{j=1}^{i}|r_{ji}|^2 \quad i=1,\cdots,n$$

$i=1$ 时，得
$$r_{12}=r_{13}=\cdots=r_{1n}=0$$

$i=2$ 时，得
$$r_{22}=r_{23}=\cdots=r_{2n}=0;$$

$$\cdots$$

$i=n-1$ 时，得 $r_{n-1,n}=0$，故 K 是对角阵。

"$\Leftarrow$"由 $U^HAU=\operatorname{diag}\{\lambda_1,\cdots,\lambda_n\}$，有 $U^HA^HU=\operatorname{diag}\{\bar{\lambda}_1,\cdots,\bar{\lambda}_n\}$

故有

$$\begin{aligned}(U^HAU)(U^HA^HU)&=U^HAA^HU\\&=\operatorname{diag}\{|\lambda_1|^2,\cdots,|\lambda_n|^2\}\\&=(U^HA^HU)(U^HAU)=U^HA^HAU\end{aligned}$$

所以
$$A^HA=AA^H$$

证毕。

正规矩阵是单纯矩阵，反之不然。如 $A=\begin{pmatrix}1&2\\1&1\end{pmatrix}$，$A^H=\begin{pmatrix}1&1\\2&1\end{pmatrix}$，$f_t(\lambda)=|\lambda I-A|=(\lambda-\lambda_1)(\lambda-\lambda_2)$，$\lambda_{1,2}=1\pm\sqrt{2}$无重根，故相似于对角阵，即为单纯矩阵，但 $AA^H=\begin{pmatrix}1&2\\1&1\end{pmatrix}\begin{pmatrix}1&1\\2&1\end{pmatrix}=\begin{pmatrix}5&3\\3&2\end{pmatrix}\neq A^HA=\begin{pmatrix}2&3\\3&5\end{pmatrix}$，所以 A 不是正规矩阵。若正规矩阵是三角阵，则它必为对角阵。

推论 1 A 为正规阵，当且仅当 A 有 n 个特征向量构成$\mathbb{C}^n$的一组标准正交基，且 A 的不同特征值的特征向量正交。

事实上,由 $U^{\mathrm{H}}AU=\operatorname{diag}\{\lambda_1,\cdots,\lambda_n\}$,有 $AU=U\operatorname{diag}\{\lambda_1,\cdots,\lambda_n\}$

令

$$U=(X_1,\cdots,X_n)$$

即有 $AX_i=\lambda_i X_i,i=1,\cdots,n$。即 $X_i(i=1,\cdots,n)$是由 A 的 n 个正交的特征向量(因为 U 为酉矩阵)构成$\mathbb{C}^n$的一个标准正交基,不妨设 A 的相异特征值为 $\lambda_{k_1},\cdots,\lambda_{k_s}$,记 λ_{k_i} 的重数为 n_i,$\sum_{i=1}^{s}n_i=n,E(\lambda_{k_i})=\operatorname{span}\{X_1^{(i)},\cdots,X_{n_i}^{(i)}\}i=1,\cdots,s$。

$$\forall\,\alpha\in E(\lambda_{k_i}),\quad \beta\in E(\lambda_{k_j}),(\lambda_{k_i}\neq\lambda_{k_j})$$

则

$$\alpha=\sum_{k=1}^{n_i}a_k X_k^{(i)},\quad \beta=\sum_{l=1}^{n_j}b_l X_l^{(j)}$$

所以

$$(\alpha,\beta)=\left(\sum a_k X_k^{(i)},\sum b_l X_l^{(j)}\right)=\sum_{k,l}a_k\bar{b}_l(X_k^{(i)},X_l^{(j)})=0$$

所以

$$\alpha\perp\beta$$

所以

$$E(\lambda_{k_i})\perp E(\lambda_{k_j})$$

证毕。

推论 2　设 $A\in\mathbb{R}^{n\times n}$,则

① A 为实对称阵$\Leftrightarrow A$ 的特征值$\lambda_1,\cdots,\lambda_n$ 为实数,且存在正交阵 $Q\in\mathbb{R}^{n\times n}$,使得

$$Q^{\mathrm{T}}AQ=Q^{-1}AQ=\operatorname{diag}\{\lambda_1,\cdots,\lambda_n\}$$

② A 是正交矩阵$\Leftrightarrow A$ 的每个特征值λ_i 的模$|\lambda_i|=1$,且存在酉矩阵 U,使得

$$U^{\mathrm{H}}AU=\operatorname{diag}\{\lambda_1,\cdots,\lambda_n\}$$

证明　①“$\Rightarrow$”由定理 2.2-2,存在酉矩阵 U,使得

$$U^{\mathrm{H}}AU=\operatorname{diag}\{\lambda_1,\cdots,\lambda_n\}$$

共轭转置有

$$U^{\mathrm{H}}AU=\operatorname{diag}\{\bar{\lambda}_1,\cdots,\bar{\lambda}_n\}$$

所以 $\lambda_i=\bar{\lambda}_i(i=1,\cdots,n)$,$\lambda_i$ 为实数。

进而由实方阵的 Schur 引理,存在正交矩阵 Q,使得

$$Q^{\mathrm{T}}AQ=Q^{-1}AQ=\begin{pmatrix}\lambda_1 & & & *\\ & \lambda_2 & & \\ & & \ddots & \\ \mathbf{0} & & & \lambda_n\end{pmatrix}=K(\text{实矩阵})$$

所以 $A=QKQ^{\mathrm{T}},A^{\mathrm{T}}=QK^{\mathrm{T}}Q^{\mathrm{T}}$,从而可得 $K=K^{\mathrm{T}}$ 即得 K 是对角阵。

即

$$Q^{\mathrm{T}}AQ=\operatorname{diag}\{\lambda_1,\cdots,\lambda_n\}$$

“$\Leftarrow$” 由

$$Q^{\mathrm{T}}AQ=\operatorname{diag}\{\lambda_1,\cdots,\lambda_n\}$$

转置得

$$Q^{\mathrm{T}}A^{\mathrm{T}}Q=\operatorname{diag}\{\lambda_1,\cdots,\lambda_n\}=Q^{\mathrm{T}}AQ$$

Q 满秩得 $A^{\mathrm{T}}=A$,所以 A 为对称矩阵。

② “$\Rightarrow$”设 $Ax=\lambda x$(x 为属于λ 的特征向量)

共轭转置有 $x^{\mathrm{H}}A^{\mathrm{T}}=\bar{\lambda}x^{\mathrm{H}}$,故 $x^{\mathrm{H}}A^{\mathrm{T}}Ax=\bar{\lambda}\lambda x^{\mathrm{H}}x$

即$|\lambda|^2=1$(因为 $x^{\mathrm{H}}x=\|x\|^2>0$)。

“$\Leftarrow$” 由条件 $U^{\mathrm{H}}AU=\operatorname{diag}\{\lambda_1,\cdots,\lambda_n\}$

共轭转置有 $$U^{\mathrm{H}}A^{\mathrm{T}}U=\mathrm{diag}\{\bar{\lambda}_1,\cdots,\bar{\lambda}_n\}$$

故有 $$U^{\mathrm{H}}A^{\mathrm{T}}AU=\mathrm{diag}\{|\lambda_1|^2,\cdots,|\lambda_n|^2\}=I_n$$

所以 $A^{\mathrm{T}}A=I_n$，即 A 为正交阵。

证毕。

类似推论 2，可证明 $A\in\mathbb{C}^{n\times n}$，则 A 为 Hermite 阵$\Leftrightarrow A$ 的特征值 $\lambda_1,\cdots,\lambda_n$ 为实数，且酉相似于 $\mathrm{diag}\{\lambda_1,\cdots,\lambda_n\}$。$A$ 为酉矩阵$\Leftrightarrow A$ 的特征值的模等于 1 且酉相似于对角阵。

对于实对称阵 A，正交相似于对角阵，求正交阵的步骤如下：

① 求出 A 的全部相异特征值 $\lambda_1,\cdots,\lambda_s$，$\lambda_i$ 的重数为 r_i，$\sum_{i=1}^{s}r_i=n$。

② 对每个特征值 λ_i，求方程 $(\lambda_i I-A)X=0$ 的一个基础解系：$\alpha_{i1},\cdots,\alpha_{ir_i}$，将其标准正交化得 $\eta_{i1},\cdots,\eta_{ir_i}$（Gram-Schmidt 过程）。

③ 令 $Q=(\eta_{11},\cdots,\eta_{1r_1},\cdots,\eta_{s1},\cdots,\eta_{sr_s})$，$Q$ 的各列为标准正交向量，故 Q 为正交阵，且

$$Q^{\mathrm{T}}AQ=\mathrm{diag}(\underbrace{\lambda_1,\cdots,\lambda_1}_{r_1},\cdots,\underbrace{\lambda_s,\cdots,\lambda_s}_{r_s})$$

例 2.2-1 设 $B=\begin{pmatrix}-1&-3&3&-3\\-3&-1&-3&3\\3&-3&-1&-3\\-3&3&-3&-1\end{pmatrix}$，求正交阵 Q，使 $Q^{\mathrm{T}}BQ$ 为对角阵。

解 $|\lambda I-B|=(\lambda-8)(\lambda+4)^3$，所以 $\lambda=8,-4$（三重）

对 $\lambda=8$，得特征向量为 $$\alpha_1=(-1,1,-1,1)^{\mathrm{T}}$$

对 $\lambda=4$，得特征向量为

$$\alpha_2=(1,1,0,0)^{\mathrm{T}},\quad \alpha_3=(1,0,-1,0)^{\mathrm{T}},\quad \alpha_4=(1,0,0,1)^{\mathrm{T}}$$

所以 $$E(8)=\mathrm{span}\{\alpha_1\},\quad E(-4)=\mathrm{span}\{\alpha_2,\alpha_3,\alpha_4\}$$

由前知 $E(8)\perp E(-4)$，由 Gram-Schmidt 过程得

$$\eta_1=\left(-\frac{1}{2},\frac{1}{2},-\frac{1}{2},\frac{1}{2}\right)^{\mathrm{T}}$$

$$\eta_2=\left(\frac{1}{\sqrt{2}},\frac{1}{\sqrt{2}},0,0\right)^{\mathrm{T}}$$

$$\eta_3=\left(-\frac{1}{\sqrt{6}},\frac{1}{\sqrt{6}},\frac{2}{\sqrt{6}},0\right)^{\mathrm{T}}$$

$$\eta_4=\left(\frac{1}{2\sqrt{3}},-\frac{1}{2\sqrt{3}},\frac{1}{2\sqrt{3}},\frac{3}{2\sqrt{3}}\right)^{\mathrm{T}}$$

令 $$Q=(\eta_1,\eta_2,\eta_3,\eta_4)=\begin{pmatrix}-\frac{1}{2}&\frac{1}{\sqrt{2}}&-\frac{1}{\sqrt{6}}&\frac{1}{2\sqrt{3}}\\\frac{1}{2}&\frac{1}{\sqrt{2}}&\frac{1}{\sqrt{6}}&-\frac{1}{2\sqrt{3}}\\-\frac{1}{2}&0&\frac{2}{\sqrt{6}}&\frac{1}{2\sqrt{3}}\\\frac{1}{2}&0&0&\frac{3}{2\sqrt{3}}\end{pmatrix}$$

所以 $$Q^{\mathrm{T}}BQ=\mathrm{diag}\{8,-4,-4,-4\}$$

此方法的直接应用就是把二次型 $f(x_1,\cdots,x_n)=\sum\limits_{i,j=1}^{n}a_{ij}x_ix_j$ 化简为标准型，利用 $Y=QX$（正交变换）进而可对其进行分类（如二次曲线，曲面的分类）。

例 2.2-2 设 A 是 n 阶实矩阵，证明：A 为正规阵的⇔存在 n 阶正交阵 Q 使得，$Q^{\mathrm{H}}AQ=R=\mathrm{diag}\{R_1,R_2,\cdots,R_t\}$，其中 $R_i(i=1,\cdots,t)$ 是 1 阶或 2 阶的实矩阵 $\begin{pmatrix} a & b \\ -b & a \end{pmatrix}$。

证明 "⇐"：若有 n 阶正交阵 Q 使得

$$Q^{\mathrm{T}}AQ=R=\mathrm{diag}\{R_1,R_2,\cdots,R_t\}$$

其中 $R_i(i=1,\cdots,t)$ 是 1 阶或 2 阶的实阵 $\begin{pmatrix} a & b \\ -b & a \end{pmatrix}$

则 $$A^{\mathrm{H}}A=QR^{\mathrm{T}}RQ^{\mathrm{T}}=Q\mathrm{diag}\{S_1,S_2,\cdots,S_t\}Q^{\mathrm{T}}$$

其中 S_i 与 $R_i(i=1,\cdots,t)$ 同阶，对于 2 阶的 $R_i=\begin{pmatrix} a & b \\ -b & a \end{pmatrix}$，$S_i=R^{\mathrm{T}}R=\begin{pmatrix} a^2+b^2 & 0 \\ 0 & a^2+b^2 \end{pmatrix}$。

注意到 $R^{\mathrm{T}}R=RR^{\mathrm{T}}$，故可得

$$AA^{\mathrm{H}}=QRR^{\mathrm{T}}Q^{\mathrm{T}}=Q\mathrm{diag}\{S_1,S_2,\cdots,S_t\}Q^{\mathrm{T}}=A^{\mathrm{H}}A$$

"⇒"：若实矩阵 A 正规，则有 n 个标准正交特征向量 $x_1,x_2,\cdots,x_n$。对复特征值 λ，若 α 满足 $A\alpha=\lambda\alpha$，则 $\overline{A\alpha}=\overline{A\alpha}=\bar{\lambda}\,\bar{\alpha}$，故 $\bar{\lambda}$ 也是特征值，且 λ 和 $\bar{\lambda}$ 特征子空间维数相等。又因正规阵的不同特征值的特征向量正交，故 α 和 $\bar{\alpha}$ 正交，即对复特征值的特征向量有 $\bar{\alpha}^{\mathrm{H}}\alpha=\alpha^{\mathrm{T}}\alpha=0$。

将 A 的所有相异特征值排列成 $\lambda_1,\cdots,\lambda_r,\lambda_{r+1},\overline{\lambda_{r+1}},\cdots,\lambda_{r+s},\overline{\lambda_{r+s}}$，其中 $\lambda_1,\cdots,\lambda_r$ 为实数，$\lambda_{r+1},\overline{\lambda_{r+1}},\cdots,\lambda_{r+s},\overline{\lambda_{r+s}}$ 为复数，取 $x_1,\cdots,x_n$ 中所有特征值为 $\lambda_1,\cdots,\lambda_r$ 的向量，将其记为 $x_1',\cdots,x_u'$，取 $x_1,\cdots,x_n$ 中所有特征值为 $\lambda_{r+1},\lambda_{r+2},\cdots,\lambda_{r+s}$ 的向量 $x_{u+1}',\cdots,x_{u+v}'$，则 $\overline{x_{u+1}'},\cdots,\overline{x_{u+v}'}$ 为特征值 $\overline{\lambda_{r+1}},\overline{\lambda_{r+2}},\cdots,\overline{\lambda_{r+s}}$ 的特征向量，且 $u+2v=n$。

首先在实数域构造标准正交向量，定义 n 个实向量，即

$$y_k=\begin{cases} x_k'+\overline{x_k'}, & 1\leqslant k\leqslant u \\ x_k'+\overline{x_k'}, & u+1\leqslant k\leqslant u+v \\ (-i)(x_{k-v}'-\overline{x_{k-v}'}), & u+v+1\leqslant k\leqslant u+2v \end{cases}$$

由不同特征值的特征向量的正交性可以验证 $y_1,\cdots,y_u$ 互相正交，且都与 $y_{u+1},\cdots,y_{u+2v}$ 正交，类似地，当 $u+1\leqslant k_1<k_2\leqslant u+2v$ 且 $k_2-k_1\neq v$ 时，$y_{k_1}\perp y_{k_2}$。现在考虑 $u+1\leqslant k\leqslant u+v$，此时

$$(y_k,y_{k+v})=y_k^{\mathrm{H}}y_{k+v}=(-i)(x_k'+\overline{x_k'})^{\mathrm{T}}(x_k'-\overline{x_k'})=(-\mathrm{i})(x_k'^{\mathrm{T}}x_k'-x_k'^{\mathrm{T}}\,\overline{x_k'})$$

注意到 x_k' 是复特征值的特征向量，由之前的分析，有 $x_k'^{\mathrm{T}}x_k'=0$，故 $y_k\perp y_{k+v}$。于是 $y_1,\cdots,y_u,y_{u+1},\cdots,y_{u+2v}$ 是 n 个互相正交的实向量。再将其标准化并适当排列得

$$z_k=\begin{cases} \dfrac{y_k}{\|y_k\|}, & 1\leqslant k\leqslant u \\ \dfrac{y_{u+p}}{\|y_{u+p}\|}, & k=u+2p-1,1\leqslant p\leqslant v \\ \dfrac{y_{u+v+p}}{\|y_{u+v+p}\|}, & k=u+2p,1\leqslant p\leqslant v \end{cases}$$

当 $1\leqslant p\leqslant v$ 时，设 $\boldsymbol{x}'_{u+p}$ 对应的特征值为 λ'，可以验证

$$\boldsymbol{A}(\boldsymbol{y}_{u+p},\boldsymbol{y}_{u+v+p})=(\boldsymbol{y}_{u+p},\boldsymbol{y}_{u+v+p})\begin{pmatrix}\mathrm{Re}(\lambda') & \mathrm{Im}(\lambda')\\ -\mathrm{Im}(\lambda') & \mathrm{Re}(\lambda')\end{pmatrix}$$

又注意到

$$\|\boldsymbol{y}_{u+p}\|^2=\|\boldsymbol{x}'_{u+p}+\overline{\boldsymbol{x}'_{u+p}}\|^2=2\|\boldsymbol{x}'_{u+p}\|^2$$

$$\|\boldsymbol{y}_{u+v+p}\|^2=\|\boldsymbol{x}'_{u+p}-\overline{\boldsymbol{x}'_{u+p}}\|^2=2\|\boldsymbol{x}'_{u+p}\|^2$$

从而 $\|\boldsymbol{y}_{u+p}\|=\|\boldsymbol{y}_{u+v+p}\|$，故对 $k=u+2p-1$，有

$$\boldsymbol{A}(z_k,z_{k+1})=(z_k,z_{k+1})\begin{pmatrix}\mathrm{Re}\lambda' & \mathrm{Im}\lambda'\\ -\mathrm{Im}\lambda' & \mathrm{Re}\lambda'\end{pmatrix}$$

易知当 $1\leqslant k\leqslant u$ 时，$\boldsymbol{z}_k$ 为实特征值的特征向量。

于是得到了所需的 n 个实标准正交向量 $\boldsymbol{z}_1,\cdots,\boldsymbol{z}_n$。

令 $\boldsymbol{Q}=(z_1,\cdots,z_n)$，则 $\boldsymbol{Q}^{\mathrm{H}}\boldsymbol{A}\boldsymbol{Q}=\boldsymbol{R}=\mathrm{diag}\{\boldsymbol{R}_1,\cdots,\boldsymbol{R}_u,\boldsymbol{R}_{u+1},\cdots,\boldsymbol{R}_{u+v}\}$，其中 $\boldsymbol{R}_1,\cdots,\boldsymbol{R}_u$ 为一阶矩阵，$\boldsymbol{R}_{u+1},\cdots,\boldsymbol{R}_{u+v}$ 为二阶矩阵，且形式为 $\begin{pmatrix}a & b\\ -b & a\end{pmatrix}$。

证毕。

习 题

1. $\boldsymbol{A}\in\mathbb{C}^{n\times n}$，当且仅当 $\boldsymbol{A}$ 有 n 个标准正交特征向量，则 $\boldsymbol{A}$ 是正规矩阵。

2. $\boldsymbol{A}\in\mathbb{R}^{n\times n}$，若 $\boldsymbol{A}$ 的特征值为实数，则存在正交矩阵 $\boldsymbol{Q}\in\mathbb{R}^{n\times n}$，使 $\boldsymbol{Q}^{\mathrm{T}}\boldsymbol{A}\boldsymbol{Q}=\boldsymbol{Q}^{-1}\boldsymbol{A}\boldsymbol{Q}$ 为上三角阵，对角元为特征值。

3. 若正规矩阵是三角阵，则它必为对角阵。

4. 对每个实对称阵 $\boldsymbol{A}$，都可找到一个对称方阵 $\boldsymbol{S}$ 使得 $\boldsymbol{S}^3=\boldsymbol{A}$；存在对称方阵 $\boldsymbol{S}$ 使得 $\boldsymbol{S}^{2k-1}=\boldsymbol{A}$（$k$ 正整数）。

5. 设 $\boldsymbol{A}\in\mathbb{C}^{n\times n}$ 是 Hermite 阵，证明存在正实数 t 使 $\boldsymbol{A}+t\boldsymbol{I}$ 是正定的，且 $\boldsymbol{A}-t\boldsymbol{I}$ 是负定的。

6. 实对称阵 $\boldsymbol{A}$ 的特征值全部位于区间 $[a,b]$ 上的充要条件是 $\boldsymbol{A}-a\boldsymbol{I}$ 及 $b\boldsymbol{I}-\boldsymbol{A}$ 都是半正定阵。

7. 设 $\boldsymbol{A}$ 是正规阵，则 $\boldsymbol{A}^2=\boldsymbol{0}\Leftrightarrow\boldsymbol{A}=\boldsymbol{0}$。

8. 设 $\boldsymbol{A}=\begin{pmatrix}-1 & \mathrm{i} & 0\\ -\mathrm{i} & 0 & -\mathrm{i}\\ 0 & \mathrm{i} & -1\end{pmatrix}$，$\boldsymbol{B}=\begin{pmatrix}0 & \mathrm{i} & 1\\ -\mathrm{i} & 0 & 0\\ 1 & 0 & 0\end{pmatrix}$，问：①$\boldsymbol{A}$ 和 $\boldsymbol{B}$ 是否为正规阵？若是，求它们的酉相似对角分解；②$\boldsymbol{AB}$ 及 $\boldsymbol{BA}$ 是否为正规阵？是否为单纯阵？若是，将其对角化。

9. 设 $\boldsymbol{A}$ 是 n 阶实对称阵且 $\boldsymbol{A}^2=\boldsymbol{A}$，证明存在正交阵 $\boldsymbol{P}$，使得 $\boldsymbol{P}^{-1}\boldsymbol{A}\boldsymbol{P}=\mathrm{diag}\{1,1,1,\cdots,1,0,0,\cdots,0\}$。

10. 求正交阵 $\boldsymbol{P}$ 使 $\boldsymbol{P}^{-1}\boldsymbol{A}\boldsymbol{P}$ 为对角阵，其中 $\boldsymbol{A}$ 为

(1) $\begin{pmatrix} 2 & 2 & -2 \\ 2 & 5 & -4 \\ -2 & -4 & 5 \end{pmatrix}$　(2) $\begin{pmatrix} 0 & 0 & 4 & 1 \\ 0 & 0 & 1 & 4 \\ 4 & 1 & 0 & 0 \\ 1 & 4 & 0 & 0 \end{pmatrix}$　(3) $\begin{pmatrix} -1 & -3 & 3 & -3 \\ -3 & -1 & -3 & 3 \\ 3 & -3 & -1 & -3 \\ -3 & 3 & -3 & -1 \end{pmatrix}$

11. 证明,欧氏空间$\mathbb{R}^n$中任一超二次曲面$f(\boldsymbol{x}_1,\boldsymbol{x}_2,\cdots,\boldsymbol{x}_n)=\sum_{i,j=1}^{n}a_{ij}\boldsymbol{x}_i\boldsymbol{x}_j$,都可通过正交变换$\begin{pmatrix}\boldsymbol{x}_1\\ \vdots \\ \boldsymbol{x}_n\end{pmatrix}=\boldsymbol{Q}\begin{pmatrix}\boldsymbol{y}_1\\ \vdots \\ \boldsymbol{y}_n\end{pmatrix}$($\boldsymbol{Q}$ 是正交阵),化为标准形式

$$f(\boldsymbol{x}_1,\boldsymbol{x}_2,\cdots,\boldsymbol{x}_n)=\lambda_1\boldsymbol{y}_1^2+\cdots+\lambda_n\boldsymbol{y}_n^2$$

12. 用正交代换化下列曲面为标准形:

(1) $2\boldsymbol{x}_1\boldsymbol{x}_2+2\boldsymbol{x}_3\boldsymbol{x}_4$;　(2) $\boldsymbol{x}_1^2-2\boldsymbol{x}_2^2-2\boldsymbol{x}_3^2-4\boldsymbol{x}_1\boldsymbol{x}_2+4\boldsymbol{x}_1\boldsymbol{x}_3+8\boldsymbol{x}_2\boldsymbol{x}_3$

13. 设$\boldsymbol{A},\boldsymbol{B}$为$n$阶 Hermite 阵,证明:存在$n$阶酉矩阵$\boldsymbol{U}$,使$\boldsymbol{U}^{\mathrm{H}}\boldsymbol{AU}$与$\boldsymbol{U}^{\mathrm{H}}\boldsymbol{BU}$均为对角阵的充要条件是$\boldsymbol{AB}=\boldsymbol{BA}$。

14. 设$\boldsymbol{A}$是 Hermite 阵且$\boldsymbol{A}^2=\boldsymbol{I}$,

证明　存在酉矩阵$\boldsymbol{U}$,使得$\boldsymbol{U}^{\mathrm{H}}\boldsymbol{AU}=\mathrm{diag}\{\boldsymbol{I}_r,-\boldsymbol{I}_{n-r}\}$,$r$是$\boldsymbol{A}$的正特征值个数。

2.3　满秩分解

满秩分解(最大秩分解)是矩阵的一种基本分解。任一矩阵可分解为一个列满秩矩阵与行满秩矩阵的乘积,满秩分解作为一个强有力的工具应用于广义逆矩阵的研究中。

利用记号$\boldsymbol{A}\in\mathbb{C}_r^{m\times n}$表示秩$r(\boldsymbol{A})=r$且$\boldsymbol{A}\in\mathbb{C}^{m\times n}$。

定理 2.3-1(满秩分解)　设$\boldsymbol{A}\in\mathbb{C}_r^{m\times n}(r>0)$,则存在$\boldsymbol{F}\in\mathbb{C}_r^{m\times r}$及$\boldsymbol{G}\in\mathbb{C}_r^{r\times n}$,使$\boldsymbol{A}=\boldsymbol{FG}$。

证明　设$\boldsymbol{A}=(\boldsymbol{\alpha}_1,\cdots,\boldsymbol{\alpha}_n)$,$\boldsymbol{\alpha}_i\in\mathbb{C}^m$　$(i=1,\cdots,n)$

因为$\mathrm{rank}\boldsymbol{A}=r$,故$\mathrm{span}(\boldsymbol{\alpha}_1,\cdots,\boldsymbol{\alpha}_n)=R(\boldsymbol{A})$是一个$r$维空间,任取一基$\boldsymbol{h}_1,\cdots,\boldsymbol{h}_r$,令

$$\boldsymbol{F}=(\boldsymbol{h}_1,\cdots,\boldsymbol{h}_r),\text{则 }\mathrm{rank}\boldsymbol{F}=r$$

设$\boldsymbol{\alpha}_i=(\boldsymbol{h}_1,\cdots,\boldsymbol{h}_r)\boldsymbol{\beta}_i=\boldsymbol{F\beta}_i$,($i=1,\cdots,n$,$\boldsymbol{\beta}_i$为$r$元列),$\boldsymbol{G}=(\boldsymbol{\beta}_1,\cdots,\boldsymbol{\beta}_n)$为$r\times n$阶阵,则

$$\boldsymbol{A}=(\boldsymbol{\alpha}_1,\cdots,\boldsymbol{\alpha}_n)=(\boldsymbol{F\beta}_1,\cdots,\boldsymbol{F\beta}_r)=\boldsymbol{F}(\boldsymbol{\beta}_1,\cdots,\boldsymbol{\beta}_r)=\boldsymbol{FG}$$

则　$r(\boldsymbol{F})=r,\boldsymbol{F}\in\mathbb{C}_r^{m\times r}$,而且$r(\boldsymbol{A})=r=r(\boldsymbol{FG})\leqslant r(\boldsymbol{G})\leqslant r$,　$\boldsymbol{G}\in\mathbb{C}_r^{r\times n}$

所以　$r(\boldsymbol{G})=r$,　且$\boldsymbol{A}=\boldsymbol{FG}$。

证毕。

由上面的证明过程可以看出,因为$R(\boldsymbol{A})$的基可任取,所以满秩分解不唯一。

引理 2.3-1　设$\boldsymbol{A}\in\mathbb{C}_r^{m\times n}$,则可通过有限次行变换(初等),将$\boldsymbol{A}$化为以下形状$\hat{\boldsymbol{A}}_r$,其中$1\leqslant k_1\leqslant\cdots\leqslant k_r\leqslant n$,则称$\hat{\boldsymbol{A}}_r$为$\boldsymbol{A}$的 H(Hermite)标准型,即

$$\hat{\boldsymbol{A}}_r=\begin{pmatrix}0 & \cdots & 0 & 1 & * & \cdots & * & 0 & * & \cdots & * & 0 & * & \cdots & * \\ 0 & \cdots & 0 & 0 & 0 & \cdots & 0 & 1 & * & \cdots & * & 0 & * & \cdots & * \\ \vdots & & \vdots & & \vdots & & \vdots & & \vdots & & \vdots & & \vdots & & \vdots \\ 0 & \cdots & 0 & 0 & 0 & \cdots & 0 & 0 & 0 & \cdots & 0 & 1 & * & \cdots & * \\ 0 & \cdots & \cdots & \cdots & \cdots & \cdots & \cdots & \cdots & \cdots & \cdots & \cdots & \cdots & \cdots & \cdots & 0 \\ \vdots & & \vdots & & \vdots & & \vdots & & \vdots & & \vdots & & \vdots & & \vdots \\ 0 & \cdots & \cdots & \cdots & \cdots & \cdots & \cdots & \cdots & \cdots & \cdots & \cdots & \cdots & \cdots & \cdots & 0\end{pmatrix}\begin{matrix}\left.\vphantom{\begin{matrix}0\\0\\0\\0\end{matrix}}\right\}r \\ \left.\vphantom{\begin{matrix}0\\0\\0\end{matrix}}\right\}m-r\end{matrix}$$

$$\qquad\qquad(k_1)\qquad\qquad\qquad(k_2)\qquad\qquad\qquad(k_r)$$

式中，$\hat{\boldsymbol{A}}_r$ 的前 r 行中至少有一非零元，而后 $m-r$ 行只含零元，且 (i,k_i) 处的元为 $1(i=1,\cdots,r)$，且为其所在的列中唯一非零元。

事实上，设 $\boldsymbol{A}=(\boldsymbol{\alpha}_1,\cdots,\boldsymbol{\alpha}_n)$，$\boldsymbol{\alpha}_i\in\mathbb{C}^m$，$\boldsymbol{A}=(a_{ij})_{m\times n}$，不妨设 $\boldsymbol{A}$ 的第一非零列向量为 $\boldsymbol{\alpha}_{k_1}$，即 $\boldsymbol{\alpha}_{k_1}=(a_{1k_1},a_{2k_1},\cdots,a_{mk_1})^{\mathrm{T}}\neq\boldsymbol{0}$，且 α_{k_1} 的第一非零分量为 a_{ik_1}，将 $\boldsymbol{A}$ 的第 i 行与第 1 行互换，再用 $a_{ik_1}^{-1}$ 乘第一行，然后第 1 行乘 $-a_{jk_1}$ 加到第 j 行上 $(j=2,\cdots,m,j\neq i)$，用行变换将 $\boldsymbol{A}$ 经变为

$$\left(\begin{array}{cccc:ccc}0 & \cdots & 0 & 1 & * & \cdots & * \\ \hdashline 0 & \cdots & 0 & 0 & & & \\ \vdots & \cdots & \vdots & \vdots & & \boldsymbol{A}_1 & \\ 0 & \cdots & 0 & 0 & & & \end{array}\right)$$

对上述的矩阵中的 $(m-1)(n-k_1)$ 阶子块 $\boldsymbol{A}_1$ 依照进行上述方式处理，经有限次后即可将 $\boldsymbol{A}$ 化为所求的 $\hat{\boldsymbol{A}}_r$。

引理 2.3-2 $A\in\mathbb{C}_r^{m\times n}$，$\hat{\boldsymbol{A}}_r$ 如引理 2.3-1 所述，令 $\boldsymbol{A}=(\boldsymbol{\alpha}_1,\cdots,\boldsymbol{\alpha}_n)$，$\hat{\boldsymbol{A}}_r=(\hat{\boldsymbol{\alpha}}_1,\cdots,\hat{\boldsymbol{\alpha}}_n)$，则 $\{\boldsymbol{\alpha}_1,\cdots,\boldsymbol{\alpha}_n\}$ 与 $\{\hat{\boldsymbol{\alpha}}_1,\cdots,\hat{\boldsymbol{\alpha}}_n\}$ 有完全一样的线性关系，即

$$\sum_{i=1}^{n}\boldsymbol{b}_i\boldsymbol{\alpha}_i=\boldsymbol{0}\Leftrightarrow\sum_{i=1}^{n}\boldsymbol{b}_i\hat{\boldsymbol{\alpha}}_i=\boldsymbol{0}$$

对矩阵作任一行变换，其各列向量之间的线性关系不变。事实上，对第一、二种行变换结论显然成立，而对第三种行变换，由

$$\sum_{i=1}^{n}\boldsymbol{b}_i(a_{1i},\cdots,a_{ui},\cdots,a_{vi},\cdots,a_{mi})^{\mathrm{T}}=\boldsymbol{0}\Leftrightarrow\sum_{i=1}^{n}\boldsymbol{b}_i(a_{1i},\cdots,a_{ui}+ca_{vi},\cdots,a_{vi},\cdots,a_{mi})^{\mathrm{T}}=\boldsymbol{0}$$

而 $\hat{\boldsymbol{A}}_r$ 是 $\boldsymbol{A}$ 经有限次行变换所得，故结论成立。

定理 2.3-2 设 $\boldsymbol{A}\in\mathbb{C}_r^{m\times n}$，$\hat{\boldsymbol{A}}_r$ 为 $\boldsymbol{A}$ 的 H(Hermite)标准型，设 $\boldsymbol{A}=(\boldsymbol{\alpha}_1,\cdots,\boldsymbol{\alpha}_n)$，令 $\boldsymbol{F}=(\boldsymbol{\alpha}_{k_1},\cdots,\boldsymbol{\alpha}_{k_r})$ 为 $m\times r$ 阶阵，$\boldsymbol{G}$ 为 $\hat{\boldsymbol{A}}_r$ 的前 r 行所构成的 $r\times n$ 阶阵，则 $\boldsymbol{A}=\boldsymbol{FG}$。

证明 由引理 2.3-1 知 $\hat{\boldsymbol{A}}_r$ 的第 $k_1,\cdots,k_r$ 个列向量 $\hat{\boldsymbol{\alpha}}_{k_1},\cdots,\hat{\boldsymbol{\alpha}}_{k_r}$ 线性无关，而 $\hat{\boldsymbol{A}}_r$ 的第 j 个列向量

$$\hat{\boldsymbol{\alpha}}_j=(\boldsymbol{t}_{1j},\boldsymbol{t}_{2j},\cdots,\boldsymbol{t}_{rj},0,\cdots,0)^{\mathrm{T}}=\boldsymbol{t}_{1j}\hat{\boldsymbol{\alpha}}_{k_1}+\cdots+\boldsymbol{t}_{rj}\hat{\boldsymbol{\alpha}}_{k_r},\quad j=1,\cdots,n$$

故由引理 2.3-2 得

$$\boldsymbol{\alpha}_j=\boldsymbol{t}_{1j}\boldsymbol{\alpha}_{k_1}+\cdots+\boldsymbol{t}_{rj}\boldsymbol{\alpha}_{k_r}=(\boldsymbol{\alpha}_{k_1},\cdots,\boldsymbol{\alpha}_{k_r})\begin{pmatrix}\boldsymbol{t}_{1j}\\ \vdots\\ \boldsymbol{t}_{rj}\end{pmatrix}=\boldsymbol{F}\begin{pmatrix}\boldsymbol{t}_{1j}\\ \vdots\\ \boldsymbol{t}_{rj}\end{pmatrix}(j=1,\cdots,n)$$

由引理 2.3-2 得　$\mathrm{rank}\boldsymbol{F}=\mathrm{rank}(\boldsymbol{\alpha}_{k_1},\cdots,\boldsymbol{\alpha}_{k_r})=r$

令 $\boldsymbol{G}=(t_{ij})_{r\times n}=(\boldsymbol{T}_1,\cdots,\boldsymbol{T}_n)$，即 $\boldsymbol{G}$ 为 $\hat{\boldsymbol{A}}_r$ 的前 r 行所构成，所以

$$\boldsymbol{FG}=\boldsymbol{F}(\boldsymbol{T}_1,\cdots,\boldsymbol{T}_n)=(\boldsymbol{\alpha}_1,\cdots,\boldsymbol{\alpha}_n)=\boldsymbol{A}$$

证毕。

例 2.3-1　求矩阵

$$\boldsymbol{A}=\begin{pmatrix}0 & 2\mathrm{i} & \mathrm{i} & 0 & 4+2\mathrm{i} & 1\\ 0 & 0 & 0 & -3 & -6 & -3-3\mathrm{i}\\ 0 & 2 & 1 & 1 & 4-4\mathrm{i} & 1\end{pmatrix}$$

的满秩分解。

解

$$\boldsymbol{A}\xrightarrow{①\times\left(-\frac{1}{2}\mathrm{i}\right)}\begin{pmatrix}0 & 1 & \frac{1}{2} & 0 & 1-2\mathrm{i} & -\frac{1}{2}\mathrm{i}\\ 0 & 0 & 0 & -3 & -6 & -3-3\mathrm{i}\\ 0 & 2 & 1 & 1 & 4-4\mathrm{i} & 1\end{pmatrix}$$

$$\xrightarrow{③+①(-2)}\begin{pmatrix}0 & 1 & \frac{1}{2} & 0 & 1-2\mathrm{i} & -\frac{1}{2}\mathrm{i}\\ 0 & 0 & 0 & -3 & -6 & -3-3\mathrm{i}\\ 0 & 0 & 0 & 1 & 2 & 1+\mathrm{i}\end{pmatrix}$$

$$\xrightarrow[③+②(-1)]{②\times\left(-\frac{1}{3}\right)}\begin{pmatrix}0 & 1 & \frac{1}{2} & 0 & 1-2\mathrm{i} & -\frac{1}{2}\mathrm{i}\\ 0 & 0 & 0 & 1 & 2 & 1+\mathrm{i}\\ 0 & 0 & 0 & 0 & 0 & 0\end{pmatrix}=\hat{\boldsymbol{A}}_r$$

取

$$\boldsymbol{F}=\begin{pmatrix}2\mathrm{i} & 0\\ 0 & -3\\ 2 & 1\end{pmatrix},\quad \boldsymbol{G}=\begin{pmatrix}0 & 1 & \frac{1}{2} & 0 & 1-2\mathrm{i} & -\frac{1}{2}\mathrm{i}\\ 0 & 0 & 0 & 1 & 2 & 1+\mathrm{i}\end{pmatrix}$$

所以 $\boldsymbol{A}=\boldsymbol{FG}$。

前述两个引理 2.3-1 和引理 2.3-2 及定理 2.3-2 是用于对 $\boldsymbol{A}$ 进行初等行变换，从而得到 $\boldsymbol{A}$ 的最大秩分解。

习　题

1. 证明：矩阵 $\boldsymbol{A}$ 的初等列变换不改变矩阵的行向量之间的线性关系。

2. 求下列矩阵的满秩分解

(1) $\begin{pmatrix}1 & 2 & 3 & 0\\ 1 & 2 & 1 & -1\\ 1 & 0 & 2 & -1\end{pmatrix}$　(2) $\begin{pmatrix}1 & 1 & 1 & 1 & 1\\ 3 & 2 & 1 & 1 & -3\\ 0 & 1 & 2 & 2 & 6\\ 5 & 4 & 3 & 3 & -1\end{pmatrix}$　(3) $\begin{pmatrix}1 & 0 & -\mathrm{i} & 4 & -2\\ -1 & 0 & \mathrm{i} & -4 & 2\\ -1 & 0 & -\mathrm{i} & -3 & 1+\mathrm{i}\end{pmatrix}$

3. 设 $\boldsymbol{B}$ 和 $\boldsymbol{A}$ 分别为 $m\times n$ 和 $n\times m$ 矩阵，若 $\boldsymbol{BA}=\boldsymbol{I}$，则称 $\boldsymbol{B}$ 是 $\boldsymbol{A}$ 的左逆矩阵，$\boldsymbol{A}$ 称为 $\boldsymbol{B}$ 右

逆矩阵。证明:$\boldsymbol{A}$ 有左逆矩阵的充要条件是 $\boldsymbol{A}$ 为列满秩的,$\boldsymbol{B}$ 有右逆矩阵的充要条件是 $\boldsymbol{B}$ 为行满秩的。

4. 设 $\boldsymbol{F}\in\mathbb{C}_r^{m\times r}$,$\boldsymbol{G}\in\mathbb{C}_r^{r\times n}$,证明:$\text{rank}(\boldsymbol{FG})=r$。

5. 设 $\boldsymbol{A}\in\mathbb{R}^{m\times n}$,证明:秩 $\text{rank}\boldsymbol{A}=\text{rank}(\boldsymbol{A}^{\text{T}}\boldsymbol{A})=\text{rank}(\boldsymbol{A}\boldsymbol{A}^{\text{T}})$。

2.4 奇异值分解

奇异值分解是重要的矩阵分解,它在优化、特征值问题、最小二乘问题以及广义逆等方面都有重要的应用。

引理 2.4-1 $\boldsymbol{A}\in\mathbb{C}_r^{m\times n}$,则

① $\boldsymbol{A}^{\text{H}}\boldsymbol{A}$ 与 $\boldsymbol{A}\boldsymbol{A}^{\text{H}}$ 均是半正定的厄米特矩阵,且具有相同的非零特征值;

② $\text{rank}(\boldsymbol{A}^{\text{H}}\boldsymbol{A})=\text{rank}(\boldsymbol{A}\boldsymbol{A}^{\text{H}})=\text{rank}\boldsymbol{A}=r$;

③ $\boldsymbol{A}^{\text{H}}\boldsymbol{A}=\boldsymbol{0}\Leftrightarrow\boldsymbol{A}=\boldsymbol{0}$。

证明 任 $\boldsymbol{P}\in\mathbb{C}^{m\times n}$,$\boldsymbol{Q}\in\mathbb{C}^{n\times m}$,则 $\boldsymbol{PQ}$ 与 $\boldsymbol{QP}$ 有相同的非零特征值,且若 $\boldsymbol{B}\in\mathbb{C}^{m\times n}$,则 $\dim N(\boldsymbol{B})+\text{rank}\boldsymbol{B}=n$。

事实上,不妨设 $m\geqslant n$,则一般有

$$|\lambda\boldsymbol{I}-\boldsymbol{PQ}|=\lambda^{m-n}|\lambda\boldsymbol{I}-\boldsymbol{QP}|\quad(\text{换位公式})$$

① $\forall\,\boldsymbol{x}\in\mathbb{C}^n,\boldsymbol{y}\in\mathbb{C}^m$,有

$$\boldsymbol{x}^{\text{H}}\boldsymbol{A}^{\text{H}}\boldsymbol{A}\boldsymbol{x}=(\boldsymbol{A}\boldsymbol{x})^{\text{H}}(\boldsymbol{A}\boldsymbol{x})=(\boldsymbol{A}\boldsymbol{x},\boldsymbol{A}\boldsymbol{x})\geqslant 0$$

$$\boldsymbol{y}^{\text{H}}\boldsymbol{A}\boldsymbol{A}^{\text{H}}\boldsymbol{y}=(\boldsymbol{A}^{\text{H}}\boldsymbol{y})^{\text{H}}(\boldsymbol{A}^{\text{H}}\boldsymbol{y})=(\boldsymbol{A}^{\text{H}}\boldsymbol{y},\boldsymbol{A}^{\text{H}}\boldsymbol{y})\geqslant 0$$

从而 $\boldsymbol{A}^{\text{H}}\boldsymbol{A}$,$\boldsymbol{A}\boldsymbol{A}^{\text{H}}$ 为半正定的厄米特矩阵,显然,其特征值均是非负的实数,故①成立。

② $\boldsymbol{x}\in N(\boldsymbol{A}^{\text{H}}\boldsymbol{A})\Rightarrow\boldsymbol{A}^{\text{H}}\boldsymbol{A}\boldsymbol{x}=0\Rightarrow\boldsymbol{x}^{\text{H}}\boldsymbol{A}^{\text{H}}\boldsymbol{A}\boldsymbol{x}=(\boldsymbol{A}\boldsymbol{x},\boldsymbol{A}\boldsymbol{x})=0\Rightarrow\boldsymbol{A}\boldsymbol{x}=\boldsymbol{0}\Rightarrow\boldsymbol{x}\in N(\boldsymbol{A})$

所以 $N(\boldsymbol{A}^{\text{H}}\boldsymbol{A})=N(\boldsymbol{A})$,由亏加秩,得

$$\text{rank}(\boldsymbol{A}^{\text{H}}\boldsymbol{A})=n-\dim N(\boldsymbol{A}^{\text{H}}\boldsymbol{A})=n-\dim N(\boldsymbol{A})=\text{rank}\boldsymbol{A}$$

而 $\text{rank}\boldsymbol{A}=\text{rank}(\boldsymbol{A}^{\text{H}})=r$,故②得证,③由②即得。

证毕。

定义 2.4-1 设 $\boldsymbol{A}\in\mathbb{C}_r^{m\times n}$,$\boldsymbol{A}^{\text{H}}\boldsymbol{A}$ 的 n 个特征值为 $\lambda_1\geqslant\cdots\geqslant\lambda_r>0$,$\lambda_{r+1}=\cdots=\lambda_n=0$,称 $\sigma_i=\sqrt{\lambda_i}\,(1\leqslant i\leqslant n)$ 为 $\boldsymbol{A}$ 的奇异值,$\sigma_i(1\leqslant i\leqslant r)$ 为正奇异值。

定理 2.4-1(奇异值分解) 设 $\boldsymbol{A}\in\mathbb{C}_r^{m\times n}$,则存在酉矩阵 $\boldsymbol{U}\in\mathbb{C}^{n\times n}$ 及酉矩阵 $\boldsymbol{V}\in\mathbb{C}^{m\times m}$,使得

$$\boldsymbol{A}=\boldsymbol{V}\begin{pmatrix}\boldsymbol{S}_r & 0\\ 0 & 0\end{pmatrix}\boldsymbol{U}^{\text{H}}$$

式中,$\boldsymbol{S}_r=\text{diag}\{\boldsymbol{\sigma}_1,\cdots,\boldsymbol{\sigma}_r\}$,且 $\boldsymbol{\sigma}_1\geqslant\cdots\geqslant\boldsymbol{\sigma}_r>0$。

证明 因为 $\boldsymbol{A}^{\text{H}}\boldsymbol{A}$ 为 n 阶正规矩阵,故有酉矩阵 $\boldsymbol{U}$,使得

$$\boldsymbol{U}^{\text{H}}(\boldsymbol{A}^{\text{H}}\boldsymbol{A})\boldsymbol{U}=\text{diag}\{\boldsymbol{\sigma}_1^2,\cdots,\boldsymbol{\sigma}_r^2,0,\cdots,0\}\tag{2-2}$$

设

$$\boldsymbol{U}=(\boldsymbol{\alpha}_1,\cdots,\boldsymbol{\alpha}_r,\boldsymbol{\alpha}_{r+1},\cdots,\boldsymbol{\alpha}_n)=(\boldsymbol{U}_1,\boldsymbol{U}_2)$$

这里,$\boldsymbol{U}_1=(\boldsymbol{\alpha}_1,\cdots,\boldsymbol{\alpha}_r)$,$\boldsymbol{U}_2=(\boldsymbol{\alpha}_{r+1},\cdots,\boldsymbol{\alpha}_n)$,则 $\boldsymbol{\alpha}_1,\cdots,\boldsymbol{\alpha}_r$ 是 $\boldsymbol{A}^{\text{H}}\boldsymbol{A}$ 的分别属于 $\boldsymbol{\sigma}_1^2,\cdots,\boldsymbol{\sigma}_r^2$ 的标准正交特征向量,则

$$\boldsymbol{A}^{\text{H}}\boldsymbol{A}\boldsymbol{\alpha}_i=\boldsymbol{0}\quad(i=r+1,\cdots,n)\quad\text{或}\quad\boldsymbol{A}^{\text{H}}\boldsymbol{A}\boldsymbol{U}_2=\boldsymbol{0}$$

$$
\begin{aligned}
\boldsymbol{U}_1^{\mathrm{H}}(\boldsymbol{A}^{\mathrm{H}}\boldsymbol{A})\boldsymbol{U}_1 &= \boldsymbol{U}_1^{\mathrm{H}}(\boldsymbol{A}^{\mathrm{H}}\boldsymbol{A}\boldsymbol{\alpha}_1,\cdots,\boldsymbol{A}^{\mathrm{H}}\boldsymbol{A}\boldsymbol{\alpha}_r) \\
&= \boldsymbol{U}_1^{\mathrm{H}}(\boldsymbol{\sigma}_1^2\boldsymbol{\alpha}_1,\cdots,\boldsymbol{\sigma}_r^2\boldsymbol{\alpha}_r) \\
&= \boldsymbol{U}_1^{\mathrm{H}}(\boldsymbol{\alpha}_1,\cdots,\boldsymbol{\alpha}_r)\begin{pmatrix} \boldsymbol{\sigma}_1^2 & & \mathbf{0} \\ & \ddots & \\ \mathbf{0} & & \boldsymbol{\sigma}_r^2 \end{pmatrix} \\
&= (\boldsymbol{U}_1^{\mathrm{H}}\boldsymbol{U}_1)\boldsymbol{S}_r^2 = \boldsymbol{I}_r\boldsymbol{S}_r^2 \text{（因为 } \boldsymbol{U} \text{ 为酉矩阵）}
\end{aligned}
$$

所以
$$\boldsymbol{S}_r^{-1}\boldsymbol{U}_1^{\mathrm{H}}\boldsymbol{A}^{\mathrm{H}}\boldsymbol{A}\boldsymbol{U}_1\boldsymbol{S}_r^{-1} = (\boldsymbol{A}\boldsymbol{U}_1\boldsymbol{S}_r^{-1})^{\mathrm{H}}(\boldsymbol{A}\boldsymbol{U}_1\boldsymbol{S}_r^{-1}) = \boldsymbol{V}_1^{\mathrm{H}}\boldsymbol{V}_1 = \boldsymbol{I}_r$$

这里，$\boldsymbol{V}_1 = \boldsymbol{A}\boldsymbol{U}_1\boldsymbol{S}_r^{-1} \in \mathbb{C}_r^{m\times r}$是酉高矩阵，令

$$\boldsymbol{V}_1 = (\boldsymbol{\beta}_1,\cdots,\boldsymbol{\beta}_r)$$

则 $\boldsymbol{\beta}_1,\cdots,\boldsymbol{\beta}_r$ 是$\mathbb{C}^m$中 r 个标准正交向量组，将其扩充为$\mathbb{C}^m$的标准正交基，即

$$\boldsymbol{\beta}_1,\cdots,\boldsymbol{\beta}_r,\boldsymbol{\beta}_{r+1},\cdots,\boldsymbol{\beta}_m$$

令
$$\boldsymbol{V}_2 = (\boldsymbol{\beta}_{r+1},\cdots,\boldsymbol{\beta}_m)$$

则 $\boldsymbol{V} = (\boldsymbol{V}_1,\boldsymbol{V}_2) = (\boldsymbol{\beta}_1,\cdots,\boldsymbol{\beta}_r,\boldsymbol{\beta}_{r+1},\cdots,\boldsymbol{\beta}_m)$为 m 阶酉矩阵，故

$$
\begin{aligned}
\boldsymbol{V}\begin{pmatrix} \boldsymbol{S}_r & \mathbf{0} \\ \mathbf{0} & \mathbf{0} \end{pmatrix}\boldsymbol{U}^{\mathrm{H}} &= (\boldsymbol{V}_1,\boldsymbol{V}_2)\begin{pmatrix} \boldsymbol{S}_r & \mathbf{0} \\ \mathbf{0} & \mathbf{0} \end{pmatrix}(\boldsymbol{U}_1,\boldsymbol{U}_2)^{\mathrm{H}} \\
&= (\boldsymbol{V}_1,\boldsymbol{V}_2)\begin{pmatrix} \boldsymbol{S}_r & \mathbf{0} \\ \mathbf{0} & \mathbf{0} \end{pmatrix}\begin{pmatrix} \boldsymbol{U}_1^{\mathrm{H}} \\ \boldsymbol{U}_2^{\mathrm{H}} \end{pmatrix} = \boldsymbol{V}_1\boldsymbol{S}_r\boldsymbol{U}_1^{\mathrm{H}} = \boldsymbol{A}\boldsymbol{U}_1\boldsymbol{S}_r^{-1}\boldsymbol{S}_r\boldsymbol{U}_1^{\mathrm{H}} \\
&= \boldsymbol{A}\boldsymbol{U}_1\boldsymbol{U}_1^{\mathrm{H}} + \boldsymbol{A}\boldsymbol{U}_2\boldsymbol{U}_2^{\mathrm{H}} = \boldsymbol{A}(\boldsymbol{U}_1\boldsymbol{U}_1^{\mathrm{H}} + \boldsymbol{U}_2\boldsymbol{U}_2^{\mathrm{H}}) = \boldsymbol{A}(\boldsymbol{U}_1,\boldsymbol{U}_2)\begin{pmatrix} \boldsymbol{U}_1^{\mathrm{H}} \\ \boldsymbol{U}_2^{\mathrm{H}} \end{pmatrix} \\
&= \boldsymbol{A}\boldsymbol{U}\boldsymbol{U}^{\mathrm{H}} = \boldsymbol{A} \text{（由引理 } \boldsymbol{N}(\boldsymbol{A}^{\mathrm{H}}\boldsymbol{A}) = \boldsymbol{N}(\boldsymbol{A})\text{，故 } \boldsymbol{A}\boldsymbol{U}_2 = \mathbf{0}\text{）}
\end{aligned}
$$

证毕。

可以看到证明的过程是构造性的。定理 2.4－1 中 $\boldsymbol{V}_1$ 的 r 个 m 元列向量是 $\boldsymbol{A}\boldsymbol{A}^{\mathrm{H}}$ 关于 $\boldsymbol{\sigma}_1^2,\cdots,\boldsymbol{\sigma}_r^2$ 的标准正交特征向量，$\boldsymbol{V}_2$ 的 $m-r$ 个 m 元列向量为 $N(\boldsymbol{A}^{\mathrm{H}})$的标准正交基。

事实上，由证明 $\boldsymbol{V}_1 = \boldsymbol{A}\boldsymbol{U}_1\boldsymbol{S}_r^{-1}$，故 $\boldsymbol{A}\boldsymbol{A}^{\mathrm{H}}\boldsymbol{V}_1 = \boldsymbol{A}(\boldsymbol{A}^{\mathrm{H}}\boldsymbol{A}\boldsymbol{U}_1)\boldsymbol{S}_r^{-1} = \boldsymbol{A}\boldsymbol{U}_1\boldsymbol{S}_r^2\boldsymbol{S}_r^{-1} = \boldsymbol{V}_1\boldsymbol{S}_r^2$
进而，$\boldsymbol{A}\boldsymbol{A}^{\mathrm{H}}\boldsymbol{\beta}_i = \boldsymbol{\sigma}_i^2\boldsymbol{\beta}_i\ (1 \leqslant i \leqslant r)$，又 $\forall\, \boldsymbol{\beta} \in N(\boldsymbol{A}^{\mathrm{H}})$，$(i=1,\cdots,r)$，有

$$\boldsymbol{\beta}_i^{\mathrm{H}}\boldsymbol{\beta} = (\boldsymbol{A}\boldsymbol{\sigma}_i^2\boldsymbol{A}^{\mathrm{H}}\boldsymbol{\beta}_i)^{\mathrm{H}}\boldsymbol{\beta} = (\boldsymbol{A}\boldsymbol{u})^{\mathrm{H}}\boldsymbol{\beta} = \boldsymbol{u}^{\mathrm{H}}\boldsymbol{A}^{\mathrm{H}}\boldsymbol{\beta} = 0,\quad (\boldsymbol{u} = \boldsymbol{\sigma}_i^2\boldsymbol{A}^{\mathrm{H}}\boldsymbol{\beta}_i \text{ 为 } n \text{ 元列})$$

所以
$$N(\boldsymbol{A}^{\mathrm{H}}) \perp \mathrm{span}(\boldsymbol{\beta}_1,\cdots,\boldsymbol{\beta}_r)$$

而
$$\mathrm{span}\{\boldsymbol{\beta}_1,\cdots,\boldsymbol{\beta}_r\} \oplus \mathrm{span}\{\boldsymbol{\beta}_{r+1},\cdots,\boldsymbol{\beta}_m\} = \mathbb{C}^m \text{（正交直和分解）}$$

$$N(\boldsymbol{A}^{\mathrm{H}}) \subseteq \mathrm{span}\{\boldsymbol{\beta}_1,\cdots,\boldsymbol{\beta}_r\}^{\perp} = \mathrm{span}\{\boldsymbol{\beta}_{r+1},\cdots,\boldsymbol{\beta}_m\}$$

所以　$N(\boldsymbol{A}^{\mathrm{H}}) = \mathrm{span}\{\boldsymbol{\beta}_{r+1},\cdots,\boldsymbol{\beta}_m\}$，　（亏加秩 $\dim N(\boldsymbol{A}^{\mathrm{H}}) = m - \mathrm{rank}(\boldsymbol{A}^{\mathrm{H}}) = m - r$）
$\boldsymbol{V} = (\boldsymbol{\beta}_1,\cdots,\boldsymbol{\beta}_r,\boldsymbol{\beta}_{r+1},\cdots,\boldsymbol{\beta}_m)$的各列就是 $\boldsymbol{A}\boldsymbol{A}^{\mathrm{H}}$ 的 m 个标准正交特征向量。

奇异值分解的基本步骤如下：

设 $\boldsymbol{A} \in \mathbb{C}_r^{m\times n}$，① 计算 $\boldsymbol{A}$ 的 n 个奇异值 $\sigma_1,\cdots,\sigma_r,\sigma_{r+1},\cdots,\sigma_n$（$\sigma_i > 0, 1 \leqslant i \leqslant r, \sigma_{r+1} = \cdots = \sigma_n = 0$）；

② 计算 $\boldsymbol{A}^{\mathrm{H}}\boldsymbol{A}$ 关于特征值 $\sigma_1^2,\cdots,\sigma_r^2,\sigma_{r+1}^2 = \cdots = \sigma_n^2 = 0$ 的 n 个标准正交特征向量 $\boldsymbol{\alpha}_1,\cdots,\boldsymbol{\alpha}_r$，$\boldsymbol{\alpha}_{r+1},\cdots,\boldsymbol{\alpha}_n$，令

$$\boldsymbol{U}_1 = (\boldsymbol{\alpha}_1,\cdots,\boldsymbol{\alpha}_r),\quad \boldsymbol{U}_2 = (\boldsymbol{\alpha}_{r+1},\cdots,\boldsymbol{\alpha}_n)$$

$$\boldsymbol{U} = (\boldsymbol{U}_1,\boldsymbol{U}_2),\quad \boldsymbol{S}_r = \mathrm{diag}\{\boldsymbol{\sigma}_1,\cdots,\boldsymbol{\sigma}_r\}$$

③ 计算 $\boldsymbol{V}_1 = (\boldsymbol{\beta}_1,\cdots,\boldsymbol{\beta}_r) = \boldsymbol{A}\boldsymbol{U}_1\boldsymbol{S}_r^{-1}$；

④ 求出 $N(\boldsymbol{A}^{\mathrm{H}})$的一组标准正交基 $\boldsymbol{\beta}_{r+1},\cdots,\boldsymbol{\beta}_m$，令 $\boldsymbol{V}_2=(\boldsymbol{\beta}_{r+1},\cdots,\boldsymbol{\beta}_m)$，$\boldsymbol{V}=(\boldsymbol{V}_1,\boldsymbol{V}_2)$，则 $\boldsymbol{A}=\boldsymbol{V}\begin{pmatrix}\boldsymbol{S}_r & 0\\ 0 & 0\end{pmatrix}\boldsymbol{U}^{\mathrm{H}}$。

若计算 $\boldsymbol{AA}^{\mathrm{H}}$，可将上述过程改写为：

① 计算 $\boldsymbol{AA}^{\mathrm{H}}$ 关于 $\sigma_1^2,\cdots,\sigma_r^2,\sigma_{r+1}^2=\cdots=\sigma_m^2=0$ 的 m 个标准正交特征向量 $\boldsymbol{\alpha}_1,\cdots,\boldsymbol{\alpha}_2,\boldsymbol{\alpha}_{r+1},\cdots,\boldsymbol{\alpha}_m$；

② 令

$$\boldsymbol{V}_1=(\boldsymbol{\alpha}_1,\cdots,\boldsymbol{\alpha}_r),\quad \boldsymbol{V}_2=(\boldsymbol{\alpha}_{r+1},\cdots,\boldsymbol{\alpha}_m)$$

$$\boldsymbol{U}_1=\boldsymbol{A}^{\mathrm{H}}\boldsymbol{V}_1\boldsymbol{S}_r^{-1}=(\boldsymbol{\beta}_1,\cdots,\boldsymbol{\beta}_r),\quad \boldsymbol{U}_2=(\boldsymbol{\beta}_{r+1},\cdots,\boldsymbol{\beta}_m)$$

③ 求 $N(\boldsymbol{A})$的标准正交基，有 $\boldsymbol{A}=\boldsymbol{V}\begin{pmatrix}\boldsymbol{S}_r & \boldsymbol{0}\\ \boldsymbol{0} & \boldsymbol{0}\end{pmatrix}\boldsymbol{U}^{\mathrm{H}}$，$\boldsymbol{U}=(\boldsymbol{U}_1,\boldsymbol{U}_2)$，$\boldsymbol{V}=(\boldsymbol{V}_1,\boldsymbol{V}_1)$。当 $\boldsymbol{A}\in\mathbb{R}_r^{m\times n}$，有 m 阶正交阵 $\boldsymbol{Q}_1$ 及 n 阶正交阵 $\boldsymbol{Q}_2$，使得 $\boldsymbol{A}=\boldsymbol{Q}_1\begin{pmatrix}\boldsymbol{S}_r & \boldsymbol{0}\\ \boldsymbol{0} & \boldsymbol{0}\end{pmatrix}\boldsymbol{Q}_2^{\mathrm{T}}$。

例 2.4-1 设 $\boldsymbol{A}=\begin{pmatrix}-1 & 0 & 1\\ 2 & 0 & -2\end{pmatrix}\in\mathbb{C}^{2\times 3}$，求其奇异值分解。

解 $\mathrm{rank}\boldsymbol{A}=1$

$$\boldsymbol{A}^{\mathrm{H}}\boldsymbol{A}=\begin{pmatrix}-1 & 2\\ 0 & 0\\ 1 & -2\end{pmatrix}\begin{pmatrix}-1 & 0 & 1\\ 2 & 0 & -2\end{pmatrix}=\begin{pmatrix}5 & 0 & -5\\ 0 & 0 & 0\\ -5 & 0 & 5\end{pmatrix}$$

所以

$$|\lambda\boldsymbol{I}-\boldsymbol{A}^{\mathrm{H}}\boldsymbol{A}|=\lambda^2(\lambda-10)$$

所以

$$\sigma_1=\sqrt{10},\sigma_2=\sigma_3=0$$

$\boldsymbol{A}^{\mathrm{H}}\boldsymbol{A}$ 的相应 $\lambda=10$ 的标准正交特征向量为 $\boldsymbol{\alpha}_1=\left(-\frac{1}{\sqrt{2}},0,\frac{1}{\sqrt{2}}\right)^{\mathrm{T}}$，相应 $\lambda=0$(二重)的标准正交特征向量取

$$\boldsymbol{\alpha}_2=\left(\frac{1}{\sqrt{2}},0,\frac{1}{\sqrt{2}}\right)^{\mathrm{T}},\quad \boldsymbol{\alpha}_3=(0,1,0)^{\mathrm{T}}$$

所以

$$\boldsymbol{U}=(\boldsymbol{U}_1,\boldsymbol{U}_2)=(\boldsymbol{\alpha}_1,\boldsymbol{\alpha}_2,\boldsymbol{\alpha}_3)=\begin{pmatrix}-\frac{1}{\sqrt{2}} & \frac{1}{\sqrt{2}} & 0\\ 0 & 0 & 1\\ \frac{1}{\sqrt{2}} & \frac{1}{\sqrt{2}} & 0\end{pmatrix}$$

又

$$\boldsymbol{V}_1=\boldsymbol{AU}_1\boldsymbol{S}_r^{-1}=\boldsymbol{A}\boldsymbol{\alpha}_1(\sqrt{10})^{-1}=\begin{pmatrix}-1 & 0 & 1\\ 2 & 0 & -2\end{pmatrix}\begin{pmatrix}-\frac{1}{\sqrt{2}}\\ 0\\ \frac{1}{\sqrt{2}}\end{pmatrix}\frac{1}{\sqrt{10}}$$

$$=\left(\frac{1}{\sqrt{5}},-\frac{2}{\sqrt{5}}\right)^{\mathrm{T}}=\boldsymbol{\beta}_1$$

又取 $N(\boldsymbol{A}^{\mathrm{H}})$中的一个标准向量(因为 $r=1$)

$$\boldsymbol{\beta}_2=\left(\frac{2}{\sqrt{5}},\frac{1}{\sqrt{5}}\right)$$

所以
$$\boldsymbol{V}=(\boldsymbol{\beta}_1,\boldsymbol{\beta}_2)=\begin{pmatrix}\frac{1}{\sqrt{5}} & \frac{2}{\sqrt{5}}\\ -\frac{2}{\sqrt{5}} & \frac{1}{\sqrt{5}}\end{pmatrix}$$

所以
$$\boldsymbol{A}=\begin{pmatrix}-1 & 0 & 1\\ 2 & 0 & -2\end{pmatrix}=\boldsymbol{V}\begin{pmatrix}\boldsymbol{S}_r & \boldsymbol{0}\\ \boldsymbol{0} & \boldsymbol{0}\end{pmatrix}\boldsymbol{U}^{\mathrm{H}}$$
$$=\begin{pmatrix}\frac{1}{\sqrt{5}} & \frac{2}{\sqrt{5}}\\ -\frac{2}{\sqrt{5}} & \frac{1}{\sqrt{5}}\end{pmatrix}\begin{pmatrix}\sqrt{10} & 0 & 0\\ 0 & 0 & 0\end{pmatrix}\begin{pmatrix}-\frac{1}{\sqrt{2}} & 0 & \frac{1}{\sqrt{2}}\\ \frac{1}{\sqrt{2}} & 0 & \frac{1}{\sqrt{2}}\\ 0 & 1 & 0\end{pmatrix}$$

例 2.4-2　（最小二乘解问题）最小二乘解在优化理论、最佳线性拟合及线性统计中具有基本而重要的意义。一般描述如下：$\boldsymbol{A}\in\mathbb{C}_r^{m\times n}$，$\boldsymbol{b}\in\mathbb{C}^m$，线性方程组 $\boldsymbol{Ax}=\boldsymbol{b}$ 在许多情形下无解（或矛盾或不相容方程），因而退而求其次，计算其最小二乘解，即要求 $\boldsymbol{x}$ 满足$\|\boldsymbol{Ax}-\boldsymbol{b}\|_2$ 最小。

由奇异值分解 $\boldsymbol{A}=\boldsymbol{V}\begin{pmatrix}\boldsymbol{S}_r & \boldsymbol{0}\\ \boldsymbol{0} & \boldsymbol{0}\end{pmatrix}\boldsymbol{U}^{\mathrm{H}}$，则

$$\begin{aligned}\|\boldsymbol{Ax}-\boldsymbol{b}\|^2&=\|\boldsymbol{V}^{\mathrm{H}}(\boldsymbol{Ax}-\boldsymbol{b})\|^2\ (\because \|\boldsymbol{V\alpha}\|^2=(\boldsymbol{V\alpha})^{\mathrm{H}}(\boldsymbol{V\alpha})=\boldsymbol{\alpha}^{\mathrm{H}}\boldsymbol{V}^{\mathrm{H}}\boldsymbol{V\alpha}=\|\boldsymbol{\alpha}\|^2)\\ &=\|\boldsymbol{V}^{\mathrm{H}}\boldsymbol{Ax}-\boldsymbol{V}^{\mathrm{H}}\boldsymbol{b}\|^2\\ &=\left\|\boldsymbol{V}^{\mathrm{H}}\boldsymbol{V}\begin{pmatrix}\boldsymbol{S}_r & \boldsymbol{0}\\ \boldsymbol{0} & \boldsymbol{0}\end{pmatrix}\boldsymbol{U}^{\mathrm{H}}\boldsymbol{x}-\boldsymbol{V}^{\mathrm{H}}\boldsymbol{b}\right\|^2=\left\|\begin{pmatrix}\boldsymbol{S}_r & \boldsymbol{0}\\ \boldsymbol{0} & \boldsymbol{0}\end{pmatrix}\boldsymbol{y}-\boldsymbol{d}\right\|^2\end{aligned}$$

这里
$$\boldsymbol{y}=\boldsymbol{U}^{\mathrm{H}}\boldsymbol{x},\quad \boldsymbol{d}=\boldsymbol{V}^{\mathrm{H}}\boldsymbol{b}$$

作分块
$$\boldsymbol{y}=\begin{pmatrix}\boldsymbol{y}_1\\ \boldsymbol{y}_2\end{pmatrix},\boldsymbol{d}=\begin{pmatrix}\boldsymbol{d}_1\\ \boldsymbol{d}_2\end{pmatrix}\ (\boldsymbol{y}_1,\boldsymbol{d}_1\in\mathbb{C}^r)$$

所以
$$\begin{aligned}\|\boldsymbol{Ax}-\boldsymbol{b}\|^2&=\left\|\begin{pmatrix}\boldsymbol{S}_r & \boldsymbol{0}\\ \boldsymbol{0} & \boldsymbol{0}\end{pmatrix}\begin{pmatrix}\boldsymbol{y}_1\\ \boldsymbol{y}_2\end{pmatrix}-\begin{pmatrix}\boldsymbol{d}_1\\ \boldsymbol{d}_2\end{pmatrix}\right\|^2\\ &=\left\|\begin{matrix}\boldsymbol{S}_r\boldsymbol{y}_1-\boldsymbol{d}_1\\ -\boldsymbol{d}_2\end{matrix}\right\|^2=\|\boldsymbol{S}_r\boldsymbol{y}_1-\boldsymbol{d}_1\|^2+\|\boldsymbol{d}_2\|^2\geqslant\|\boldsymbol{d}_2\|^2\end{aligned}$$

则 $\forall\,\boldsymbol{x}\in\mathbb{C}^n$，$\|\boldsymbol{Ax}-\boldsymbol{b}\|$有下界$\|\boldsymbol{d}_2\|$，且在 $\boldsymbol{y}_1=\boldsymbol{S}_r^{-1}\boldsymbol{d}_1$ 及 $\boldsymbol{y}_2$ 任取时，使$\|\boldsymbol{Ax}-\boldsymbol{b}\|$达到最小$\|\boldsymbol{d}_2\|$，即 $\boldsymbol{x}=\boldsymbol{Uy}=\boldsymbol{U}\begin{pmatrix}\boldsymbol{S}_r^{-1}\boldsymbol{d}_1\\ \boldsymbol{y}_2\end{pmatrix}$时，$\|\boldsymbol{Ax}-\boldsymbol{b}\|$最小，即为最小二乘解，而取 $\boldsymbol{x}_0=\boldsymbol{U}\begin{pmatrix}\boldsymbol{S}_r^{-1}\boldsymbol{d}_1\\ \boldsymbol{0}\end{pmatrix}$时，$\boldsymbol{x}_0$是范数最小的最小二乘解（或极小最小二乘解）。

习 题

1. 设 $\boldsymbol{A}\in\mathbb{R}_r^{m\times n}$ 的奇异值分解为 $\boldsymbol{A}=\boldsymbol{V}\begin{pmatrix}\boldsymbol{S}_r & \boldsymbol{0}\\ \boldsymbol{0} & \boldsymbol{0}\end{pmatrix}\boldsymbol{U}^{\mathrm{T}}$（$\boldsymbol{U},\boldsymbol{V}$ 为酉阵），其中，奇导值 $\sigma_1\geqslant\sigma_2\geqslant\cdots\geqslant\sigma_r>0$，且 $\boldsymbol{S}_r=\mathrm{diag}\{\sigma_1,\cdots,\sigma_r\}$，证明：$\boldsymbol{U}$ 的各列是 $\boldsymbol{A}^{\mathrm{T}}\boldsymbol{A}$ 的 n 个标准正交的特征向量，$\boldsymbol{V}$ 的各列是 $\boldsymbol{A}\boldsymbol{A}^{\mathrm{T}}$ 的 m 个标准正交向量。

2. $\boldsymbol{A}\in\mathbb{R}_r^{m\times n}$，$\sigma_i(1\leqslant i\leqslant r)$ 为其奇异值，证明：$\mathrm{tr}(\boldsymbol{A}^{\mathrm{T}}\boldsymbol{A})=\sum\limits_{i=1}^{r}\sigma_i^2$。

3. 求下列矩阵的奇异值分解。

(1) $\begin{pmatrix}1 & 0\\ 0 & 1\\ 1 & 1\end{pmatrix}$　　(2) $\begin{pmatrix}1 & -1\\ 3 & -3\\ -3 & 3\end{pmatrix}$　　(3) $\begin{pmatrix}1 & 1 & 0\\ 0 & 0 & 1\end{pmatrix}$

4. 设 $\boldsymbol{A}=\boldsymbol{V}\begin{pmatrix}\boldsymbol{S}_r & 0\\ 0 & 0\end{pmatrix}\boldsymbol{U}^{\mathrm{T}}$ 是实矩阵 $\boldsymbol{A}$ 的奇异值分解，分析 $\boldsymbol{A}^{\mathrm{T}}$ 的奇异值与 $\boldsymbol{A}$ 奇异值有何关系？

5. 若 $\boldsymbol{A}$ 可逆，证明：$|\det\boldsymbol{A}|$ 等于 $\boldsymbol{A}$ 的奇异值之积。

6. 若 $\boldsymbol{A}$ 可逆，求 $\boldsymbol{A}^{-1}$ 的奇异值分解。

7. 证明：若 $\boldsymbol{A}$ 是 n 阶正定阵，则 $\boldsymbol{A}$ 的奇异值与 $\boldsymbol{A}$ 的特征值相同。

8. 设 $\boldsymbol{A}\in\mathbb{R}_r^{m\times n}$ 的奇异值分解为 $\boldsymbol{A}=\boldsymbol{V}\begin{pmatrix}\boldsymbol{S}_r & \boldsymbol{0}\\ \boldsymbol{0} & \boldsymbol{0}\end{pmatrix}\boldsymbol{U}^{\mathrm{T}}$，试求 $\boldsymbol{B}=\begin{pmatrix}\boldsymbol{A}\\ \boldsymbol{A}\end{pmatrix}$ 的一个奇异值分解。

9. 用奇异值分解求解齐次线性方程组 $\boldsymbol{Ax}=\boldsymbol{0}$。

提示：设 $\boldsymbol{A}=\boldsymbol{V}\begin{pmatrix}\boldsymbol{S}_r & \boldsymbol{0}\\ \boldsymbol{0} & \boldsymbol{0}\end{pmatrix}\boldsymbol{U}^{\mathrm{T}}$，有 $\boldsymbol{Ax}=\boldsymbol{0}$ 及 $\begin{pmatrix}\boldsymbol{S}_r & \boldsymbol{0}\\ \boldsymbol{0} & \boldsymbol{0}\end{pmatrix}\boldsymbol{U}^{\mathrm{T}}x=\boldsymbol{0}$。令 $\boldsymbol{U}^{\mathrm{T}}\boldsymbol{x}=\boldsymbol{y}$，

由 $\begin{pmatrix}\boldsymbol{S}_r & \boldsymbol{0}\\ \boldsymbol{0} & \boldsymbol{0}\end{pmatrix}\boldsymbol{y}=\boldsymbol{0}$ 及通解 $\boldsymbol{y}=\boldsymbol{k}_1\boldsymbol{e}_{r+1}+\cdots\boldsymbol{k}_{n-r}\boldsymbol{e}_n$，$\boldsymbol{k}_1,\cdots\boldsymbol{k}_{n-r}\in\mathbb{R}$，其中 $\boldsymbol{e}_i$ 为 $\mathbb{R}^n$ 的第 i 个单位列向量，令 $\boldsymbol{U}=(\boldsymbol{U}_1,\cdots,\boldsymbol{U}_n)$，则 $\boldsymbol{x}=\boldsymbol{Uy}=\boldsymbol{k}_1\boldsymbol{Ue}_{r+1}+\cdots+\boldsymbol{k}_{n-r}\boldsymbol{Ue}_n$。

2.5 单纯矩阵的谱分解

前面对单纯矩阵(可对角化阵)进行了多角度的等价描述，本小节对此类阵从谱分解角度进行刻画。

定义 2.5-1 设 $\boldsymbol{A}\in\mathbb{C}^{n\times n}$，若 $\boldsymbol{A}^2=\boldsymbol{A}$，则称 $\boldsymbol{A}$ 为幂等阵(或投影阵)。

定理 2.5-1 若 $\boldsymbol{E}\in\mathbb{C}^{n\times n}$ 为幂等阵，则

① $\boldsymbol{E}$ 为单纯矩阵且其 Jordan 标准型为 $\begin{pmatrix}\boldsymbol{I}_r & \boldsymbol{0}\\ \boldsymbol{0} & \boldsymbol{0}\end{pmatrix}$；

② $\boldsymbol{E}$ 的特征值只能是 0 或 1；

③ $\text{rank}\boldsymbol{E}=\text{tr}\boldsymbol{E}$；

④ $\boldsymbol{Ex}=\boldsymbol{x}\Leftrightarrow\boldsymbol{x}\in R(\boldsymbol{E})$。

证明　由 $\boldsymbol{E}^2=\boldsymbol{E}$，故 $\varphi(\lambda)=\lambda^2-\lambda=\lambda(\lambda-1)$ 将 $\boldsymbol{E}$ 零化，故 $m_{\boldsymbol{A}}(\lambda)\mid\lambda(\lambda-1)$，从而 $m_{\boldsymbol{A}}(\lambda)$ 无重根，且其根只能是 0 或 1，故有可逆阵 $\boldsymbol{P}$，使得

$$\boldsymbol{P}^{-1}\boldsymbol{EP}=\text{diag}\{1,\cdots,1,0,\cdots,0\} \tag{2-3}$$

故①，②得证，③由式(2-3)即得。

对于④，$\boldsymbol{x}=\boldsymbol{Ex}$，则 $\boldsymbol{x}\in R(\boldsymbol{E})$。反之 $\boldsymbol{x}\in R(\boldsymbol{E})$，有 $\boldsymbol{x}=\boldsymbol{Ey}$，故

$$\boldsymbol{Ex}=\boldsymbol{E}(\boldsymbol{Ey})=\boldsymbol{E}^2\boldsymbol{y}=\boldsymbol{Ey}=\boldsymbol{x}$$

证毕。

定义 2.5-2　若$\mathbb{C}^n$有$\mathbb{C}^n=V_1\oplus V_2$（直和分解），则 $\forall\,\boldsymbol{x}\in\mathbb{C}^n$ 可唯一地分解为 $\boldsymbol{x}=\boldsymbol{y}+\boldsymbol{z}$，其中 $\boldsymbol{y}\in V_1$，$\boldsymbol{z}\in V_2$，称 $\boldsymbol{y}$ 为 $\boldsymbol{x}$ 在 V_1 上的投影。

幂等阵具有很强的几何解释，且幂等矩阵与投影变换（投影算子、射影子）是一一对应的。

定理 2.5-2　$\boldsymbol{E}$ 是投影变换当且仅当 $\boldsymbol{E}$ 是幂等阵。

事实上，若 $\boldsymbol{E}$ 是投影变换，则 $\forall\,\boldsymbol{x}\in\mathbb{C}^n$，由 $\boldsymbol{x}=\boldsymbol{y}+\boldsymbol{z}$，$\boldsymbol{y}\in V_1$，$\boldsymbol{z}\in V_2$，$\boldsymbol{Ex}=\boldsymbol{y}$。有 $\boldsymbol{E}^2\boldsymbol{x}=\boldsymbol{E}(\boldsymbol{Ex})=\boldsymbol{Ey}=\boldsymbol{y}=\boldsymbol{Ex}$，所以 $\boldsymbol{E}^2=\boldsymbol{E}$，则 $\boldsymbol{E}$ 是幂等阵。

反之，若 $\boldsymbol{E}^2=\boldsymbol{E}$，令 $V_1=\{\boldsymbol{y}\mid\boldsymbol{y}=\boldsymbol{Ex},\boldsymbol{x}\in\mathbb{C}^n\}=R(\boldsymbol{E})$，$N(\boldsymbol{E})=V_2=\{\boldsymbol{x}\mid\boldsymbol{Ex}=\boldsymbol{0}\}$，
任取 $\boldsymbol{z}\in V_1\cap V_2$，有 $\boldsymbol{z}=\boldsymbol{Ex}$ 且 $\boldsymbol{Ez}=\boldsymbol{0}$，则

$$\boldsymbol{Ez}=\boldsymbol{E}^2\boldsymbol{x}=\boldsymbol{Ex}=\boldsymbol{z}=\boldsymbol{0}$$

所以

$$V_1\cap V_2=\{\boldsymbol{0}\}$$

而

$$\forall\,\boldsymbol{x}\in\mathbb{C}^n,\text{有 }\boldsymbol{x}=\boldsymbol{Ex}+(\boldsymbol{I}-\boldsymbol{E})\boldsymbol{x}$$

其中

$$\boldsymbol{Ex}\in V_1,\quad(\boldsymbol{I}-\boldsymbol{E})\boldsymbol{x}\in V_2$$

所以

$$\mathbb{C}^n=V_1\oplus V_2=R(\boldsymbol{E})\oplus N(\boldsymbol{E})$$

即 $\boldsymbol{Ex}$ 是 $\boldsymbol{x}$（沿 $N(\boldsymbol{E})$）在 $R(\boldsymbol{E})$ 上的投影变换，故亦称投影变换为幂等算子。

证毕。

定理 2.5-3　设 $\boldsymbol{A}\in\mathbb{C}^{n\times n}$，且 $\boldsymbol{A}$ 有 k 个相异的特征值 $\lambda_1,\cdots,\lambda_k\,(k\leqslant n)$，则 $\boldsymbol{A}$ 为单纯矩阵$\Leftrightarrow$存在 k 个幂等阵 $\boldsymbol{E}_1,\cdots,\boldsymbol{E}_k$，使得

① $\boldsymbol{E}_i\boldsymbol{E}_j=\boldsymbol{0}\quad(i\neq j)$；

② $\sum\limits_{i=1}^{k}\boldsymbol{E}_i=\boldsymbol{I}_n$；

③ $\boldsymbol{A}=\sum\limits_{i=1}^{k}\lambda_i\boldsymbol{E}_i$，且 $\boldsymbol{E}_i\,(1\leqslant i\leqslant k)$ 唯一。

其中 $\lambda_i\,(1\leqslant i\leqslant k)$ 称为 $\boldsymbol{A}$ 的谱值，$\boldsymbol{E}_i\,(1\leqslant i\leqslant k)$ 称为 $\boldsymbol{A}$ 的谱阵，而 $\boldsymbol{A}=\sum\limits_{i=1}^{k}\lambda_i\boldsymbol{E}_i$ 称为 $\boldsymbol{A}$ 的谱

分解式。

证明 “$\Leftarrow$”列空间 $R(\boldsymbol{E}_i)$ 为 $\boldsymbol{E}_i$ 的诸列所张成的空间，设 $\dim R(\boldsymbol{E}_i)=n_i(i=1,\cdots,k)$，取 $\boldsymbol{X}_i$ 为 $R(\boldsymbol{E}_i)$ 的基列构成的阵，即 $\boldsymbol{X}_i\in\mathbb{C}_{n_i}^{n\times n_i}$，由定理 2.5-1 中的③得

$$n_i=\operatorname{rank}(\boldsymbol{E}_i)=\operatorname{tr}(\boldsymbol{E}_i)\quad(i=1,\cdots,k)$$

则

$$\sum_{i=1}^{k}n_i=\sum_{i=1}^{k}\operatorname{tr}(\boldsymbol{E}_i)=\operatorname{tr}\Big(\sum_{i=1}^{k}\boldsymbol{E}_i\Big)=\operatorname{tr}(\boldsymbol{I}_n)=n$$

令 $\boldsymbol{X}=(\boldsymbol{X}_1,\cdots,\boldsymbol{X}_k)$ 为 n 阶方阵，不难看出 $R(\boldsymbol{X}_i)=R(\boldsymbol{E}_i)$（因为 $R(\boldsymbol{E}_i)$ 中任一元可表为 $\boldsymbol{X}_i$ 诸列的线性组合，故 $R(\boldsymbol{E}_i)\subseteq R(\boldsymbol{X}_i)$，反之，$R(\boldsymbol{X}_i)$ 中任一元即为 $\boldsymbol{X}_i$ 各列向量的线性组合，但 $\boldsymbol{X}_i$ 的每列均在 $R(\boldsymbol{E}_i)$ 中，故 $R(\boldsymbol{X}_i)\subseteq R(\boldsymbol{E}_i)$），

从而 $\boldsymbol{E}_i$ 的诸列是 $\boldsymbol{X}_i$ 各列的线性组合，设

$$\boldsymbol{E}_i=(\boldsymbol{\alpha}_{i_1},\cdots,\boldsymbol{\alpha}_{i_n})=(\boldsymbol{X}_i\boldsymbol{\beta}_1,\cdots,\boldsymbol{X}_i\boldsymbol{\beta}_n)=\boldsymbol{X}_i(\boldsymbol{\beta}_1,\cdots,\boldsymbol{\beta}_n)=\boldsymbol{X}_i\boldsymbol{Y}_i,\boldsymbol{\beta}_n\in\mathbb{C}^n$$

这里 $\boldsymbol{Y}_i\in\mathbb{C}^{n_i\times n}$，$(i=1,\cdots,k)$，令

$$\boldsymbol{Y}=\begin{pmatrix}\boldsymbol{Y}_1\\ \vdots\\ \boldsymbol{Y}_k\end{pmatrix}\in\mathbb{C}^{n\times n}$$

所以

$$\boldsymbol{XY}=(\boldsymbol{X}_1\cdots,\boldsymbol{X}_k)\begin{pmatrix}\boldsymbol{Y}_1\\ \vdots\\ \boldsymbol{Y}_k\end{pmatrix}=\sum_{i=1}^{k}\boldsymbol{X}_i\boldsymbol{Y}_i=\sum_{i=1}^{k}\boldsymbol{E}_i=\boldsymbol{I}_n$$

所以 $\boldsymbol{X}$ 可逆。

又由定理 2.5-1 中的④知 $\boldsymbol{E}_i\boldsymbol{X}_i=\boldsymbol{X}_i(i=1,\cdots,k)$，从而 $i\neq j$ 时，

$$\boldsymbol{E}_j\boldsymbol{X}_i=\boldsymbol{E}_j\boldsymbol{E}_i\boldsymbol{X}_i=\boldsymbol{0}$$

故

$$\begin{aligned}\boldsymbol{AX}&=\Big(\sum_{i=1}^{k}\lambda_i\boldsymbol{E}_i\Big)(\boldsymbol{X}_1,\cdots,\boldsymbol{X}_k)\\&=\Big(\Big(\sum_{i=1}^{k}\lambda_i\boldsymbol{E}_i\Big)\boldsymbol{X}_1,\cdots,\Big(\sum_{i=1}^{k}\lambda_i\boldsymbol{E}_i\Big)\boldsymbol{X}_k\Big)\\&=(\lambda_1\boldsymbol{E}_1X_1,\cdots,\lambda_k\boldsymbol{E}_k\boldsymbol{X}_k)=(\lambda_1\boldsymbol{X}_1,\cdots,\lambda_k\boldsymbol{X}_k)\\&=(\boldsymbol{X}_1,\cdots,\boldsymbol{X}_k)\begin{pmatrix}\lambda_1\boldsymbol{I}_{n_1}&\cdots&\boldsymbol{0}\\ \vdots&\cdots&\vdots\\ \boldsymbol{0}&\cdots&\lambda_n\boldsymbol{I}_{n_k}\end{pmatrix}=\boldsymbol{X\Lambda}\end{aligned}$$

即有

$$\boldsymbol{X}^{-1}\boldsymbol{AX}=\operatorname{diag}\{\underbrace{\lambda_1,\cdots,\lambda_1}_{n_1},\cdots,\underbrace{\lambda_k,\cdots,\lambda_k}_{n_k}\}$$

“$\Rightarrow$”设 $\boldsymbol{A}$ 为单纯阵，设有满秩阵 $\boldsymbol{X}$ 使得

$$\boldsymbol{X}^{-1}\boldsymbol{AX}=\operatorname{diag}\{\underbrace{\lambda_1,\cdots,\lambda_1}_{n_1},\cdots,\underbrace{\lambda_k,\cdots,\lambda_k}_{n_k}\}=\boldsymbol{\Lambda}$$

对 $\boldsymbol{X},\boldsymbol{X}^{-1}$进行分块,即

$$\boldsymbol{X}=(\boldsymbol{X}_1,\cdots,\boldsymbol{X}_k),\quad \boldsymbol{X}_i\in\mathbb{C}_{n_i}^{n\times n_i}$$

$$\boldsymbol{X}^{-1}=\boldsymbol{Y}=\begin{pmatrix}\boldsymbol{Y}_1\\ \vdots\\ \boldsymbol{Y}_k\end{pmatrix}$$

这里 $\boldsymbol{Y}_i\in\mathbb{C}_{n_i}^{n_i\times n}(i=1,\cdots,k)$。

令 $\boldsymbol{E}_i=\boldsymbol{X}_i\boldsymbol{Y}_i\in\mathbb{C}^{n\times n}$,则有

$$\boldsymbol{I}=\boldsymbol{X}\boldsymbol{X}^{-1}=(\boldsymbol{X}_1,\cdots,\boldsymbol{X}_k)\begin{pmatrix}\boldsymbol{Y}_1\\ \vdots\\ \boldsymbol{Y}_k\end{pmatrix}$$

$$=\sum_{i=1}^{k}\boldsymbol{X}_i\boldsymbol{Y}_i=\sum_{i=1}^{k}\boldsymbol{E}_i$$

而

$$\boldsymbol{I}=\boldsymbol{X}^{-1}\boldsymbol{X}=\begin{pmatrix}\boldsymbol{Y}_1\\ \vdots\\ \boldsymbol{Y}_k\end{pmatrix}(\boldsymbol{X}_1\ \ \cdots\ \ \boldsymbol{X}_k)=\begin{pmatrix}\boldsymbol{Y}_1\boldsymbol{X}_1 & \cdots & \boldsymbol{Y}_1\boldsymbol{X}_k\\ \vdots & \vdots & \vdots\\ \boldsymbol{Y}_k\boldsymbol{X}_1 & \cdots & \boldsymbol{Y}_k\boldsymbol{X}_k\end{pmatrix}$$

与 $\boldsymbol{I}_n$的分块对比有

$$\boldsymbol{Y}_i\boldsymbol{X}_i=\boldsymbol{I}_{n_i},\quad \boldsymbol{Y}_i\boldsymbol{X}_j=\boldsymbol{0}_{n_i\times n_j}(i\neq j)$$

而

$$\boldsymbol{E}_i^2=\boldsymbol{X}_i\boldsymbol{Y}_i\boldsymbol{X}_i\boldsymbol{Y}_i=\boldsymbol{X}_i\boldsymbol{I}_{n_i}\boldsymbol{Y}_i=\boldsymbol{X}_i\boldsymbol{Y}_i=\boldsymbol{E}_i(1\leqslant i\leqslant k)$$

$$\boldsymbol{E}_i\boldsymbol{E}_j=\boldsymbol{X}_i\boldsymbol{Y}_i\boldsymbol{X}_j\boldsymbol{Y}_j=\boldsymbol{0}(i\neq j)$$

最后

$$\boldsymbol{A}=\boldsymbol{X}\boldsymbol{\Lambda}\boldsymbol{X}^{-1}=(\lambda_1\boldsymbol{X}_1,\cdots,\lambda_k\boldsymbol{X}_k)\begin{pmatrix}\boldsymbol{Y}_1\\ \vdots\\ \boldsymbol{Y}_k\end{pmatrix}=\sum_{i=1}^{k}\lambda_i\boldsymbol{X}_i\boldsymbol{Y}_i=\sum_{i=1}^{k}\lambda_i\boldsymbol{E}_i$$

唯一性证明:

设 $\boldsymbol{F}_1,\cdots,\boldsymbol{F}_k$ 满足 $\boldsymbol{F}_i^2=\boldsymbol{F}_i(i=1,\cdots,k)$,$\boldsymbol{F}_i\boldsymbol{F}_j=\boldsymbol{0}(i\neq j)$,$\sum\limits_{i=1}^{k}\boldsymbol{F}_i=\boldsymbol{I}_n$,$\boldsymbol{A}=\sum\limits_{i=1}^{k}\lambda_i\boldsymbol{F}_i$

则

$$\boldsymbol{A}\boldsymbol{E}_i=\boldsymbol{E}_i\boldsymbol{A}=\lambda_i\boldsymbol{E}_i,\quad \boldsymbol{A}\boldsymbol{F}_i=\boldsymbol{F}_i\boldsymbol{A}=\lambda_i\boldsymbol{F}_i(1\leqslant i\leqslant k)$$

所以

$$\boldsymbol{A}\boldsymbol{E}_i\boldsymbol{F}_j=\lambda_i\boldsymbol{E}_i\boldsymbol{F}_j=\boldsymbol{E}_i\boldsymbol{A}\boldsymbol{F}_j=\lambda_j\boldsymbol{E}_i\boldsymbol{F}_j$$

故 $i\neq j$ 时

$$\boldsymbol{E}_i\boldsymbol{F}_j=\boldsymbol{0}$$

从而

$$\boldsymbol{E}_i=\boldsymbol{E}_i\boldsymbol{I}_n=\boldsymbol{E}_i\left(\sum_{j=1}^{k}\boldsymbol{F}_j\right)=\boldsymbol{E}_i\boldsymbol{F}_i$$

$$=\left(\sum_{j=1}^{k}\boldsymbol{E}_j\right)\boldsymbol{F}_i=\boldsymbol{I}_n\boldsymbol{F}_i=\boldsymbol{F}_i\quad i=1,\cdots,k$$

证毕。

由证明可知 $\boldsymbol{X}_i$ 的各列即为 $\boldsymbol{A}$ 的属于 λ_i 的 n_i 个线性无关的特征向量($E(\lambda_i)$的基)。

单纯矩阵谱分解的一般步骤如下：

① 求出 $\boldsymbol{A}$ 的相异特征值 $\lambda_1,\cdots,\lambda_k$；

② 求出特征子空间 $E(\lambda_i)$的基向量阵 $\boldsymbol{X}_i(1\leqslant i\leqslant k)$，这里 $\boldsymbol{X}_i\in\mathbb{C}_{n_i}^{n\times n_i}$；

③ 令 $\boldsymbol{X}=(\boldsymbol{X}_1,\cdots,\boldsymbol{X}_k),\boldsymbol{Y}=\boldsymbol{X}^{-1}=\begin{pmatrix}\boldsymbol{Y}_1\\ \vdots\\ \boldsymbol{Y}_k\end{pmatrix}$，这里 $\boldsymbol{Y}_i\in\mathbb{C}_{n_i}^{n_i\times n}$，即 $\boldsymbol{Y}$ 的行分块与 $\boldsymbol{X}$ 的列分块一致；

④ 令 $\boldsymbol{E}_i=\boldsymbol{X}_i\boldsymbol{Y}_i(i=1,\cdots,k)$，则 $\boldsymbol{A}=\lambda_1\boldsymbol{E}_1+\lambda_2\boldsymbol{E}_2\cdots+\lambda_k\boldsymbol{E}_k$。

推论 在定理 2.5-3 的条件下，$\boldsymbol{A}$ 的谱阵为 $\boldsymbol{E}_i(1\leqslant i\leqslant k)$，则

① $\boldsymbol{E}_i=\dfrac{1}{\varphi_i(\lambda_i)}\varphi_i(\boldsymbol{A})i=1,\cdots,k$，其中，$\varphi_i(\lambda)=\prod\limits_{k}(\lambda-\lambda_l)$；

② 若 $f(\lambda)$为任一多项式，则 $f(\boldsymbol{A})=f(\lambda_1)\boldsymbol{E}_1+f(\lambda_2)\boldsymbol{E}_2\cdots+f(\lambda_k)\boldsymbol{E}_k$。

特别地，$\boldsymbol{A}^m=\Big(\sum\limits_{i=1}^{k}\lambda_i\boldsymbol{E}_i\Big)^m=\lambda_1^m\boldsymbol{E}_1+\lambda_2^m\boldsymbol{E}_2\cdots+\lambda_k^m\boldsymbol{E}_k$。

证明 ① 令 $\boldsymbol{G}_i=\dfrac{1}{\varphi_i(\lambda_i)}\varphi_i(\boldsymbol{A})$，则

$$\boldsymbol{G}_i\boldsymbol{E}_j=\frac{1}{\varphi_i(\lambda_i)}\prod_{\substack{l=1\\ l\neq i}}^{k}(\boldsymbol{A}-\lambda_l\boldsymbol{I})\boldsymbol{E}_j$$

$$=\frac{1}{\varphi_i(\lambda_i)}\prod_{\substack{l=1\\ l\neq i}}^{k}(\lambda_j-\lambda_l)\boldsymbol{E}_j=\frac{\varphi_i(\lambda_j)}{\varphi_i(\lambda_i)}\boldsymbol{E}_j=\delta_{ij}\boldsymbol{E}_j\quad(\text{因为 }\boldsymbol{A}\boldsymbol{E}_j=\lambda_j\boldsymbol{E}_j)$$

所以

$$\boldsymbol{G}_i=\boldsymbol{G}_i\Big(\sum_{j=1}^{k}\boldsymbol{E}_j\Big)=\sum_{j=1}^{k}\boldsymbol{G}_i\boldsymbol{E}_j=\sum_{j=1}^{k}\delta_{ij}\boldsymbol{E}_j=\boldsymbol{E}_i(i=1,\cdots,k)$$

② 只须注意 $\boldsymbol{A}^m=\Big(\sum\limits_{i=1}^{k}\lambda_i\boldsymbol{E}_i\Big)^m=\sum\limits_{i=1}^{k}\lambda_i^m\boldsymbol{E}_i$，故直接验证可得。

显见，$\boldsymbol{B}$ 与 $\boldsymbol{A}$ 可换$\Leftrightarrow\boldsymbol{B}$ 与每个 $\boldsymbol{E}_i$ 可换。

证毕。

推论中的①给出直接计算 $\boldsymbol{A}$ 的谱阵 $\boldsymbol{E}_i$ 的方法，当相异特征值较多时，一般计算量较大，而②在以后矩阵函数中有重要应用。

例 2.5-1 设 $\boldsymbol{A}=\begin{pmatrix}1&4&2\\0&-3&4\\0&4&3\end{pmatrix}$，求 $\boldsymbol{A}$ 的谱分解并计算 $\boldsymbol{A}^{100}$。

解

$$f_{\boldsymbol{A}}(\lambda)=|\lambda\boldsymbol{I}-\boldsymbol{A}|=(\lambda-1)(\lambda-5)(\lambda+5)$$

所以 $\lambda_1=1,\lambda_2=5,\lambda_3=-5$，特征值互异，故 $\boldsymbol{A}$ 为单纯阵。

取 $\boldsymbol{A}$ 属于 $\lambda_1=1$ 的特征向量为 $\boldsymbol{X}_1=(1,0,0)^{\mathrm{T}}$，属于 $\lambda_2=5$ 的特征向量为 $\boldsymbol{X}_2=(2,1,2)^{\mathrm{T}}$，$\lambda_3=-5$的特征向量为 $\boldsymbol{X}_3=(1,-2,1)^{\mathrm{T}}$。

令

$$\boldsymbol{X}=(\boldsymbol{X}_1,\boldsymbol{X}_2,\boldsymbol{X}_3)=\begin{pmatrix}1&2&1\\0&1&-2\\0&2&1\end{pmatrix}$$

由
$$f(\lambda)=|\lambda\boldsymbol{I}-\boldsymbol{X}|=\lambda^3-3\lambda^2+7\lambda-5$$
故
$$f(\boldsymbol{X})=\boldsymbol{0}$$
有
$$\boldsymbol{X}^{-1}=\frac{1}{5}(\boldsymbol{X}^2-3\boldsymbol{X}+7\boldsymbol{I})=\begin{pmatrix}1 & 0 & -1\\ 0 & \frac{1}{5} & \frac{2}{5}\\ 0 & -\frac{2}{5} & \frac{1}{5}\end{pmatrix}=\begin{pmatrix}\boldsymbol{Y}_1\\ \boldsymbol{Y}_2\\ \boldsymbol{Y}_3\end{pmatrix}$$
所以
$$\boldsymbol{Y}_1=(1,0,-1),\boldsymbol{Y}_2=\left(0,\frac{1}{5},\frac{2}{5}\right),\boldsymbol{Y}_3=\left(0,-\frac{2}{5},\frac{1}{5}\right)$$
故有
$$\boldsymbol{E}_i=\boldsymbol{X}_i\boldsymbol{Y}_i\quad(i=1,2,3)$$
计算得
$$\boldsymbol{E}_1=\boldsymbol{X}_1\boldsymbol{Y}_1=\begin{pmatrix}1\\0\\0\end{pmatrix}(1,\quad 0,\quad -1)=\begin{pmatrix}1 & 0 & -1\\ 0 & 0 & 0\\ 0 & 0 & 0\end{pmatrix}$$
$$\boldsymbol{E}_2=\boldsymbol{X}_2\boldsymbol{Y}_2=\begin{pmatrix}2\\1\\2\end{pmatrix}\left(0,\quad \frac{1}{5},\quad \frac{2}{5}\right)=\begin{pmatrix}0 & \frac{2}{5} & \frac{4}{5}\\ 0 & \frac{1}{5} & \frac{2}{5}\\ 0 & \frac{2}{5} & \frac{4}{5}\end{pmatrix}$$
$$\boldsymbol{E}_3=\boldsymbol{X}_3\boldsymbol{Y}_3=\begin{pmatrix}1\\-2\\1\end{pmatrix}\left(0,\quad -\frac{2}{5},\quad \frac{1}{5}\right)=\begin{pmatrix}0 & -\frac{2}{5} & \frac{1}{5}\\ 0 & \frac{4}{5} & -\frac{2}{5}\\ 0 & -\frac{2}{5} & \frac{1}{5}\end{pmatrix}$$
可知
$$\boldsymbol{A}=\lambda_1\boldsymbol{E}_1+\lambda_2\boldsymbol{E}_2+\lambda_3\boldsymbol{E}_3=\boldsymbol{E}_1+5\boldsymbol{E}_2-5\boldsymbol{E}_3$$
所以
$$\boldsymbol{A}^{100}=\boldsymbol{E}_1+5^{100}\boldsymbol{E}_2+(-5)^{100}\boldsymbol{E}_3=\boldsymbol{E}_1+5^{100}(\boldsymbol{E}_2+\boldsymbol{E}_3)$$

正规矩阵是单纯矩阵，从而有以下正规矩阵的谱分解定理，也是刻画正规矩阵的另一方式。

定理 2.5-4　设 $\boldsymbol{A}\in\mathbb{C}^{n\times n}$ 有 k 个不同的特征值 $\lambda_1,\cdots,\lambda_k$，则 $\boldsymbol{A}$ 为正规阵 $\Leftrightarrow$ 存在 k 个幂等厄米特阵 $\boldsymbol{E}_1,\cdots,\boldsymbol{E}_k$，使

①$\boldsymbol{E}_i\boldsymbol{E}_j=0(i\neq j)$；②$\sum\limits_{i=1}^{k}\boldsymbol{E}_i=\boldsymbol{I}_n$；③$\boldsymbol{A}=\sum\limits_{i=1}^{k}\lambda_i\boldsymbol{E}_i$。

证明　"$\Rightarrow$" $\boldsymbol{A}$ 为正规阵，由定理 2.5-3 知①，②，③成立，只需证明 $\boldsymbol{E}_i$ 是厄米特阵，即 $\boldsymbol{E}_i^{\mathrm{H}}=\boldsymbol{E}_i(1\leqslant i\leqslant k)$

由前知，$\boldsymbol{A}$ 酉相似对角阵，即存在酉阵 $\boldsymbol{U}$，使得 $\boldsymbol{U}^{\mathrm{H}}\boldsymbol{A}\boldsymbol{U}=\mathrm{diag}\{\mu_1,\cdots,\mu_n\}$

故(共轭转置)有
$$\boldsymbol{U}^{\mathrm{H}}\boldsymbol{A}^{\mathrm{H}}\boldsymbol{U}=\mathrm{diag}\{\bar{\mu}_1,\cdots,\bar{\mu}_n\}$$

从而若

$$Ax=\lambda x\Rightarrow A^{H}x=\bar{\lambda}x$$

故有

$$AE_i=\lambda_i E_i,\quad A^{H}E_i=\bar{\lambda}_i E_i\quad(i=1,\cdots,k)$$

所以

$$A^{H}=A^{H}\left(\sum_{i=1}^{k}E_i\right)=\sum_{i=1}^{k}A^{H}E_i=\sum_{i=1}^{k}\bar{\lambda}_i E_i$$

而由 $A=\sum_{i=1}^{k}\lambda_i E_i$，有 $A^{H}=\sum_{i=1}^{k}\bar{\lambda}_i E_i^{H}$，故由唯一性知

$$E_i^{H}=E_i(1\leqslant i\leqslant k)$$

"$\Leftarrow$" 由条件

$$A^{H}=\sum_{i=1}^{k}\bar{\lambda}_i E_i^{H}=\sum_{i=1}^{k}\bar{\lambda}_i E_i$$

所以

$$AA^{H}=\left(\sum_{i=1}^{k}\lambda_i E_i\right)\left(\sum_{j=1}^{k}\bar{\lambda}_j E_j\right)=\sum_{i=1}^{k}|\lambda_i|^2 E_i=\left(\sum_{j=1}^{k}\bar{\lambda}_j E_j\right)\left(\sum_{i=1}^{k}\lambda_i E_i\right)=A^{H}A$$

幂等厄米特阵的几何解释就是正交投影变换，因为$\mathbb{C}^n=N(E)\oplus R(E^{H})$（正交直和分解，类似$\mathbb{R}^n=N(A)\oplus R(A^{T})$），若 $E^{H}=E$，则$\mathbb{C}^n=R(E)\oplus N(E)$，故 E 为正交投影变换。$x=Ex+(I-E)x$，并且$(Ex,(I-E)x)=(Ex)^{H}(I-E)x=x^{H}E^{H}(I-E)x=0$，所以 $Ex\perp(I-E)x$。

若 A 酉相似对角阵，则有 $U^{H}AU=\mathrm{diag}\{\lambda_1 I_{n_1},\cdots,\lambda_k I_{n_k}\}$，令 $U=(X_1,\cdots,X_k)$，则 $AX_i=\lambda_i X_i$ $(1\leqslant i\leqslant k)$，这里 X_i的各列为$E(\lambda_i)$的标准正交基。$U^{-1}=U^{H}=\begin{pmatrix}X_1^{H}\\ \vdots\\ X_k^{H}\end{pmatrix}$，故 $E_i=X_iX_i^{H}(1\leqslant i\leqslant k)$，由定理 2.5-3 知 $A=\sum_{i=1}^{k}\lambda_i E_i$。

证毕。

当 A 是正规阵时，其谱分解的过程可简化，具体分解步骤如下：

① 求 A 的 k 个相异特征值$\lambda_1,\cdots,\lambda_k$；

② 求 $E(\lambda_i)$的标准正交基向量阵 $X_i\in\mathbb{C}_{n_i}^{n\times n_i}$，$(n_1+\cdots+n_k=n,1\leqslant i\leqslant k)$；

③ 令 $U=(X_1,\cdots,X_k)$为酉矩阵；

④ 令 $E_i=X_iX_i^{H}(1\leqslant i\leqslant k)$，则 $A=\sum_{i=1}^{k}\lambda_i E_i$。

例 2.5-2 设 $A=\begin{pmatrix}1&0&-2\\0&0&0\\-2&0&4\end{pmatrix}$，求 A 的谱分解并计算 $\sum_{i=1}^{100}A^i$。

解 A 为对称阵，故为正规阵，由$|\lambda I-A|=\lambda^2(\lambda-5)$

$$\lambda_1=0(\text{二重}),\quad \lambda_2=5$$

取 $E(0)$的标准正交基$\left(\frac{2}{\sqrt{5}},0,\frac{1}{\sqrt{5}}\right)^{T}$，$(0,1,0)^{T}$，E(5)的标准正交基为$\left(\frac{1}{\sqrt{5}},0,-\frac{2}{\sqrt{5}}\right)^{T}$。

令
$$X_1=\begin{pmatrix}\frac{2}{\sqrt5} & 0\\ 0 & 1\\ \frac{1}{\sqrt5} & 0\end{pmatrix},\quad X_2=\begin{pmatrix}\frac{1}{\sqrt5}\\ 0\\ -\frac{2}{\sqrt5}\end{pmatrix}$$

则
$$E_1=X_1X_1^{\mathrm H}=\begin{pmatrix}\frac{2}{\sqrt5} & 0\\ 0 & 1\\ \frac{1}{\sqrt5} & 0\end{pmatrix}\begin{pmatrix}\frac{2}{\sqrt5} & 0 & \frac{1}{\sqrt5}\\ 0 & 1 & 0\end{pmatrix}=\begin{pmatrix}\frac45 & 0 & \frac25\\ 0 & 1 & 0\\ \frac25 & 0 & \frac15\end{pmatrix}$$

$$E_2=X_2X_2^{\mathrm H}=\begin{pmatrix}\frac{1}{\sqrt5}\\ 0\\ -\frac{2}{\sqrt5}\end{pmatrix}\left(\frac{1}{\sqrt5},0,-\frac{2}{\sqrt5}\right)=\begin{pmatrix}\frac15 & 0 & -\frac25\\ 0 & 0 & 0\\ -\frac25 & 0 & \frac45\end{pmatrix}$$

所以
$$A=\lambda_1E_1+\lambda_2E_2$$

而
$$\sum_{i=1}^{100}A^i=\left(\sum_{i=1}^{100}\lambda_1^i\right)E_1+\left(\sum_{i=1}^{100}\lambda_2^i\right)E_2=\left(\sum_{i=1}^{100}5^i\right)E_2=\frac{5^{100}-1}{4}\begin{pmatrix}1 & 0 & -2\\ 0 & 0 & 0\\ -2 & 0 & 4\end{pmatrix}$$

习　题

1. 求下列矩阵的谱分解式

(1) $\begin{pmatrix}1 & 2\\ -1 & 4\end{pmatrix}$；　(2) $\begin{pmatrix}-1 & \mathrm i & 0\\ -\mathrm i & 0 & -\mathrm i\\ 0 & i & -1\end{pmatrix}$；　(3) $\begin{pmatrix}2 & 1 & 0\\ 1 & 2 & 0\\ 0 & 0 & 3\end{pmatrix}$。

2. 设 $h(\lambda)=\lambda^n$，取 A 为题 1 中(1)的矩阵，求 $h(A)$的谱分解式。

3. 若 A 是正规矩阵，W 是 A 的一个不变子空间($AW\subseteq W$)，证明 W 的正交补 $W^{\perp}$ 也是 A 的不变子空间即 $W^{\perp}\subseteq W^{\perp}$。

4. $A\in\mathbb C^{n\times n}$是单纯矩阵，有谱分解 $A=\sum_{i=1}^{r}\lambda_iE_i$，多项式 $f(\lambda)=\sum_{i=0}^{m}\boldsymbol\alpha_i\lambda^i$，则
$$f(A)=\sum_{i=0}^{k}f(\lambda_i)E_i$$

5. 求单纯矩阵 $A=\begin{pmatrix}1 & -3 & 3\\ 3 & -5 & 3\\ 6 & -6 & 4\end{pmatrix}$的谱分解。

6. 设 $A=\begin{pmatrix}2 & 2 & 0\\ 8 & 2 & \lambda\\ 0 & 0 & 6\end{pmatrix}$为单纯阵，(1)求 λ 的值；(2)求 A 的谱分解。(3) 求可逆矩阵 P 使 $P^{-1}AP$ 为对角阵。

7. 单纯阵的 $\boldsymbol{A}$ 有谱分解 $\boldsymbol{A}=\sum_{i=1}^{s}\lambda_i\boldsymbol{E}_i$，证明：对 $\boldsymbol{B}\in\mathbb{C}^{n\times n}$，$\boldsymbol{AB}=\boldsymbol{BA}$ 当且仅当 $\boldsymbol{BE}_i=\boldsymbol{E}_i\boldsymbol{B}$，$1\leqslant i\leqslant k$。提示：利用 $\boldsymbol{E}_1,\cdots,\boldsymbol{E}_s$ 都是 $\boldsymbol{A}$ 的多项式。

8. 设单纯矩阵 $\boldsymbol{A}$ 可逆，求 $\boldsymbol{A}^{-1}$ 的谱分解。

9. 设 $\boldsymbol{A},\boldsymbol{B}\in\mathbb{C}^{n\times n}$ 都是 Hermite 矩阵，$\boldsymbol{A}$ 是半正定阵，证明：$\mathrm{tr}(\boldsymbol{AB})\geqslant\lambda_n\mathrm{tr}(\boldsymbol{A})$，其中 λ_n 是 $\boldsymbol{B}$ 最小的特征值。
提示：$\mathrm{tr}(\boldsymbol{A}^{\frac{1}{2}}\boldsymbol{BA}^{\frac{1}{2}})\geqslant\lambda_n\mathrm{tr}(\boldsymbol{A}^{\frac{1}{2}}\boldsymbol{E}_1\boldsymbol{A}^{\frac{1}{2}}+\cdots+\boldsymbol{A}^{\frac{1}{2}}\boldsymbol{E}_k\boldsymbol{A}^{\frac{1}{2}})=\lambda_n\mathrm{tr}\boldsymbol{A}$。

2.6 奇异值分解在神经网络中的应用

神经网络由多个层组成，包括输入层、隐藏层、输出层。隐藏层和输出层负责对传入的数据进行计算，因此又被称为计算层。对于不同的任务，计算层有不同的设计，但一般可以归结为对上一层的状态作仿射变换后再用非线性函数进行处理，其中仿射变换的参数是需要网络学习的，而非线性函数是给定的，称为激活函数。具体来说，前一计算层的状态用 h_{i-1} 表示，当前计算层的状态用 h_i 表示，仿射变换的权重矩阵记为 $\boldsymbol{W}_i$，偏置矩阵或向量记为 $\boldsymbol{b}_i$，激活函数用 g_i 表示，于是，当前层的状态为

$$\boldsymbol{h}_i=g_i(\boldsymbol{W}_i\boldsymbol{h}_{i-1}+\boldsymbol{b}_i)$$

对该公式反复迭代至输出层，就得到神经网络由输入 $\boldsymbol{x}$ 到输出 $\boldsymbol{y}$ 的公式，即

$$\begin{gathered}\boldsymbol{h}_1=g_1(\boldsymbol{W}_1\boldsymbol{x}+\boldsymbol{b}_1)\\ \boldsymbol{h}_2=g_1(\boldsymbol{W}_2\boldsymbol{h}_1+\boldsymbol{b}_2)\\ \vdots\\ \boldsymbol{y}=g_n(\boldsymbol{W}_n\boldsymbol{h}_{n-1}+\boldsymbol{b}_n)\end{gathered}$$

当层数较大时，神经网络可以拟合非常复杂的函数。考虑仅有单个计算层的神经网络，用它进行分类任务，其输入为 m 维向量 $\boldsymbol{x}$，输出为 n 维向量 $\boldsymbol{y}$，其 n 个分量对应 n 个类别，记权值矩阵为 $\boldsymbol{W}$，偏置向量为 $\boldsymbol{b}$，激活函数为 g，则网络计算公式为

$$\boldsymbol{y}=g(\boldsymbol{Wx}+\boldsymbol{b})$$

此网络的唯一计算层为输出层，而在分类任务中，输出层采用的激活函数可取 softmax 函数，令 $\boldsymbol{a}=\boldsymbol{Wx}+\boldsymbol{b}$，则 $\boldsymbol{y}=\mathrm{softmax}(\boldsymbol{a})$，即

$$y_k=\frac{\mathrm{e}^{a_k}}{\sum_{i=1}^{n}\mathrm{e}^{a_i}},\quad 1\leqslant k\leqslant n$$

分类时，softmax 结果中的最大分量对应最终得到的类别，而 softmax 的输入此时不考虑两分量都最大且相等这一概率极低的情况。若将每个类别用 1 到 n 之间的整数 k 表示，则可以求出每个类别在 $\boldsymbol{a}$ 所处空间 $\boldsymbol{A}$ 中对应的集合 A_k：

$$A_k=\{\boldsymbol{a}\mid a_k>a_i,1\leqslant i\leqslant n,i\neq k\},\quad 1\leqslant k\leqslant n$$

A_k 是 n 维空间中的凸集，且对不同的 k，A_k 之间有轮换对称性，可见这一族集合性质很特殊，用它能直接划分的类别有限，所以需要在激活函数前使用仿射变换，使单层网络能划分更广泛

的类别。

利用奇异值分解理论对仿射变换 $\boldsymbol{Wx}+\boldsymbol{b}$ 进行分析。对权值矩阵 $\boldsymbol{W}$ 进行奇异值分解，得

$$\boldsymbol{W}=\boldsymbol{USV}^{\mathrm{T}}$$

其中，$\boldsymbol{U}$ 为 m 阶正交矩阵，$\boldsymbol{V}$ 为 n 阶正交矩阵，于是仿射变换的过程如下：

① 由 $\boldsymbol{V}^{\mathrm{T}}$ 对原始输入空间作正交变换，相当于对输入空间做了若干次旋转与反射，这可以使原始数据中互相关联的特征解耦；

② 由 $\boldsymbol{S}$ 对不同的特征加权，使对于分类重要的特征具有更大的权重；

③ 由 $\boldsymbol{U}$ 进行正交变换，并加上偏置 $\boldsymbol{b}$，将特征进一步转换到空间 A 中，使其经过恰当的旋转反射后能被各个 A_k 区分。

在鸢尾花数据集 Iris 上运行单层神经网络。因数据集的输入特征总数为 4，输出的类别数为 3，故需要将网络的权重矩阵 $\boldsymbol{W}$ 阶数设为 4×3，偏置向量 $\boldsymbol{b}$ 为 3 维。用梯度下降法学习出参数 $\boldsymbol{W}$ 和 $\boldsymbol{b}$，可以在训练集和测试集达到 95%以上的准确率。

现在对网络处理数据集的过程进行分析，将原始数据的特征之间的两两分布绘制如图 2-1所示。

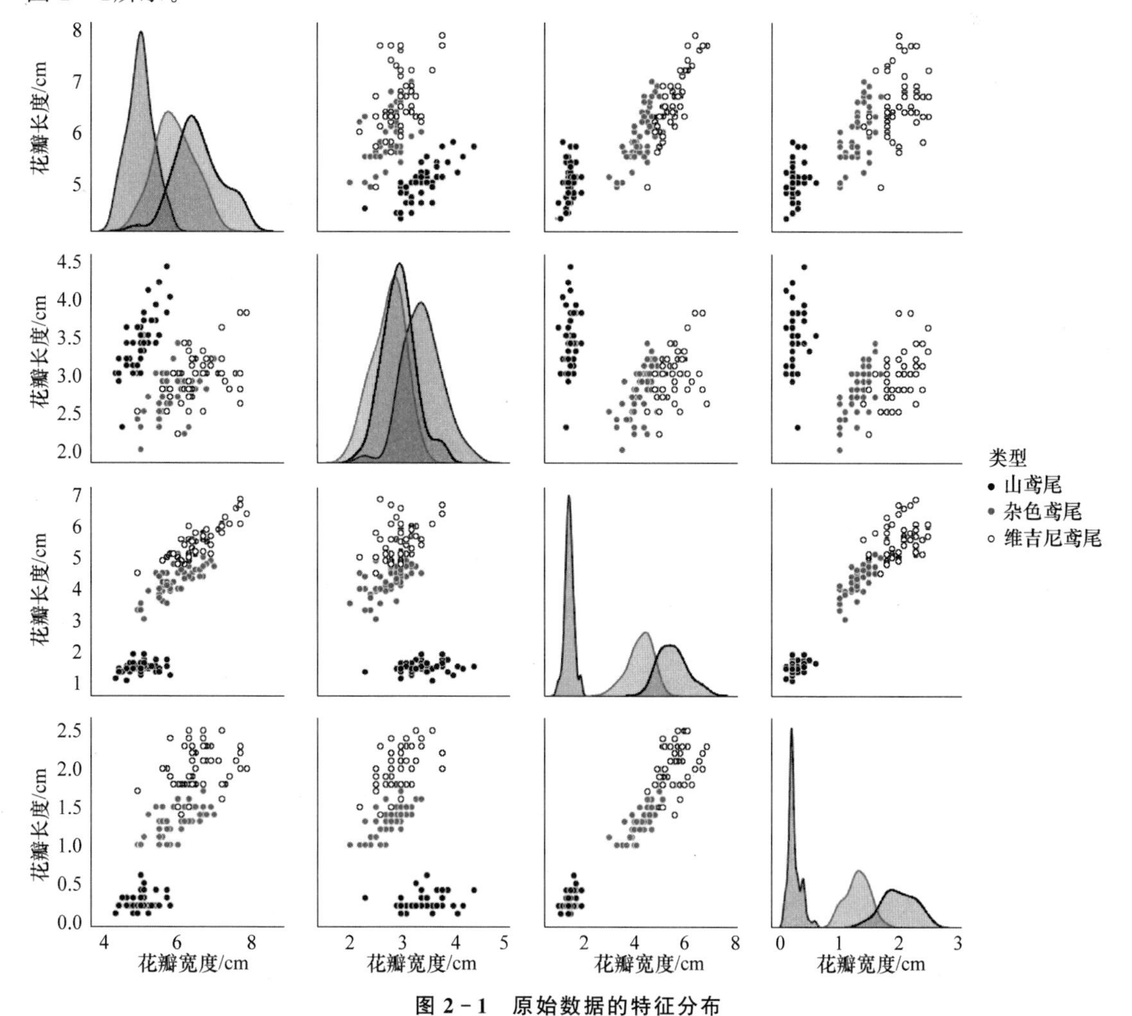

图 2-1　原始数据的特征分布

可见每两个特征之间具有一定的相关性，只靠某单个特征已经可以做出分类，但从图中的核密度估计可以看出，类别间的间隔较小，不能达到最好的分类效果。

用 $\boldsymbol{V}^{\mathrm{T}}$ 处理后，数据的特征分布如图 2-2 所示。

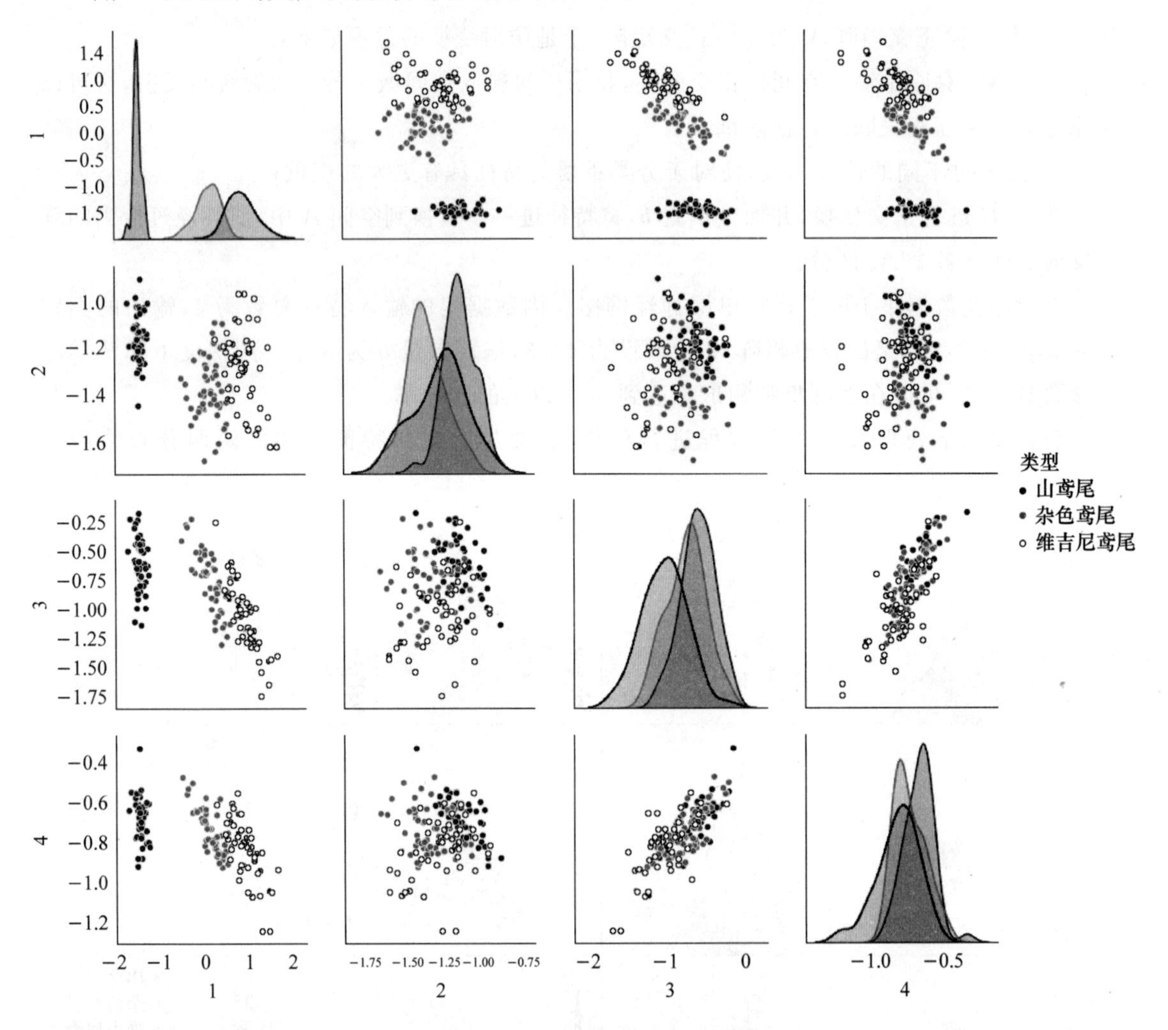

图 2-2　$\boldsymbol{V}^{\mathrm{T}}$ 处理后数据的特征分布

在变换后的特征空间中，特征 1 成为区分数据的主要特征，且特征 1 的核密度估计中，不同类别的差距拉大了。

用 $\boldsymbol{SV}^{\mathrm{T}}$ 和 $\boldsymbol{USV}^{\mathrm{T}}$ 处理后，数据的特征分布分别如图 2-3 和图 2-4 所示。

注意到，在用 $\boldsymbol{SV}^{\mathrm{T}}$ 处理后的空间中，特征 3 因为被赋予极低的权值，所以在与其他特征的比较中可以忽略不计，可以认为它不参与分类过程，此时网络实现了对无关特征的自动清除，只保留了有效的特征 1 和特征 2 参与分类。

用 $\boldsymbol{USV}^{\mathrm{T}}$，即 $\boldsymbol{W}$ 处理后的数据是适合用 softmax 直接分类的数据，当特征 1 最大时，对应鸢尾花类别为 setosa，当特征 2 最大时，对应类别为 versicolor，当特征 3 最大时，对应类别为 virginica。

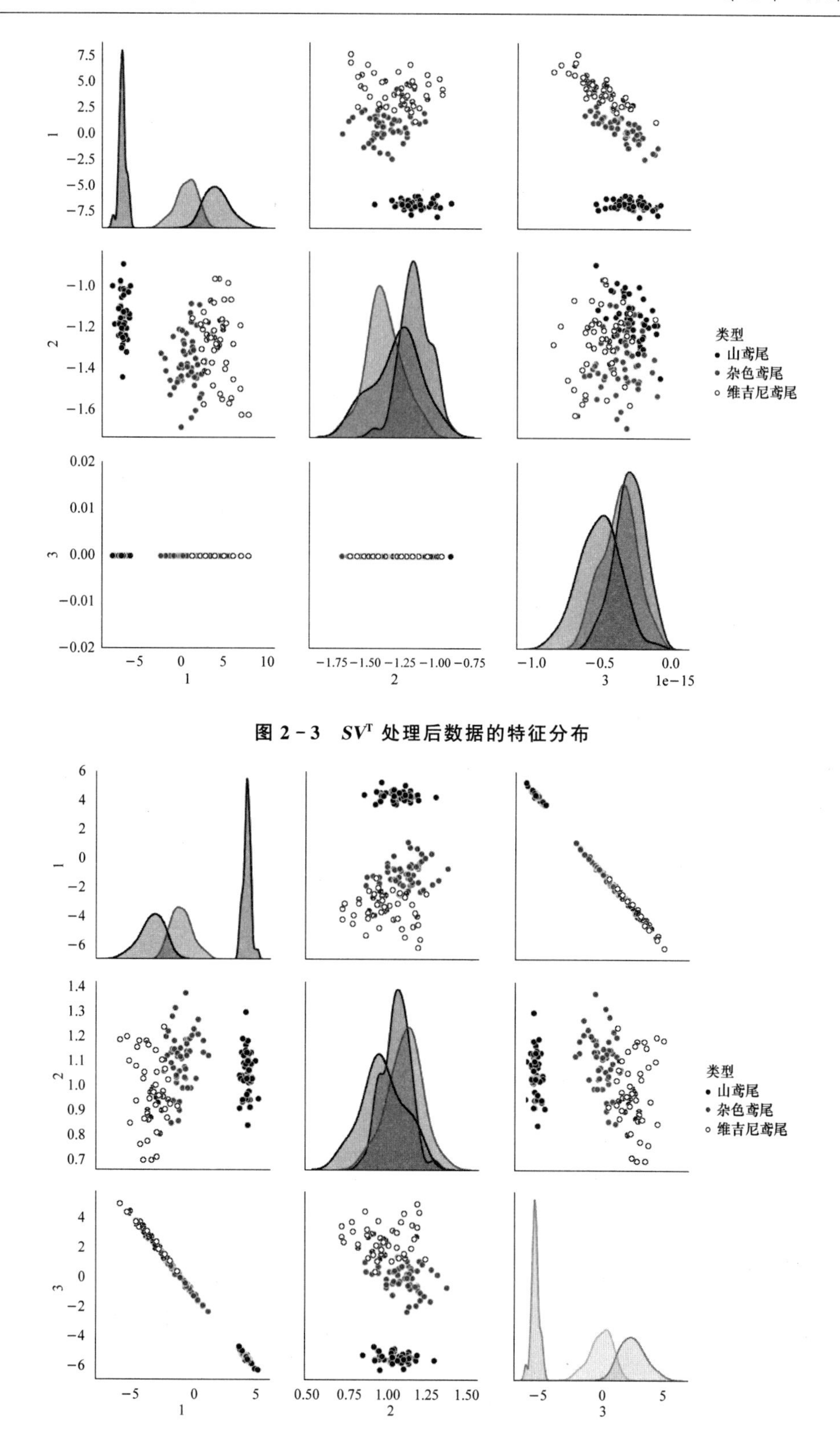

图 2-3　SV^T 处理后数据的特征分布

图 2-4　USV^T 处理后数据的特征分布

第3章　矩阵的广义逆

广义逆矩阵的概念最早是由 Moore 首先明确提出的，利用正交投影算子来定义广义逆，1955 年 Penrose 以更为直接明确的代数形式给出了 Moore 广义逆矩阵的定义。他用四个方程定义了广义逆，并证明了 $\boldsymbol{A}^{+}$ 的唯一性，建立了 $\boldsymbol{A}^{(1)}$ 与线性方程组 $\boldsymbol{Ax}=\boldsymbol{b}$ 解的联系。从那时起，对广义逆的研究蓬勃发展，并在数理统计、数学规划、控制理论、数值分析中有着许多应用，现已成为矩阵理论中的一个重要分支。本章着重介绍 $m\times n$ 矩阵的 Penrose 广义逆 $\boldsymbol{A}^{+}$ 的概念、性质及计算方法，并结合方程组 $\boldsymbol{Ax}=\boldsymbol{b}$ 的求解问题对 $A\{1\}$，$A\{1,3\}$ 及 $A\{1,4\}$ 作相应介绍。

3.1　广义逆矩阵

定义 3.1-1　设 $\boldsymbol{A}\in\mathbb{C}^{m\times n}$，若矩阵 $\boldsymbol{X}\in\mathbb{C}^{n\times m}$ 满足四个 Moore-Penrose 方程：① $\boldsymbol{AXA}=\boldsymbol{A}$；② $\boldsymbol{XAX}=\boldsymbol{X}$；③ $(\boldsymbol{AX})^{\mathrm{H}}=\boldsymbol{AX}$；④ $(\boldsymbol{XA})^{\mathrm{H}}=\boldsymbol{XA}$ 的全部或一部分，则称 $\boldsymbol{X}$ 为 $\boldsymbol{A}$ 的**广义逆矩阵**。

由此定义，满足上述一个、两个、三个或四个方程的广义逆矩阵共有 $C_4^1+C_4^2+C_4^3+C_4^4=15$，即十五类广义逆。

若 $\boldsymbol{G}$ 为满足第 i 个方程的广义逆矩阵，记 $\boldsymbol{G}=\boldsymbol{A}^{(i)}$ $(i=1,2,3,4)$；满足第 i，第 j 两个方程记为 $\boldsymbol{G}=\boldsymbol{A}^{(i,j)}$；满足第 i,j,k 三个方程的广义逆矩阵，记为 $\boldsymbol{G}=\boldsymbol{A}^{(i,j,k)}$；满足全部四个方程的广义逆矩阵，记 $\boldsymbol{G}=\boldsymbol{A}^{(1,2,3,4)}$。

除 $\boldsymbol{A}^{(1,2,3,4)}$ 唯一确定（记为 $\boldsymbol{A}^{+}$），其余各类广义逆均不唯一。每类广义逆均包含一类矩阵，为此将满足前面所述的广义逆集合分别记为 $A\{i\}$，$A\{i,j\}$，$A\{i,j,k\}$，故 $\boldsymbol{A}^{(i)}\in A\{i\}$，$\boldsymbol{A}^{(i,j)}\in A\{i,j\}$，$\boldsymbol{A}^{(i,j,k)}\in A\{i,j,k\}$。

以上 15 种广义逆矩阵中，较常见的是 $A\{1\}$，$A\{1,3\}$，$A\{1,4\}$ 及 $\boldsymbol{A}^{+}=\boldsymbol{A}^{(1,2,3,4)}$，而 $\boldsymbol{A}^{+}\in A\{1\}$，$\boldsymbol{A}^{+}\in A\{1,3\}$，$\boldsymbol{A}^{+}\in A\{1,4\}$。$A\{1\}$ 叫做 $\{1\}$ **逆**，也叫做**减号逆**，常记为 $\boldsymbol{A}^{-}$。$\boldsymbol{A}^{+}$ 叫做**加号逆**或**伪逆**。不难看到，若 $\boldsymbol{A}\in\mathbb{C}^{n\times n}$，且 $|\boldsymbol{A}|\neq 0$，则 $\boldsymbol{A}^{-1}$ 存在。不难验证 $\boldsymbol{A}^{-1}$ 满足四个 Moore-Penrose 方程①～④，故 $\boldsymbol{A}^{-1}$ 就是 $\boldsymbol{A}$ 的 Penrose 逆，即 $\boldsymbol{A}^{-1}=\boldsymbol{A}^{+}$。

定理 3.1-1　设 $\boldsymbol{A}^{-}\in A\{1\}$ 是的一个 $\{1\}$ 逆（减号逆），则

① $\boldsymbol{A}^{-}\boldsymbol{A}$，$\boldsymbol{AA}^{-}$ 都是幂等的；

② $\operatorname{rank}\boldsymbol{A}=\operatorname{rank}(\boldsymbol{A}^{-}\boldsymbol{A})=\operatorname{rank}(\boldsymbol{AA}^{-})$；

③ $(\boldsymbol{A}^{\mathrm{T}})^{-}=(\boldsymbol{A}^{-})^{\mathrm{T}}$，$(\boldsymbol{A}^{\mathrm{H}})^{-}=(\boldsymbol{A}^{-})^{\mathrm{H}}$。

证明　① $(\boldsymbol{A}^-\boldsymbol{A})^2=(\boldsymbol{A}^-\boldsymbol{A}\boldsymbol{A}^-)\boldsymbol{A}=\boldsymbol{A}^-\boldsymbol{A},(\boldsymbol{A}\boldsymbol{A}^-)^2=(\boldsymbol{A}\boldsymbol{A}^-\boldsymbol{A})\boldsymbol{A}^-=\boldsymbol{A}\boldsymbol{A}^-$
所以$\boldsymbol{A}^-\boldsymbol{A},\boldsymbol{A}\boldsymbol{A}^-$都是幂等的。

② 因为 $\text{rank}(\boldsymbol{A}^-\boldsymbol{A})\leqslant\text{rank}\boldsymbol{A}$。又因 $\boldsymbol{A}=\boldsymbol{A}\boldsymbol{A}^-\boldsymbol{A}$,所以 $\text{rank}(\boldsymbol{A}\boldsymbol{A}^-\boldsymbol{A})\leqslant\text{rank}(\boldsymbol{A}\boldsymbol{A}^-)$,故 $\text{rank}\boldsymbol{A}\leqslant\text{rank}(\boldsymbol{A}^-\boldsymbol{A})$,从而 $\text{rank}\boldsymbol{A}=\text{rank}(\boldsymbol{A}^-\boldsymbol{A})$。类似地可得 $\text{rank}\boldsymbol{A}=\text{rank}(\boldsymbol{A}^-\boldsymbol{A})=\text{rank}(\boldsymbol{A}\boldsymbol{A}^-)$。

③ $\boldsymbol{A}^{\text{T}}(\boldsymbol{A}^-)^{\text{T}}\boldsymbol{A}^{\text{T}}=(\boldsymbol{A}(\boldsymbol{A}^-)\boldsymbol{A})^{\text{T}}=\boldsymbol{A}^{\text{T}}$,故$(\boldsymbol{A}^{\text{T}})^-=(\boldsymbol{A}^-)^{\text{T}}$,同理可证$(\boldsymbol{A}^{\text{H}})^-=(\boldsymbol{A}^-)^{\text{H}}$。

例如　令 $\boldsymbol{A}=\begin{pmatrix}1&1\\0&0\end{pmatrix},\boldsymbol{B}=\begin{pmatrix}1\\1\end{pmatrix}$,直接验证,$\boldsymbol{A}^+=\begin{pmatrix}\frac{1}{2}&0\\\frac{1}{2}&0\end{pmatrix},\boldsymbol{B}^+=\begin{pmatrix}\frac{1}{2}&\frac{1}{2}\end{pmatrix}$。

对任意矩阵 $\boldsymbol{A},(\lambda\boldsymbol{A})^+=\lambda^+\boldsymbol{A}^+$,其中 $\lambda^+=\begin{cases}\lambda^{-1}&\lambda\neq0\\0&\lambda=0\end{cases}$。

现在自然要问,任 $\boldsymbol{A}\in\mathbb{C}^{n\times n}$,是否存在 $\boldsymbol{X}$ 满足方程①～④,若存在是否唯一。

定理 3.1-2(Penrose)　对任意 $\boldsymbol{A}\in\mathbb{C}^{n\times n}$,$\boldsymbol{A}^+$存在且唯一。

证明　由 $\boldsymbol{A}$ 的奇异值分解($\text{rank}\boldsymbol{A}=r$),有

$$\boldsymbol{A}=\boldsymbol{V}\begin{pmatrix}\boldsymbol{S}_r&\boldsymbol{0}\\\boldsymbol{0}&\boldsymbol{0}\end{pmatrix}\boldsymbol{U}^{\text{H}}$$

式中,$\boldsymbol{S}_r=\text{diag}\{\boldsymbol{\sigma}_1,\cdots,\boldsymbol{\sigma}_r\}(\boldsymbol{\sigma}_i>0,i=1,\cdots,r),\boldsymbol{V},\boldsymbol{U}$ 为酉矩阵。

令
$$\boldsymbol{G}=\boldsymbol{U}\begin{pmatrix}\boldsymbol{S}_r{}^{-1}&\boldsymbol{0}\\\boldsymbol{0}&\boldsymbol{0}\end{pmatrix}\boldsymbol{V}^{\text{H}}\in\mathbb{C}^{n\times m}$$

可直接验证 $\boldsymbol{G}$ 满足定义 3.1-1 中的①～④,如满足第①和第③方程的验证如下:

$$\boldsymbol{AGA}=\boldsymbol{V}\begin{pmatrix}\boldsymbol{S}_r&\boldsymbol{0}\\\boldsymbol{0}&\boldsymbol{0}\end{pmatrix}\boldsymbol{U}^{\text{H}}\boldsymbol{U}\begin{pmatrix}\boldsymbol{S}_r^{-1}&\boldsymbol{0}\\\boldsymbol{0}&\boldsymbol{0}\end{pmatrix}\boldsymbol{V}^{\text{H}}\boldsymbol{V}\begin{pmatrix}\boldsymbol{S}_r&\boldsymbol{0}\\\boldsymbol{0}&\boldsymbol{0}\end{pmatrix}\boldsymbol{U}^{\text{H}}=\boldsymbol{V}\begin{pmatrix}\boldsymbol{S}_r&\boldsymbol{0}\\\boldsymbol{0}&\boldsymbol{0}\end{pmatrix}\boldsymbol{U}^{\text{H}}=\boldsymbol{A}$$

$$(\boldsymbol{AG})^{\text{H}}=\left(\boldsymbol{V}\begin{pmatrix}\boldsymbol{S}_r&\boldsymbol{0}\\\boldsymbol{0}&\boldsymbol{0}\end{pmatrix}\boldsymbol{U}^{\text{H}}\boldsymbol{U}\begin{pmatrix}\boldsymbol{S}_r^{-1}&\boldsymbol{0}\\\boldsymbol{0}&\boldsymbol{0}\end{pmatrix}\boldsymbol{V}^{\text{H}}\right)^{\text{H}}=\left(\boldsymbol{V}\begin{pmatrix}\boldsymbol{I}_r&\boldsymbol{0}\\\boldsymbol{0}&\boldsymbol{0}\end{pmatrix}\boldsymbol{V}^{\text{H}}\right)^{\text{H}}=\boldsymbol{V}\begin{pmatrix}\boldsymbol{I}_r&\boldsymbol{0}\\\boldsymbol{0}&\boldsymbol{0}\end{pmatrix}\boldsymbol{V}^{\text{H}}=\boldsymbol{AG}$$

类似可验证它满足其余两个方程。

下面证唯一性。现设 $\boldsymbol{X},\boldsymbol{Y}$ 均满足方程①～④,有

$$\begin{aligned}\boldsymbol{X}&\overset{(2)}{=\!=}\boldsymbol{XAX}\overset{(3)}{=\!=}\boldsymbol{X}(\boldsymbol{AX})^{\text{H}}=\boldsymbol{XX}^{\text{H}}\boldsymbol{A}^{\text{H}}\overset{(1)}{=\!=}\boldsymbol{XX}^{\text{H}}(\boldsymbol{AYA})^{\text{H}}=\boldsymbol{XX}^{\text{H}}\boldsymbol{A}^{\text{H}}(\boldsymbol{AY})^{\text{H}}\\&\overset{(3)}{=\!=}\boldsymbol{X}(\boldsymbol{AX})^{\text{H}}\boldsymbol{AY}\overset{(1)(3)}{=\!=\!=}\boldsymbol{XAX}(\boldsymbol{AYA})\boldsymbol{Y}\overset{(2)(4)}{=\!=\!=}\boldsymbol{XA}(\boldsymbol{YA})^{\text{H}}\boldsymbol{Y}=\boldsymbol{XAA}^{\text{H}}\boldsymbol{Y}^{\text{H}}\boldsymbol{Y}\\&\overset{(4)}{=\!=}(\boldsymbol{AXA})^{\text{H}}\boldsymbol{Y}^{\text{H}}\boldsymbol{Y}\overset{(1)}{=\!=}\boldsymbol{A}^{\text{H}}\boldsymbol{Y}^{\text{H}}\boldsymbol{Y}=(\boldsymbol{YA})^{\text{H}}\boldsymbol{Y}\overset{(4)}{=\!=}\boldsymbol{YAY}\overset{(2)}{=\!=}\boldsymbol{Y}\end{aligned}$$

证毕。

该定理表明,任一类广义逆均是存在的(因为 $\boldsymbol{A}^+$是任一类广义逆)。

以下证明 $\boldsymbol{A}^+$的一些简单性质,$\boldsymbol{A}^+$的有些性质与通常的 $\boldsymbol{A}^{-1}$类似,而有些则完全不同。

定理 3.1-3　设 $\boldsymbol{A}\in\mathbb{C}^{n\times n}$,则

① $(\boldsymbol{A}^+)^+=\boldsymbol{A}$;

② $(\boldsymbol{A}^{\text{H}})^+=(\boldsymbol{A}^+)^{\text{H}}$;

③ $(\boldsymbol{A}^{\text{T}})^+=(\boldsymbol{A}^+)^{\text{T}}$;

④ $(\boldsymbol{A}^{\text{H}}\boldsymbol{A})^+=\boldsymbol{A}^+(\boldsymbol{A}^{\text{H}})^+,(\boldsymbol{AA}^{\text{H}})^+=(\boldsymbol{A}^{\text{H}})^+\boldsymbol{A}^+$;

⑤ $(\boldsymbol{AB})^+\neq\boldsymbol{B}^+\boldsymbol{A}^+$;

⑥ 一般地 $\boldsymbol{A}^+\boldsymbol{A}\neq\boldsymbol{A}\boldsymbol{A}^+\neq\boldsymbol{I}$；

⑦ $\text{rank}\boldsymbol{A}^+=\text{rank}\boldsymbol{A}$；

⑧ $\boldsymbol{A}^+=(\boldsymbol{A}^{\text{H}}\boldsymbol{A})^+\boldsymbol{A}^{\text{H}}=\boldsymbol{A}^{\text{H}}(\boldsymbol{A}\boldsymbol{A}^{\text{H}})^+$；

⑨ $R(\boldsymbol{A}^+)=R(\boldsymbol{A}^{\text{H}}),N(\boldsymbol{A}^+)=N(\boldsymbol{A}^{\text{H}})$。

证明 由存在唯一性以及定义 3.1-1 中的①～④中 $\boldsymbol{A}$ 与 $\boldsymbol{A}^+$ 的对等地位可知①成立。

②和③由定义 3.1-1 中的①～④共轭转置或转置即得。

④ 可通过直接验证 $\boldsymbol{A}^+(\boldsymbol{A}^{\text{H}})^+$ 满足 $(\boldsymbol{A}^{\text{H}}\boldsymbol{A})\{1,2,3,4\}$ 得到。如

$$\boldsymbol{A}^{\text{H}}\boldsymbol{A}(\boldsymbol{A}^+(\boldsymbol{A}^{\text{H}})^+)\boldsymbol{A}^{\text{H}}\boldsymbol{A}=\boldsymbol{A}^{\text{H}}(\boldsymbol{A}\boldsymbol{A}^+)^{\text{H}}(\boldsymbol{A}\boldsymbol{A}^+)^{\text{H}}\boldsymbol{A}=(\boldsymbol{A}\boldsymbol{A}^+\boldsymbol{A})^{\text{H}}(\boldsymbol{A}\boldsymbol{A}^+)\boldsymbol{A}=\boldsymbol{A}^{\text{H}}\boldsymbol{A}$$

满足定义 3.1-1 中的①，同理可验证其满足定义 3.1-1 中的②～④，所以 $(\boldsymbol{A}^{\text{H}}\boldsymbol{A})^+=\boldsymbol{A}^+(\boldsymbol{A}^{\text{H}})^+$。

同样可验证该定理④。

⑤ 只需看一简单例子，即

取 $\boldsymbol{A}=\begin{pmatrix}1&0\\0&0\end{pmatrix}$，$\boldsymbol{B}=\begin{pmatrix}1&1\\0&1\end{pmatrix}$，易见 $\boldsymbol{A}^+=\begin{pmatrix}1&0\\0&0\end{pmatrix}$，$\boldsymbol{B}^+=\boldsymbol{B}^{-1}=\begin{pmatrix}1&-1\\0&1\end{pmatrix}$，则 $\boldsymbol{A}\boldsymbol{B}=\begin{pmatrix}1&1\\0&0\end{pmatrix}$，而 $(\boldsymbol{A}\boldsymbol{B})^+=\begin{pmatrix}\frac{1}{2}&0\\\frac{1}{2}&0\end{pmatrix}$，$\boldsymbol{B}^+\boldsymbol{A}^+=\begin{pmatrix}1&0\\0&0\end{pmatrix}$，所以 $(\boldsymbol{A}\boldsymbol{B})^+\neq\boldsymbol{B}^+\boldsymbol{A}^+$。

⑥ 取 $\boldsymbol{A}=\boldsymbol{0}_{3\times2}$，易见 $\boldsymbol{A}^+=\boldsymbol{0}_{2\times3}$，而 $\boldsymbol{A}^+\boldsymbol{A}=\boldsymbol{0}_{2\times2}$，$\boldsymbol{A}\boldsymbol{A}^+=\boldsymbol{0}_{3\times3}$。

⑦ 由定义 3.1-1 中的①和②显见(因为矩阵乘积的秩不超过各因子的秩)。

⑧ 由④ $(\boldsymbol{A}^{\text{H}}\boldsymbol{A})^+\boldsymbol{A}^{\text{H}}=\boldsymbol{A}^+(\boldsymbol{A}^{\text{H}})^+\boldsymbol{A}^H=\boldsymbol{A}^+(\boldsymbol{A}\boldsymbol{A}^+)^{\text{H}}=\boldsymbol{A}^+\boldsymbol{A}\boldsymbol{A}^+=\boldsymbol{A}^+$

又
$$\boldsymbol{A}^{\text{H}}(\boldsymbol{A}\boldsymbol{A}^{\text{H}})^+=\boldsymbol{A}^{\text{H}}(\boldsymbol{A}^{\text{H}})^+\boldsymbol{A}^+=(\boldsymbol{A}^+\boldsymbol{A})^{\text{H}}\boldsymbol{A}^+=\boldsymbol{A}^+\boldsymbol{A}\boldsymbol{A}^+=\boldsymbol{A}^+$$

⑨ 由⑦ $\text{rank}\boldsymbol{A}^+=\text{rank}\boldsymbol{A}=\text{rank}\boldsymbol{A}^{\text{H}}$

从而
$$\dim R(\boldsymbol{A}^+)=\dim R(\boldsymbol{A}^{\text{H}})$$

而
$$R(\boldsymbol{A}^+)=R(\boldsymbol{A}^+\boldsymbol{A}\boldsymbol{A}^+)=R(\boldsymbol{A}^{\text{H}}(\boldsymbol{A}^+)^{\text{H}}\boldsymbol{A}^+)\subseteq R(\boldsymbol{A}^{\text{H}})$$

所以
$$R(\boldsymbol{A}^+)=R(\boldsymbol{A}^{\text{H}})$$

又
$$N(\boldsymbol{A}^+)=N(\boldsymbol{A}^+\boldsymbol{A}\boldsymbol{A}^+)=N(\boldsymbol{A}^+(\boldsymbol{A}^+)^{\text{H}}\boldsymbol{A}^{\text{H}})\supseteq N(\boldsymbol{A}^{\text{H}})$$

由亏加秩
$$\dim N(\boldsymbol{A}^+)+\dim R(\boldsymbol{A}^+)=\dim R(\boldsymbol{A}^{\text{H}})+\dim N(\boldsymbol{A}^{\text{H}})$$

所以
$$\dim N(\boldsymbol{A}^+)=\dim N(\boldsymbol{A}^{\text{H}}),\ 故\ N(\boldsymbol{A}^+)=N(\boldsymbol{A}^{\text{H}})$$

证毕。

习　题

1. 当 $\boldsymbol{A}$ 可逆时，证明：$\boldsymbol{A}$ 的广义逆 $A\{1\}$；$A\{1,2\}$；$A\{1,3\}$；$A\{1,4\}$ 及 $A\{1,2,3,4\}$ 都等于 $\boldsymbol{A}^{-1}$。

2. 设 $\boldsymbol{A}\in\mathbb{C}^{m\times n}$，若矩阵 $\boldsymbol{X}\in\mathbb{C}^{n\times m}$，使得 $\boldsymbol{A}\boldsymbol{X}=\boldsymbol{I}_n$，则 $\boldsymbol{X}$ 称为 $\boldsymbol{A}$ 的一个右逆阵，且称 $\boldsymbol{A}$ 是右可逆的。

(1) 试给出左逆阵与左可阵的定义；

(2) 证明 $\boldsymbol{A}=\boldsymbol{A}_{m\times n}$ 是右可逆的 $\Leftrightarrow \boldsymbol{A}$ 是行满秩的，即 $\mathrm{rank}\boldsymbol{A}=m$，且 $m\leqslant n$；

(3) 求 $\boldsymbol{A}=\begin{pmatrix}1 & 1 & 0\\ 0 & 1 & 0\end{pmatrix}$ 的一个右逆阵 $\boldsymbol{X}$ 使 $\boldsymbol{AX}=\boldsymbol{I}$，并说明 $\boldsymbol{A}$ 不是左可逆的。

3. 证明：$\boldsymbol{A}^+\boldsymbol{A}$，$\boldsymbol{AA}^+$ 都是幂等的半正定阵。

4. 证明：$\boldsymbol{O}_{m\times n}^+=\boldsymbol{O}_{n\times m}$。

5. 设 $\boldsymbol{D}=\mathrm{diag}\{\boldsymbol{d}_1,\cdots,\boldsymbol{d}_n\}$，证明：$\boldsymbol{D}^+=\mathrm{diag}\{\boldsymbol{d}_1^+,\cdots,\boldsymbol{d}_n^+\}$。其中 $\boldsymbol{d}^+=\begin{cases}0, & d=0\\ d^{-1}, & d\neq 0\end{cases}$。

6. 设 $\boldsymbol{A}\in\mathbb{R}^{m\times n}$，$\mathrm{rank}\boldsymbol{A}=r$，$\boldsymbol{U},\boldsymbol{V}$ 是正交阵，若 $\boldsymbol{A}=\boldsymbol{V}\begin{pmatrix}\boldsymbol{S} & \boldsymbol{0}\\ \boldsymbol{0} & \boldsymbol{0}\end{pmatrix}\boldsymbol{U}^{\mathrm{T}}$，其中 $\boldsymbol{S}$ 为 r 阶对角阵，证明：$\boldsymbol{A}^+=\boldsymbol{U}\begin{pmatrix}\boldsymbol{S}^+ & \boldsymbol{0}\\ \boldsymbol{0} & \boldsymbol{0}\end{pmatrix}\boldsymbol{V}^{\mathrm{T}}$。

7. 证明：$\begin{pmatrix}\boldsymbol{A}\\ \boldsymbol{0}\end{pmatrix}^+=(\boldsymbol{A}^+,\boldsymbol{0})$。

8. 设 $\boldsymbol{A}\in\mathbb{C}^{m\times n}$，$\boldsymbol{U}\in\mathbb{C}^{m\times m}$，$\boldsymbol{V}\in\mathbb{C}^{n\times n}$ 均为酉矩阵，证明：$(\boldsymbol{UAV})^+=\boldsymbol{V}^{\mathrm{H}}\boldsymbol{A}^+\boldsymbol{U}^{\mathrm{H}}$。

9. 证明：$\boldsymbol{A}^+=\boldsymbol{A}$ 的充要条件是 $\boldsymbol{A}^2$ 是幂等 Hermite 阵且 $\mathrm{rank}(\boldsymbol{A}^2)=\mathrm{rank}\boldsymbol{A}$。

10. 设 $\boldsymbol{a},\boldsymbol{b}\in\mathbb{C}^n$，证明：(1) $\boldsymbol{a}^+=(\boldsymbol{a}^{\mathrm{H}}\boldsymbol{a})^+\boldsymbol{a}^{\mathrm{H}}$；(2) $(\boldsymbol{b}^{\mathrm{H}})^+=(\boldsymbol{b}^{\mathrm{H}}\boldsymbol{b})^+\boldsymbol{b}$。

11. 设 $\boldsymbol{A}$ 是正规矩阵，证明：(1) $\boldsymbol{A}^+\boldsymbol{A}=\boldsymbol{AA}^+$；(2) $(\boldsymbol{A}^+)^k=(\boldsymbol{A}^k)^+$。

12. 设 $\boldsymbol{A}=\mathrm{diag}\{\boldsymbol{A}_1,\boldsymbol{A}_2,\cdots,\boldsymbol{A}_k\}$，$\boldsymbol{A}_i$ 均为正方子块，则 $\boldsymbol{A}^+=\mathrm{diag}\{\boldsymbol{A}_1^+,\boldsymbol{A}_2^+,\cdots,\boldsymbol{A}_k^+\}$。

13. 设 $\boldsymbol{A}$ 为正规矩阵，有谱分解 $\boldsymbol{A}=\sum\limits_{i=1}^{k}\lambda_i\boldsymbol{E}_i$，证明 $\boldsymbol{A}^+=\sum\limits_{i=1}^{k}\lambda_i^+\boldsymbol{E}_i$。

3.2　A^+ 的几种基本求法

利用第 2 章给出矩阵的几种矩阵分解来导出 $\boldsymbol{A}^+$ 的几种基本显式及计算方法。

3.2.1　利用满秩分解求 A^+

定理 3.2-1　设 $\boldsymbol{A}\in\mathbb{C}_r^{m\times n}$ $(r>0)$，且有满秩分解，$\boldsymbol{A}=\boldsymbol{FG}$，$\boldsymbol{F}\in\mathbb{C}_r^{m\times r}$，$\boldsymbol{G}\in\mathbb{C}_r^{r\times n}$，则有 $\boldsymbol{A}^+=\boldsymbol{G}^{\mathrm{H}}(\boldsymbol{GG}^{\mathrm{H}})^{-1}(\boldsymbol{F}^{\mathrm{H}}\boldsymbol{F})^{-1}\boldsymbol{F}^{\mathrm{H}}=\boldsymbol{G}^{\mathrm{H}}(\boldsymbol{F}^{\mathrm{H}}\boldsymbol{AG}^{\mathrm{H}})^{-1}\boldsymbol{F}^{\mathrm{H}}$。

证明　因为 $\mathrm{rank}(\boldsymbol{F}^{\mathrm{H}}\boldsymbol{F})=r=\mathrm{rank}(\boldsymbol{GG}^{\mathrm{H}})$，故 r 阶方阵 $\boldsymbol{F}^{\mathrm{H}}\boldsymbol{F}$ 及 $\boldsymbol{GG}^{\mathrm{H}}$ 可逆，故 $\boldsymbol{F}^{\mathrm{H}}\boldsymbol{AG}^{\mathrm{H}}=(\boldsymbol{F}^{\mathrm{H}}\boldsymbol{F})(\boldsymbol{GG}^{\mathrm{H}})$ 可逆，从而只需验证，$\boldsymbol{G}^{\mathrm{H}}(\boldsymbol{GG}^{\mathrm{H}})^{-1}(\boldsymbol{F}^{\mathrm{H}}\boldsymbol{F})^{-1}\boldsymbol{F}^{\mathrm{H}}$ 满足 $\boldsymbol{A}$ 的 Penrose 的四个方程(见定义 3.1-1)，如

$$\boldsymbol{AXA}=\boldsymbol{AG}^{\mathrm{H}}(\boldsymbol{GG}^{\mathrm{H}})^{-1}(\boldsymbol{F}^{\mathrm{H}}\boldsymbol{F})^{-1}\boldsymbol{F}^{\mathrm{H}}\boldsymbol{A}=\boldsymbol{FGG}^{\mathrm{H}}(\boldsymbol{GG}^{\mathrm{H}})^{-1}(\boldsymbol{F}^{\mathrm{H}}\boldsymbol{F})^{-1}\boldsymbol{F}^{\mathrm{H}}\boldsymbol{FG}=\boldsymbol{FG}=\boldsymbol{A}$$

$$\boldsymbol{AX}=\boldsymbol{AG}^{\mathrm{H}}(\boldsymbol{GG}^{\mathrm{H}})^{-1}(\boldsymbol{F}^{\mathrm{H}}\boldsymbol{F})^{-1}\boldsymbol{F}^{\mathrm{H}}=\boldsymbol{F}(\boldsymbol{GG}^{\mathrm{H}})(\boldsymbol{GG}^{\mathrm{H}})^{-1}(\boldsymbol{F}^{\mathrm{H}}\boldsymbol{F})^{-1}\boldsymbol{F}^{\mathrm{H}}=\boldsymbol{F}(\boldsymbol{F}^{\mathrm{H}}\boldsymbol{F})^{-1}\boldsymbol{F}^{\mathrm{H}}$$

所以

$$(\boldsymbol{AX})^{\mathrm{H}}=\boldsymbol{AX}$$

类似可验证其满足定义 3.1-1 中的另外两个方程。

证毕。

推论　设 $\boldsymbol{A}\in\mathbb{C}_r^{m\times n}$，则①当 $r=n$(列满秩)时，$\boldsymbol{A}^+=(\boldsymbol{A}^{\mathrm{H}}\boldsymbol{A})^{-1}\boldsymbol{A}^{\mathrm{H}}$；②当 $r=m$(行满秩)时，

$A^+=A^H(AA^H)^{-1}$。

证明 ①当 $\text{rank}A=n$，由 $A=AI_n=FG$ 为 A 的满秩分解，此处 $F=A,G=I_n$，由定理 3.2-1，有

$$A^+=(A^HA)^{-1}A^H \tag{3-1}$$

② 当 $\text{rank}A=m$，$A=I_mA=FG$ 为 A 的满秩分解，$F=I_m$，$A=G$，由定理 3.2-1，有

$$A^+=A^H(AA^H)^{-1}$$

例 3.2-1 求下列矩阵的 Penrose 广义逆。

(1) $A=\begin{pmatrix}1&2&1&5\\2&5&1&14\\4&9&3&24\end{pmatrix}$，(2) $B=\begin{pmatrix}1\\3\end{pmatrix}$。

解

(1)
$$A\xrightarrow[③-4\times①]{②-2\times①}\begin{pmatrix}1&2&1&5\\0&1&-1&4\\0&1&-1&4\end{pmatrix}\xrightarrow[③+②(-1)]{①+(-1)\times②}\begin{pmatrix}1&0&3&-3\\0&1&-1&4\\0&0&0&0\end{pmatrix}$$

所以
$$F=\begin{pmatrix}1&2\\2&5\\4&9\end{pmatrix},\ G=\begin{pmatrix}1&0&3&-3\\0&1&-1&4\end{pmatrix}$$

所以

$$A^+=G^T(GG^T)^{-1}(F^TF)^{-1}F^T=\frac{1}{234}\begin{pmatrix}54&-75&33\\32&-43&21\\130&-182&78\\-34&53&-15\end{pmatrix}$$

② B 为列满秩，故

$$B^+=(B^TB)^{-1}B^T=\left(\frac{1}{10},\frac{3}{10}\right)$$

例 3.2-2 设 $A_{m\times n}\neq O$，且 A^+ 已知，记 $B=\begin{pmatrix}A\\A\end{pmatrix}$，求 B^+。

解 设 A 的一个满秩分解为

$$A=FG\quad(F\in\mathbb{C}_r^{m\times r},G\in\mathbb{C}_r^{r\times n})$$

则 $A^+=G^+F^+$，且有

$$B=\begin{bmatrix}FG\\FG\end{bmatrix}=\begin{bmatrix}F\\F\end{bmatrix}G\left(\begin{bmatrix}F\\F\end{bmatrix}\in\mathbb{C}_r^{2m\times r},G\in\mathbb{C}_r^{r\times n}\right)$$

上式给出矩阵 B 的一个满秩分解，由此可得

$$B^+=G^+\begin{bmatrix}F\\F\end{bmatrix}^+=G^+\cdot\left((F^H\ \vdots\ F^H)\begin{bmatrix}F\\F\end{bmatrix}\right)^{-1}[F^H\ \vdots\ F^H]$$
$$=G^+\cdot\frac{1}{2}(F^HF)^{-1}[F^H\ \vdots\ F^H]=G^+\cdot\frac{1}{2}[F^+\ \vdots\ F^+]=\frac{1}{2}[A^+\ \vdots\ A^+]$$

3.2.2　利用奇异值分解求 A^+

定理 3.2-2　设 $A\in\mathbb{C}_r^{m\times n}$ $(r>0)$有如下奇异值分解

$$A=V\begin{pmatrix}S_r & 0\\ 0 & 0\end{pmatrix}U^{\mathrm{H}}$$

其中 $S_r=\mathrm{diag}\{\sigma_1,\cdots,\sigma_r\}$，$\sigma_i>0$，$(1\leqslant i\leqslant r)$，$V$，$U$ 为酉阵，则有 $A^+=U\begin{pmatrix}S_r^{-1} & 0\\ 0 & 0\end{pmatrix}V^{\mathrm{H}}$，此处 $S_r^{-1}=\mathrm{diag}\{\sigma_1^{-1},\cdots,\sigma_r^{-1}\}$。

证明　由 A^+ 的存在唯一性由定理 3.1-2 证明得到。

定理 3.2-2 虽然给出由奇异值分解而得到的 A^+ 的显式，但由上述表达式直接计算一般仍显烦琐，可通过如下奇异值分解的证明过程将求 A^+ 的过程进一步简化。

定理 3.2-3　设 $A\in\mathbb{C}_r^{m\times n}$ $(r>0)$有奇异值分解

$$A=V\begin{pmatrix}S_r & 0\\ 0 & 0\end{pmatrix}U^{\mathrm{H}},\quad U=(U_1,U_2)$$

则 $A^+=U_1\Lambda_r^{-1}U_1^{\mathrm{H}}A^{\mathrm{H}}$，此处 $\mathrm{diag}\{\lambda_1,\cdots,\lambda_r\}=\Lambda_r=S_r^2=\mathrm{diag}\{\sigma_1^2,\cdots,\sigma_r^2\}$，即 $\lambda_1,\cdots,\lambda_r$ 为 $A^{\mathrm{H}}A$ 的 r 个非零特征值，而 $U_1=(\alpha_1,\cdots,\alpha_r)$是由 $A^{\mathrm{H}}A$ 的属于 $\lambda_1,\cdots,\lambda_r$ 的标准正交特征向量构成的矩阵(酉高矩阵)。

证明　由定理 3.2-2 有

$$\begin{aligned}A^+&=U\begin{pmatrix}S_r^{-1} & 0\\ 0 & 0\end{pmatrix}V^{\mathrm{H}}=(U_1,U_2)\begin{pmatrix}S_r^{-1} & 0\\ 0 & 0\end{pmatrix}\begin{pmatrix}V_1^{\mathrm{H}}\\ V_2^{\mathrm{H}}\end{pmatrix}=(U_1S_r^{-1},0)\begin{pmatrix}V_1^{\mathrm{H}}\\ V_2^{\mathrm{H}}\end{pmatrix}\\&=U_1S_r^{-1}V_1^{\mathrm{H}}=U_1S_r^{-1}(AU_1S_r^{-1})^{\mathrm{H}}=U_1S_r^{-1}S_r^{-1}U_1^{\mathrm{H}}A^{\mathrm{H}}\\&=U_1(S_r^2)^{-1}U_1^{\mathrm{H}}A^{\mathrm{H}}=U_1\Lambda_r^{-1}U_1^{\mathrm{H}}A^{\mathrm{H}}\end{aligned}$$

证毕。

由此可描述由奇异值分解求 A^+ 的简化步骤：

① 求出 $A^{\mathrm{H}}A$ 的 r 个非零特征值 $\lambda_1,\cdots,\lambda_r(\mathrm{rank}A=r)$，$(\lambda_i>0,\ 1\leqslant i\leqslant r)$；

② 求出 $A^{\mathrm{H}}A$ 的关于 $\lambda_1,\cdots,\lambda_r$ 的标准正交特征向量 $\alpha_1,\cdots,\alpha_r$，令 $U_1=(\alpha_1,\cdots,\alpha_r)$(酉矩阵)；

③ $A^+=U_1\begin{pmatrix}\lambda_1^{-1} & & 0\\ & \ddots & \\ 0 & & \lambda_r^{-1}\end{pmatrix}U_1^{\mathrm{H}}A^{\mathrm{H}}$。

定理 3.2-4 秩 1 公式　若 $\mathrm{rank}A=1$，则 $A^+=\dfrac{1}{\sum|a_{ij}|^2}A^{\mathrm{H}}$。

当 $\mathrm{rank}A=1$，非零奇异值只有一个，此时

$$A^+=\frac{1}{\lambda_1}U_1U_1^{\mathrm{H}}A^{\mathrm{H}}=\frac{1}{\lambda_1}(U_1U_1^{\mathrm{H}}+U_2U_2^{\mathrm{H}})A^{\mathrm{H}}=\frac{1}{\lambda_1}(U_1,U_2)(U_1,U_2)^{\mathrm{H}}A^{\mathrm{H}}=\frac{1}{\lambda_1}A^{\mathrm{H}}$$

(因为 $N(A^{\mathrm{H}}A)=N(A)$，故 $AU_2=0$)

利用 $A=(a_{ij})_{m\times n}$，$\mathrm{rank}(A^{\mathrm{H}}A)=\mathrm{rank}A=1$，可知

$$\mathrm{tr}(\boldsymbol{A}^{\mathrm{H}}\boldsymbol{A}) = \mathrm{tr}\begin{pmatrix} \lambda_1 & & & \\ & & 0 & \\ & & \ddots & \\ & & & 0 \end{pmatrix} = \lambda_1 = \sum_{j=1}^{n}\sum_{i=1}^{m} |a_{ij}|^2$$

所以

$$\boldsymbol{A}^{+} = \frac{1}{\sum |a_{ij}|^2}\boldsymbol{A}^{\mathrm{H}}$$

证毕。

例 3.2-3 设 $\boldsymbol{A}=\begin{pmatrix} -1 & 0 & 1 \\ 2 & 0 & -2 \end{pmatrix}$，求 $\boldsymbol{A}^{+}$。

解 由定理 3.2-2 已知的奇异值分解

$$\boldsymbol{A}=\boldsymbol{V}\begin{pmatrix} \boldsymbol{S}_r & \boldsymbol{0} \\ \boldsymbol{0} & \boldsymbol{0} \end{pmatrix}\boldsymbol{U}^{\mathrm{H}}=\begin{pmatrix} \frac{1}{\sqrt{5}} & \frac{2}{\sqrt{5}} \\ -\frac{2}{\sqrt{5}} & \frac{1}{\sqrt{5}} \end{pmatrix}\begin{pmatrix} \sqrt{10} & 0 & 0 \\ 0 & 0 & 0 \end{pmatrix}\begin{pmatrix} -\frac{1}{\sqrt{2}} & 0 & \frac{1}{\sqrt{2}} \\ \frac{1}{\sqrt{2}} & 0 & \frac{1}{\sqrt{2}} \\ 0 & 1 & 0 \end{pmatrix}$$

所以

$$\boldsymbol{A}^{+}=\boldsymbol{U}\begin{pmatrix} \boldsymbol{S}_r^{-1} & \boldsymbol{0} \\ \boldsymbol{0} & \boldsymbol{0} \end{pmatrix}\boldsymbol{V}^{\mathrm{H}}=\begin{pmatrix} -\frac{1}{\sqrt{2}} & \frac{1}{\sqrt{2}} & 0 \\ 0 & 0 & 1 \\ \frac{1}{\sqrt{2}} & \frac{1}{\sqrt{2}} & 0 \end{pmatrix}\begin{pmatrix} \frac{1}{\sqrt{10}} & 0 \\ 0 & 0 \\ 0 & 0 \end{pmatrix}\begin{pmatrix} \frac{1}{\sqrt{5}} & -\frac{2}{\sqrt{5}} \\ \frac{2}{\sqrt{5}} & \frac{1}{\sqrt{5}} \end{pmatrix}=\frac{1}{10}\begin{pmatrix} -1 & 2 \\ 0 & 0 \\ 1 & -2 \end{pmatrix}$$

另解 $|\lambda\boldsymbol{I}-\boldsymbol{A}^{\mathrm{H}}\boldsymbol{A}|=\lambda^2(\lambda-10)$，故 $\boldsymbol{A}^{\mathrm{H}}\boldsymbol{A}$ 的非零特征值为 $\lambda=10$，属于 $\lambda=10$ 的单位特征向量为

$$\boldsymbol{\alpha}_1=\left(\frac{1}{\sqrt{2}},0,-\frac{1}{\sqrt{2}}\right)^{\mathrm{T}}$$

令

$$\boldsymbol{U}_1=\left(\frac{1}{\sqrt{2}},0,-\frac{1}{\sqrt{2}}\right)^{\mathrm{T}}$$

所以

$$\boldsymbol{A}^{+}=\boldsymbol{U}_1\boldsymbol{\Lambda}_r^{-1}\boldsymbol{U}_1^{\mathrm{H}}\boldsymbol{A}^{\mathrm{H}}=\begin{pmatrix} \frac{1}{\sqrt{2}} \\ 0 \\ -\frac{1}{\sqrt{2}} \end{pmatrix}\frac{1}{10}\left(\frac{1}{\sqrt{2}},\quad 0,\quad -\frac{1}{\sqrt{2}}\right)\begin{pmatrix} -1 & 2 \\ 0 & 0 \\ 1 & -2 \end{pmatrix}=\frac{1}{10}\begin{pmatrix} -1 & 2 \\ 0 & 0 \\ 1 & -2 \end{pmatrix}$$

若注意到 $\mathrm{rank}\boldsymbol{A}=1$，则

$$\boldsymbol{A}^{+}=\frac{1}{\lambda_1}\boldsymbol{A}^{\mathrm{H}}=\frac{1}{10}\begin{pmatrix} -1 & 2 \\ 0 & 0 \\ 1 & -2 \end{pmatrix}$$

3.2.3　利用谱分解求 A^+(Sylvester 公式)

定理 3.2-5　设 $\boldsymbol{A}\in\mathbb{C}^{m\times n}$，$\lambda_1,\cdots,\lambda_k$ 为 $\boldsymbol{A}^{\mathrm{H}}\boldsymbol{A}$ 的互异特征值，且 $\boldsymbol{A}^{\mathrm{H}}\boldsymbol{A}$ 的谱分解为 $\boldsymbol{A}^{\mathrm{H}}\boldsymbol{A}=\sum\limits_{i=1}^{k}\lambda_i\boldsymbol{E}_i$，则

$$\boldsymbol{A}^+=\sum_{i=1}^{k}\lambda_i^+\frac{\varphi_i(\boldsymbol{A}^{\mathrm{H}}\boldsymbol{A})}{\varphi_i(\lambda_i)}\boldsymbol{A}^{\mathrm{H}} \tag{3-2}$$

式中，$\varphi_i(\lambda)=\prod\limits_{\substack{j=1\\j\neq 1}}^{k}(\lambda-\lambda_j)$，式(3-2)称为 Sylvester 公式。

证明　由于 $\boldsymbol{A}^{\mathrm{H}}\boldsymbol{A}=\sum\limits_{i=1}^{k}\lambda_i\boldsymbol{E}_i$(因为 $\boldsymbol{A}^{\mathrm{H}}\boldsymbol{A}$ 为正规阵)，令 $\boldsymbol{X}=\sum\limits_{i=1}^{k}\lambda_i^+\boldsymbol{E}_i$，不难验证 $\boldsymbol{X}\in\boldsymbol{A}^{\mathrm{H}}\boldsymbol{A}\{1,2,3,4\}$(Penrose 四个方程)，如

$$(\boldsymbol{A}^{\mathrm{H}}\boldsymbol{A})\boldsymbol{X}(\boldsymbol{A}^{\mathrm{H}}\boldsymbol{A})=\left(\sum_{i=1}^{k}\lambda_i\boldsymbol{E}_i\right)\left(\sum_{i=1}^{k}\lambda_i^+\boldsymbol{E}_i\right)\left(\sum_{i=1}^{k}\lambda_i\boldsymbol{E}_i\right)\left(\sum_{i=1}^{k}\lambda_i^2\lambda_i^+\boldsymbol{E}_i\right)=\sum_{i=1}^{k}\lambda_i\boldsymbol{E}_i=\boldsymbol{A}^{\mathrm{H}}\boldsymbol{A}$$

$$(\boldsymbol{A}^{\mathrm{H}}\boldsymbol{A})\boldsymbol{X}=\left(\sum_{i=1}^{k}\lambda_i\boldsymbol{E}_i\right)\left(\sum_{i=1}^{k}\lambda_i^+\boldsymbol{E}_i\right)=\sum_{i=1}^{k}\boldsymbol{E}_i$$

$\boldsymbol{E}_i$是幂等 Hermite 阵，所以

$$((\boldsymbol{A}^{\mathrm{H}}\boldsymbol{A})\boldsymbol{X})^{\mathrm{H}}=\left(\sum_{i=1}^{k}\boldsymbol{E}_i\right)^{\mathrm{H}}=\sum_{i=1}^{k}\boldsymbol{E}_i=(\boldsymbol{A}^{\mathrm{H}}\boldsymbol{A})\boldsymbol{X}$$

其他两个方程也满足，所以

$$(\boldsymbol{A}^{\mathrm{H}}\boldsymbol{A})^+=\sum_{i=1}^{k}\lambda_i^+\boldsymbol{E}_i$$

而

$$\boldsymbol{E}_i=\frac{1}{\varphi_i(\lambda_i)}\boldsymbol{\varphi}_i(\boldsymbol{A}^{\mathrm{H}}\boldsymbol{A})\ (i=1,\cdots,k)$$

所以

$$(\boldsymbol{A}^{\mathrm{H}}\boldsymbol{A})^+=\sum_{i=1}^{k}\lambda_i^+\frac{\varphi_i(\boldsymbol{A}^{\mathrm{H}}\boldsymbol{A})}{\varphi_i(\lambda_i)}$$

由定理 3.1-3 的⑧有 $\boldsymbol{A}^+=(\boldsymbol{A}^{\mathrm{H}}\boldsymbol{A})^+\boldsymbol{A}^{\mathrm{H}}$，即可得结论。

证毕。

例 3.2-4　设 $\boldsymbol{A}=\begin{pmatrix}1&0&0\\0&1&-1\\1&0&0\\2&1&-1\end{pmatrix}$，求 $\boldsymbol{A}^+$。

解

$$\boldsymbol{A}^{\mathrm{H}}\boldsymbol{A}=\begin{pmatrix}6&2&-2\\2&2&-2\\-2&-2&2\end{pmatrix},\ |\lambda\boldsymbol{I}-\boldsymbol{A}^{\mathrm{H}}\boldsymbol{A}|=\lambda(\lambda-2)(\lambda-8)$$

所以 $\boldsymbol{A}^{\mathrm{H}}\boldsymbol{A}$ 的特征值为

$$\lambda_1=2,\lambda_2=8,\lambda_3=0$$

所以

$$\lambda_1^+=\frac{1}{2},\lambda_2^+=\frac{1}{8},\lambda_3^+=0$$

现构造 $\varphi_i(\lambda)$ $(i=1,2,3)$，即

$$\varphi_1(\lambda)=(\lambda-\lambda_2)(\lambda-\lambda_3)=\lambda(\lambda-8)$$

$$\varphi_2(\lambda)=(\lambda-\lambda_1)(\lambda-\lambda_3)=\lambda(\lambda-2)$$

$$\varphi_3(\lambda)=(\lambda-\lambda_1)(\lambda-\lambda_2)=(\lambda-2)(\lambda-8)$$

所以

$$\varphi_1(\lambda_1)=\varphi_1(2)=-12,\varphi_2(\lambda_2)=\varphi_2(8)=48$$

而 $\lambda_3^+=0$，无须计算 $\varphi_3(\lambda_3)$。故

$$\boldsymbol{A}^+=\sum_{i=1}^{3}\lambda_i^+\frac{\varphi_i(\boldsymbol{A}^{\mathrm{H}}\boldsymbol{A})}{\varphi_i(\lambda_i)}\boldsymbol{A}^{\mathrm{H}}=\left[\frac{1}{2}\,\frac{(\boldsymbol{A}^{\mathrm{H}}\boldsymbol{A})(\boldsymbol{A}^{\mathrm{H}}\boldsymbol{A}-8\boldsymbol{I})}{(-12)}+\frac{1}{8}\,\frac{(\boldsymbol{A}^{\mathrm{H}}\boldsymbol{A})(\boldsymbol{A}^{\mathrm{H}}\boldsymbol{A}-2\boldsymbol{I})}{48}\right]\boldsymbol{A}^{\mathrm{H}}$$

$$=\frac{1}{8}\begin{pmatrix}2&-2&2&2\\-1&3&-1&1\\1&-3&1&-1\end{pmatrix}$$

$\boldsymbol{A}^+$ 的表达式还有其他一些类型，如 Nobble 公式、Neumann 展式及 Greville 方法等，本书中不再一一介绍。

习　题

1．试利用满秩分解求 $\boldsymbol{A}^+$。

(1) $\begin{pmatrix}1&2&-1\\3&-1&2\\4&1&1\end{pmatrix}$　(2) $\begin{pmatrix}\mathrm{i}&-1&3\mathrm{i}\\4+\mathrm{i}&0&2\\-4&-1&3\mathrm{i}-2\end{pmatrix}$　(3) $\begin{pmatrix}1&0&2\\2&4&5\\0&1&-1\\1&3&-1\end{pmatrix}$

2．试利用各种方法求 $\boldsymbol{A}^+$。

(1) $\begin{pmatrix}1&2\\0&0\\2&4\end{pmatrix}$　(2) $\begin{pmatrix}1&2&-1\\0&-1&2\end{pmatrix}$　(3) $\begin{pmatrix}\mathrm{i}&0\\1&\mathrm{i}\\0&1\end{pmatrix}$　(4) $\begin{pmatrix}1&2&0\\0&0&2\\2&4&0\end{pmatrix}$

3.3　广义逆与线性方程组

考虑非齐次线性方程组

$$\boldsymbol{Ax}=\boldsymbol{b} \tag{3-3}$$

其中，$\boldsymbol{A}\in\mathbb{C}^{m\times n}$，$\boldsymbol{b}\in\mathbb{C}^m$ 给定，$\boldsymbol{x}\in\mathbb{C}^n$ 为待定向量，若存在 $\boldsymbol{x}$ 使式(3-3)成立，则称方程组相容，否则称为不相容或矛盾方程组。

关于式(3-3)求解问题，可分为以下几种常见情形：

① 式(3-3)相容的条件是什么？在相容时如何求其通解？

② 若式(3-3)相容，如何求其通解中具有极小范数的解，即式(3-3)的解 $\boldsymbol{x}_0$ 满足 $\|\boldsymbol{x}_0\|=$

$\min\limits_{Ax=b}\|x\|$，其中$\|\ \|$为$\mathbb{C}^n$中由内积诱导的范数(Frobenious 范数)，可证明满足该条件的解是唯一的，称其为极小范数解。

③ 若式(3-3)不相容，不存在通常意义下的解，而在许多实际问题中(如线性回归)，如何求x_0，使得$\|Ax_0-b\|=\min\limits_{x\in\mathbb{C}^n}\|Ax-b\|$，此时称$x_0$为式(3-3)的最小二乘解。

④ 一般地，矛盾方程组的最小二乘解并不唯一，如何求出最小二乘解的集合中具有极小范数的向量x_0，即x_0使$\|x_0\|=\min\limits_{\min\|Ax-b\|}\|x\|$，且可证明$x_0$是唯一的，此时称之为极小范数最小二乘解(或极小最小二乘解)。

广义逆矩阵与线性方程组求解有着密不可分的联系，利用广义逆矩阵可以彻底回答上述诸问题，并给出问题的解。

3.3.1 线性方程组的相容性、通解与 A{1}

在式(3-2)中若A满秩，自然$x=A^{-1}b$为其唯一解；而当A为奇异阵或长方阵时，则通常的逆不存在或无意义，自然可联想可用广义逆矩阵处理此问题，A的{1}逆起着类似非奇异阵之逆的作用($A^{(1)}$也常记为A^{-})。

定理 3.3-1(Penrose 定理) $A\in\mathbb{C}^{m\times n}$，$B\in\mathbb{C}^{p\times q}$，$D\in\mathbb{C}^{m\times q}$，则矩阵方程$AXB=D$相容的充要条件为$AA^{(1)}DB^{(1)}B=D$，其中$A^{(1)}\in A\{1\}$，$B^{(1)}\in B\{1\}$，此时矩阵方程的通解为

$$X=A^{(1)}DB^{(1)}+Y-A^{(1)}AYBB^{(1)} \tag{3-4}$$

式中，$Y\in\mathbb{C}^{n\times p}$为任意。

证明 若$AA^{(1)}DB^{(1)}B=D$成立，显然$X=A^{(1)}DB^{(1)}$为$AXB=D$的解。反之，若$AXB=D$，则式(3-4)均满足$AXB=D$。另一方面，若X是$AXB=D$的一个任意解，则X可表为

$$X=A^{(1)}DB^{(1)}+X-A^{(1)}AXBB^{(1)}$$

可见X为式(3-4)形式，从而式(3-4)是$AXB=D$的通解。

推论 1 设$A\in\mathbb{C}^{m\times n}$，$A^{(1)}\in A\{1\}$，则$A\{1\}=\{A^{(1)}+Z-A^{(1)}AZAA^{(1)}\mid Z\in\mathbb{C}^{n\times m}\text{任意}\}$。

证明 定理 3.3-1 中取$B=D=A$，即得$AXA=A$的通解为

$$X=A^{(1)}AA^{(1)}+Y-A^{(1)}AYAA^{(1)},Y\in\mathbb{C}^{n\times m}$$

令$Y=A^{(1)}+Z$得证。

推论 2 方程组(3-2)相容的充要条件为$AA^{(1)}b=b$，且其通解为

$$x=A^{(1)}b+(I-A^{(1)}A)y,\ y\in\mathbb{C}^n\text{任意}$$

证明 定理 3.3-1 中，取$D=b\in\mathbb{C}^m$，$B=1$得证。

因为$A^{+}\in A\{1\}$，故$Ax=b$相容时，通解为

$$x=A^{+}b+(I-A^{+}A)y,\ y\in\mathbb{C}^n$$

由此可断言，相容方程$Ax=b$解唯一当且仅当A列满秩。

事实上，A列满秩，则$A^{+}=(A^{H}A)^{-1}A^{H}$，所以$A^{+}A=I_n$，故$x=A^{+}b$为唯一解；反之，若通解中仅有一解，则必有$A^{+}A=I_n$，所以$\text{rank}(A^{+}A)=n\leqslant\text{rank}A\leqslant n$，所以$\text{rank}A=n$，列满秩。

当$b=0$时，齐次方程$Ax=0$总有解，通解为$x=(I_n-A^{(1)}A)y$，$y\in\mathbb{C}^n$任意。

推论 1 中虽给出$A\{1\}$的构造性描述，但在使用上并不直接，还需求出一个$A^{(1)}$。以下给

出 $A\{1\}$ 的更为直接的初等求法。

定理 3.3-2 设 $\boldsymbol{A}\in\mathbb{C}_r^{m\times n}$，$\boldsymbol{P},\boldsymbol{Q}$ 分别为 m 阶和 n 阶可逆阵，使 $\boldsymbol{PAQ}=\begin{pmatrix}\boldsymbol{I}_r & \boldsymbol{0}\\ \boldsymbol{0} & \boldsymbol{0}\end{pmatrix}$，则 $A\{1\}=\left\{\boldsymbol{Q}\begin{pmatrix}\boldsymbol{I}_r & \boldsymbol{X}_{12}\\ \boldsymbol{X}_{21} & \boldsymbol{X}_{22}\end{pmatrix}\boldsymbol{P}\,\middle|\,\boldsymbol{X}_{12},\boldsymbol{X}_{21},\boldsymbol{X}_{22}\text{为适当阶数的任意矩阵}\right\}$，这里 $\boldsymbol{X}_{12}\in\mathbb{C}^{r\times(m-r)}$，$\boldsymbol{X}_{21}\in\mathbb{C}^{(n-r)\times r}$，$\boldsymbol{X}_{22}\in\mathbb{C}^{(n-r)\times(m-r)}$。

证明 任取 $\boldsymbol{X}=\boldsymbol{Q}\begin{pmatrix}\boldsymbol{I}_r & \boldsymbol{X}_{12}\\ \boldsymbol{X}_{21} & \boldsymbol{X}_{22}\end{pmatrix}\boldsymbol{P}$，而 $\boldsymbol{A}=\boldsymbol{P}^{-1}\begin{pmatrix}\boldsymbol{I}_r & \boldsymbol{0}\\ \boldsymbol{0} & \boldsymbol{0}\end{pmatrix}\boldsymbol{Q}^{-1}$，故

$$\begin{aligned}\boldsymbol{AXA}&=\boldsymbol{P}^{-1}\begin{pmatrix}\boldsymbol{I}_r & \boldsymbol{0}\\ \boldsymbol{0} & \boldsymbol{0}\end{pmatrix}\boldsymbol{Q}^{-1}\boldsymbol{Q}\begin{pmatrix}\boldsymbol{I}_r & \boldsymbol{X}_{12}\\ \boldsymbol{X}_{21} & \boldsymbol{X}_{22}\end{pmatrix}\boldsymbol{PP}^{-1}\begin{pmatrix}\boldsymbol{I}_r & \boldsymbol{0}\\ \boldsymbol{0} & \boldsymbol{0}\end{pmatrix}\boldsymbol{Q}^{-1}\\&=\boldsymbol{P}^{-1}\begin{pmatrix}\boldsymbol{I}_r & \boldsymbol{0}\\ \boldsymbol{0} & \boldsymbol{0}\end{pmatrix}\begin{pmatrix}\boldsymbol{I}_r & \boldsymbol{X}_{12}\\ \boldsymbol{X}_{21} & \boldsymbol{X}_{22}\end{pmatrix}\begin{pmatrix}\boldsymbol{I}_r & \boldsymbol{0}\\ \boldsymbol{0} & \boldsymbol{0}\end{pmatrix}\boldsymbol{Q}^{-1}=\boldsymbol{P}^{-1}\begin{pmatrix}\boldsymbol{I}_r & \boldsymbol{0}\\ \boldsymbol{0} & \boldsymbol{0}\end{pmatrix}\boldsymbol{Q}^{-1}=\boldsymbol{A}\end{aligned}$$

故 $\boldsymbol{X}\in A\{1\}$。

反之，设 $\boldsymbol{X}$ 满足 $\boldsymbol{AXA}=\boldsymbol{A}$，由 $\boldsymbol{X}=\boldsymbol{Q}(\boldsymbol{Q}^{-1}\boldsymbol{XP}^{-1})\boldsymbol{P}=\boldsymbol{Q}\begin{pmatrix}\boldsymbol{X}_{11} & \boldsymbol{X}_{12}\\ \boldsymbol{X}_{21} & \boldsymbol{X}_{22}\end{pmatrix}\boldsymbol{P}$，故

$$\boldsymbol{AXA}=\boldsymbol{P}^{-1}\begin{pmatrix}\boldsymbol{I}_r & \boldsymbol{0}\\ \boldsymbol{0} & \boldsymbol{0}\end{pmatrix}\boldsymbol{Q}^{-1}\boldsymbol{Q}\begin{pmatrix}\boldsymbol{X}_{11} & \boldsymbol{X}_{12}\\ \boldsymbol{X}_{21} & \boldsymbol{X}_{22}\end{pmatrix}\boldsymbol{PP}^{-1}\begin{pmatrix}\boldsymbol{I}_r & \boldsymbol{0}\\ \boldsymbol{0} & \boldsymbol{0}\end{pmatrix}\boldsymbol{Q}^{-1}=\boldsymbol{A}=\boldsymbol{P}^{-1}\begin{pmatrix}\boldsymbol{I}_r & 0\\ 0 & 0\end{pmatrix}\boldsymbol{Q}^{-1}$$

即

$$\begin{pmatrix}\boldsymbol{I}_r & \boldsymbol{0}\\ \boldsymbol{0} & \boldsymbol{0}\end{pmatrix}\begin{pmatrix}\boldsymbol{X}_{11} & \boldsymbol{X}_{12}\\ \boldsymbol{X}_{21} & \boldsymbol{X}_{22}\end{pmatrix}\begin{pmatrix}\boldsymbol{I}_r & \boldsymbol{0}\\ \boldsymbol{0} & \boldsymbol{0}\end{pmatrix}=\begin{pmatrix}\boldsymbol{I}_r & \boldsymbol{0}\\ \boldsymbol{0} & \boldsymbol{0}\end{pmatrix}$$

由此推得，$\boldsymbol{X}_{11}=\boldsymbol{I}_r$ 且 $\boldsymbol{X}_{12},\boldsymbol{X}_{21},\boldsymbol{X}_{22}$ 任取，故 $\boldsymbol{X}$ 为定理中叙述的形状。

证毕。

特别是 $\boldsymbol{A}$ 为 n 阶可逆阵时，$\boldsymbol{PAQ}=\boldsymbol{I}_n$，此时 $A\{1\}=\{\boldsymbol{QI}_n\boldsymbol{P}\}=\{\boldsymbol{QP}\}=\{\boldsymbol{A}^{-1}\}$，即 $A\{1\}$ 只有 $\boldsymbol{A}^{-1}$（唯一的）。

由定理 3.3-2 可知，将 $\left(\begin{array}{c|c}\boldsymbol{A} & \boldsymbol{I}_m\\ \hline \boldsymbol{I}_n & \end{array}\right)$ 进行初等变换，得到 $\left(\begin{array}{c|c}\boldsymbol{PAQ} & \boldsymbol{P}\\ \hline \boldsymbol{Q} & \end{array}\right)=\left(\begin{array}{cc|c}\boldsymbol{I}_n & \boldsymbol{0} & \boldsymbol{P}\\ \boldsymbol{0} & \boldsymbol{0} & \\ \hline \boldsymbol{Q} & & \end{array}\right)$，由此得到 $\boldsymbol{P},\boldsymbol{Q}$，再可按定理 3.3-2 来构造 $\boldsymbol{A}\{1\}$。

例 3.3-1 设 $\boldsymbol{A}=\begin{pmatrix}1 & 0 & -1 & 1\\ 0 & 2 & 2 & 2\\ -1 & 4 & 5 & 3\end{pmatrix}$，求 $A\{1\}$。

解 由

$$\left(\begin{array}{c|c}\boldsymbol{A} & \boldsymbol{I}_3\\ \hline \boldsymbol{I}_4 & \boldsymbol{0}\end{array}\right)\xrightarrow{\text{初等变换}}\left(\begin{array}{cc|c}\boldsymbol{I}_2 & \boldsymbol{0} & \boldsymbol{P}\\ \boldsymbol{0} & \boldsymbol{0} & \\ \hline \boldsymbol{Q} & & \boldsymbol{0}\end{array}\right)$$

其中

$$\boldsymbol{P}=\begin{pmatrix}1 & 0 & 0\\ 0 & \dfrac{1}{2} & 0\\ 1 & -2 & 1\end{pmatrix},\quad \boldsymbol{Q}=\begin{pmatrix}1 & 0 & 1 & -1\\ 0 & 1 & -1 & -1\\ 0 & 0 & 1 & 0\\ 0 & 0 & 0 & 1\end{pmatrix}$$

所以

$$\boldsymbol{PAQ}=\begin{pmatrix}\boldsymbol{I}_2 & \boldsymbol{0}\\ \boldsymbol{0} & \boldsymbol{0}\end{pmatrix}$$

所以
$$A\{1\}=\left\{Q\begin{pmatrix}I_2 & X_{12}\\ X_{21} & X_{22}\end{pmatrix}P \,\middle|\, X_{12},X_{21},X_{22}\text{为任取的适当阶子块}\right\}$$

特别取 $X_{12}=0_{2\times 1}$，$X_{21}=0_{2\times 2}$，$X_{22}=0_{2\times 1}$，得到一个 A 的 $\{1\}$ 逆，即

$$A^{(1)}=Q\begin{pmatrix}I_2 & 0\\ 0 & 0\end{pmatrix}P=\begin{pmatrix}1 & 0 & 0\\ 0 & \frac{1}{2} & 0\\ 0 & 0 & 0\\ 0 & 0 & 0\end{pmatrix}\in A\{1\}$$

例 3.3-2　求解 $\begin{cases}x_1+2x_2-x_3=1\\ -x_2+2x_3=2\end{cases}$。

解　方程组 $Ax=b$，$A=\begin{pmatrix}1 & 2 & -1\\ 0 & -1 & 2\end{pmatrix}$，$b=\begin{pmatrix}1\\ 2\end{pmatrix}$。而 $\mathrm{rank}A=\mathrm{rank}(A,b)=2$ 相容。所以通解为

$$x=A^{+}b+(I-A^{+}A)y,\ y\in\mathbb{C}^3$$

因为 A 行满秩，所以

$$A^{+}=A^{\mathrm{H}}(AA^{\mathrm{H}})^{-1}=\begin{pmatrix}1 & 0\\ 2 & -1\\ -1 & 2\end{pmatrix}\left(\begin{pmatrix}1 & 2 & -1\\ 0 & -1 & 2\end{pmatrix}\begin{pmatrix}1 & 0\\ 2 & -1\\ -1 & 2\end{pmatrix}\right)^{-1}=\frac{1}{14}\begin{pmatrix}5 & 4\\ 6 & 2\\ 3 & 8\end{pmatrix}$$

所以通解为

$$x=A^{+}b+(I-A^{+}A)y=\frac{1}{14}\begin{pmatrix}13\\ 10\\ 19\end{pmatrix}+\frac{1}{14}\begin{pmatrix}9 & -6 & -3\\ -6 & 4 & 2\\ -3 & 2 & 1\end{pmatrix}\begin{pmatrix}c_1\\ c_2\\ c_3\end{pmatrix}\tag{3-5}$$

式中，c_1,c_2,c_3 为任意常数。

$$\left(\begin{array}{c:c}A & I_2\\ \hdashline I_3 & 0\end{array}\right)\to\left(\begin{array}{cc:c}I_2 & 0 & I_2\\ \hdashline Q & & 0\end{array}\right),\ Q=\begin{pmatrix}1 & 2 & -3\\ 0 & -1 & 2\\ 0 & 0 & 1\end{pmatrix},\ P=I_2,\text{可取 }A^{(1)}=Q\begin{pmatrix}I_2\\ 0\end{pmatrix}P=\begin{pmatrix}1 & 2\\ 0 & -1\\ 0 & 0\end{pmatrix}$$

易验证 $AA^{(1)}b=b$，且通解为

$$X=A^{(1)}b+(I-A^{(1)}A)y=\begin{pmatrix}5\\ -2\\ 0\end{pmatrix}+\begin{pmatrix}0 & 0 & -3\\ 0 & 0 & 2\\ 0 & 0 & 1\end{pmatrix}\begin{pmatrix}c_1\\ c_2\\ c_3\end{pmatrix}\tag{3-6}$$

式中，c_1,c_2,c_3 任意常数。

这里通解式(3-5)及式(3-6)形式各异，但同样表示原方程解的集合，后面将看到式(3-4)中的 $A^{+}b$ 更具有特殊含义。

3.3.2　相容线性方程组的极小范数解与 $A\{1,4\}$

将集合 $A\{1,4\}$ 确定后与相容方程组(3-3)的极小范数解联系起来，可以看到极小范数解与 A 的 $\{1,4\}$ 逆密切相关。

引理 3.3-1 设 $\boldsymbol{A}\in\mathbb{C}^{m\times n}$,则

$$A\{1,4\}=\{\boldsymbol{X}\in\mathbb{C}^{n\times m}\,|\,\boldsymbol{X}\boldsymbol{A}=\boldsymbol{A}^{(1,4)}\boldsymbol{A}\}$$

即 $A\{1,4\}$ 由矩阵方程 $\boldsymbol{X}\boldsymbol{A}=\boldsymbol{A}^{(1,4)}\boldsymbol{A}$ 的所有解构成,其中 $\boldsymbol{A}^{(1,4)}\in A\{1,4\}$。

证明 设 $\boldsymbol{X}$ 满足方程 $\boldsymbol{X}\boldsymbol{A}=\boldsymbol{A}^{(1,4)}\boldsymbol{A}$,则

$$\boldsymbol{AXA}=\boldsymbol{AA}^{(1,4)}\boldsymbol{A}=\boldsymbol{A},\ (\boldsymbol{XA})^{\mathrm{H}}=(\boldsymbol{A}^{(1,4)}\boldsymbol{A})^{\mathrm{H}}=\boldsymbol{A}^{(1,4)}\boldsymbol{A}=\boldsymbol{XA}$$

所以 $\boldsymbol{X}\in A\{1,4\}$。

反之,若 $\boldsymbol{X}\in A\{1,4\}$,则

$$\begin{aligned}\boldsymbol{A}^{(1,4)}\boldsymbol{A}&=\boldsymbol{A}^{(1,4)}(\boldsymbol{AXA})=(\boldsymbol{A}^{(1,4)}\boldsymbol{A})^{\mathrm{H}}(\boldsymbol{XA})^{\mathrm{H}}=\boldsymbol{A}^{\mathrm{H}}(\boldsymbol{A}^{(1,4)})^{\mathrm{H}}\boldsymbol{A}^{\mathrm{H}}\boldsymbol{X}^{\mathrm{H}}\\&=(\boldsymbol{AA}^{(1,4)}\boldsymbol{A})^{\mathrm{H}}\boldsymbol{X}^{\mathrm{H}}=\boldsymbol{A}^{\mathrm{H}}\boldsymbol{X}^{\mathrm{H}}=(\boldsymbol{XA})^{\mathrm{H}}=\boldsymbol{XA}\end{aligned}$$

证毕。

由引理 3.3-1 及定理 3.3-1,可得 $A\{1,4\}$ 的通式。

定理 3.3-3 设 $\boldsymbol{A}\in\mathbb{C}^{m\times n}$,$\boldsymbol{A}^{(1,4)}\in A\{1,4\}$,则 $A\{1,4\}=\{\boldsymbol{A}^{(1,4)}+\boldsymbol{Z}(\boldsymbol{I}-\boldsymbol{AA}^{(1,4)})\,|\,\boldsymbol{Z}\in\mathbb{C}^{n\times m}\}$。

证明 由定理 3.3-1,矩阵方程 $\boldsymbol{XA}=\boldsymbol{A}^{(1,4)}\boldsymbol{A}$ 的通解(取 $\boldsymbol{D}=\boldsymbol{A}^{(1,4)}\boldsymbol{A},\boldsymbol{B}=\boldsymbol{A},\boldsymbol{A}=\boldsymbol{I}$)为

$$\boldsymbol{X}=\boldsymbol{A}^{(1,4)}\boldsymbol{AA}^{(1,4)}+\boldsymbol{Y}-\boldsymbol{YAA}^{(1,4)},\boldsymbol{Y}\in\mathbb{C}^{n\times m}$$

令 $\boldsymbol{Y}=\boldsymbol{A}^{(1,4)}+\boldsymbol{Z}$ 即得。

证毕。

以下两个定理建立了方程组(3-3)的极小范数解与 $\boldsymbol{A}$ 的 $\{1,4\}$ 逆的关系。

定理 3.3-4 对任意 $\boldsymbol{A}^{(1,4)}\in A\{1,4\}$,$\boldsymbol{A}^{(1,4)}\boldsymbol{b}$ 都是相容方程组 $\boldsymbol{Ax}=\boldsymbol{b}$ 的极小范数解,且 $\boldsymbol{Ax}=\boldsymbol{b}$ 的极小范数解是唯一的。

证明 线性方程组 $\boldsymbol{Ax}=\boldsymbol{b}$ 的任一解 $\boldsymbol{x}$ 可表示为

$$\boldsymbol{x}=\boldsymbol{A}^{(1,4)}\boldsymbol{b}+(\boldsymbol{I}-\boldsymbol{A}^{(1,4)}\boldsymbol{A})\boldsymbol{y}$$

令 $\boldsymbol{b}=\boldsymbol{Ax}_0$,有

$$\begin{aligned}((\boldsymbol{I}-\boldsymbol{A}^{(1,4)}\boldsymbol{A})\boldsymbol{y},\boldsymbol{A}^{(1,4)}\boldsymbol{b})&=(\boldsymbol{A}^{(1,4)}\boldsymbol{b})^{\mathrm{H}}(\boldsymbol{I}-\boldsymbol{A}^{(1,4)}\boldsymbol{A})\boldsymbol{y}=(\boldsymbol{A}^{(1,4)}\boldsymbol{Ax}_0)^{\mathrm{H}}(\boldsymbol{I}-\boldsymbol{A}^{(1,4)}\boldsymbol{A})\boldsymbol{y}\\&=\boldsymbol{x}_0^{\mathrm{H}}(\boldsymbol{A}^{(1,4)}\boldsymbol{A})^{\mathrm{H}}(\boldsymbol{I}-\boldsymbol{A}^{(1,4)}\boldsymbol{A})\boldsymbol{y}=\boldsymbol{x}_0^{\mathrm{H}}(\boldsymbol{A}^{(1,4)}\boldsymbol{A})(\boldsymbol{I}-\boldsymbol{A}^{(1,4)}\boldsymbol{A})\boldsymbol{y}\\&=\boldsymbol{x}_0^{\mathrm{H}}(\boldsymbol{A}^{(1,4)}\boldsymbol{A}-\boldsymbol{A}^{(1,4)}\boldsymbol{AA}^{(1,4)}\boldsymbol{A})\boldsymbol{y}=\boldsymbol{x}_0^{\mathrm{H}}(\boldsymbol{A}^{(1,4)}\boldsymbol{A}-\boldsymbol{A}^{(1,4)}\boldsymbol{A})\boldsymbol{y}=0\end{aligned}$$

所以
$$\boldsymbol{A}^{(1,4)}\boldsymbol{b}\perp(\boldsymbol{I}-\boldsymbol{A}^{(1,4)}\boldsymbol{A})\boldsymbol{y}$$

所以
$$\|\boldsymbol{x}\|^2=\|\boldsymbol{A}^{(1,4)}\boldsymbol{b}\|^2+\|(\boldsymbol{I}-\boldsymbol{A}^{(1,4)}\boldsymbol{A})\boldsymbol{y}\|^2\geqslant\|\boldsymbol{A}^{(1,4)}\boldsymbol{b}\|^2$$

从而 $\boldsymbol{A}^{(1,4)}\boldsymbol{b}$ 为 $\boldsymbol{Ax}=\boldsymbol{b}$ 的极小范数解。

唯一性:设 $\boldsymbol{x}_1$ 也是 $\boldsymbol{Ax}=\boldsymbol{b}$ 的极小范数解,即有

$$\|\boldsymbol{x}_1\|^2=\|\boldsymbol{A}^{(1,4)}\boldsymbol{b}\|^2$$

由通解可知,存在 $\boldsymbol{y}_1$,使得

$$\boldsymbol{x}_1=\boldsymbol{A}^{(1,4)}\boldsymbol{b}+(\boldsymbol{I}-\boldsymbol{A}^{(1,4)}\boldsymbol{A})\boldsymbol{y}_1$$

故由上可知
$$\|\boldsymbol{x}_1\|^2=\|\boldsymbol{A}^{(1,4)}\boldsymbol{b}\|^2+\|(\boldsymbol{I}-\boldsymbol{A}^{(1,4)}\boldsymbol{A})\boldsymbol{y}_1\|^2$$

故有
$$(\boldsymbol{I}-\boldsymbol{A}^{(1,4)}\boldsymbol{A})\boldsymbol{y}_1=0$$

所以
$$\boldsymbol{x}_1=\boldsymbol{A}^{(1,4)}\boldsymbol{b}$$

证毕。

此结论说明,对相容方程 $\boldsymbol{Ax}=\boldsymbol{b}$,$A\{1,4\}$ 可能有无穷个元,但其中任一 $\boldsymbol{D}$,$\boldsymbol{Db}$ 总是不变的,且为 $\boldsymbol{Ax}=\boldsymbol{b}$ 的唯一的极小范数解。

定理 3.3-5 若 $\boldsymbol{X}\in\mathbb{C}^{n\times m}$,对任意 $\boldsymbol{b}\in\mathbb{C}^m$,都使 $\boldsymbol{Xb}$ 为相容方程组 $\boldsymbol{Ax}=\boldsymbol{b}$ 的极小范数解,

则必有 $\boldsymbol{X}\in A\{1,4\}$。

证明　由定理 3.3-4 证明知，$\boldsymbol{Xb}=\boldsymbol{A}^{(1,4)}\boldsymbol{b}$，$\forall\,\boldsymbol{b}\in\mathbb{C}^m$。取 $\boldsymbol{b}$ 为 $\boldsymbol{A}$ 的各列，得 $\boldsymbol{XA}=\boldsymbol{A}^{(1,4)}\boldsymbol{A}$，由引理 3.3-1 知，$\boldsymbol{X}\in A\{1,4\}$。

证毕。

例 3.3-3　求方程组 $\boldsymbol{Ax}=\boldsymbol{b}$ 的极小范数解，其中

$$\boldsymbol{A}=\begin{pmatrix}1 & 2 & -1\\ 0 & -1 & 2\end{pmatrix},\boldsymbol{b}=\begin{pmatrix}1\\ 2\end{pmatrix}$$

解　由 $\mathrm{rank}\boldsymbol{A}=\mathrm{rank}(\boldsymbol{A},\boldsymbol{b})=2$，故方程组相容。

由例 3.3-2 知，$\boldsymbol{A}^+=\dfrac{1}{14}\begin{pmatrix}5 & 4\\ 6 & 2\\ 3 & 8\end{pmatrix}$，从而极小范数解为

$$\boldsymbol{x}=\boldsymbol{A}^+\boldsymbol{b}=\frac{1}{14}\begin{pmatrix}5 & 4\\ 6 & 2\\ 3 & 8\end{pmatrix}\begin{pmatrix}1\\ 2\end{pmatrix}=\frac{1}{14}\begin{pmatrix}13\\ 10\\ 19\end{pmatrix}$$

3.3.3　不相容方程组的最小二乘解与 $A\{1,3\}$

当 $\boldsymbol{Ax}=\boldsymbol{b}$ 不相容时，即没有通常意义下的解，而很多实际问题中往往需要求出 $\boldsymbol{x}$，使 $\|\boldsymbol{Ax}-\boldsymbol{b}\|$ 极小，并将满足此要求的 $\boldsymbol{x}$ 称为不相容方程 $\boldsymbol{Ax}=\boldsymbol{b}$ 的最小二乘解。这类解与 $\boldsymbol{A}$ 的 $\{1,3\}$逆有如下密切关系。

引理 3.3-2　设 $\boldsymbol{A}\in\mathbb{C}^{m\times n}$，$\boldsymbol{A}^{(1,3)}\in A\{1,3\}$，则 $A\{1,3\}=\{\boldsymbol{X}\in\mathbb{C}^{n\times m}\,|\,\boldsymbol{AX}=\boldsymbol{AA}^{(1,3)}\}$，即 $A\{1,3\}$由矩阵方程 $\boldsymbol{AX}=\boldsymbol{AA}^{(1,3)}$ 的所有解 $\boldsymbol{X}$ 构成。

证明　若 $\boldsymbol{X}$ 满足 $\boldsymbol{AX}=\boldsymbol{AA}^{(1,3)}$，则

$$\boldsymbol{AXA}=\boldsymbol{AA}^{(1,3)}\boldsymbol{A}=\boldsymbol{A},(\boldsymbol{AX})^{\mathrm{H}}=(\boldsymbol{AA}^{(1,3)})^{\mathrm{H}}=\boldsymbol{AA}^{(1,3)}=\boldsymbol{AX}$$

所以

$$\boldsymbol{X}\in A\{1,3\}$$

反之，若 $\boldsymbol{X}\in A\{1,3\}$，则

$$\begin{aligned}\boldsymbol{AA}^{(1,3)}&=\boldsymbol{AXAA}^{(1,3)}=(\boldsymbol{AX})^{\mathrm{H}}(\boldsymbol{AA}^{(1,3)})^{\mathrm{H}}=\boldsymbol{X}^{\mathrm{H}}\boldsymbol{A}^{\mathrm{H}}(\boldsymbol{AA}^{(1,3)})^{\mathrm{H}}\\&=\boldsymbol{X}^{\mathrm{H}}(\boldsymbol{AA}^{(1,3)}\boldsymbol{A})^{\mathrm{H}}=\boldsymbol{X}^{\mathrm{H}}\boldsymbol{A}^{\mathrm{H}}=(\boldsymbol{AX})^{\mathrm{H}}=\boldsymbol{AX}\end{aligned}$$

证毕。

由引理 3.3-2 及定理 3.3-1 可得 $A\{1,3\}$的通式。

定理 3.3-6　设 $\boldsymbol{A}\in\mathbb{C}^{m\times n}$，$\boldsymbol{A}^{(1,3)}\in A\{1,3\}$，则

$$A\{1,3\}=\{\boldsymbol{A}^{(1,3)}+(\boldsymbol{I}-\boldsymbol{A}^{(1,3)}\boldsymbol{A})\boldsymbol{Z}\,|\,\boldsymbol{Z}\in\mathbb{C}^{n\times m}\}$$

证明　定理 3.3-1 中取 $\boldsymbol{B}=\boldsymbol{I},\boldsymbol{D}=\boldsymbol{AA}^{(1,3)}$，故矩阵方程 $\boldsymbol{AX}=\boldsymbol{AA}^{(1,3)}$ 的通解为

$$\boldsymbol{X}=\boldsymbol{A}^{(1,3)}\boldsymbol{AA}^{(1,3)}+\boldsymbol{Y}-\boldsymbol{A}^{(1,3)}\boldsymbol{AY},\boldsymbol{Y}\in\mathbb{C}^{n\times m}$$

令 $\boldsymbol{Y}=\boldsymbol{A}^{(1,3)}+\boldsymbol{Z}(\boldsymbol{Z}\in\mathbb{C}^{n\times m})$，由引理 3.3-2 即得。

定理 3.3-7　对 $\forall\,\boldsymbol{A}^{(1,3)}\in A\{1,3\}$，$\boldsymbol{x}=\boldsymbol{A}^{(1,3)}\boldsymbol{b}$ 是不相容方程组 $\boldsymbol{Ax}=\boldsymbol{b}$ 的最小二乘解。

证明　由 $\boldsymbol{Ax}-\boldsymbol{b}=(\boldsymbol{Ax}-\boldsymbol{AA}^{(1,3)}\boldsymbol{b})+(\boldsymbol{AA}^{(1,3)}\boldsymbol{b}-\boldsymbol{b})$，而

$$
\begin{aligned}
(\boldsymbol{Ax}-\boldsymbol{AA}^{(1,3)}\boldsymbol{b},\boldsymbol{AA}^{(1,3)}\boldsymbol{b}-\boldsymbol{b}) &= (\boldsymbol{AA}^{(1,3)}\boldsymbol{b}-\boldsymbol{b})^{\mathrm{H}}(\boldsymbol{Ax}-\boldsymbol{AA}^{(1,3)}\boldsymbol{b}) \\
&= (\boldsymbol{b}^{\mathrm{H}}(\boldsymbol{AA}^{(1,3)})^{\mathrm{H}}-\boldsymbol{b}^{\mathrm{H}})(\boldsymbol{Ax}-\boldsymbol{AA}^{(1,3)}\boldsymbol{b}) \\
&= (\boldsymbol{b}^{\mathrm{H}}\boldsymbol{AA}^{(1,3)}-\boldsymbol{b}^{\mathrm{H}})(\boldsymbol{Ax}-\boldsymbol{AA}^{(1,3)}\boldsymbol{b}) \\
&= \boldsymbol{b}^{\mathrm{H}}\boldsymbol{AA}^{(1,3)}\boldsymbol{Ax}-\boldsymbol{b}^{\mathrm{H}}\boldsymbol{Ax}-\boldsymbol{b}^{\mathrm{H}}\boldsymbol{AA}^{(1,3)}\boldsymbol{AA}^{(1,3)}\boldsymbol{b}+\boldsymbol{b}^{\mathrm{H}}\boldsymbol{AA}^{(1,3)}\boldsymbol{b} \\
&= \boldsymbol{b}^{\mathrm{H}}\boldsymbol{Ax}-\boldsymbol{b}^{\mathrm{H}}\boldsymbol{Ax}-\boldsymbol{b}^{\mathrm{H}}\boldsymbol{AA}^{(1,3)}\boldsymbol{b}+\boldsymbol{b}^{\mathrm{H}}\boldsymbol{AA}^{(1,3)}\boldsymbol{b}=0
\end{aligned}
$$

所以
$$(\boldsymbol{Ax}-\boldsymbol{AA}^{(1,3)}\boldsymbol{b})\perp(\boldsymbol{AA}^{(1,3)}\boldsymbol{b}-\boldsymbol{b})$$

故
$$\|\boldsymbol{Ax}-\boldsymbol{b}\|^2=\|\boldsymbol{Ax}-\boldsymbol{AA}^{(1,3)}\boldsymbol{b}\|^2+\|\boldsymbol{AA}^{(1,3)}\boldsymbol{b}-\boldsymbol{b}\|^2\geqslant\|\boldsymbol{AA}^{(1,3)}\boldsymbol{b}-\boldsymbol{b}\|^2\quad\forall\,\boldsymbol{x}\in\mathbb{C}^n$$

从而 $\boldsymbol{x}=\boldsymbol{A}^{(1,3)}\boldsymbol{b}$ 是不相容方程 $\boldsymbol{Ax}=\boldsymbol{b}$ 的最小二乘解。

一般来说，不相容方程组 $\boldsymbol{Ax}=\boldsymbol{b}$ 的最小二乘解并不唯一，可进一步证明。

定理 3.3-8 $\boldsymbol{x}\in\mathbb{C}^n$ 是不相容方程组 $\boldsymbol{Ax}=\boldsymbol{b}$ 的最小二乘解 $\Leftrightarrow\boldsymbol{x}$ 是方程组 $\boldsymbol{Ax}=\boldsymbol{AA}^{(1,3)}\boldsymbol{b}$ 的解。

证明 由定理 3.3-7 证明知

$$\|\boldsymbol{Ax}-\boldsymbol{b}\|^2=\|\boldsymbol{Ax}-\boldsymbol{AA}^{(1,3)}\boldsymbol{b}\|^2+\|\boldsymbol{AA}^{(1,3)}\boldsymbol{b}-\boldsymbol{b}\|^2\geqslant\|\boldsymbol{AA}^{(1,3)}\boldsymbol{b}-\boldsymbol{b}\|^2\quad\forall\,\boldsymbol{x}\in\mathbb{C}^n$$

故若 $\boldsymbol{x}_0$ 是 $\boldsymbol{Ax}=\boldsymbol{b}$ 的最小二乘解，则有

$$\|\boldsymbol{Ax}_0-\boldsymbol{b}\|^2=\|\boldsymbol{AA}^{(1,3)}\boldsymbol{b}-\boldsymbol{b}\|^2$$

从而
$$\|\boldsymbol{Ax}_0-\boldsymbol{AA}^{(1,3)}\boldsymbol{b}\|^2=0$$

所以
$$\boldsymbol{Ax}_0=\boldsymbol{AA}^{(1,3)}\boldsymbol{b}$$

即 $\boldsymbol{x}_0$ 是 $\boldsymbol{Ax}=\boldsymbol{AA}^{(1,3)}\boldsymbol{b}$ 的解，反之亦然。

进而可得如下最小二乘解的通式。

定理 3.3-9 不相容方程 $\boldsymbol{Ax}=\boldsymbol{b}$ 的最小二乘解的通式为

$$\boldsymbol{x}=\boldsymbol{A}^{(1,3)}\boldsymbol{b}+(\boldsymbol{I}-\boldsymbol{A}^{(1,3)}\boldsymbol{A})\boldsymbol{y},\quad\forall\,\boldsymbol{y}\in\mathbb{C}^n$$

证明 由定理 3.3-8 知，$\boldsymbol{x}$ 为不相容方程组 $\boldsymbol{Ax}=\boldsymbol{b}$ 的最小二乘解 $\Leftrightarrow\boldsymbol{x}$ 是方程组 $\boldsymbol{Ax}=\boldsymbol{AA}^{(1,3)}\boldsymbol{b}$ 的解 $\Leftrightarrow\boldsymbol{x}$ 是 $\boldsymbol{A}(\boldsymbol{x}-\boldsymbol{A}^{(1,3)}\boldsymbol{b})=\boldsymbol{0}$ 的解，由定理 3.3-1 推论 2 知，$\boldsymbol{A}(\boldsymbol{x}-\boldsymbol{A}^{(1,3)}\boldsymbol{b})=\boldsymbol{0}$ 的通解为

$$\boldsymbol{x}-\boldsymbol{A}^{(1,3)}\boldsymbol{b}=(\boldsymbol{I}-\boldsymbol{A}^{(1,3)}\boldsymbol{A})\boldsymbol{y}$$

即
$$\boldsymbol{x}=\boldsymbol{A}^{(1,3)}\boldsymbol{b}+(\boldsymbol{I}-\boldsymbol{A}^{(1,3)}\boldsymbol{A})\boldsymbol{y},\quad\forall\,\boldsymbol{y}\in\mathbb{C}^n$$

证毕。

推论 对于不相容方程组 $\boldsymbol{Ax}=\boldsymbol{b}$ 的最小二乘解是唯一的当且仅当 $\boldsymbol{A}$ 是列满秩的。

证明 由最小二乘解通式为

$$\boldsymbol{x}=\boldsymbol{A}^{(1,3)}\boldsymbol{b}+(\boldsymbol{I}-\boldsymbol{A}^{(1,3)}\boldsymbol{A})\boldsymbol{y}\quad\forall\,\boldsymbol{y}\in\mathbb{C}^n$$

则当 $\boldsymbol{A}$ 列满秩，存在 $\boldsymbol{K}$，使得 $\boldsymbol{KA}=\boldsymbol{I}_n$（可取 $\boldsymbol{K}=(\boldsymbol{A}^{\mathrm{H}}\boldsymbol{A})^{-1}\boldsymbol{A}^{\mathrm{H}}$），

从而由
$$\boldsymbol{AA}^{(1,3)}\boldsymbol{A}=\boldsymbol{A}\text{ 及 }\boldsymbol{A}^{(1,3)}\boldsymbol{A}=\boldsymbol{I}_n$$

所以 $\boldsymbol{x}=\boldsymbol{A}^{(1,3)}\boldsymbol{b}$。

此时可断言，$\boldsymbol{A}^{(1,3)}=\boldsymbol{A}^{+}$。事实上，有 $\boldsymbol{AA}^{(1,3)}\boldsymbol{A}=\boldsymbol{A}$，而由 $\boldsymbol{A}^{(1,3)}\boldsymbol{A}=\boldsymbol{I}$，从而 $\boldsymbol{A}^{(1,3)}\boldsymbol{AA}^{(1,3)}=\boldsymbol{A}^{(1,3)}$，$(\boldsymbol{A}^{(1,3)}\boldsymbol{A})^{H}=\boldsymbol{A}^{(1,3)}\boldsymbol{A}$，且 $(\boldsymbol{AA}^{(1,3)})^{\mathrm{H}}=\boldsymbol{AA}^{(1,3)}$。

所以 $\boldsymbol{A}^{(1,3)}=\boldsymbol{A}^{+}$，即 $A\{1,3\}=\{A^{+}\}$。由 $\boldsymbol{A}^{+}$ 唯一性知，$\boldsymbol{x}=\boldsymbol{A}^{+}\boldsymbol{b}$ 为唯一最小二乘解。

反之，由通式 $\boldsymbol{x}=\boldsymbol{A}^{(1,3)}\boldsymbol{b}+(\boldsymbol{I}-\boldsymbol{A}^{(1,3)}\boldsymbol{A})\boldsymbol{y}$，$\forall\,\boldsymbol{y}\in\mathbb{C}^n$，若最小二乘解唯一，则必有 $\boldsymbol{A}^{(1,3)}\boldsymbol{A}=\boldsymbol{I}$，故 $n=\mathrm{rank}(\boldsymbol{A}^{(1,3)}\boldsymbol{A})\leqslant\mathrm{rank}\,\boldsymbol{A}\leqslant n$，所以 $\mathrm{rank}\,\boldsymbol{A}=n$，$\boldsymbol{A}$ 列满秩。

证毕。

例 3.3－4　求以下不相容方程组的最小二乘解

$$\begin{cases} x_1+2x_2=1 \\ 2x_1+x_2=0 \\ x_1+x_2=0 \end{cases}$$

解　所设方程组为 $\boldsymbol{Ax}=\boldsymbol{b}$,则

$$\boldsymbol{A}=\begin{pmatrix}1&2\\2&1\\1&1\end{pmatrix},\boldsymbol{b}=\begin{pmatrix}1\\0\\0\end{pmatrix},\boldsymbol{x}=\begin{pmatrix}x_1\\x_2\end{pmatrix}$$

$\text{rank}\boldsymbol{A}=2,\text{rank}(\boldsymbol{A},\boldsymbol{b})=3$,故不相容。

因 $\boldsymbol{A}$ 为列满秩,故

$$\boldsymbol{A}^{+}=(\boldsymbol{A}^{\mathrm{H}}\boldsymbol{A})^{-1}\boldsymbol{A}^{\mathrm{H}}=\left(\begin{pmatrix}1&2&1\\2&1&1\end{pmatrix}\begin{pmatrix}1&2\\2&1\\1&1\end{pmatrix}\right)-1\begin{pmatrix}1&2&1\\2&1&1\end{pmatrix}$$

$$=\begin{pmatrix}6&5\\5&6\end{pmatrix}^{-1}\begin{pmatrix}1&2&1\\2&1&1\end{pmatrix}=\frac{1}{11}\begin{pmatrix}-4&7&1\\7&-4&1\end{pmatrix}$$

故唯一的最小二乘解为

$$\boldsymbol{x}=\boldsymbol{A}^{+}\boldsymbol{b}=\frac{1}{11}\begin{pmatrix}-4&7&1\\7&-4&1\end{pmatrix}\begin{pmatrix}1\\0\\0\end{pmatrix}=\frac{1}{11}\begin{pmatrix}-4\\7\end{pmatrix}=\begin{pmatrix}-\frac{4}{11}\\ \frac{7}{11}\end{pmatrix}$$

即

$$x_1=-\frac{4}{11},\ x_2=\frac{7}{11}$$

例 3.3－5　在$\mathbb{R}^3$中,设 L 是由向量 $\boldsymbol{\alpha}=(1,2,0)^{\mathrm{T}}$ 和 $\boldsymbol{\beta}=(0,1,1)^{\mathrm{T}}$ 生成的子空间,求正交投影矩阵 $\boldsymbol{P}_L$ 和向量 $\boldsymbol{x}=(1,2,3)^{\mathrm{T}}$ 在 L 上的正交投影。

解　因为

$$\boldsymbol{X}=\begin{pmatrix}1&0\\2&1\\0&1\end{pmatrix},\quad [\boldsymbol{X}^{\mathrm{H}}\boldsymbol{X}]^{-1}=\begin{pmatrix}5&2\\2&2\end{pmatrix}^{-1}=\frac{1}{6}\begin{pmatrix}2&-2\\-2&5\end{pmatrix}$$

所以由式(3－2)可得

$$\boldsymbol{P}_L=\boldsymbol{X}\ [\boldsymbol{X}^{\mathrm{H}}\boldsymbol{X}]^{-1}\boldsymbol{X}^{\mathrm{H}}=\frac{1}{6}\begin{pmatrix}2&2&-2\\2&5&1\\-2&1&5\end{pmatrix}$$

向量 $\boldsymbol{x}$ 在 L 上的正交投影为 $\boldsymbol{P}_L\boldsymbol{x}=\left(0,\frac{5}{2},\frac{5}{2}\right)^{\mathrm{T}}$。

3.3.4　不相容方程组的极小范数最小二乘解与 $\boldsymbol{A}^{+}$

一般地,最小二乘解不唯一,通常则把它们中范数最小的一个称为 $\boldsymbol{Ax}=\boldsymbol{b}$ 的极小范数最小二乘解(最佳逼近解),这样不仅唯一,且可由 $\boldsymbol{A}^{+}$ 表出。

引理 3.3－3　$\boldsymbol{A}\in\mathbb{C}^{m\times n}$,则 $\boldsymbol{A}^{+}=\boldsymbol{A}^{(1,4)}\boldsymbol{A}\boldsymbol{A}^{(1,3)}$(Urguhart)。

证明　直接验证其满足四个 Penrose 方程。

如，设 $\boldsymbol{X}=\boldsymbol{A}^{(1,4)}\boldsymbol{A}\boldsymbol{A}^{(1,3)}$，则

$$\boldsymbol{AXA}=\boldsymbol{AA}^{(1,4)}\boldsymbol{AA}^{(1,3)}\boldsymbol{A}=\boldsymbol{AA}^{(1,3)}\boldsymbol{A}=\boldsymbol{A}$$

$$(\boldsymbol{AX})^{\mathrm{H}}=(\boldsymbol{AA}^{(1,4)}\boldsymbol{AA}^{(1,3)})^{\mathrm{H}}=(\boldsymbol{AA}^{(1,3)})^{\mathrm{H}}=\boldsymbol{AA}^{(1,3)}=\boldsymbol{AA}^{(1,4)}\boldsymbol{AA}^{(1,3)}=\boldsymbol{AX}$$

同理可验证其余两个方程。

证毕。

定理 3.3-10 设 $\boldsymbol{A}\in\mathbb{C}^{m\times n}$，$\boldsymbol{b}\in\mathbb{C}^{m}$，则 $\boldsymbol{x}=\boldsymbol{A}^{+}\boldsymbol{b}$ 为不相容方程组 $\boldsymbol{Ax}=\boldsymbol{b}$ 的唯一极小范数最小二乘解，反之，设 $\boldsymbol{X}\in\mathbb{C}^{n\times m}$，若 $\forall\,\boldsymbol{b}\in\mathbb{C}^{m}$，$\boldsymbol{x}=\boldsymbol{Xb}$ 为不相容方程组 $\boldsymbol{Ax}=\boldsymbol{b}$ 的极小范数最小二乘解，则 $\boldsymbol{X}=\boldsymbol{A}^{+}$。

证明 取 $\boldsymbol{A}^{(1,3)}\in A\{1,3\}$，由定理 3.3-8 知 $\boldsymbol{Ax}=\boldsymbol{b}$ 的极小范数最小二乘解就是方程组 $\boldsymbol{Ax}=\boldsymbol{AA}^{(1,3)}\boldsymbol{b}$ 的极小范数解，从而又由定理 3.3-4 知其唯一的极小范数解为

$$\boldsymbol{x}=\boldsymbol{A}^{(1,4)}\boldsymbol{AA}^{(1,3)}\boldsymbol{b}=\boldsymbol{A}^{+}\boldsymbol{b}\quad（引理 3.3-3）$$

反之，若 $\forall\,\boldsymbol{b}\in\mathbb{C}^{m}$，$\boldsymbol{x}=\boldsymbol{Xb}$ 为不相容方程组 $\boldsymbol{Ax}=\boldsymbol{b}$ 的极小范数最小二乘解，由唯一性 $\boldsymbol{Xb}=\boldsymbol{A}^{+}\boldsymbol{b}$。取 $\boldsymbol{I}_m=(\boldsymbol{b}_1,\cdots,\boldsymbol{b}_m)$，则 $\boldsymbol{Xb}_i=\boldsymbol{A}^{+}\boldsymbol{b}_i$，$1\leqslant i\leqslant m$，故 $\boldsymbol{X}=\boldsymbol{A}^{+}$。

证毕。

由于 $\boldsymbol{A}^{+}\in A\{1\}$，$\boldsymbol{A}^{+}\in A\{1,3\}$，$\boldsymbol{A}^{+}\in A\{1,4\}$，故总结以上讨论如表 3-1 所列。

表 3-1 线性方程组解的情况

$\boldsymbol{Ax}=\boldsymbol{b}$ 相容	$\boldsymbol{Ax}=\boldsymbol{b}$ 不相容
$\boldsymbol{AA}^{+}\boldsymbol{b}=\boldsymbol{b}$	$\boldsymbol{AA}^{+}\boldsymbol{b}\neq\boldsymbol{b}$
解唯一$\Leftrightarrow\boldsymbol{A}$ 列满秩	最小二乘解唯一$\Leftrightarrow\boldsymbol{A}$ 列满秩
解的通式 $\boldsymbol{x}=\boldsymbol{A}^{+}\boldsymbol{b}+(\boldsymbol{I}-\boldsymbol{A}^{+}\boldsymbol{A})\boldsymbol{y}$	最小二乘解通式 $\boldsymbol{x}=\boldsymbol{A}^{+}\boldsymbol{b}+(\boldsymbol{I}-\boldsymbol{A}^{+}\boldsymbol{A})\boldsymbol{y}$
唯一的极小范数解 $\boldsymbol{x}=\boldsymbol{A}^{+}\boldsymbol{b}$	唯一的极小最小二乘解 $\boldsymbol{x}=\boldsymbol{A}^{+}\boldsymbol{b}$

关于 $\boldsymbol{x}=\boldsymbol{A}^{+}\boldsymbol{b}$ 的唯一性如表 3-2 所列。

表 3-2 $\boldsymbol{A}^{+}\boldsymbol{b}$ 的解释

$\boldsymbol{x}=\boldsymbol{A}^{+}\boldsymbol{b}$	$\boldsymbol{Ax}=\boldsymbol{b}$	
	相容	不相容
$\boldsymbol{A}$ 列满秩	唯一解	唯一的最小二乘解
$\boldsymbol{A}$ 非列满秩	唯一的极小范数解	唯一的极小、最小二乘解

由此说明，给定方程组 $\boldsymbol{Ax}=\boldsymbol{b}$，只要计算出 $\boldsymbol{A}^{+}$，则 $\boldsymbol{A}^{+}\boldsymbol{b}$ 便给出了方程的各种意义下的解，即当 $\boldsymbol{Ax}=\boldsymbol{b}$ 相容时，$\boldsymbol{A}^{+}\boldsymbol{b}$ 或为其唯一解或为其唯一的极小范数解，而 $\boldsymbol{Ax}=\boldsymbol{b}$ 不相容时，$\boldsymbol{A}^{+}\boldsymbol{b}$ 或为它的唯一最小二乘解，或是唯一的极小最小二乘解。从而广义逆 $\boldsymbol{A}^{+}$ 将方程 $\boldsymbol{Ax}=\boldsymbol{b}$ 的求解问题从理论上及方法上都完美地解决了。

例 3.3-5 设 $\boldsymbol{A}=\begin{pmatrix}1&0&-1&1\\0&2&2&2\\-1&4&5&3\end{pmatrix}$，$\boldsymbol{b}=\begin{pmatrix}4\\-2\\-2\end{pmatrix}$，

(1) 用广义逆矩阵方法判定方程组 $\boldsymbol{Ax}=\boldsymbol{b}$ 是否相容；

(2) 求 $\boldsymbol{Ax}=\boldsymbol{b}$ 的极小范数解或极小范数最小二乘解。

解 $\boldsymbol{A}$ 的满秩分解

$$\boldsymbol{A}=\boldsymbol{F}\boldsymbol{G}=\begin{pmatrix}1&0\\0&2\\-1&4\end{pmatrix}\begin{pmatrix}1&0&-1&1\\0&1&1&1\end{pmatrix}$$

故

$$\boldsymbol{A}^{+}=\boldsymbol{G}^{\mathrm{H}}(\boldsymbol{G}\boldsymbol{G}^{\mathrm{H}})^{-1}(\boldsymbol{F}^{\mathrm{H}}\boldsymbol{F})^{-1}\boldsymbol{F}^{\mathrm{H}}=\frac{1}{18}\begin{pmatrix}5&2&-1\\1&1&1\\-4&-1&2\\6&3&0\end{pmatrix}$$

由于 $\boldsymbol{A}\boldsymbol{A}^{+}\boldsymbol{b}=\begin{pmatrix}3\\0\\-3\end{pmatrix}\neq\boldsymbol{b}$，所以 $\boldsymbol{A}\boldsymbol{x}=\boldsymbol{b}$ 不相容，故它的极小范数最小二乘解为

$$\boldsymbol{x}_0=\boldsymbol{A}^{+}\boldsymbol{b}=(1,0,-1,1)^{\mathrm{T}}$$

习　题

1. 设 $\boldsymbol{A}^{(1)}\in A\{1\}$，证明 $\boldsymbol{A}\boldsymbol{A}^{(1)}$ 及 $\boldsymbol{A}^{(1)}\boldsymbol{A}$ 是幂等阵，且 $\operatorname{rank}(\boldsymbol{A}\boldsymbol{A}^{(1)})=\operatorname{rank}(\boldsymbol{A}^{(1)}\boldsymbol{A})=\operatorname{rank}(\boldsymbol{A})$。

2. 求下列矩阵的 1 -逆 $\boldsymbol{A}^{(1)}$。

(1) $\begin{pmatrix}1&0&2\\0&1&0\\1&0&2\\1&0&2\end{pmatrix}$；(2) $\begin{pmatrix}1&2&1\\0&1&1\end{pmatrix}$；(3) $\begin{pmatrix}2&1&0&1\\1&0&1&1\\1&0&1&1\end{pmatrix}$。

3. 证明每个方阵都有非奇异的 1 -逆。

4. 设 $\boldsymbol{A}\in\mathbb{C}^{m\times n}$，试证 $(\boldsymbol{A}^{(1)})^{\mathrm{T}}\in\boldsymbol{A}^{\mathrm{T}}\{1\}$。

5. 设 $\boldsymbol{A}\in\mathbb{C}_n^{m\times n}$，证明：下列 $\boldsymbol{G}$ 均满足 $\boldsymbol{G}\boldsymbol{A}=\boldsymbol{I}$，且都是 $\boldsymbol{A}$ 的 1 -逆

(1) $\boldsymbol{G}=(\boldsymbol{A}^{\mathrm{H}}\boldsymbol{A})^{-1}\boldsymbol{A}^{\mathrm{H}}$；(2) $\boldsymbol{G}=(\boldsymbol{A}^{\mathrm{H}}\boldsymbol{U}\boldsymbol{A})^{-1}\boldsymbol{A}^{\mathrm{H}}\boldsymbol{U}$，其中 $\boldsymbol{U}$ 是任意的 m 阶方阵，且 $\operatorname{rank}(\boldsymbol{A}^{\mathrm{H}}\boldsymbol{U}\boldsymbol{A})=n$ 成立。

6. 讨论有哪类矩阵 $\boldsymbol{A}$ 满足下列条件：(1)它的 1 -逆是它自身；(2)它的 1 -逆是它的转置(3)它的 1 -逆是单位阵。

7. 求下列矩阵的 1 -逆 $\boldsymbol{A}^{(1)}$，并分别求方程组 $\boldsymbol{A}_1\boldsymbol{x}=\boldsymbol{b}_1$，$\boldsymbol{A}_2\boldsymbol{x}=\boldsymbol{b}_2$ 的通解，其中 $\boldsymbol{b}_1=(-6,3,-3)^{\mathrm{T}}$，$\boldsymbol{b}_2=(0,1,0,0)^{\mathrm{T}}$。

(1) $\boldsymbol{A}_1=\begin{pmatrix}-6&2&-2&-3\\3&-1&5&2\\-3&1&3&-1\end{pmatrix}$；(2) $\boldsymbol{A}_2=\begin{pmatrix}1&0&3\\0&2&0\\1&0&2\\2&0&4\end{pmatrix}$。

8. 设 $\boldsymbol{A}\in\mathbb{C}^{m\times n}$，$\boldsymbol{B}\in\mathbb{C}^{m\times p}$，$\boldsymbol{C}\in\mathbb{C}^{q\times n}$，$k\neq0$，证明：

(1) 若 $\begin{pmatrix}\boldsymbol{G}_1\\\boldsymbol{G}_2\end{pmatrix}$ 是分块矩阵 $(\boldsymbol{A},\boldsymbol{B})$ 的任意一个 1 -逆（其中 $\boldsymbol{G}_1\in\mathbb{C}^{n\times m}$），$\begin{pmatrix}\boldsymbol{G}_1\\k^{+}\boldsymbol{G}_2\end{pmatrix}$ 是 $(\boldsymbol{A},k\boldsymbol{B})$ 的

1-逆；

(2) 若$(\boldsymbol{H}_1,\boldsymbol{H}_2)$是分块矩阵$\begin{pmatrix}\boldsymbol{A}\\ \boldsymbol{C}\end{pmatrix}$的任意一个1-逆(其中$\boldsymbol{H}_1\in\mathbb{C}^{n\times m}$)，则$(\boldsymbol{H}_1,k^+\boldsymbol{H}_2)$是$(\boldsymbol{A},k\boldsymbol{C})$的1-逆。

9. 设$\operatorname{rank}(\boldsymbol{BC})=\operatorname{rank}\boldsymbol{B}$,证明:存在矩阵$\boldsymbol{D}$使得$\boldsymbol{B}=\boldsymbol{BCD}$,且$\boldsymbol{C}(\boldsymbol{BC})^{(t)}$是$\boldsymbol{B}$的1-逆。

10. 设$\boldsymbol{A}\in\mathbb{C}^{m\times n}$,证明:$\boldsymbol{A}^{\mathrm{H}}(\boldsymbol{AA}^{\mathrm{H}})^{(1)}\in A\{1,4\}$。

11. 设$\boldsymbol{A}\in\mathbb{C}^{m\times n}$,证明:$(\boldsymbol{A}^{\mathrm{H}}\boldsymbol{A})^{(1)}\boldsymbol{A}^{\mathrm{H}}\in A\{1,3\}$。

12. 设$\boldsymbol{A}\in\mathbb{C}^{m\times n}$证明当$\boldsymbol{A}$列满秩时$A\{1,3\}=\{\boldsymbol{A}^+\}$;当$\boldsymbol{A}$列满秩时$A\{1,4\}=\{\boldsymbol{A}^+\}$。

13. 设$\boldsymbol{B}=\boldsymbol{B}_{m\times n}$列满秩,$\boldsymbol{C}=\boldsymbol{C}_{n\times p}$行满秩,则有$(\boldsymbol{BC})^+=\boldsymbol{C}^+\boldsymbol{B}^+$。

14. 设$\boldsymbol{A}=\begin{pmatrix}\boldsymbol{B}&0\\0&\boldsymbol{D}\end{pmatrix}$,$\boldsymbol{B}=\begin{pmatrix}1&0&-1&1\\0&2&2&2\\-1&4&5&3\end{pmatrix}$,$\boldsymbol{D}=\begin{pmatrix}1&1\\2&2\end{pmatrix}$,求$\boldsymbol{A}^+$。

15. 验证下列方程是相容的,并用$\boldsymbol{A}^{(1)}$表示$\boldsymbol{Ax}=\boldsymbol{b}$的通解。

(1) $\begin{pmatrix}1&1&1\\2&2&3\\4&4&5\end{pmatrix}\boldsymbol{Z}=\begin{pmatrix}1\\0\\2\end{pmatrix}$ (2) $\begin{pmatrix}2&3&1&3\\1&1&1&2\\3&5&1&4\end{pmatrix}\boldsymbol{Z}=\begin{pmatrix}14\\6\\22\end{pmatrix}$ (3) $\begin{pmatrix}1&0&3\\2&3&0\\1&1&1\end{pmatrix}\boldsymbol{Z}=\begin{pmatrix}3\\0\\1\end{pmatrix}$

16. 求上题中通解中极小范数解。

17. 验证下列方程是不相容的,并用$\boldsymbol{A}^+$表示$\boldsymbol{Ax}=\boldsymbol{b}$的最小二乘解的通式。

(1) $\begin{pmatrix}0&2&0\\1&1&0\\0&0&1\\1&1&1\end{pmatrix}\boldsymbol{Z}=\begin{pmatrix}1\\1\\1\\1\end{pmatrix}$ (2) $\begin{pmatrix}1&0&1&1\\2&1&2&1\\2&0&2&2\\4&2&4&2\end{pmatrix}\boldsymbol{Z}=\begin{pmatrix}0\\1\\0\\1\end{pmatrix}$ (3) $\begin{pmatrix}1&1&1&1\\2&2&3&4\\4&4&6&8\end{pmatrix}\boldsymbol{Z}=\begin{pmatrix}2\\0\\-1\end{pmatrix}$

18. 求上题中最小二乘解中的极小范数最小二乘解。

19. 证明$\boldsymbol{x}$是不相容方程组$\boldsymbol{Ax}=\boldsymbol{b}$的最小二乘解的充要条件是存在向量$\boldsymbol{y}$使$\begin{pmatrix}\boldsymbol{y}\\ \boldsymbol{x}\end{pmatrix}$为$\begin{pmatrix}\boldsymbol{I}&\boldsymbol{A}\\ \boldsymbol{A}^{\mathrm{H}}&\boldsymbol{0}\end{pmatrix}\begin{pmatrix}\boldsymbol{y}\\ \boldsymbol{x}\end{pmatrix}=\begin{pmatrix}\boldsymbol{b}\\ \boldsymbol{0}\end{pmatrix}$的解。

20. 设$\boldsymbol{A}\in\mathbb{C}^{m\times n}$,$\boldsymbol{b}_1,\cdots,\boldsymbol{b}_k\in\mathbb{C}^m$,证明向量$\boldsymbol{x}$使得$\sum\limits_{i=1}^{k}\|\boldsymbol{Ax}-\boldsymbol{b}_i\|^2$达到最小的充要条件是$\boldsymbol{x}$为方程$\boldsymbol{Ax}=\dfrac{1}{k}\sum\limits_{i=1}^{k}b_i$的最小二乘法解。

21. 设$\boldsymbol{A}_i\in\mathbb{C}^{m\times n}$,$\boldsymbol{b}_i\in\mathbb{C}^m$,$(1\leqslant i\leqslant k)$,证明向量$\boldsymbol{x}$使得$\sum\limits_{i=1}^{k}\|\boldsymbol{A}_i\boldsymbol{x}-\boldsymbol{b}_i\|^2$达到最小的充要条件是$\boldsymbol{x}$为方程$\left(\sum\limits_{i=1}^{k}\boldsymbol{A}_i^{\mathrm{H}}\boldsymbol{A}_i\right)\boldsymbol{x}=\sum\limits_{i=1}^{k}\boldsymbol{A}_i^{\mathrm{H}}\boldsymbol{b}_i$的解。

22. ($\boldsymbol{M}$-$\boldsymbol{P}$逆的极限求法):设$\boldsymbol{A}\in\mathbb{C}^{m\times n}$,则有

$$\boldsymbol{A}^+=\lim_{t\to 0}(\boldsymbol{A}^{\mathrm{H}}\boldsymbol{A}+t^2\boldsymbol{I}_n)^{-1}\boldsymbol{A}^{\mathrm{H}}=\lim_{\delta\to 0}\boldsymbol{A}^{\mathrm{H}}(\boldsymbol{AA}^{\mathrm{H}}+t^2\boldsymbol{I}_m)^{-1}$$

3.4　广义逆在视觉 SLAM 中的应用

3.4.1　视觉 SLAM 的流程

SLAM(simultaneous localization and mapping)译作“同时定位与地图构建”，是搭载特定传感器的主体，在没有环境先验信息的情况下，在运动过程中建立环境的模型，同时估计自身的运动，如果传感器为相机，称为视觉 SLAM。

视觉 SLAM 的经典框架如图 3-1 所示，具体由以下几部分组成。

① 传感器获取信息。在视觉 SLAM 中传感器主要用于获取相机的图像信息，在实际应用中也可能会和惯性传感器等搭配。

② 视觉里程计(visual odometry，VO)，又被称为视觉 SLAM 前端(front end)。其通过图像信息计算像素点对应的三维空间点坐标，并通过估计在什么位置可以得到这些空间点从而得到相机位姿，并构建局部地图，这些特定的空间点被称为路标(landmarks)。

③ 后端优化(optimization)。后端优化用于接收不同时刻视觉里程计测量的相机位姿以及回环检测的信息，并对它们进行滤波和非线性优化，主要解决视觉里程计在估计相机运动时的噪声问题，消除累计误差，得到全局一致的地图。

④ 回环检测(loop closing)。回环检测用于判断机器人是否曾经到达过先前的位置，如果检测到回环，则将信息提供给后端进行处理。

⑤ 建图(mapping)。根据对空间点的估计，建立与任务要求对应的地图。

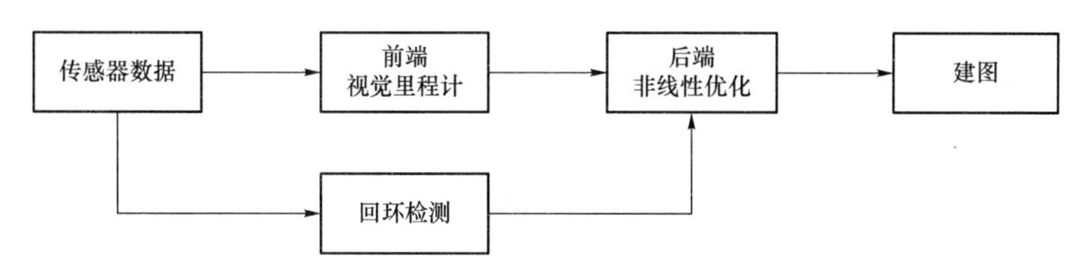

图 3-1　视觉 SLAM 经典框架

3.4.2　视觉 SLAM 的数学模型

下面将视觉 SLAM 的过程用数学语言建模。假设 $t=1,2,\cdots,K$ 个时刻，机器人在各时刻的位置为 $\boldsymbol{x}_1,\boldsymbol{x}_2,\cdots,\boldsymbol{x}_K$，空间中存在 N 个路标 $\boldsymbol{p}_1,\boldsymbol{p}_2,\cdots,\boldsymbol{p}_N$，其中 $\boldsymbol{x}_k$ 包括三维位置坐标和表示旋转的四元数，为 7×1 的列向量，$\boldsymbol{p}_j$ 包括三维空间点坐标，为 3×1 的列向量。

根据系统运动模型，可以构建状态方程，由上一时刻估计当前时刻的位置

$$\boldsymbol{x}_k=f(\boldsymbol{x}_{k-1},\boldsymbol{u}_k)+\boldsymbol{w}_k$$

式中，$\boldsymbol{u}_k$ 表示视觉里程计对相机运动的估计，$\boldsymbol{w}_k$ 表示模型噪声。

根据相机模型对空间点的观测，可以构建观测方程

$$\boldsymbol{z}_{k,j}=h(\boldsymbol{p}_j,\boldsymbol{x}_k)+\boldsymbol{v}_{k,j}$$

式中，$\boldsymbol{z}_{k,j}$是通过相机模型得到空间点对应到图像中的像素坐标，为 2×1 的列向量，表示在第 k 个位置观测到第 j 个路标；$h(\cdot)$为相机观测模型；$\boldsymbol{v}_{k,j}$表示观测噪声。

视觉 SLAM 的目的是估计主体位姿 $\boldsymbol{x}_k$ 和周围环境空间点 $\boldsymbol{p}_j$，由于状态方程在 SLAM 系统中没有特殊性，所以主要讨论观测方程，可以采用最小二乘法从噪声中估计出 $\boldsymbol{x}_k$ 与 $\boldsymbol{p}_j$，即 $\hat{\boldsymbol{x}}_k,\hat{\boldsymbol{p}}_j=\operatorname{argmin}\|h(\boldsymbol{x}_k,\boldsymbol{p}_j)-\boldsymbol{z}_{k,j}\|^2$，所以视觉 SLAM 对位姿与环境的估计问题可以转化为上述最小二乘问题的求解。

由于相机模型 $h(\cdot)$是非线性的，所以通常采用一阶泰勒展开后其近似为线性，然后采用 Gauss-Newton 法求解。下面简要介绍 Gauss-Newton 法的原理与推导。

假设 $f(\boldsymbol{x})=h(\boldsymbol{x},\boldsymbol{p})-\boldsymbol{z}$，其一阶泰勒展开为

$$f(\boldsymbol{x}+\Delta\boldsymbol{x})\approx f(\boldsymbol{x})+J(\boldsymbol{x})\Delta\boldsymbol{x}$$

式中，$J(\boldsymbol{x})$为 $f(\boldsymbol{x})$关于 $\boldsymbol{x}$ 的导数，由于 $\boldsymbol{x}$ 是一个多元向量，所以 $J(\boldsymbol{x})$是一个雅可比矩阵。现在最小二乘问题的优化目标变为

$$\Delta\boldsymbol{x}^*=\underset{\Delta\boldsymbol{x}}{\operatorname{argmin}}\frac{1}{2}\|f(\boldsymbol{x})+J(\boldsymbol{x})\Delta\boldsymbol{x}\|^2$$

为求目标函数的极值，将目标函数对 $\Delta\boldsymbol{x}$ 求导，并令导数等于 0。首先展开目标函数的平方项，即

$$\begin{aligned}\frac{1}{2}\|f(\boldsymbol{x})+J(\boldsymbol{x})\Delta\boldsymbol{x}\|^2&=\frac{1}{2}(f(\boldsymbol{x})+J(\boldsymbol{x})\Delta\boldsymbol{x})^{\mathrm{T}}(f(\boldsymbol{x})+J(\boldsymbol{x})\Delta\boldsymbol{x})\\&=\frac{1}{2}(\|f(\boldsymbol{x})\|^2+2f(\boldsymbol{x})^{\mathrm{T}}J(\boldsymbol{x})\Delta\boldsymbol{x}+\Delta\boldsymbol{x}^{\mathrm{T}}J(\boldsymbol{x})^{\mathrm{T}}J(\boldsymbol{x})\Delta\boldsymbol{x})\end{aligned}$$

上式对 $\Delta\boldsymbol{x}$ 求导，并令其等于 0，即

$$2J(\boldsymbol{x})^{\mathrm{T}}f(\boldsymbol{x})+2J(\boldsymbol{x})^{\mathrm{T}}J(\boldsymbol{x})\Delta\boldsymbol{x}=0$$

移项得到如下方程，它是关于 $\Delta\boldsymbol{x}$ 的线性方程组，称为增量方程，即

$$J(\boldsymbol{x})^{\mathrm{T}}J(\boldsymbol{x})\Delta\boldsymbol{x}=-J(\boldsymbol{x})^{\mathrm{T}}f(\boldsymbol{x})$$

由于雅可比矩阵是一个列满秩矩阵，根据广义逆的公式，当矩阵 A 列满秩时，A 的广义逆 $A^+=(\boldsymbol{A}^{\mathrm{T}}\boldsymbol{A})^{-1}\boldsymbol{A}^{\mathrm{T}}$，所以增量方程可以变为

$$\Delta\boldsymbol{x}=-(J(\boldsymbol{x})^{\mathrm{T}}J(\boldsymbol{x}))^{-1}J(\boldsymbol{x})^{\mathrm{T}}f(\boldsymbol{x})=-J(\boldsymbol{x})^+f(\boldsymbol{x})$$

所以 Gauss-Newton 法的核心便是求解增量方程得到 $\Delta\boldsymbol{x}$，然后迭代更新 $\boldsymbol{x}_k$，算法的步骤如下：

Step 1：给定初始值 $\boldsymbol{x}_0$；

Step 2：对于第 k 次迭代，计算 $J(\boldsymbol{x}_k)$和 $f(\boldsymbol{x}_k)$；

Step 3：求解增量方程得到 $\Delta\boldsymbol{x}_k$；

Step 4：更新待优化变量 $\boldsymbol{x}_{k+1}=\boldsymbol{x}_k+\Delta\boldsymbol{x}_k$，当 $\Delta\boldsymbol{x}_k$ 足够小时，停止迭代。

3.4.3 视觉 SLAM 前端原理

上述将视觉 SLAM 的整体建模转化为一个最小二乘问题的求解，如何得到最小二乘问题

中的主体位姿 $\boldsymbol{x}_k$ 和空间点 $\boldsymbol{p}_j$ 的初始值，这是视觉 SLAM 前端的任务。视觉 SLAM 前端，也就是视觉里程计，是根据相邻的图像信息，估计出粗略的相机运动，给后端提供较好的初始值。根据是否需要提取特征，可分为特征点法和直接法，本文只对特征点法进行说明。

特征点法首先选取图像中有代表性的点，并存储关键点的像素坐标，为每个点生成特征向量描述，称为描述子。这些点一般是图像的边缘点和角点，并要求空间中相同的三维点的描述子应该尽可能一致，不同点的描述子具有可区分性。常见的特征提取算法包括手工设计的 SIFT，SURF，ORB 等，以及近年来流行的深度学习算法。提取特征点后就可以对两帧图像进行特征匹配，特征匹配是为了建立当前看到的路标与之前看到的路标之间的联系，即明确当前帧图像的特征点可以映射为上一帧图像中的哪个特征点，得到若干对这样的匹配点后，就可以通过这些二维像素点的对应关系，恢复出两帧之间的相机运动。常见的恢复相机运动的方法包括：适用于单目相机的对极几何法、适用于双目相机或 RGB-D 相机的 ICP 法和 PnP（perspective-n-point）法。

此外，还有一种采用优化算法实现位姿估计的方法——bundle adjustment（BA），将两帧间相机位姿估计的问题转化为最小化重投影误差的问题。假设空间中 n 个路标点为 $\boldsymbol{p}_i=[X_i,Y_i,Z_i]^{\mathrm{T}}(i=1,2,\cdots,n)$ 以及它们在当前帧图像的投影为 $\boldsymbol{z}_i=[u_i,v_i]^{\mathrm{T}}$，将相机位姿变换视为待优化变量，用李代数 ξ 表示（李代数是表示空间中位姿变换的一种方法，为 6×1 的列向量，此处不做详细说明）。根据待优化的位姿变换 ξ 和相机模型可以估计空间中的点 $\boldsymbol{p}_i$ 在当前帧下的像素坐标，为了使下式矩阵乘法的维度匹配，需要对 $\boldsymbol{p}_i$ 补 1，将齐次坐标转换为非齐次，即

$$\hat{\boldsymbol{z}}_i=\boldsymbol{K}\exp(\hat{\xi})\boldsymbol{p}_i$$

式中，$\hat{z}_i$ 为相机位姿估计的空间点在当前帧的像素坐标；$\boldsymbol{K}$ 为相机内参；符号 ^ 表示反矩阵运算，其作用是把向量中的元素组合成一个反对称矩阵，如

$$\boldsymbol{a}=[a_1,a_2,a_3]^{\mathrm{T}},\hat{\boldsymbol{a}}=\boldsymbol{A}=\begin{pmatrix}0&-a_3&a_2\\a_3&0&-a_1\\-a_2&a_1&0\end{pmatrix}$$

将实际匹配点的像素坐标与空间点按照当前位姿估计的坐标作差，其结果称为重投影误差，将多个空间点的重投影误差求和，构建最小二乘问题，以寻找最优的相机位姿，使重投影误差最小化，即

$$\boldsymbol{\xi}^*=\underset{\xi}{\operatorname{argmin}}\frac{1}{2}\sum_{i=1}^{n}\|z_i-\hat{z}_i\|_2^2=\underset{\xi}{\operatorname{argmin}}\frac{1}{2}\sum_{i=1}^{n}\|z_i-\boldsymbol{K}\exp(\hat{\boldsymbol{\xi}})\boldsymbol{p}_i\|_2^2$$

相比于对极几何、PnP 等几何方法，上述优化方法得到的相机位姿更加准确，优化方法中待估计相机位姿的初始值可以通过几何方法粗略估计，在实际应用时当两帧变化较小时，初始值也可以直接假定为上一帧的相机位姿。

总之，无论是在前端视觉里程计的位姿变换估计，还是后端对所有估计位姿和空间点进行全局优化，都可以转化为最小二乘问题的求解，只是待优化变量的规模有所区别，前端只是相邻帧之间相机位姿的局部优化，后端则是对所有估计的相机位姿以及空间点坐标进行全局优化。

3.4.4 视觉 SLAM 中特征选择问题

3.4.2 小节将视觉 SLAM 的主要问题建模为最小二乘的优化问题。最小二乘中的误差项与空间点坐标和相机位姿有关,这些空间点坐标实际上是采用特征提取算法从每帧图像中提取特征点,而这些特征点对最小二乘问题迭代求解的贡献是不同的,并非所有特征点对相机位姿优化都能产生有益的效果,类似于多传感器测量时,若故障传感器测量的数据也参与后续处理,可能导致测量值远偏于真实值。如果有一种有效的方法可以从所有特征点中选择对位姿估计最有价值的一部分特征,也就是好的特征,那么特征匹配和位姿优化只利用这些好的特征,既有利于提高位姿估计的准确性,也有利于提高计算效率。这类问题称为视觉 SLAM 中的特征选择问题。

1. 最小二乘优化问题的误差分析

若要选择对于最小二乘优化问题有益的特征,首先需要分析视觉 SLAM 中最小二乘优化问题的误差来源,确定优化算法中哪些矩阵影响了位姿估计的协方差。在不失一般性的前提下,将视觉 SLAM 的最小二乘法建模为

$$\min \| h(\boldsymbol{x},\boldsymbol{p})-\boldsymbol{z} \|^2$$

与 3.4.2 小节介绍视觉 SLAM 的原理中一致,式中,$\boldsymbol{x}$ 为相机位姿;$\boldsymbol{p}$ 为空间点;$\boldsymbol{z}$ 为像素坐标;$h(\cdot)$为相机模型。由于相机模型是非线性的,通常采用一阶泰勒展开近似为线性求解,即

$$\| h(\boldsymbol{x},\boldsymbol{p})-\boldsymbol{z} \|^2 \approx \| h(\boldsymbol{x}^{(s)},\boldsymbol{p})+\boldsymbol{H}_x(\boldsymbol{x}-\boldsymbol{x}^{(s)})-\boldsymbol{z} \|^2$$

式中,$\boldsymbol{H}_x$ 为$h(\cdot)$在 $\boldsymbol{x}^{(s)}$ 处的雅可比矩阵,采用 Gauss-Newton 法最小化上式,根据 3.4.2 小节对 Gauss-Newton 法的介绍,位姿更新的表达式可以写成

$$\boldsymbol{x}^{(s+1)}=\boldsymbol{x}^{(s)}+\boldsymbol{H}_x^+(\boldsymbol{z}-h(\boldsymbol{x}^{(s)},\boldsymbol{p}))$$

式中,$\boldsymbol{H}_x^+$ 为 $\boldsymbol{H}_x$ 的广义逆,观察更新式,Gauss-Newton 法的精度取决于相机模型和残差 ε_r,残差又可以分解为测量误差 ε_z 和空间点误差 ε_p,所以位姿估计误差可以表示为

$$\varepsilon_x=\boldsymbol{H}_x^+\varepsilon_r=\boldsymbol{H}_x^+(\varepsilon_z-\boldsymbol{H}_p\varepsilon_p)$$

式中,$\boldsymbol{H}_p$ 为相机模型对空间点的雅可比矩阵。假设上述误差服从独立同分布的高斯分布,即 $\varepsilon_z \sim N(0,\Sigma_z)$,$\varepsilon_p \sim N(0,\Sigma_p)$,每次测量的残差协方差和位姿协方差为

$$\Sigma_r=\Sigma_z+\boldsymbol{H}_p\Sigma_p\boldsymbol{H}_p^{\mathrm{T}}, \quad \Sigma_x=\boldsymbol{H}_x^+\Sigma_r(\boldsymbol{H}_x^+)^{\mathrm{T}}$$

为便于后续计算,将 Σ_r 进行 Cholesky 分解(对称正定的矩阵可以分解成一个下三角矩阵与其转置的乘积),即 $\Sigma_r=\boldsymbol{W}_r\boldsymbol{W}_r^{\mathrm{T}}$($W_r$ 为下三角矩阵),则位姿协方差矩阵可以表示为

$$\Sigma_x=\boldsymbol{H}_x^+\Sigma_r(\boldsymbol{H}_x^+)^{\mathrm{T}}=\boldsymbol{H}_x^+\boldsymbol{W}_r(\boldsymbol{H}_x^+\boldsymbol{W}_r)^{\mathrm{T}}$$

为了简化等式右侧的形式,避免等式右侧广义逆矩阵的运算,由于 $\boldsymbol{H}_x$ 列满秩,将 $\boldsymbol{H}_x^+=(\boldsymbol{H}_x^{\mathrm{T}}\boldsymbol{H}_x)^{-1}\boldsymbol{H}_x^{\mathrm{T}}$ 代入得

$$\boldsymbol{\Sigma}_x=(\boldsymbol{H}_x^{\mathrm{T}})^{-1}\boldsymbol{H}_x^{\mathrm{T}}\boldsymbol{W}_r(\boldsymbol{H}_x^{\mathrm{T}}\boldsymbol{H}_x)^{-1}\boldsymbol{H}_x^{\mathrm{T}}\boldsymbol{W}_r)^{\mathrm{T}}=(\boldsymbol{H}_x^{\mathrm{T}}\boldsymbol{H}_x)^{-1}\boldsymbol{H}_x^{\mathrm{T}}\boldsymbol{W}_r(\boldsymbol{H}_x^{\mathrm{T}}\boldsymbol{W}_r)^{\mathrm{T}}((\boldsymbol{H}_x^{\mathrm{T}}\boldsymbol{H}_x)^{\mathrm{T}})^{-1}$$

等式两侧分别左乘 $\boldsymbol{H}_x^{\mathrm{T}}\boldsymbol{H}_x$,右乘$(\boldsymbol{H}_x^{\mathrm{T}}\boldsymbol{H}_x)^{\mathrm{T}}$ 得

$$\boldsymbol{H}_x^{\mathrm{T}}\boldsymbol{H}_x\boldsymbol{\Sigma}_x(\boldsymbol{H}_x^{\mathrm{T}}\boldsymbol{H}_x)^{\mathrm{T}}=\boldsymbol{H}_x^{\mathrm{T}}\boldsymbol{W}_r(\boldsymbol{H}_x^{\mathrm{T}}\boldsymbol{W}_r)^{\mathrm{T}}$$

即

$$\boldsymbol{H}_x^{\mathrm{T}}\boldsymbol{H}_x\boldsymbol{\Sigma}_x\boldsymbol{H}_x^{\mathrm{T}}\boldsymbol{H}_x=\boldsymbol{H}_x^{\mathrm{T}}\boldsymbol{W}_r\boldsymbol{W}_r^{\mathrm{T}}\boldsymbol{H}_x$$

移项并左提 $\boldsymbol{H}_x^{\mathrm{T}}$ 右提 $\boldsymbol{H}_x$ 得

$$\boldsymbol{H}_x^{\mathrm{T}}(\boldsymbol{H}_x\boldsymbol{\Sigma}_x\boldsymbol{H}_x^{\mathrm{T}}-\boldsymbol{W}_r\boldsymbol{W}_r^{\mathrm{T}})\boldsymbol{H}_x=\boldsymbol{0}$$

因为 $\boldsymbol{H}_x^{\mathrm{T}}$ 列满秩且 $\boldsymbol{H}_x$，所以

$$\boldsymbol{H}_x\boldsymbol{\Sigma}_x\boldsymbol{H}_x^{\mathrm{T}}-\boldsymbol{W}_r\boldsymbol{W}_r^{\mathrm{T}}=\boldsymbol{0}$$

$$\boldsymbol{H}_x\boldsymbol{\Sigma}_x\boldsymbol{H}_x^{\mathrm{T}}=\boldsymbol{W}_r\boldsymbol{W}_r^{\mathrm{T}}$$

$$\boldsymbol{W}_r^{-1}\boldsymbol{H}_x\boldsymbol{\Sigma}_x\boldsymbol{H}_x^{\mathrm{T}}(\boldsymbol{W}_r^{\mathrm{T}})^{-1}=\boldsymbol{I}$$

$$\boldsymbol{W}_r^{-1}\boldsymbol{H}_x\boldsymbol{\Sigma}_x(\boldsymbol{W}_r^{-1}\boldsymbol{H}_x)^{-1}=\boldsymbol{I}$$

令 $\boldsymbol{H}_c=\boldsymbol{W}_r^{-1}\boldsymbol{H}_x$，则 $\boldsymbol{H}_c\boldsymbol{\Sigma}_x\boldsymbol{H}_c^{\mathrm{T}}=\boldsymbol{I}$，因为 $\boldsymbol{H}_c$ 列满秩，则左乘 $\boldsymbol{H}_c^{+}$ 右乘$(\boldsymbol{H}_c^{+})^{\mathrm{T}}$ 得

$$\boldsymbol{\Sigma}_x=\boldsymbol{H}_c^{+}(\boldsymbol{H}_c^{+})^{\mathrm{T}}=(\boldsymbol{H}_c^{\mathrm{T}}\mathrm{H}_c)^{-1}\boldsymbol{H}_c^{\mathrm{T}}((\boldsymbol{H}_c^{\mathrm{T}}\boldsymbol{H}_c)^{-1}\boldsymbol{H}_c^{\mathrm{T}})^{\mathrm{T}}=(\boldsymbol{H}_c^{\mathrm{T}}\boldsymbol{H}_c)^{-1}\boldsymbol{H}_c^{\mathrm{T}}\boldsymbol{H}_c(\boldsymbol{H}_c^{\mathrm{T}}\boldsymbol{H}_c)^{-1}=(\boldsymbol{H}_c^{\mathrm{T}}\boldsymbol{H}_c)^{-1}$$

综上，可以发现矩阵 $\boldsymbol{H}_c$ 将决定每次特征点测量对相机位姿最小二乘迭代求解的误差传播特性。

2. 特征选择算法

经上述推导可知，每次特征点测量对位姿估计的协方差矩阵为 $\boldsymbol{\Sigma}_x=(\boldsymbol{H}_c^{\mathrm{T}}\boldsymbol{H}_c)^{-1}$，所以可以对矩阵 $\boldsymbol{H}_c$ 选择某种度量来评估本次测量对位姿估计误差的影响，例如可以选择计算行列式作为一种度量。一般希望协方差矩阵的行列式越小越好，由于位姿协方差与 $\boldsymbol{H}_c$ 内积的逆有关，所以希望 $\boldsymbol{H}_c^{\mathrm{T}}\boldsymbol{H}_c$ 的行列式越大，为避免程序中计算行列式的值过大或过小，可采用对数行列式。至此，特征选择问题便转化为给定所有特征点的 $\boldsymbol{H}_c$ 矩阵，从中选择固定数量的特征点子集，使该子集矩阵 $\boldsymbol{H}_c^{\mathrm{T}}\boldsymbol{H}_c$ 的和的对数行列式最大。此类子集选择问题是一种没有多项式解法问题，本文采用贪心算法近似求解，算法流程如下：

输入：特征点集合 N 个特征点、子集选取数量 k；

Step 1：初始化矩阵 $\boldsymbol{H}_c^{\mathrm{sub}}=0.000\,1\boldsymbol{I}$，已选取特征数 $n=0$，每次随机抽取数量 $s=\dfrac{N}{k}\log(\varepsilon^{-1})$；

Step 2：抽取次数 num$=0$；

Step 3：随机抽取一个特征，计算 curDet$=$logdet$(\boldsymbol{H}_c^{\mathrm{sub}}+\boldsymbol{H}_c(i)^{\mathrm{T}}\boldsymbol{H}_c(i))$，保存 curDet 值以及对应特征序号 i，num 加 1；

Step 4：重复 Step 3，直到 num$>s$；

Step 5：选取上述 s 个保存的 curDet 中值最大的特征序号，记为 bestId 并保存，更新矩阵 $\boldsymbol{H}_c^{\mathrm{sub}}=\boldsymbol{H}_c^{\mathrm{sub}}+\boldsymbol{H}_c(\mathrm{bestId})^{\mathrm{T}}\boldsymbol{H}_c(\mathrm{bestId})$，$n$ 加 1；

Step 6：重复 Step 2～Step 5，直到 $n>k$；

输出：所有保存的 bestId。

该算法实现了从所有特征中选择有助于位姿估计的特征。

3.4.5　实验分析

为验证上述特征选择算法有助于提高视觉 SLAM 位姿估计的精度，本文在经典的视觉 SLAM 算法——ORB-SLAM 系统中添加了该算法选择特征再进行位姿优化，并在轨迹预测公开数据集 EuRoC 上分别对原始 ORB-SLAM 算法与添加特征选择后的 ORB-SLAM 算法进行测试。测试过程实际运行如图 3-2 所示。

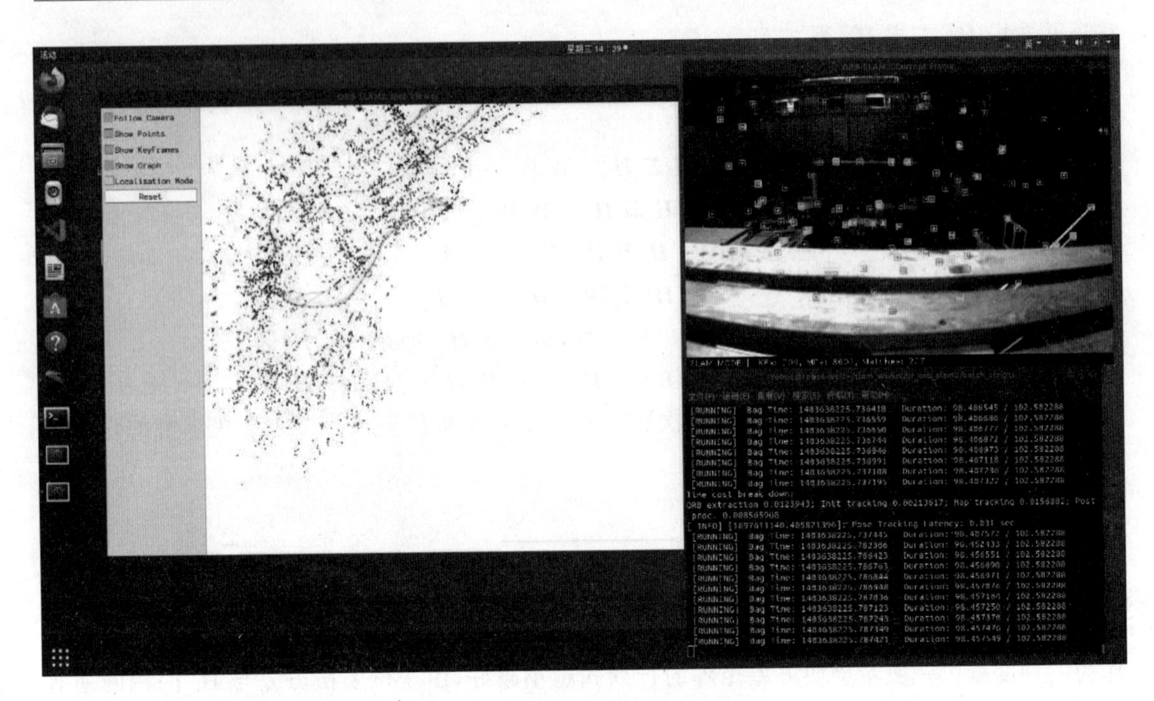

图 3-2　算法实际运行效果图

采用 evo 轨迹评估工具，对添加了特征选择算法后的 ORB-SLAM 在数据集片段 MH 04 的预测轨迹与轨迹真实值的绝对误差进行评估，其结果如图 3-3 所示。

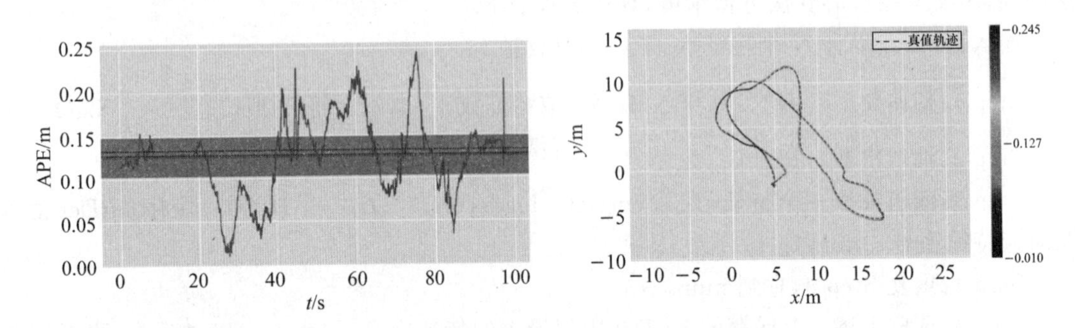

图 3-3　EuRoC 数据集 MH 04 片段轨迹评估结果

原始 ORB-SLAM 算法与添加特征选择的 ORB-SLAM 算法在 EuRoC 所有片段的评估均方根误差(RMSE)结果对比如表 3-3 所列。

表 3-3　EuRoC 均方根误差(RMSE)对比评估结果

序　列	原始 ORB-SLAM	特征选择 ORB-SLAM
MH 01	0.021	0.013
MH 02	0.021	0.021
MH 03	0.029	0.025
MH 04	0.140	0.106
MH 05	0.096	0.068

续表 3-3

序　列	原始 ORB-SLAM	特征选择 ORB-SLAM
VR1 01	0.033	0.035
VR1 02	0.064	0.038
VR1 03	0.214	0.075
VR2 01	0.031	0.044
VR2 02	0.091	0.049
平均	0.074	0.047

根据上述评估结果可知，添加特征选择的 ORB-SLAM 算法预测轨迹与真实轨迹的均方根误差比原始算法更小，所以该特征选择算法有助于提高视觉 SLAM 的精度。

第4章 范数理论及其应用

前面研究了矩阵的代数运算，而在数学的许多分支和工程实际中，特别是涉及到多元分析时，还要用到矩阵的分析运算。本章先建立范数理论，该理论在研究算法的收敛性、稳定性以及误差分析是一个不可缺少的工具。在此基础上引入矩阵序列以及矩阵级数的相关概念，进而讨论矩阵函数，它们在力学、控制理论、信号处理等学科中具有重要的应用。最后引入矩阵的微分与积分的概念，并介绍它们在微分方程中的应用。

4.1 向量范数

在讨论具体的向量空间时，两个向量“很接近”或“离得很远”是什么含义？同型矩阵中有些是“小的”，而有些是“很大”又指的是什么？回答这些问题就要引入“范数”的概念，即对向量或矩阵赋予一个体现其“大小”的“量”。以前熟知的实数的绝对值、复数的模以及线性空间中向量的长度均是范数概念原型。在内积空间中用内积诱导出的范数是一类特殊的范数，它们确实反映了向量长度的几个基本几何性质，即非负性(包括正定性)、齐次性以及三角不等式，现将此引入到一般的线性空间中去。

定义 4.1-1 设 V 是数域 F(实数或复数域)上线性空间，若 $\forall \boldsymbol{x}\in V$，均对应一个数，记为 $\|\boldsymbol{x}\|$，其满足以下三条性质：

① 正定性 $\|\boldsymbol{x}\|\geqslant 0$，且 $\|\boldsymbol{x}\|=0\Leftrightarrow \boldsymbol{x}=\boldsymbol{0}$；

② 齐次性 $\forall k\in F, x\in V$，$\|k\boldsymbol{x}\|=|k|\,\|\boldsymbol{x}\|$；

③ 三角不等式 $\forall \boldsymbol{x},\boldsymbol{y}\in V$，有 $\|\boldsymbol{x}+\boldsymbol{y}\|\leqslant\|\boldsymbol{x}\|+\|\boldsymbol{y}\|$；

则称 V 为赋范线性空间，$\|\boldsymbol{x}\|$ 为 $\boldsymbol{x}$ 的范数。

定义中的三条性质也称为范数的三条公理，即只要满足范数公理的实值函数均为向量的范数。定义中并未限制空间的维数，而本书所涉及的基本上均为有限维空间。

关于范数有以下基本性质：

① $\boldsymbol{x}\neq\boldsymbol{0}$ 时，$\dfrac{1}{\|\boldsymbol{x}\|}\boldsymbol{x}$ 是范数为 1 的向量；

② $\|-\boldsymbol{x}\|=\|\boldsymbol{x}\|$；

③ $\big|\,\|\boldsymbol{x}\|-\|\boldsymbol{y}\|\,\big|\leqslant\|\boldsymbol{x}-\boldsymbol{y}\|$，$\forall \boldsymbol{x},\boldsymbol{y}\in V$。

证明 ①，②由定义直接可得。

③ 由上述的性质③ $\|\boldsymbol{x}\|\leqslant\|\boldsymbol{x}-\boldsymbol{y}+\boldsymbol{y}\|\leqslant\|\boldsymbol{x}-\boldsymbol{y}\|+\|\boldsymbol{y}\|$，同样

$$\|y\| \leqslant \|x-y\| + \|x\|$$

故有
$$-\|x-y\| \leqslant \|x\| - \|y\| \leqslant \|x-y\|$$

也即
$$|\,\|x\| - \|y\|\,| \leqslant \|x-y\|$$

例 4.1-1　$\forall x = (\xi_1,\cdots,\xi_n)^{\mathrm{T}} \in \mathbb{C}^n$，定义 $\|x\|_1 = \sum_{i=1}^{n}|\xi_i|$，$\|x\|_\infty = \max_{1\leqslant i\leqslant n}|\xi_i|$，$\|x\|_2 = \left(\sum_{i=1}^{n}|\xi_i|^2\right)^{\frac{1}{2}}$，则 $\|x\|_1$，$\|x\|_\infty$ 及 $\|x\|_2$ 均为 $\mathbb{C}^n$ 中的向量范数。

事实上，按定义不难验证 $\|x\|_1$，$\|x\|_\infty$ 均是范数，至于 $\|x\|_2$，其正定性及其次性显然满足。而对第三条公理，由 $x=(\xi_1,\cdots,\xi_n)^{\mathrm{T}}$，得

$$y=(\eta_1,\cdots,\eta_n)^{\mathrm{T}} \in \mathbb{C}^n$$

注意到 $\|x\|_2 = \left(\sum_{i=1}^{n}\bar{\xi}_i\xi_i\right)^{\frac{1}{2}} = \sqrt{x^{\mathrm{H}}x} = \sqrt{(x,x)}$，即 $\|x\|_2$ 是由酉空间 $\mathbb{C}^n$ 中的内积所诱导的范数，故由 Cauchy 不等式有

$$\begin{aligned}\|x+y\|_2{}^2 &= (x+y,x+y) = (x,x)+(y,x)+(x,y)+(y,y)\\ &= \|x\|_2^2 + 2\mathrm{Re}(x,y) + \|y\|_2^2 \leqslant \|x\|_2^2 + 2|(x,y)| + \|y\|_2^2\\ &\leqslant \|x\|_2^2 + 2\ \|x\|_2\ \|y\|_2 + \|y\|_2^2 = (\|x\|_2 + \|y\|_2)^2\end{aligned}$$

所以
$$\|x+y\|_2 \leqslant \|x\|_2 + \|y\|_2$$

例 4.1-2　$\forall x=(\xi_1,\cdots,\xi_n)^{\mathrm{T}} \in \mathbb{C}^n$，定义

$$\|x\|_p = \left(\sum_{i=1}^{n}|\xi_i|^p\right)^{\frac{1}{p}},\quad 1\leqslant p<+\infty$$

则 $\|x\|_p$ 是 $\mathbb{C}^n$ 中的一种向量范数，称为 p-范数。

证明　$\|x\|_p \geqslant 0$ 显然，而 $x\neq \mathbf{0}$ 时至少有一个分量不为零，故 $\|x\|_p>0$，又 $\forall k\in\mathbb{C}$，$\forall x=(\xi_1,\cdots,\xi_n)^{\mathrm{T}} \in \mathbb{C}^n$，有

$$\|kx\|_p = \|(k\xi_1,\cdots,k\xi_n)\|_p = \left(\sum_{i=1}^{n}|k\xi_i|^p\right)^{\frac{1}{p}} = |k|\left(\sum_{i=1}^{n}|k\xi_i|^p\right)^{\frac{1}{p}} = |k|\ \|x\|_p$$

要证明其满意定义 4.1-1 中的性质③，须先证明以下几条引理。

引理 4.1-1　设实数 $p,q>1$，且 $\frac{1}{p}+\frac{1}{q}=1$，则 $\forall a,b\in\mathbb{R}$，有

$$|ab| \leqslant \frac{|a|^p}{p} + \frac{|b|^q}{q}$$

证明　若 a,b 至少有的为 0，结论成立，故设 $ab\neq 0$，令

$$\varphi(\tau) = \frac{\tau^p}{p} + \frac{\tau^{-q}}{q}\quad (0<\tau<+\infty) \tag{4-1}$$

由 $\varphi'(\tau) = \tau^{p-1} - \tau^{-(q+1)}$，当 $0<\tau<1$ 时，$\varphi'(\tau)\leqslant 0$，而 $1\leqslant\tau<+\infty$ 时，$\varphi'(\tau)\geqslant 0$。所以 $\varphi(\tau)\geqslant\varphi(1)=1$，取 $\tau=|a|^{\frac{1}{q}}|b|^{-\frac{1}{p}}$ 代入(4-1)，有

$$1\leqslant \frac{\tau^p}{p} + \frac{\tau^{-q}}{q} = \frac{1}{|ab|}\left(\frac{|a|^p}{p} + \frac{|b|^q}{q}\right)$$

所以
$$|ab| \leqslant \frac{|a|^p}{p} + \frac{|b|^q}{q}$$

引理 4.1-2(Holder 不等式)　设 $p,q>1$，且 $\frac{1}{p}+\frac{1}{q}=1$，则 $\forall x=(\xi_1,\cdots,\xi_n)^{\mathrm{T}}$，

$\boldsymbol{y}=(\eta_1,\cdots,\eta_n)^{\mathrm{T}}\in\mathbb{C}^n$，有 $\sum\limits_{i=1}^{n}|\xi_i\eta_i|\leqslant\left(\sum\limits_{i=1}^{n}|\xi_i|^p\right)^{\frac{1}{p}}\left(\sum\limits_{i=1}^{n}|\eta_i|^q\right)^{\frac{1}{q}}$。

证明 令
$$\boldsymbol{\alpha}=\left(\sum_{i=1}^{n}|\xi_i|^p\right)^{\frac{1}{p}},\quad \boldsymbol{\beta}=\left(\sum_{i=1}^{n}|\eta_i|^q\right)^{\frac{1}{q}}$$

当 $\boldsymbol{\alpha},\boldsymbol{\beta}$ 中至少有一个为 $\mathbf{0}$，结论成立。设 $\boldsymbol{\alpha\beta}\neq\mathbf{0}$，令 $\boldsymbol{\gamma}_k=\dfrac{|\xi_k|}{\boldsymbol{\alpha}}$，$\delta_k=\dfrac{|\eta_k|}{\boldsymbol{\beta}}$，由引理 4.1-1，有

$$\gamma_k\delta_k\leqslant\frac{\gamma_k^p}{p}+\frac{\delta_k^q}{q},\quad k=1,\cdots,n$$

求和得

$$\sum_{k=1}^{n}\gamma_k\delta_k\leqslant\frac{1}{p}\sum_{k=1}^{n}\gamma_k^p+\frac{1}{q}\sum_{k=1}^{n}\delta_k^q$$

即

$$\frac{1}{\boldsymbol{\alpha\beta}}\sum_{k=1}^{n}|\xi_k\eta_k|\leqslant\frac{1}{p}+\frac{1}{q}=1$$

即

$$\sum_{k=1}^{n}|\xi_k\eta_k|\leqslant\boldsymbol{\alpha\beta}=\left(\sum_{k=1}^{n}|\xi_k|^p\right)^{\frac{1}{p}}\left(\sum_{k=1}^{n}|\eta_k|^q\right)^{\frac{1}{q}}$$

引理 4.1-3(Minkowaki 不等式) $\forall\,\boldsymbol{x},\boldsymbol{y}\in\mathbb{C}^n$，$\boldsymbol{x}=(\xi_1,\cdots,\xi_n)^{\mathrm{T}}$，$\boldsymbol{y}=(\eta_1,\cdots,\eta_n)^{\mathrm{T}}$，$p\geqslant1$，有 $\left(\sum\limits_{i=1}^{n}|\xi_i+\eta_i|^p\right)^{\frac{1}{p}}\leqslant\left(\sum\limits_{i=1}^{n}|\xi_i|^p\right)^{\frac{1}{p}}+\left(\sum\limits_{i=1}^{n}|\eta_i|^p\right)^{\frac{1}{p}}$。

证明 $p=1$，显然成立，设 $p>1$，令 $\omega_i=\xi_i+\eta_i$，由

$$|\omega_i|^p\leqslant\Big(|\xi_i|+|\eta_i|\Big)|\omega_i|^{p-1},\quad i=1,\cdots,n$$

求和，并用引理 4.1-2，有

$$\begin{aligned}\sum_{i=1}^{n}|\omega_i|^p&\leqslant\sum_{i=1}^{n}|\xi_i||\omega_i|^{p-1}+\sum_{i=1}^{n}|\eta_i||\omega_i|^{p-1}\\&\leqslant\left(\sum_{i=1}^{n}|\xi_i|^p\right)^{\frac{1}{p}}\left[\sum_{i=1}^{n}(|\omega_i|^{p-1})^q\right]^{\frac{1}{q}}+\left(\sum_{i=1}^{n}|\eta_i|^p\right)^{\frac{1}{p}}\left[\sum_{i=1}^{n}(|\omega_i|^{p-1})^q\right]^{\frac{1}{q}}\end{aligned}$$

注意到 $(p-1)q=p$，故有

$$\sum_{i=1}^{n}|\omega_i|^p\leqslant\left[\left(\sum_{i=1}^{n}|\xi_i|^p\right)^{\frac{1}{p}}+\left(\sum_{i=1}^{n}|\eta_i|^p\right)^{\frac{1}{p}}\right]\left(\sum_{i=1}^{n}|\omega_i|^p\right)^{\frac{1}{q}}$$

两边除 $\left(\sum\limits_{i=1}^{n}|\omega_i|^p\right)^{\frac{1}{q}}$ 有

$$\left(\frac{1}{p}=1-\frac{1}{q}\right),\left(\sum_{i=1}^{n}|\omega_i|^p\right)^{\frac{1}{p}}\leqslant\left(\sum_{i=1}^{n}|\xi_i|^p\right)^{\frac{1}{p}}+\left(\sum_{i=1}^{n}|\eta_i|^p\right)^{\frac{1}{p}}$$

Holder 不等式及 Minkowaki 不等式是泛函分析中的两个基本不等式，它对有限维或无限维空间均成立且有离散及连续两种类型，即级数及积分两种类型。

例 4.1-2 中的 $\|\boldsymbol{x}\|_p$，则有

$$\|\boldsymbol{x}+\boldsymbol{y}\|_p\leqslant\|\boldsymbol{x}\|_p+\|\boldsymbol{y}\|_p,\quad\forall\,\boldsymbol{x},\boldsymbol{y}\in\mathbb{C}^n$$

从而 $\|\boldsymbol{x}\|_p$ 是 $\mathbb{C}^n$ 中的范数。

当 $p=1$ 时得 $\|\boldsymbol{x}\|_1$，$p=2$ 时有 $\|\boldsymbol{x}\|_2$（由内积诱导的范数），可断言

$$\lim_{p\to+\infty}\|\boldsymbol{x}\|_p=\max_{1\leqslant i\leqslant n}|\xi_i|=\|\boldsymbol{x}\|_\infty$$

事实上，设$\max\limits_{1\leqslant i\leqslant n}|\xi_i|=|\xi_{i_0}|(\neq 0)$，则有

$$\|\boldsymbol{x}\|_p=\left(\sum_{i=1}^n|\xi_{i_0}|^p\frac{|\xi_i|^p}{|\xi_{i_0}|^p}\right)^{\frac{1}{p}}=|\xi_{i_0}|\left(\sum_{i=1}^n\frac{|\xi_i|^p}{|\xi_{i_0}|^p}\right)^{\frac{1}{p}}$$

而

$$1\leqslant\left(\sum_{i=1}^n\frac{|\xi_i|^p}{|\xi_{i_0}|^p}\right)^{\frac{1}{p}}\leqslant n^{\frac{1}{p}}\to 1\ (p\to+\infty)$$

所以

$$\lim_{p\to+\infty}\|\boldsymbol{x}\|_p=|\xi_{i_0}|=\max_{1\leqslant i\leqslant n}|\xi_i|=\|\boldsymbol{x}\|_\infty$$

由上可见，$\mathbb{C}^n$中可定义无穷多种向量范数，如任取一组基底 $\boldsymbol{e}_1,\cdots,\boldsymbol{e}_n$，$\forall\boldsymbol{x}\in V$，$\boldsymbol{x}=\sum\limits_{i=1}^n\xi_i\boldsymbol{e}_i$，令$\|\boldsymbol{x}\|_E=\left(\sum\limits_{i=1}^n|\xi_i|^2\right)^{\frac{1}{2}}$，不难验证，它也是 V 上的一种范数。1 -范数，2 -范数，∞ -范数是常见的三种范数。不同的范数之间存在非常密切的联系。

定义 4.1 - 2　设 V 是有限维线性空间，$\|\boldsymbol{x}\|_\alpha$ 与 $\|\boldsymbol{x}\|_\alpha$ 是 V 中任两种范数，若存在正数 k_1 及 k_2，使得 $\forall\boldsymbol{x}\in V$，都有

$$k_1\|\boldsymbol{x}\|_\beta\leqslant\|\boldsymbol{x}\|_\alpha\leqslant k_2\|\boldsymbol{x}\|_\beta$$

称 $\|\boldsymbol{x}\|_\alpha$ 与 $\|\boldsymbol{x}\|_\alpha$ 是等价的。

定理 4.1 - 1　有限维线性空间中的任何两种范数都是等价的。

证明　设 V 是 n 维线性空间，$\boldsymbol{e}_1,\cdots,\boldsymbol{e}_n$ 是 V 中的一组基，则 $\forall\boldsymbol{x}\in V$ 有唯一表达式，即

$$\boldsymbol{x}=\xi_1\boldsymbol{e}_1+\cdots+\xi_n\boldsymbol{e}_n=(\boldsymbol{e}_1,\cdots,\boldsymbol{e}_n)\boldsymbol{\xi},\ \boldsymbol{\xi}\text{ 为 }\boldsymbol{x}\text{ 的坐标向量}$$

可断言 V 中任一范数 $\|\boldsymbol{x}\|$ 都是坐标 $\xi_1,\cdots,\xi_n$ 的连续函数，令 $\varphi(\xi_1,\cdots,\xi_n)=\|\boldsymbol{x}\|$，则 $\forall\boldsymbol{y}=\sum\limits_{i=1}^n\eta_i\boldsymbol{e}_i\in V$，由于

$$\begin{aligned}|\varphi(\xi_1,\cdots,\xi_n)-\varphi(\eta_1,\cdots,\eta_n)|&=|\|\boldsymbol{x}\|-\|\boldsymbol{y}\||\leqslant\|\boldsymbol{x}-\boldsymbol{y}\|\\&=\left\|\sum_{i=1}^n(\xi_i-\eta_i)\boldsymbol{e}_i\right\|\leqslant\sum_{i=1}^n(|\xi_i-\eta_i|\|\boldsymbol{e}_i\|)\\&\leqslant\left(\sum_{i=1}^n\|\boldsymbol{e}_i\|^2\right)^{\frac{1}{2}}\left(\sum_{i=1}^n|\xi_i-\eta_i|^2\right)^{\frac{1}{2}}\\&=k\left(\sum_{i=1}^n|\xi_i-\eta_i|^2\right)^{\frac{1}{2}}\end{aligned}$$

式中，$k=\left(\sum\limits_{i=1}^n\|\boldsymbol{e}_i\|^2\right)^{\frac{1}{2}}$ 为常数。从而当 ξ_i 与 η_i 充分接近时$(i=1,\cdots,n)$，$\varphi(\xi_1,\cdots,\xi_n)$ 与 $\varphi(\eta_1,\cdots,\eta_n)$ 的差的绝对值就充分小，即 $\varphi(\xi_1,\cdots,\xi_n)=\|\boldsymbol{x}\|$ 是坐标 $\xi_1,\cdots,\xi_n$ 的连续函数。

现证明定理的结论，设 $\|\boldsymbol{x}\|_\alpha$ 与 $\|\boldsymbol{x}\|_\beta$ 是 V 中任意两种范数，即要证明存在正数 k_1,k_2，使得 $\forall\boldsymbol{x}\in V$，有

$$k_1\|\boldsymbol{x}\|_\beta\leqslant\|\boldsymbol{x}\|_\alpha\leqslant k_2\|\boldsymbol{x}\|_\beta$$

当 $\boldsymbol{x}=\boldsymbol{0}$ 时，上式成立。

而 $\boldsymbol{x}\neq\boldsymbol{0}$ 时，$\|\boldsymbol{x}\|_\beta\neq 0$，由于 $\|\boldsymbol{x}\|_\alpha$ 与 $\|\boldsymbol{x}\|_\beta$ 都是 $\xi_1,\cdots,\xi_n$ 的连续函数，故

$f(\xi_1,\cdots,\xi_n)=\dfrac{\|\boldsymbol{x}\|_\alpha}{\|\boldsymbol{x}\|_\beta}$仍是 $\boldsymbol{\xi}_1,\cdots,\boldsymbol{\xi}_n$ 的连续函数，考虑有界闭集

$$S=\left\{\boldsymbol{\xi}=(\xi_1,\cdots,\xi_n)^{\mathrm{T}}\,\middle|\,\sum_{i=1}^n|\xi_i|^2=1\right\}$$

此为$\mathbb{R}^n$(或$\mathbb{C}^n$)中的一个单位超球面(或为$\mathbb{R}^n$(或$\mathbb{C}^n$)中的一个 $n-1$ 维闭子流形),且 S 上无零点。

从而 $f(\xi_1,\cdots,\xi_n)=\dfrac{\|\boldsymbol{x}\|_\alpha}{\|\boldsymbol{x}\|_\beta}$是 S 上的连续函数,故在 S 上取到最大值及最小值,即存在 $\boldsymbol{x}_0,\boldsymbol{y}_0\in V,\boldsymbol{x}_0=(e_1,\cdots,e_n)\boldsymbol{\xi}',\boldsymbol{y}_0=(e_1,\cdots,e_n)\boldsymbol{\eta}',\boldsymbol{\xi}',\boldsymbol{\eta}'\in S$,使得

$$k_1=\min_{\xi\in S}\left\{\frac{\|\boldsymbol{x}\|_\alpha}{\|\boldsymbol{x}\|_\beta}\right\}=\frac{\|\boldsymbol{x}_0\|_\alpha}{\|\boldsymbol{x}_0\|_\beta}>0,\boldsymbol{x}=(e_1,\cdots,e_n)\boldsymbol{\xi}$$

$$k_2=\max_{\xi\in S}\left\{\frac{\|\boldsymbol{x}\|_\alpha}{\|\boldsymbol{x}\|_\beta}\right\}=\frac{\|\boldsymbol{y}_0\|_\alpha}{\|\boldsymbol{y}_0\|_\beta}>0,\boldsymbol{x}=(e_1,\cdots,e_n)\boldsymbol{\xi}$$

其中,$\boldsymbol{\xi}$ 为 $\boldsymbol{x}$ 的坐标向量。而

$$\forall\,\boldsymbol{0}\neq\boldsymbol{x}\in V,\boldsymbol{x}=\xi_1e_1+\cdots+\xi_ne_n,$$

则

$$\boldsymbol{x}'=\frac{\xi_1}{\left(\sum_{i=1}^n|\xi_i|^2\right)^{\frac{1}{2}}}e_1+\cdots+\frac{\xi_n}{\left(\sum_{i=1}^n|\xi_i|^2\right)^{\frac{1}{2}}}e_n$$

的坐标向量

$$\left(\frac{\xi_1}{\left(\sum_{i=1}^n|\xi_i|^2\right)^{\frac{1}{2}}},\cdots,\frac{\xi_n}{\left(\sum_{i=1}^n|\xi_i|^2\right)^{\frac{1}{2}}}\right)\in S$$

从而

$$k_1\leqslant\frac{\|\boldsymbol{x}'\|_\alpha}{\|\boldsymbol{x}'\|_\beta}=\frac{\|\boldsymbol{x}\|_\alpha}{\|\boldsymbol{x}\|_\beta}\leqslant k_2$$

即

$$k_1\ \|\boldsymbol{x}\|_\beta\leqslant\|\boldsymbol{x}\|_\alpha\leqslant k\ \|\boldsymbol{x}\|_\beta$$

有了向量的范数,则可在赋范线性空间中引入极限的概念。

定义 4.1-3 设 $\boldsymbol{x}_1,\boldsymbol{x}_2,\cdots,\boldsymbol{x}_m$,线性空间 V 中的元素序列,若存在 $\boldsymbol{x}\in V$,使得 $\lim\limits_{m\to\infty}\|\boldsymbol{x}_m-\boldsymbol{x}\|_\alpha=0$,则称序列$\{x_m\}$按 α-范数收敛于 $\boldsymbol{x}$,记为$\lim\limits_{m\to\infty}\boldsymbol{x}_m\overset{\alpha}{=}\boldsymbol{x}$。

由前可知线性空间 V 可以定义多种范数,故有各种范数意义下的收敛,如$\mathbb{C}^n$中有 1-范数收敛,2-范数收敛等。想知道这些收敛之间有什么关系,它们的具体含义又是什么?在有限维空间 V 中,有以下重要的结论。

定理 4.1-2 设 V 是有限维线性空间,则

(1) 序列$\{\boldsymbol{x}_m\}$按某种范数收敛于 $\boldsymbol{x}_0$,则$\{\boldsymbol{x}_m\}$按任何范数收敛于 $\boldsymbol{x}_0$,即有限维空间中按范数收敛是等价的;

(2) $\{\boldsymbol{x}_m\}$按范数收敛于 $\boldsymbol{x}_0$当且仅当按坐标收敛于 $\boldsymbol{x}_0$。

证明 (1) 设$\|\boldsymbol{x}\|_\alpha$,$\|\boldsymbol{x}\|_\beta$是 V 中的任两种范数,若$\lim\limits_{m\to\infty}\|\boldsymbol{x}_m-\boldsymbol{x}_0\|_\alpha=0$,由定理 4.1-1 可知,存在 $k>0$,使得$\forall\,\boldsymbol{x}\in V$,有$\|\boldsymbol{x}\|_\beta\leqslant\dfrac{1}{k}\|\boldsymbol{x}\|_\alpha$。

而 $\boldsymbol{x}_m,\boldsymbol{x}_0\in V,\boldsymbol{x}_m-\boldsymbol{x}_0\in V$,故

$$0\leqslant\|\boldsymbol{x}_m-\boldsymbol{x}_0\|_\beta\leqslant\frac{1}{k}\|\boldsymbol{x}_m-\boldsymbol{x}_0\|_\alpha$$

故

$$\lim_{m\to\infty}\|\boldsymbol{x}_m-\boldsymbol{x}_0\|_\beta=0$$

即$\{\boldsymbol{x}_m\}$按 β-范数收敛于 $\boldsymbol{x}_0$。反之亦然。

(2) 取 V 的基底 $\boldsymbol{e}_1,\cdots,\boldsymbol{e}_n$,令

$$x_m = \xi_1^{(m)} e_1 + \cdots + \xi_n^{(m)} e_n,\ m = 1,2,\cdots$$
$$x_0 = \xi_1^{(0)} e_1 + \cdots + \xi_n^{(0)} e_n$$

由前知 $\forall x = \sum_{i=1}^{n} \xi_i e_i$，$\| x \|_E = \left(\sum_{i=1}^{n} |\xi_i|^2 \right)^{\frac{1}{2}}$ 是 V 的一种范数，从而由(1)，得

$$\lim_{m\to\infty} \| x_m - x_0 \| = 0 \Leftrightarrow \lim_{m\to\infty} \| x_m - x_0 \|_E = 0$$
$$\Leftrightarrow \lim_{m\to\infty} \left(\sum_{i=1}^{n} | \xi_i^{(m)} - \xi_i^{(0)} |^2 \right)^{\frac{1}{2}} = 0 \Leftrightarrow \lim_{m\to\infty} \xi_i^{(m)} = \xi_i^{(0)} \quad (i = 1,\cdots,n)$$

由此清楚地看到，在有限维空间中的元素序列按任一种范数收敛均是与按坐标收敛是一致的。

习　题

1. $\forall x = (\xi_1,\xi_2,\cdots,\xi_n)^{\mathrm{T}} \in \mathbb{C}^n$，证明：$\| x \|_1 = \sum_{i=1}^{n} |\xi_i|$，$\| x \|_\infty = \max_{1\leqslant i\leqslant n}\{|\xi_i|\}$ 均是$\mathbb{C}^n$中的向量范数。

2. 设 $a_1,a_2,\cdots,a_n$ 均是正数，$x = (\xi_1,\xi_2,\cdots,\xi_n)^{\mathrm{T}} \in \mathbb{C}^n$，证明：$f(x) = \left(\sum_{i=1}^{n} a_i |\xi_i|^2 \right)^{\frac{1}{2}}$ 是$\mathbb{C}^n$上的一种向量范数。

3. 设 $\| x \|_\alpha$ 是$\mathbb{C}^n$中的向量范数，取 $A \in \mathbb{C}^{n\times n}$，证明：$\| Ax \|$ 是$\mathbb{C}^n$中向量范数的充要条件为 A 是可逆阵。

4. 取 $x^{(k)} = \left(1+\frac{1}{2^k}, 1+\frac{1}{3^k}, \cdots, 1+\frac{1}{(n+1)^k}\right)^{\mathrm{T}}$，$k=1,2,\cdots$，证明：对$\mathbb{C}^n$中任一种范数 $\| \cdot \|_\alpha$ 有 $\lim_{k\to\infty} x^{(k)} \overset{\alpha}{=} a$，其中 $a=(1,1,\cdots,1)^{\mathrm{T}}$。

5. 设 V 是$\mathbb{C}$上的 n 维线性空间，任取一基底 $e_1,e_2,\cdots,e_n$，$\forall x \in V$，$x = \sum_{i=1}^{n} \xi_i e_i$，令 $\| x \|_E = \left(\sum_{i=1}^{n} |\xi_i|^2 \right)^{\frac{1}{2}}$，证明：$\| \cdot \|_E$ 是 V 上一种范数。

6. 证明以下不等式：$\forall x \in \mathbb{C}^n$，

(1) $\| x \|_2 \leqslant \| x \|_1 \leqslant \sqrt{n} \| x \|_2$；

(2) $\| x \|_\infty \leqslant \| x \|_1 \leqslant n \| x \|_\infty$；

(3) $\| x \|_\infty \leqslant \| x \|_2 \leqslant \sqrt{n} \| x \|_\infty$。

4.2　矩阵范数

对于矩阵空间$\mathbb{C}^{m\times n}$，从空间结构来看，任一 $m\times n$ 阶阵可视为 mn 维向量，故可将向量范数直接移植到$\mathbb{C}^{m\times n}$上来。

定义 4.2-1　若 $\forall A \in \mathbb{C}^{m\times n}$，都有实数与之对应，记为 $\| A \|$，且满足

① $\| A \| \geqslant 0$，$A = 0 \Leftrightarrow \| A \| = 0$；

② $\forall \lambda \in \mathbb{C}$，$\|\lambda \boldsymbol{A}\| = |\lambda| \|\boldsymbol{A}\|$；

③ $\|\boldsymbol{A}+\boldsymbol{B}\| \leqslant \|\boldsymbol{A}\| + \|\boldsymbol{B}\|$。

则称 $\|\boldsymbol{A}\|$ 是矩阵 $\boldsymbol{A}$ 的**向量范数(或广义矩阵范数)**。

例 4.2-1 设 $\boldsymbol{A} = (a_{ij})_{m\times n} \in \mathbb{C}^{m\times n}$，则

$\|\boldsymbol{A}\|_{v_1} = \sum\limits_{i,j=1}^{m,n} |a_{ij}|$，$\|\boldsymbol{A}\|_{v_\infty} = \max\limits_{i,j} |a_{ij}|$，$\|\boldsymbol{A}\|_{v_p} = \left(\sum\limits_{i,j=1}^{m,n} |\boldsymbol{a}_{ij}|^p\right)^{\frac{1}{p}}$ $(p \geqslant 1)$ 均是 $\boldsymbol{A}$ 的向量范数。

由前讨论类似有：

定理 4.2-1 (1) $\boldsymbol{A}=(a_{ij})_{m\times n} \in \mathbb{C}^{m\times n}$ 的任一种范数都是 $\boldsymbol{A}$ 的元素的连续函数；

(2) $\mathbb{C}^{m\times n}$ 中任两种矩阵的向量范数都是等价的，即对 $\|\boldsymbol{A}\|_\alpha$ 和 $\|\boldsymbol{A}\|_\beta$，存在 $k_2 \geqslant k_1 > 0$，使得 $k_1 \|\boldsymbol{A}\|_\beta \leqslant \|\boldsymbol{A}\|_\alpha \leqslant k_2 \|\boldsymbol{A}\|_\beta$，$\forall \boldsymbol{A} \in \mathbb{C}^{m\times n}$；

(3) 矩阵序列 $\{\boldsymbol{A}_k\}$ 按任一范数收敛于 $\boldsymbol{A}_0$，当且仅当 $\forall\, 1 \leqslant i \leqslant m, 1 \leqslant j \leqslant n, \lim\limits_{k\to\infty} \boldsymbol{a}_{ij}^{(k)} = \boldsymbol{a}_{ij}^{(0)}$，这里 $\boldsymbol{A}_k = (\boldsymbol{a}_{ij}^{(k)})_{m\times n}$，$\boldsymbol{A}_0 = (\boldsymbol{a}_{ij}^{(0)})_{m\times n}$。

$m\times n$ 阶矩阵可视为 mn 维向量，但另一方面矩阵之间还有乘法运算，从而在研究矩阵范数时自然要兼顾二者，为方便起见，以下均考虑方阵的情形，而对一般的长方阵有类似的推广。

定义 4.2-2 $\mathbb{C}^{n\times n}$ 中定义矩阵 $\boldsymbol{A}$ 的一个实函数，记为 $\|\boldsymbol{A}\|$，满足：

① 非负性 $\|\boldsymbol{A}\| \geqslant 0$，且 $\|\boldsymbol{A}\| = 0 \Leftrightarrow \boldsymbol{A} = \boldsymbol{0}$；

② 齐次性 $\forall \lambda \in \mathbb{C}$，$\|\lambda \boldsymbol{A}\| = |\lambda| \|\boldsymbol{A}\|$；

③ 三角不等式 $\|\boldsymbol{A}+\boldsymbol{B}\| \leqslant \|\boldsymbol{A}\| + \|\boldsymbol{B}\|$；

④ 相容性 $\forall \boldsymbol{A},\boldsymbol{B} \in \mathbb{C}^{n\times n}$，$\|\boldsymbol{AB}\| \leqslant \|\boldsymbol{A}\| \|\boldsymbol{B}\|$。

此时称 $\|\boldsymbol{A}\|$ 是 $\boldsymbol{A}$ 的矩阵范数(或乘积范数)。

例 4.2-2 设 $\boldsymbol{A} \in \mathbb{C}^{n\times n}$，令 $\|\boldsymbol{A}\|_{v_2} = \left(\sum\limits_{i,j=1}^{n} |a_{ij}|^2\right)^{\frac{1}{2}} = (\mathrm{tr}(\boldsymbol{A}^{\mathrm{H}}\boldsymbol{A}))^{\frac{1}{2}}$，则由此定义是 $\boldsymbol{A}$ 的一个矩阵范数。

事实上，只需验证④(相容性)。

$\forall \boldsymbol{A},\boldsymbol{B} \in \mathbb{C}^{n\times n}$，$\boldsymbol{A} = (a_{ij})_{n\times n}$，$\boldsymbol{B} = (b_{ij})_{n\times n}$，由

$$\|\boldsymbol{AB}\|_{v_2}^2 = \sum_{i,j=1}^{n} \left|\sum_{k=1}^{n} a_{ik} b_{kj}\right|^2 \leqslant \sum_{i,j=1}^{n} \left(\sum_{k=1}^{n} |a_{ik}|^2\right)\left(\sum_{k=1}^{n} |b_{kj}|^2\right)$$

$$= \left(\sum_{i,k=1}^{n} |a_{ik}|^2\right)\left(\sum_{j,k=1}^{n} |b_{kj}|^2\right) = \|\boldsymbol{A}\|_{v_2}^2 \|\boldsymbol{B}\|_{v_2}^2$$

所以

$$\|\boldsymbol{AB}\|_{v_2} \leqslant \|\boldsymbol{A}\|_{v_2} \|\boldsymbol{B}\|_{v_2}$$

注：此矩阵范数称为 Frobenious 范数，简称 F-范数，常记为 $\|\boldsymbol{A}\|_{\mathrm{F}}$，它具有很多良好的性质。

定理 4.2-2 (1) 设 $\boldsymbol{A} \in \mathbb{C}^{n\times n}$，$\boldsymbol{x} \in \mathbb{C}^n$，则 $\|\boldsymbol{Ax}\|_2 \leqslant \|\boldsymbol{A}\|_{\mathrm{F}} \|\boldsymbol{x}\|_2$；

(2) $\boldsymbol{U},\boldsymbol{V}$ 为酉矩阵，有 $\|\boldsymbol{UA}\|_{\mathrm{F}} = \|\boldsymbol{AV}\|_{\mathrm{F}} = \|\boldsymbol{UAV}\|_{\mathrm{F}} = \|\boldsymbol{A}\|_{\mathrm{F}} = (\mathrm{tr}(\boldsymbol{A}^{\mathrm{H}}\boldsymbol{A}))^{\frac{1}{2}}$。

证明 记 $\boldsymbol{A} = (a_{ij})_{n\times n}$ 的第 i 行为 $\boldsymbol{A}_i (i=1,\cdots,n)$，$\boldsymbol{x} = (\xi_1,\cdots,\xi_n)^{\mathrm{T}}$，则有 $\boldsymbol{Ax} = \begin{pmatrix} \boldsymbol{A}_1\boldsymbol{x} \\ \vdots \\ \boldsymbol{A}_n\boldsymbol{x} \end{pmatrix}$

由 Cauchy 不等式，有

$$|\boldsymbol{A}_i\boldsymbol{x}|^2 = \left|\sum_{k=1}^{n} a_{ik}\xi_k\right|^2 \leqslant \sum_{k=1}^{n} |a_{ik}|^2 \sum_{k=1}^{n} |\xi_k|^2 = \|\boldsymbol{A}_i^T\|_2^2 \|\boldsymbol{x}\|_2^2 \quad (i = 1,\cdots,n)$$

所以

$$\|\boldsymbol{Ax}\|_2^2=\sum_{i=1}^{n}|\boldsymbol{A}_i\boldsymbol{x}|^2\leqslant\sum_{i=1}^{n}\left(\|\boldsymbol{A}_i^{\mathrm{T}}\|_2^2\ \|\boldsymbol{x}\|_2^2\right)=\left(\sum_{i=1}^{n}\|\boldsymbol{A}_i^{\mathrm{T}}\|_2^2\right)\|\boldsymbol{x}\|_2^2=\|\boldsymbol{A}\|_{\mathrm{F}}^2\ \|\boldsymbol{x}\|_2^2$$

所以

$$\|\boldsymbol{Ax}\|_2\leqslant\|\boldsymbol{A}\|_{\mathrm{F}}\ \|\boldsymbol{x}\|_2$$

(1)成立。

又由条件 $\boldsymbol{UU}^{\mathrm{H}}=\boldsymbol{U}^{\mathrm{H}}\boldsymbol{U}=\boldsymbol{I}$，故有

$$\|\boldsymbol{UA}\|_{\mathrm{F}}^2=\mathrm{tr}((\boldsymbol{UA})^{\mathrm{H}}(\boldsymbol{UA}))=\mathrm{tr}(\boldsymbol{A}^{\mathrm{H}}\boldsymbol{U}^{\mathrm{H}}\boldsymbol{UA})=\mathrm{tr}(\boldsymbol{A}^{\mathrm{H}}\boldsymbol{A})=\|\boldsymbol{A}\|_{\mathrm{F}}^2$$

所以 $\|\boldsymbol{UA}\|_{\mathrm{F}}=\|\boldsymbol{A}\|_{\mathrm{F}}$，注意到 $\|\boldsymbol{A}\|_{\mathrm{F}}=\|\boldsymbol{A}^{\mathrm{H}}\|_{\mathrm{F}}$，而 $\boldsymbol{V}^{\mathrm{H}}$ 为酉阵，故

$$\|\boldsymbol{AV}\|_{\mathrm{F}}=\|(\boldsymbol{AV})^{\mathrm{H}}\|_{\mathrm{F}}=\|\boldsymbol{V}^{\mathrm{H}}\boldsymbol{A}^{\mathrm{H}}\|_{\mathrm{F}}=\|\boldsymbol{A}^{\mathrm{H}}\|_{\mathrm{F}}=\|\boldsymbol{A}\|_{\mathrm{F}}$$

$$\|\boldsymbol{AV}\|_{\mathrm{F}}=\|\boldsymbol{UAV}\|_{\mathrm{F}}=\|\boldsymbol{A}\|_{\mathrm{F}}$$

习　题

1. 设 $\boldsymbol{A}=\begin{pmatrix}1&1\\-1&1\end{pmatrix}$，计算 $\|\boldsymbol{A}\|_1$，$\|\boldsymbol{A}\|_2$，$\|\boldsymbol{A}\|_{\mathrm{F}}$，$\|\boldsymbol{A}\|_\infty$ 及谱半径 $\rho(\boldsymbol{A})$。

2. 设 $\boldsymbol{A}\in\mathbb{C}^{n\times n}$ 是酉矩阵，即 $\boldsymbol{A}^{\mathrm{H}}\boldsymbol{A}=\boldsymbol{I}_n$，证明：$\|\boldsymbol{A}\|_2=1$，$\|\boldsymbol{A}\|_{\mathrm{F}}=\sqrt{n}$。

3. 设 $\boldsymbol{A}\in\mathbb{C}^{n\times n}$，证明：

(1) $\dfrac{1}{n}\|\boldsymbol{A}\|_\infty\leqslant\|\boldsymbol{A}\|_{\mathrm{F}}\leqslant n\ \|\boldsymbol{A}\|_\infty$，　(2) $\dfrac{1}{n}\|\boldsymbol{A}\|_1\leqslant\|\boldsymbol{A}\|_F\leqslant x\ \|\boldsymbol{A}\|_1$。

4. 设可逆阵 $\boldsymbol{B}\in\mathbb{C}^{n\times n}$，令 $\|\boldsymbol{A}\|_B=\|\boldsymbol{Bx}\|_2$，$\|\boldsymbol{A}\|_{\boldsymbol{B}}$ 是$\mathbb{C}^{n\times n}$中从属于 $\|\boldsymbol{x}\|_{\boldsymbol{B}}$ 的算子范数，试确定 $\|\boldsymbol{A}\|_{\boldsymbol{B}}$ 与矩阵 2 -范数 $\|\boldsymbol{A}\|_2$ 之间的关系。

5. 设 $\boldsymbol{A}=\begin{pmatrix}1&0\\2&1\end{pmatrix}$，定义 $\boldsymbol{Tx}=\boldsymbol{Ax}$，$\forall\,\boldsymbol{x}\in\mathbb{C}^2$，计算：

(1) $\|\boldsymbol{A}\|_2$；

(2) 在 2 -范数下，计算 $\boldsymbol{x}$ 与 $\boldsymbol{y}$ 的距离及 $\boldsymbol{Tx}$ 与 $\boldsymbol{Ty}$ 的距离，其中 $\boldsymbol{x}=(1,1)^{\mathrm{T}}$，$\boldsymbol{y}=(2,2)^{\mathrm{T}}$。

6. 设 $\boldsymbol{A},\boldsymbol{B}\in\mathbb{C}^{n\times n}$，证明：$\|\boldsymbol{AB}\|_{\mathrm{F}}\leqslant\min(\|\boldsymbol{A}\|_2\ \|\boldsymbol{B}\|_{\mathrm{F}},\|\boldsymbol{A}\|_{\mathrm{F}}\ \|\boldsymbol{B}\|_2)$。

7. 设 $\boldsymbol{A}\in\mathbb{C}^{n\times n}$，证明：$\dfrac{1}{\sqrt{n}}\|\boldsymbol{A}\|_{\mathrm{F}}\leqslant\|\boldsymbol{A}\|_2\leqslant\|\boldsymbol{A}\|_{\mathrm{F}}$。

8. 设 $\boldsymbol{A}$ 可逆，证明：$\|\boldsymbol{A}^{-1}\|_1\geqslant\|\boldsymbol{A}\|_1{}^{-1}$。

9. 设 $\|\cdot\|_\alpha$ 是 $C^{n\times n}$ 上的矩阵范数，$\boldsymbol{D}$ 为可逆阵，证明：对 $\forall\boldsymbol{A}\in\mathbb{C}^{n\times n}$，$\|\boldsymbol{A}\|_\beta\triangleq\|\boldsymbol{D}^{-1}\boldsymbol{AD}\|_\alpha$，定义了$\mathbb{C}^{n\times n}$上的矩阵范数。

10. 设 $\boldsymbol{A}\in\mathbb{C}^{n\times n}$ 的正奇异值为 $\sigma_1,\sigma_2,\cdots,\sigma_r$，则 $\|\boldsymbol{A}\|_{\mathrm{F}}\leqslant\left(\sum_{i=1}^{r}\sigma_i^2\right)^{\frac{1}{2}}$。

11. $\boldsymbol{A}\in\mathbb{C}^{n\times n}$，则 $\|\boldsymbol{A}\|_v=\max\limits_{1\leqslant i,j\leqslant n}\{|a_{ij}|\}$ 是向量范数，但不满足相容性（提示：取反例 $\boldsymbol{A}=\boldsymbol{B}=\begin{pmatrix}0&1\\1&1\end{pmatrix}$）。

12. $\boldsymbol{A}\in\mathbb{C}^{n\times n}$，令 $\|\boldsymbol{A}\|_\alpha=\dfrac{1}{n}\sum_{i,j=1}^{n}|a_{ij}|$，证明：$\|\boldsymbol{A}\|_\alpha$ 是向量范数，但不相容（提示：取反例 $\boldsymbol{A}=\begin{pmatrix}1&1\\0&1\end{pmatrix}$，$\boldsymbol{B}=\begin{pmatrix}1&0\\1&1\end{pmatrix}$）。

13. 设 $\|\cdot\|_\alpha$ 是 $C^{n\times n}$ 上的矩阵范数，λ 为 $\boldsymbol{A}$ 的特征值，证明：$|\lambda|\leqslant\sqrt[m]{\|\boldsymbol{A}^m\|_\alpha}$。

4.3 向量范数与矩阵范数的相容

由于矩阵与向量在实际运算中常会同时出现，故矩阵范数与向量范数也会同时出现，因而需建立矩阵范数与向量范数的联系。

4.3.1 向量范数与矩阵范数相容定义

定义 4.3-1 若 $\forall \boldsymbol{A}\in\mathbb{C}^{n\times n},\boldsymbol{x}\in\mathbb{C}^{n}$，向量范数 $\|\boldsymbol{x}\|_v$ 与矩阵范数 $\|\boldsymbol{A}\|_m$ 满足不等式 $\|\boldsymbol{Ax}\|_v\leqslant\|\boldsymbol{A}\|_m\ \|\boldsymbol{x}\|_v$，则称矩阵范数与向量范数是**相容的**。

由 4.1 节可知，任两种矩阵范数是等价的，任两种向量范数也等价，故在实际问题中要问：给定矩阵范数，是否有与之相容的向量范数？反之，给定了向量范数，又如何确定一个与之相容的矩阵范数？回答是肯定的。

定理 4.3-1 设 $\|\boldsymbol{A}\|$ 是 $\mathbb{C}^{n\times n}$ 上一个矩阵范数，则必存在 $\mathbb{C}^{n}$ 上的一个与之相容的向量范数。

证明 任取 $\boldsymbol{\alpha}\in\mathbb{C}^{n}$，则 $\forall \boldsymbol{x}\in\mathbb{C}^{n}$，定义 $\|\boldsymbol{x}\|_v\triangleq\|\boldsymbol{x\alpha}^{\mathrm{T}}\|$，则不难验证，它是一种向量范数，且与给定的矩阵范数相容。

而对给定向量范数 $\|\boldsymbol{x}\|_v$，如何寻求与之相容的矩阵范数，可通过如下方式：

定理 4.3-2 设 $\|\boldsymbol{x}\|_v$ 是 $\mathbb{C}^{n}$ 的一个向量范数，则 $\forall \boldsymbol{A}\in\mathbb{C}^{n\times n}$，定义 $\|\boldsymbol{A}\|\triangleq\max\limits_{\|\boldsymbol{x}\|_v=1}\|\boldsymbol{Ax}\|_v$，则 $\|\boldsymbol{A}\|$ 是一个与 $\|\boldsymbol{x}\|_v$ 相容的矩阵范数，称此矩阵范数为从属于向量范数 $\|\boldsymbol{x}\|_v$ 的算子范数。

证明 由于 $\|\boldsymbol{Ax}\|_v$ 是 $\boldsymbol{x}$ 各分量的连续函数，故在有界闭集 $\{\boldsymbol{x}\in\mathbb{C}^{n}\mid\|\boldsymbol{x}\|_v=1\}$ 上可达到最大值，即存在 $\boldsymbol{x}_0$，使 $\max\limits_{\|\boldsymbol{x}\|=1}\|\boldsymbol{Ax}\|_v=\|\boldsymbol{Ax}_0\|_v(\|\boldsymbol{x}_0\|=1)$。

① 正定条件，若 $\boldsymbol{A}\neq\boldsymbol{0}$，则存在 $\boldsymbol{x}_1\neq\boldsymbol{0}$，使得 $\boldsymbol{Ax}_1\neq\boldsymbol{0}$，令 $\boldsymbol{x}_0=\dfrac{1}{\|\boldsymbol{x}_1\|_v}\boldsymbol{x}_1$，$\|\boldsymbol{x}_0\|_v=1$，故 $\|\boldsymbol{Ax}_0\|_v=\dfrac{1}{\|\boldsymbol{x}_1\|_v}\|\boldsymbol{Ax}_1\|_v>0$，从而 $\|\boldsymbol{A}\|=\max\limits_{\|\boldsymbol{x}\|_v=1}\|\boldsymbol{Ax}\|_v>0$。

② 齐次性，$\forall\lambda\in\mathbb{C}$，有

$$\|\lambda\boldsymbol{A}\|=\max_{\|\boldsymbol{x}\|_v=1}\|\lambda\boldsymbol{Ax}\|_v=|\lambda|\max_{\|\boldsymbol{x}\|_v=1}\|\boldsymbol{Ax}\|_v=|\lambda|\ \|\boldsymbol{A}\|。$$

③ 三角不等式，$\forall \boldsymbol{A},\boldsymbol{B}\in\mathbb{C}^{n\times n}$，存在 $\boldsymbol{x}_0\in\mathbb{C}^{n}$，且 $\|\boldsymbol{x}_0\|=1$，使

$$\begin{aligned}\|(\boldsymbol{A}+\boldsymbol{B})\|&=\|(\boldsymbol{A}+\boldsymbol{B})\boldsymbol{x}_0\|_v\leqslant\|\boldsymbol{Ax}_0\|_v+\|\boldsymbol{Bx}_0\|_v\\&\leqslant\max_{\|\boldsymbol{x}\|_v=1}\|\boldsymbol{Ax}\|_v+\max_{\|\boldsymbol{x}\|_v=1}\|\boldsymbol{Bx}\|_v=\|\boldsymbol{A}\|+\|\boldsymbol{B}\|\end{aligned}$$

④ 相容性，存在 $\boldsymbol{y}_0$，$\|\boldsymbol{y}_0\|=1$，使

$$\|\boldsymbol{AB}\|=\|(\boldsymbol{AB})\boldsymbol{y}_0\|_v=\|\boldsymbol{A}(\boldsymbol{By}_0)\|_v=\left\|\boldsymbol{A}\left(\frac{1}{\|\boldsymbol{By}_0\|_v}\boldsymbol{By}_0\right)\right\|_v$$

$$\|\boldsymbol{By}_0\|_v\leqslant\|\boldsymbol{A}\|\ \|\boldsymbol{By}_0\|_v\leqslant\|\boldsymbol{A}\|\ \|\boldsymbol{B}\|$$

并非所有矩阵的向量范数都自动满足相容性，如取 $\|\boldsymbol{A}\|=\max\limits_{i,j}\{|a_{ij}|\}$，$\boldsymbol{A}=\boldsymbol{B}=\begin{pmatrix}1&1\\1&1\end{pmatrix}$，则 $\|\boldsymbol{AB}\|\leqslant\|\boldsymbol{A}\|\ \|\boldsymbol{B}\|$ 不成立。

所以 $\|A\|$ 为矩阵范数。

任取非零向量 $x\in\mathbb{C}^n$，$\|Ax\|_v=\left\|A\frac{1}{\|x\|_v}x\right\|_v\|x\|_v\leqslant\left(\max\limits_{\|x\|=1}\|Ax\|_v\right)\|x\|_v=\|A\|\ \|x\|_v$。

常见的向量范数 $\|x\|_1$，$\|x\|_2$ 及 $\|x\|_\infty$，则从属这些向量范数的算子范数依次记为 $\|A\|_1$，$\|A\|_2$ 及 $\|A\|_\infty$。

定理 4.3-3　设 $A\in\mathbb{C}^{n\times n}$，$A=(a_{ij})_{n\times n}$，$x\in\mathbb{C}^n$，则从属于向量 x 的三种范数 $\|x\|_1$，$\|x\|_2$ 及 $\|x\|_\infty$ 的算子范数依次为：(1) $\|A\|_1=\max\sum\limits_{i=1}^n|a_{ij}|$（列范数）；(2) $\|A\|_2=\sqrt{\lambda_1}$，λ_1 为 A^HA 的最大特征值（谱范数）；(3) $\|A\|_\infty=\max\limits_i\sum\limits_{j=1}^n|a_{ij}|$（行范数）。

证明　$\forall x=(\xi_1,\cdots,\xi_n)^T\in\mathbb{C}^n$，$\|x\|_1=1$，$A=(a_{ij})_{n\times n}\in\mathbb{C}^{n\times n}$，有

$$\begin{aligned}\|Ax\|_1&=\sum_{i=1}^n\left|\sum_{j=1}^n a_{ij}\xi_j\right|\leqslant\sum_{i,j=1}^n|a_{ij}||\xi_j|=\left|\sum_{j=1}^n|\xi_j|\right|\left|\sum_{i=1}^n|a_{ij}|\right|\\&\leqslant\left(\max_{1\leqslant j\leqslant n}\sum_{i=1}^n|a_{ij}|\right)\left(\sum_{j=1}^n|\xi_j|\right)\leqslant\left(\max_{1\leqslant j\leqslant n}\sum_{i=1}^n|a_{ij}|\right)\|x\|_1=\max_{1\leqslant j\leqslant n}\sum_{i=1}^n|a_{ij}|\end{aligned}\tag{4-2}$$

不妨设存在 k_0，使 $\max\limits_{1\leqslant j\leqslant n}\sum\limits_{i=1}^n|a_{ij}|=\sum\limits_{i=1}^n|a_{ik_0}|$，取 $x_0=(\underbrace{0,\cdots,0,1}_{k_0},0,\cdots,0)^T\in\mathbb{C}^n$，则 Ax_0 为 A 的第 k_0 列，$\|x_0\|=1$，故有 $\|Ax_0\|_1=\sum\limits_{i=1}^n|a_{ik_0}|=\max\limits_{1\leqslant j\leqslant n}\sum\limits_{i=1}^n|a_{ij}|$。

故由 $\|A\|_1$ 及式(4-2)得，$\|A\|_1=\max\limits_{\|x\|_1=1}\|Ax_1\|=\max\limits_{1\leqslant j\leqslant n}\sum\limits_{i=1}^n|a_{ij}|$。同理可得，$\|A\|_\infty=\max\limits_{1\leqslant i\leqslant n}\sum\limits_{j=1}^n|a_{ij}|$。

现看 $\|A\|_2$，因为 A^HA 为半正定厄米特阵（正规阵）。可设其特征值为 $\lambda_1\geqslant\cdots\geqslant\lambda_n\geqslant0$，且 $x_1,\cdots,x_n$ 为分别属于 $\lambda_1,\cdots,\lambda_n$ 的标准正交特征向量，则对任一 $x\in\mathbb{C}^n$ 且 $\|x\|_2=1$，$x=\sum\limits_{i=1}^n\xi_ix_i$，所以 $A^HAx=\sum\limits_{i=1}^nA^HA\xi_ix_i=\sum\limits_{i=1}^n\xi_i\lambda_ix_i$，所以

$$\begin{aligned}\|Ax\|_2^2&=(Ax,Ax)=(Ax)^H(Ax)=x^HA^HAx=\left(\sum_{i=1}^n\bar{\xi}_ix_i^H\right)\left(\sum_{i=1}^n\xi_i\lambda_ix_i\right)\\&=\sum_{i=1}^n|\xi_i|^2\lambda_i\ \|x_i\|_2^2\leqslant\lambda_1\sum_{i=1}^n|\xi_i|^2\ \|x_i\|_2^2=\lambda_1\ \|x\|_2^2=\lambda_1\end{aligned}$$

所以
$$\max_{\|x\|_2=1}\|Ax\|_2\leqslant\sqrt{\lambda_1}$$

而取 $x=x_1$，则有
$$\|Ax_1\|_2^2=\lambda_1x_1^Hx_1=\lambda_1$$

即
$$\|Ax_1\|_2=\sqrt{\lambda_1}$$

所以
$$\|A\|_2=\max_{\|x\|_2=1}\|Ax\|_2=\sqrt{\lambda_1}$$

$\|A_1\|$ 及 $\|A_\infty\|$ 计算较为方便。$\|A\|_F$ 与 $\|x\|_2$ 是相容的，而 $\|A\|_2$ 作为从属于 $\|x\|_2$ 的算子范数自然与其相容，但与 $\|A\|_F$ 不同，事实上，$\|A\|_2\leqslant\|A\|_F$。若存在常数 M，使得 $\forall x\in\mathbb{C}^n$，有 $\|Ax\|_\alpha\leqslant M\ \|x\|_\alpha$，则 $\|A\|_\alpha\leqslant M$，即从属向量范数 $\|x\|_\alpha$ 的算子范数

$\|\boldsymbol{A}\|_{\alpha}$ 是使上述不等式成立的最小常数。一般地,算子范数的计算是很复杂的,视具体的情况而定,并不存在通用的计算方法。

4.3.2 矩阵的非齐异性条件

定理 4.3-4 设 $\boldsymbol{A}\in\mathbb{C}^{n\times n}$,$\|\boldsymbol{A}\|$ 是矩阵范数,若 $\|\boldsymbol{A}\|<1$,则 $\boldsymbol{I}-\boldsymbol{A}$ 非奇异,且 $\|(\boldsymbol{I}-\boldsymbol{A})^{-1}\|\leqslant\dfrac{\|\boldsymbol{I}\|}{1-\|\boldsymbol{A}\|}$。

证明 若 $\boldsymbol{I}-\boldsymbol{A}$ 奇异,则 $(\boldsymbol{I}-\boldsymbol{A})\boldsymbol{x}=\boldsymbol{0}$ 有非零解 $\boldsymbol{x}_0\neq\boldsymbol{0}$,故有

$$\boldsymbol{A}\boldsymbol{x}_0=\boldsymbol{I}\boldsymbol{x}_0=\boldsymbol{x}_0$$

从而

$$\|\boldsymbol{x}_0\|=\|\boldsymbol{A}\boldsymbol{x}_0\|\leqslant\|\boldsymbol{A}\|\,\|\boldsymbol{x}_0\|\ (\|\boldsymbol{x}_0\|>0)$$

得 $\|\boldsymbol{A}\|\geqslant1$,与 $\|\boldsymbol{A}\|<1$ 相矛盾。所以 $\boldsymbol{I}-\boldsymbol{A}$ 非奇异。

令 $\boldsymbol{B}=(\boldsymbol{I}-\boldsymbol{A})^{-1}$,$\boldsymbol{B}(\boldsymbol{I}-\boldsymbol{A})=\boldsymbol{I}$,有 $\boldsymbol{B}=\boldsymbol{I}+\boldsymbol{B}\boldsymbol{A}$,所以

$$\|\boldsymbol{B}\|=\|\boldsymbol{I}+\boldsymbol{B}\boldsymbol{A}\|\leqslant\|\boldsymbol{I}\|+\|\boldsymbol{B}\|\,\|\boldsymbol{A}\|$$

所以

$$\|\boldsymbol{B}\|\leqslant\frac{\|\boldsymbol{I}\|}{1-\|\boldsymbol{A}\|}$$

特别若 $\|\boldsymbol{A}\|$ 是算子范数,则 $\|\boldsymbol{I}\|=\max\limits_{\|\boldsymbol{x}\|=1}\|\boldsymbol{I}\boldsymbol{x}\|=1$,此时 $\|(\boldsymbol{I}-\boldsymbol{A})^{-1}\|\leqslant\dfrac{1}{1-\|\boldsymbol{A}\|}$。

定义 4.3-2 设 $\boldsymbol{A}\in\mathbb{C}^{n\times n}$,称 $\boldsymbol{A}$ 的 n 个特征值的模的最大者为 $\boldsymbol{A}$ 的谱半径,记为 $\rho(\boldsymbol{A})$,即 $\rho(\boldsymbol{A})=\max\limits_{i}\{|\lambda_i|\,|\lambda_i$ 为 $\boldsymbol{A}$ 的特征值$\}$。

谱半径在特征值估计、数值分析以及数值代数等都有重要应用。

定理 4.3-5 设 $\boldsymbol{A}\in\mathbb{C}^{n\times n}$,则 $\rho(\boldsymbol{A})$ 不大于 $\boldsymbol{A}$ 的任何一种矩阵范数,即 $\rho(\boldsymbol{A})\leqslant\|\boldsymbol{A}\|$。

证明 任取 $\boldsymbol{A}$ 的特征值 λ,有非零向量 $\boldsymbol{x}$,使 $\boldsymbol{A}\boldsymbol{x}=\lambda\boldsymbol{x}$,从而

$$|\lambda|\,\|\boldsymbol{x}\|=\|\boldsymbol{A}\boldsymbol{x}\|\leqslant\|\boldsymbol{A}\|\,\|\boldsymbol{x}\|\qquad(\|\boldsymbol{x}\|>0)$$

所以 $|\lambda|\leqslant\|\boldsymbol{A}\|$,从而 $\rho(\boldsymbol{A})\leqslant\|\boldsymbol{A}\|$。

定理 4.3-6 设 $\boldsymbol{A}\in\mathbb{C}^{n\times n}$,对于任意的 $\varepsilon>0$,都存在矩阵范数 $\|\cdot\|$ 使得 $\|\boldsymbol{A}\|<\rho(\boldsymbol{A})+\varepsilon$。

证明 任意方阵都相似于 Jordan 标准型,存在可逆矩阵 $\boldsymbol{P}\in\mathbb{C}^{n\times n}$,使得 $\boldsymbol{P}^{-1}\boldsymbol{A}\boldsymbol{P}=\boldsymbol{J}$。记 $\boldsymbol{\Lambda}=\mathrm{diag}[\lambda_1,\lambda_2,\cdots,\lambda_n]$

$$\boldsymbol{I}=\begin{pmatrix}0&\delta_1&&&\\&0&\delta_2&&\\&&\ddots&\ddots&\\&&&0&\delta_{n-1}\\&&&&0\end{pmatrix}\quad(\delta_i=0\ 或\ 1)$$

则有 $\boldsymbol{J}=\boldsymbol{\Lambda}+\boldsymbol{I}$。这里,$\lambda_1,\lambda_2,\cdots,\lambda_n$ 是 $\boldsymbol{A}$ 的 n 个特征值。令

$$\boldsymbol{D}=\mathrm{diag}(1,\varepsilon,\cdots,\varepsilon^{n-1})$$

则有

$$(\boldsymbol{P}\boldsymbol{D})^{-1}\boldsymbol{A}(\boldsymbol{P}\boldsymbol{D})=\boldsymbol{D}^{-1}\boldsymbol{J}\boldsymbol{D}=\boldsymbol{\Lambda}+\varepsilon\boldsymbol{I}$$

记 $\boldsymbol{S}=\boldsymbol{P}\boldsymbol{D}$,那么 $\boldsymbol{S}$ 可逆,且有

$$\|\boldsymbol{S}^{-1}\boldsymbol{A}\boldsymbol{S}\|_1=\|\boldsymbol{\Lambda}+\varepsilon\boldsymbol{I}\|_1\leqslant\rho(\boldsymbol{A})+\varepsilon$$

容易验证,$\|\boldsymbol{A}\|_M=\|\boldsymbol{S}^{-1}\boldsymbol{A}\boldsymbol{S}\|_1$ 是 $\mathbb{C}^{n\times n}$ 上的矩阵范数,于是可得

$$\|\boldsymbol{A}\|_M=\|\boldsymbol{S}^{-1}\boldsymbol{A}\boldsymbol{S}\|_1\leqslant\rho(\boldsymbol{A})+\varepsilon$$

证毕。

习　题

1. $\forall \boldsymbol{A}\in\mathbb{C}^{n\times n}$，定义 $\|\boldsymbol{A}\|_M=\boldsymbol{n}\max\limits_{1\leqslant i,j\leqslant n}\left\{|\boldsymbol{a}_{ij}|\right\}$，证明：$\|\cdot\|_M$ 是$\mathbb{C}^{n\times n}$上的一种矩阵范数，且与$\mathbb{C}^n$上的 1 -范数，2 -范数，∞-范数均相容。

2. 设 $\boldsymbol{A}\in\mathbb{C}^{n\times n}$，$\boldsymbol{A}$ 可逆，λ 为 $\boldsymbol{A}$ 的任一特征值，则$\dfrac{1}{\|\boldsymbol{A}^{-1}\|_2}\leqslant|\lambda|\leqslant\|\boldsymbol{A}\|_2$。

4.4　特征值估计

这里来讨论一下矩阵特征值的估计。$\boldsymbol{A}=(a_{ij})\in\mathbb{C}^{n\times n}$的 n 个特征值在复平面上为 n 个点(几重算几个)，当 $\boldsymbol{A}$ 的阶数较高时，计算其特征值是较为困难的，若能从 $\boldsymbol{A}$ 的元素 a_{ij} 来直接估计 $\boldsymbol{A}$ 的特征值所在位置就显得尤为重要。估计的范围越小，其精确度越高，这在理论和实际问题中是非常重要的。

在大量的实际中，往往并不需要精确计算矩阵的特征值只需估计出它们所在的范围就够了。在线性代数方程组迭代求解的收敛性分析中，要估计矩阵的特征值是否都在复平面的单位圆内；在讨论矩阵级数 $\sum\limits_{k=0}^{\infty}c_k\boldsymbol{A}^k$ 是否收敛，则须判断 $\boldsymbol{A}$ 的谱半径是否小于级数 $\sum\limits_{k=0}^{\infty}c_kz^k$ 的收敛半径；在与差分法有关的稳定性讨论中，判定矩阵特征值是否都落在单位圆上；在系统与控制理论中，通过估计矩阵特征值是否都有负的实部，即是否都位于复平面的左半平面上，便可判定系统的稳定性等等。

4.4.1　特征值的界

对于一些特殊的矩阵，由前面一些讨论知道其特征值的定位是较容易的。如对角阵或(上、下)三角阵的特征值就是主对角元，幂等阵的特征值为 0 或 1，正交阵或酉阵的特征值位于单位圆上；实对称(或厄米特)阵的特征值在实轴上，反对称(反厄米特)阵特征值落在虚轴上等。

首先给出直接估计矩阵特征值模上界的一些方法。

定理 4.4-1　设 $\boldsymbol{A}=(a_{rs})_{n\times n}\in\mathbb{R}^{n\times n}$，令 $M=\max\limits_{1\leqslant r,s\leqslant n}\dfrac{1}{2}|a_{rs}-a_{sr}|$。若 λ 表示 $\boldsymbol{A}$ 的任一特征值，则 λ 的虚部 $\mathrm{Im}(\lambda)$满足不等式

$$|\mathrm{Im}(\lambda)|\leqslant M\sqrt{\frac{n(n-1)}{2}}$$

证明　设 $\boldsymbol{x}=(\xi_1,\xi_2,\cdots,\xi_n)^{\mathrm{T}}$ 为 $\boldsymbol{A}$ 的属于特征值 λ 的一个特征向量，即 $\boldsymbol{A}\boldsymbol{x}=\lambda\boldsymbol{x}$。不失一般性，可假定

$$\boldsymbol{x}^{\mathrm{H}}\boldsymbol{x}=\sum_{r=1}^{n}\bar{\xi}_r\xi_r=1$$

于是由 $x^{H}Ax=\lambda x^{H}x=\lambda$，两端取共轭转置，可得

$$\bar{\lambda}=(x^{H}Ax)^{H}=x^{H}A^{H}x=x^{H}A^{T}x$$

用 $i=\sqrt{-1}$ 表示虚数单位，则有

$$\begin{aligned}2i\mathrm{Im}(\lambda)&=\lambda-\bar{\lambda}=x^{H}(A-A^{T})x=\frac{1}{2}[x^{H}(A-A^{T})x+x^{H}(A-A^{T})x]\\&=\frac{1}{2}[x^{H}(A-A^{T})x+x^{T}(A^{T}-A)\bar{x}]\\&=\frac{1}{2}\Big[\sum_{r,s=1}^{n}(a_{rs}-a_{sr})\bar{\xi}_r\xi_s+\sum_{r,s=1}^{n}(a_{sr}-a_{rs})\xi_r\bar{\xi}_s\Big]\\&=\sum_{r,s=1}^{n}(a_{rs}-a_{sr})\frac{\bar{\xi}_r\xi_s-\xi_r\bar{\xi}_s}{2}\end{aligned}$$

注意到 $(a_{rs}-a_{sr})\dfrac{\bar{\xi}_r\xi_s-\xi_r\bar{\xi}_s}{2}$ 是纯虚数，上式两端取模即得

$$2\,|\,\mathrm{Im}(\lambda)\,|\leqslant\sum_{r,s=1}^{n}\left(\frac{1}{2}\,|\,a_{rs}-a_{sr}\,|\right)|\bar{\xi}_r\xi_s-\xi_r\bar{\xi}_s|\leqslant M\sum_{r,s=1}^{n}|\bar{\xi}_r\xi_s-\xi_r\bar{\xi}_s|=M\sum_{\substack{r\neq s\\r,s=1}}^{n}|\bar{\xi}_r\xi_s-\xi_r\bar{\xi}_s|$$

由于任意 m 个实数 $\eta_1,\eta_2,\cdots,\eta_m$ 恒满足

$$m(\eta_1^2+\cdots+\eta_m^2)-(\eta_1+\cdots+\eta_m)^2=\sum_{1\leqslant i<k\leqslant m}(\eta_i-\eta_k)^2\geqslant 0$$

所以

$$(\eta_1+\cdots+\eta_m)^2\leqslant m(\eta_1^2+\cdots+\eta_m^2)$$

因此可得

$$4\,[\mathrm{Im}\,\lambda]^2\leqslant M^2\left[\sum_{\substack{r\neq s\\r,s=1}}^{n}|\bar{\xi}_r\xi_s-\xi_r\bar{\xi}_s|\right]^2\leqslant n(n-1)M^2\sum_{\substack{r\neq s\\r,s=1}}^{n}|\bar{\xi}_r\xi_s-\xi_r\bar{\xi}_s|^2$$

又由

$$|\bar{\xi}_r\xi_s-\xi_r\bar{\xi}_s|^2=(\bar{\xi}_r\xi_s-\xi_r\bar{\xi}_s)\overline{(\bar{\xi}_r\xi_s-\xi_r\bar{\xi}_s)}=2\,|\xi_r|^2\,|\xi_s|^2-\xi_r^2\,\overline{\xi_s^2}-\xi_r^2\,\xi_s^2$$

可得

$$\begin{aligned}\sum_{\substack{r\neq s\\r,s=1}}^{n}|\bar{\xi}_r\xi_s-\xi_r\bar{\xi}_s|^2&=\sum_{r,s=1}^{n}|\bar{\xi}_r\xi_s-\xi_r\bar{\xi}_s|^2=2\sum_{r,s=1}^{n}|\xi_r|^2\,|\xi_s|^2-\sum_{r,s=1}^{n}[\xi_r^2\,\overline{\xi_s^2}+\overline{\xi_r^2}\xi_s^2]\\&=2\sum_{r=1}^{n}|\xi_r|^2\cdot\sum_{s=1}^{n}|\xi_s|^2-2\sum_{r=1}^{n}\overline{\xi_r^2}\cdot\sum_{s=1}^{n}\xi_s^2=2-2\left|\sum_{r=1}^{n}\xi_r^2\right|^2\leqslant 2\end{aligned}$$

因此 $4\,[\mathrm{Im}\,\lambda]^2\leqslant 2n(n-1)M^2$，也就是

$$|\,\mathrm{Im}\,\lambda\,|\leqslant M\sqrt{\frac{n(n-1)}{2}}$$

定理 4.4-2 设 $B\in\mathbb{C}^{n\times n}$，列向量 $y\in\mathbb{C}^n$ 满足 $\|y\|_2=1$，则 $|y^{H}By|\leqslant\|B\|_{m_\infty}$。

证明 设 $B=(b_{ij})_{n\times n}$，$y=(\eta_1,\eta_2,\cdots,\eta_n)^{T}$，于是有

$$\begin{aligned}|\,y^{H}By\,|&=\left|\sum_{i,j=1}^{n}b_{ij}\bar{\eta}_i\eta_j\right|\leqslant\max_{i,j}|b_{ij}|\cdot\sum_{i,j=1}^{n}|\eta_i|\,|\eta_j|\leqslant\max_{i,j}|b_{ij}|\cdot\frac{1}{2}\sum_{i,j=1}^{n}\Big[\,|\eta_i|^2+|\eta_j|^2\Big]\\&=\max_{i,j}|b_{ij}|\cdot\frac{1}{2}(n+n)=\|B\|_{m_\infty}\end{aligned}$$

定理 4.4-3　设 $A\in\mathbb{C}^{n\times n}$，则 A 的任一特征值 λ 满足 $|\lambda|\leqslant\|A\|_{m_\infty}$ 及

$$|\mathrm{Re}\,\lambda|\leqslant\frac{1}{2}\|A+A^{\mathrm{H}}\|_{m_\infty}$$

$$|\mathrm{Im}\,\lambda|\leqslant\frac{1}{2}\|A-A^{\mathrm{H}}\|_{m_\infty}$$

证明　设 $x=(\xi_1,\xi_2,\cdots,\xi_n)^{\mathrm{T}}$ 是 A 的属于特征值 λ 的单位特征向量，则有 $Ax=\lambda x$。两端左乘以 x^{H}，可得 $\lambda=x^{\mathrm{H}}Ax$，再取共轭转置，即得 $\bar{\lambda}=x^{\mathrm{H}}A^{\mathrm{H}}x$。因为

$$|\lambda|=|x^{\mathrm{H}}Ax|\leqslant\|A\|_{m_\infty}$$

$$|\mathrm{Re}\,\lambda|=\frac{1}{2}|\lambda+\bar{\lambda}|=\frac{1}{2}|x^{\mathrm{H}}[A+A^{\mathrm{H}}]x|\leqslant\frac{1}{2}\|A+A^{\mathrm{H}}\|_{m_\infty}$$

$$|\mathrm{Im}\,\lambda|=\frac{1}{2}|\lambda-\bar{\lambda}|=\frac{1}{2}|x^{\mathrm{H}}(A-A^{\mathrm{H}})x|\leqslant\frac{1}{2}\|A-A^{\mathrm{H}}\|_{m_\infty}。$$

推论　Hermite 矩阵的特征值都是实数，反 Hermite 矩阵的特征值为零或纯虚数。

事实上，当 A 为 Hermite 矩阵时，$\mathrm{Im}\,\lambda=0$，即 λ 为实数；当 A 为反 Hermite 矩阵时，$\mathrm{Re}\,\lambda=0$，即 λ 为零或纯虚数.

定理 4.4-4(Hadamard's inequality)　设 $A=[a_{rs}]_{n\times n}\in\mathbb{C}^{n\times n}$，则有

$$\prod_{r=1}^{n}|\lambda_r(A)|=|\det A|\leqslant\left[\prod_{s=1}^{n}\left(\sum_{r=1}^{n}|a_{rs}|^2\right)\right]^{\frac{1}{2}}$$

等号成立的充要条件是某 $a_{s_0}=0$ 或者 $(a_r,a_s)=0(r\neq s)$，其中 $a_1,a_2,\cdots,a_n$ 表示 A 的 n 个列向量。

证明　如果向量组 $a_1,a_2,\cdots,a_n$ 线性相关，则 $\det A=0$，结论显然成立。

下面假定它们线性无关。从 $a_1,a_2,\cdots,a_n$ 出发，可以构造非零向量组 $b_1,b_2,\cdots,b_n$ 且两两正交，且满足

$$\begin{cases}a_1=b_1\\a_2=b_2+\lambda_{21}b_1\\a_3=b_3+\lambda_{31}b_1+\lambda_{32}b_2\\\cdots\\a_n=b_n+\lambda_{n1}b_1+\cdots+\lambda_{n,n-1}b_{n-1}\end{cases}$$

其中 $\lambda_{sr}=\dfrac{(a_s,b_r)}{\|b_r\|^2}(r<s)$，这里的向量范数为 2-范数(下同)。

划分 $B=(b_1,b_2,\cdots,b_n)$，则

$$A=B\begin{pmatrix}1&\lambda_{21}&\cdots&\lambda_{n1}\\0&1&\ddots&\vdots\\\vdots&\ddots&\ddots&\lambda_{n,n-1}\\0&\cdots&0&1\end{pmatrix}$$

于是 $\det A=\det B$，又由 $b_1,b_2,\cdots,b_n$ 的两两正交性可得

$$\|a_s\|^2=\|b_s+\lambda_{s1}b_1+\cdots+\lambda_{s,s-1}b_{s-1}\|^2=\|b_s\|^2+\|\lambda_{s1}b_1+\cdots+\lambda_{s,s-1}b_{s-1}\|^2\geqslant\|b_s\|^2$$

$$|\det B|^2=\det B^{\mathrm{H}}\det B=\prod_{s=1}^{n}\|b_s\|^2=\left(\prod_{s=1}^{n}\|b_s\|\right)^2$$

因此

$$|\det A|=|\det B|=\prod_{s=1}^{n}\|b_s\|\leqslant\prod_{s=1}^{n}\|a_s\|=\left[\prod_{s=1}^{n}\left(\sum_{r=1}^{n}|a_{rs}|^2\right)\right]^{\frac{1}{2}}$$

证毕。

特别地，若某 $\boldsymbol{a}_{s_0}=\boldsymbol{0}$，则 $\prod_{r=1}^{n}|\lambda_r(\boldsymbol{A})|=|\det\boldsymbol{A}|\leqslant\left[\prod_{s=1}^{n}\left(\sum_{r=1}^{n}|a_{rs}|^2\right)\right]^{\frac{1}{2}}$ 两端均为零，从而等号成立；若 $(\boldsymbol{a}_r,\boldsymbol{a}_s)=0(r\neq s)$ 则有

$$|\det\boldsymbol{A}|^2=\det\boldsymbol{A}^{\mathrm{H}}\det\boldsymbol{A}=\prod_{s=1}^{n}\|\boldsymbol{a}_s\|^2=\prod_{s=1}^{n}\left(\sum_{r=1}^{n}|a_{rs}|^2\right)$$

反之，若 $\boldsymbol{a}_s\neq\boldsymbol{0}(s=1,2,\cdots,n)$ 且存在最小指标 s_0，使满足 $(\boldsymbol{a}_{s_0},\boldsymbol{a}_{r_0})\neq0(r_0<s_0)$，则

$$\begin{cases}\boldsymbol{a}_1=\boldsymbol{b}_1\\ \vdots\\ \boldsymbol{a}_{s_0-1}=\boldsymbol{b}_{s_0-1}\\ \boldsymbol{a}_{s_0}=\boldsymbol{b}_{s_0}+\cdots+\lambda_{s_0,r_0}\boldsymbol{b}_{r_0}+\cdots\\ \vdots\end{cases}$$

且 $\lambda_{s_0,r_0}=\dfrac{(\boldsymbol{a}_{s_0},\boldsymbol{b}_{r_0})}{\|\boldsymbol{b}_{r_0}\|^2}=\dfrac{(\boldsymbol{a}_{s_0},\boldsymbol{a}_{r_0})}{\|\boldsymbol{a}_{r_0}\|^2}\neq0$，于是

$$\begin{aligned}\|\boldsymbol{a}_{s_0}\|^2&=\|\boldsymbol{b}_{s_0}+\cdots+\lambda_{s_0,r_0}\boldsymbol{b}_{r_0}+\cdots\|^2=\|\boldsymbol{b}_{s_0}\|^2+\cdots+|\lambda_{s_0,r_0}|^2\|\boldsymbol{b}_{r_0}\|^2+\cdots\\&=\|\boldsymbol{b}_{s_0}\|^2+\cdots+|\lambda_{s_0,r_0}|^2\|\boldsymbol{a}_{r_0}\|^2+\cdots>\|\boldsymbol{b}_{s_0}\|^2.\end{aligned}$$

类似于前面的推导，可得

$$|\det\boldsymbol{A}|=|\det\boldsymbol{B}|=\prod_{s=1}^{n}\|\boldsymbol{b}_s\|<\prod_{s=1}^{n}\|\boldsymbol{a}_s\|=\left[\prod_{s=1}^{n}\left(\sum_{r=1}^{n}|a_{rs}|^2\right)\right]^{\frac{1}{2}}$$

这表明，$\prod_{r=1}^{n}|\lambda_r(\boldsymbol{A})|=|\det\boldsymbol{A}|\leqslant\left[\prod_{s=1}^{n}\left(\sum_{r=1}^{n}|a_{rs}|^2\right)\right]^{\frac{1}{2}}$ 等号成立时，必须有某 $\boldsymbol{a}_{s_0}=\boldsymbol{0}$ 或者 $(\boldsymbol{a}_r,\boldsymbol{a}_s)=0(r\neq s)$。

定理 4.4-5 设 $\boldsymbol{A}=(a_{ij})\in\mathbb{C}^{n\times n}$ 的特征值 $\lambda_1,\cdots,\lambda_n$，则

(1) $|\lambda_l|\leqslant\max\limits_{1\leqslant j\leqslant n}\sum_{i=1}^{n}|a_{ij}|\left(=\|\boldsymbol{A}\|_1\right)$；

(2) $|\lambda_l|\leqslant\max\limits_{1\leqslant i\leqslant n}\sum_{j=1}^{n}|a_{ij}|\left(=\|\boldsymbol{A}\|_\infty\right)\ (l=1,2,\cdots,n)$；

(3) $\sum_{l=1}^{n}|\lambda_l|^2\leqslant\sum_{i,j=1}^{n}|a_{ij}|^2$(Schur)。

而等号成立当且仅当 $\boldsymbol{A}$ 为正规矩阵。

证明 任一矩阵范数 $\|\cdot\|$ 均有 $\rho(\boldsymbol{A})\leqslant\|\boldsymbol{A}\|$，取 $\|\cdot\|_1$ 及 $\|\cdot\|_\infty$ 即得(1)和(2)。

对于(3)，由 Schur 定理知存在酉矩阵 $\boldsymbol{U}$ 使 $\boldsymbol{U}^{\mathrm{H}}\boldsymbol{A}\boldsymbol{U}=\boldsymbol{T}$(上三角阵)$=(t_{ij})_{n\times n}$，故 $\boldsymbol{T}$ 的对角元 t_{ii} 为 A 的特征值($i=1,2,\cdots,n$)，故

$$\sum_{i=1}^{n}|\lambda_i|^2=\sum_{i=1}^{n}|t_{ii}|^2\leqslant\sum_{i=1}^{n}|t_{ii}|^2+\sum_{\substack{i,j\\i\neq j}}|t_{ij}|^2=\operatorname{tr}(\boldsymbol{T}^{\mathrm{H}}\boldsymbol{T})$$

而由 $\boldsymbol{A}=\boldsymbol{U}\boldsymbol{T}\boldsymbol{U}^{\mathrm{H}}$，有 $\boldsymbol{A}^{\mathrm{H}}\boldsymbol{A}=\boldsymbol{U}(\boldsymbol{T}^{\mathrm{H}}\boldsymbol{T})\boldsymbol{U}^{\mathrm{H}}$，而相似矩阵具有相同的迹，故

$$\sum_{i=1}^{n}|\lambda_i|^2\leqslant\sum_{i,j=1}^{n}|t_{ij}|^2=\operatorname{tr}(\boldsymbol{T}^{\mathrm{H}}\boldsymbol{T})=\operatorname{tr}(\boldsymbol{A}^{\mathrm{H}}\boldsymbol{A})=\sum_{i,j=1}^{n}|a_{ij}|^2$$

易见等号成立当且仅当$\sum\limits_{\substack{i,j=1\\ i\neq j}}^{n}|t_{ij}|^2=0$，即$\boldsymbol{T}$为对角阵，从而等号成立当且仅当$\boldsymbol{A}$酉相似于对角阵，即$\boldsymbol{A}$为正规阵。

4.4.2 盖尔圆定理

通过计算$\boldsymbol{A}$的列范数及行范数将$\boldsymbol{A}$特征值限定在复平面的某圆盘内，但这显得过于粗糙。为此引入盖尔(Gerschgorin)圆盘。

设$\boldsymbol{A}=(a_{ij})\in\mathbb{C}^{n\times n}$，令$\delta_i=\sum\limits_{\substack{j=1\\ j\neq i}}^{n}|a_{ij}|=\sum\limits_{j=1}^{n}|a_{ij}|-|a_{ii}|,i=1,2,\cdots,n$

令$\boldsymbol{G}_i=\{z\in\mathbb{C}:|z-a_{ij}|\leqslant\delta_i\}(i=1,2,\cdots,n)$即$G_i$为复平面$\mathbb{C}$上以$a_{ii}$为中心、$\delta_i$为半径的闭圆盘，称之为$A$的一个盖尔圆，$\boldsymbol{A}$有$n$个盖尔圆。

定理 4.4-6 (Gerschgorin 圆盘定理)　设$\boldsymbol{A}=(a_{ij})\in\mathbb{C}^{n\times n}$，$n$个盖尔圆$G_1,G_2,\cdots,G_n$，则

(1) $\boldsymbol{A}$的任一特征值$\lambda\in\bigcup\limits_{i=1}^{n}G_i$；

(2) 若$\boldsymbol{A}$的n个盖尔圆盘中有k个并形成一个连通区域，且与其余的$n-k$个圆盘都不相交，则在此连通域中恰有$\boldsymbol{A}$的k个特征值。特别地，孤立盖尔圆内有且只有一个特征值。

证明　(1) 设$\boldsymbol{Ax}=\lambda\boldsymbol{x}$，$\boldsymbol{x}=(x,\cdots,x_n)^{\mathrm{T}}\neq\boldsymbol{0}$，即有

$$\sum_{j=1}^{n}a_{ij}\cdot x_j=\lambda x_i\quad i=1,2,\cdots,n$$

设$|x_k|=\max\limits_{1\leqslant i\leqslant n}\{|x_i|\}$，由$\boldsymbol{x}\neq\boldsymbol{0}$知$|x_k|>0$，从而$\sum\limits_{j=1}^{n}a_{kj}\cdot x_j=\lambda x_k$，即

$$(\lambda-a_{kk})x_k=\sum_{j\neq k}a_{kj}x_j$$

因此可得

$$|\lambda-a_{kk}||x_k|=\left|\sum_{\substack{j=1\\ j=k}}^{n}a_{kj}\cdot x_j\right|\leqslant\sum_{\substack{j=1\\ j=k}}^{n}|a_{kj}||x_j|\leqslant|x_k|\delta_k$$

$\therefore|\lambda-a_{kk}|\leqslant\delta_k$即$\lambda\in G_k\subseteq\bigcup\limits_{i=1}^{n}G_i$

(2) 设$\boldsymbol{A}=\boldsymbol{D}+\boldsymbol{C}$，$\boldsymbol{D}=\mathrm{diag}\{a_{11},a_{22},\cdots,a_{m}\}$，$\boldsymbol{C}$是$\boldsymbol{A}$去掉主对角元所得的矩阵。

令$\boldsymbol{A}(t)=\boldsymbol{D}+t\boldsymbol{C}(0\leqslant t\leqslant1)$(含参量矩阵)，则$\boldsymbol{A}(0)=\boldsymbol{D}$，$\boldsymbol{A}(1)=\boldsymbol{A}$。

令
$$f_{\boldsymbol{A}}(\lambda)=|\lambda\boldsymbol{I}-\boldsymbol{A}|=\lambda^n+a_{n-1}\lambda^{n-1}+\cdots+a_1\lambda+a_0$$

$\boldsymbol{A}(t)$的特征多项式为

$$f_{\boldsymbol{A}(t)}(\lambda)=|\lambda\boldsymbol{I}-\boldsymbol{A}(t)|=\lambda^n+a_{n-1}(t)\lambda^{n-1}+\cdots+a_1(t)\lambda+a_0(t)$$

此处多项式系数$a_i(t)$ $(i=0,1,\cdots,n-1)$均为$[0,1]$上t的连续函数，由根与系数关系(Vieta定理及隐函数定理)易知$\boldsymbol{A}(t)$的特征值$\lambda(t)$也是t的连续函数。不失一般性，可设$\boldsymbol{A}$的前k个圆盘为$G_1,G_2,\cdots,G_k$并成一个连通域，并与后$n-k$圆盘分离开。令$G_i(\boldsymbol{A}(t))(1\leqslant i\leqslant n)$是$\boldsymbol{A}(t)$的盖尔圆盘，由(1)知$\boldsymbol{A}(t)$的任一特征值为$\lambda(t)\in\bigcup\limits_{i=1}^{n}G_i(\boldsymbol{A}(t))$

而对$0\leqslant t\leqslant1$有

$$G_i(\mathbf{A}(t)) \subseteq G_i, \quad i=1,2,\cdots,n \tag{4-3}$$

$$G_i(\mathbf{A}(0)) \subseteq G_i(\mathbf{D}) = a_{ii}, \quad i=1,2,\cdots,n$$

$$G_i(\mathbf{A}(1)) = G_i, \quad i=1,2,\cdots,n$$

$$a_{ii} \in G_i(\mathbf{A}(t)) \subseteq G \quad (\because G_i(\mathbf{A}(t)) = \{|z-a_{ii}| \leqslant t\delta_i\} \subseteq G_i)$$

由 $\lambda_i(t)$ 连续依赖于 $t \in [0,1]$，当 t 从 0 变化到 1 时每个 $\lambda_i(t)$ 表复平面一条连续曲线，起点为 $\lambda_i(0) = a_{ii}$，终点为 $\lambda_i(\mathbf{A})$（$\mathbf{A}$ 的特征值）$i = 1,2,\cdots,n$，而由式(4-3)知当 t 在 $[0,1]$ 连续变化时，$\mathbf{A}(t)$ 的每个盖尔圆始终在 $\mathbf{A}$ 的对应圆盘内，故由假设知，$\mathbf{A}(t)$ 的前 k 个盖尔圆始终与其余 $n-k$ 个圆盘分离，从而以 $a_{11},\cdots,a_{kk}$ 为起点的 k 条连续曲线 $\lambda_1(t),\cdots,\lambda_k(t)$ 始终在 $\bigcup_{i=1}^{k} G_i$ 内*，特别它们的终点 $\lambda_1(A),\cdots,\lambda_k(A) \in \bigcup_{i=1}^{k} G_i$。同样，$\bigcup_{i=1}^{k} G_i$ 不包含其余 $n-k$ 条曲线 $\lambda_i(t)$，$k+1 \leqslant i \leqslant n$，因而也不包含其终点 $\lambda_{k+1}(\mathbf{A}),\cdots,\lambda_n(\mathbf{A})$，如图 4-1 所示。

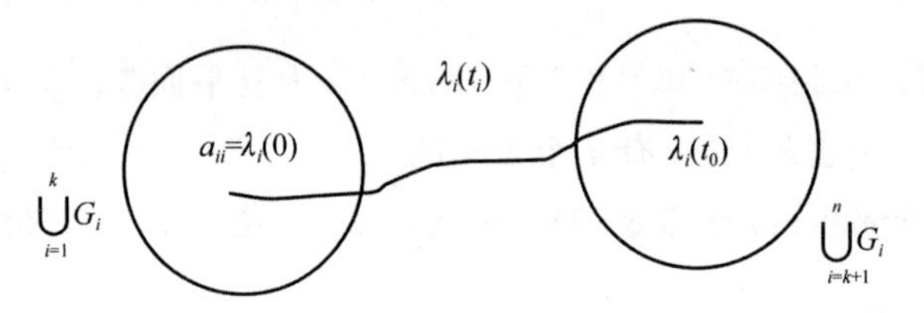

图 4-1 特征值变化示意图

对 $\bigcup_{i=1}^{n} G_i$ 其他连通子区域也有类似结果，故 $\bigcup_{i=1}^{k} G_i$ 不能包含其他特征值（$\lambda_{k+1},\cdots,\lambda_n$）。

例 4.4-1 估计矩阵

$$\mathbf{A} = \begin{pmatrix} 2 & -1 & -2 & 0 \\ -1 & 3 & 2\mathrm{i} & 0 \\ 0 & -\mathrm{i} & 10 & \mathrm{i} \\ -2 & 0 & 0 & 6\mathrm{i} \end{pmatrix}$$

的特征值分布范围。

解 $\mathbf{A}$ 的四个盖尔圆为

$$G_1: |z-2| \leqslant 3 \quad G_2: |z-3| \leqslant 3 \quad G_3: |z-10| \leqslant 2 \quad G_4: |z-6\mathrm{i}| \leqslant 2$$

如图 4-2 可知 $\mathbf{A}$ 的四个特征值在 $\bigcup_{i=1}^{n} G_i$ 中，其中 G_3，G_4 中各有一个，$G_1 \cup G_2$ 中有两个。

推论 1 对 $\mathbf{A} \in \mathbb{C}^{n\times n}$，$n$ 个盖尔圆 $G_1, G_2, \cdots, G_n$，若原点 $O \notin \bigcup_{i=1}^{n} G_i$，则 $\mathbf{A}$ 为非奇异阵。

事实上，若 $|\mathbf{A}| = \prod_{i=1}^{n} \lambda_i = 0$，则 0 为 $\mathbf{A}$ 的特征值，故 $0 \in \bigcup_{i=1}^{n} G_i$，矛盾。

---

* $\forall\, 0 \leqslant t \leqslant 1$，由(1)知 $\lambda(t) \in \bigcup_{i=1}^{n} G_i(A(t)) \subseteq \bigcup_{i=1}^{n} G_i$。故 n 条连续曲线 $\lambda_i(t)(1 \leqslant i \leqslant n)$ 始终在 $\bigcup_{i=1}^{n} G_i$ 内，可断定以 $a_{11},\cdots,a_{kk}$ 为起点连续曲线必在 $\bigcup_{i=1}^{n} G_i$ 内。$\because a_{ii}(1 \leqslant i \leqslant k) \in G_i$，若 $\exists\, t_0$ 使 $\lambda_1(t_0) \in \bigcup_{i=k+1}^{n} G_i$，由于 $\left(\bigcup_{i=1}^{k} G_i\right) \cap \left(\bigcup_{i=k+1}^{n} G_i\right) = \varnothing$，由连续性 $\exists\, t_1$ 使 $\lambda_1(t_1) \notin \bigcup_{i=k+1}^{n} G_i$，矛盾。

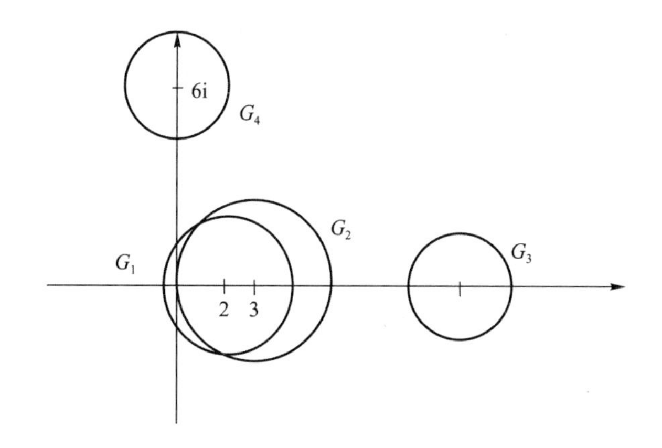

图 4-2　例 4.4-1 盖尔图示意图

推论 2　$\boldsymbol{A}=(a_{ij})\in\mathbb{C}^{n\times n}$，若 $\boldsymbol{A}$ 对角占优，即 $|a_{ii}|>\sum\limits_{\substack{j=1\\j\neq i}}^{n}|a_{ij}|\,(i=1,2,\cdots,n)$（行对角占优）或 $|a_{ii}|>\sum\limits_{\substack{j=1\\j\neq i}}^{n}|a_{ji}|\,(i=1,2,\cdots,n)$（列对角占优），则 $\boldsymbol{A}$ 为非奇异阵。

证明　若 A 不是非奇异阵，则 0 为 A 的特征值，故存在某个盖尔圆 G_k 使

$$0\in G_k=\left\{z\in\mathbb{C}\;\middle|\;|z-a_{kk}|\leqslant\sum_{\substack{j=1\\j\neq k}}^{n}|a_{kj}|\right\}$$

进而 $|a_{kk}|\leqslant\sum\limits_{\substack{j=1\\j\neq k}}^{n}|a_{kj}|$，矛盾。

又，$\boldsymbol{A}^{\mathrm{T}}$ 与 $\boldsymbol{A}$ 有相同特征值，故 $\boldsymbol{A}$ 列对角占优即为 $\boldsymbol{A}^{\mathrm{T}}$ 行对角占优。由此证 $\boldsymbol{A}^{\mathrm{T}}$ 非奇异，故 $\boldsymbol{A}$ 为非奇异证。

推论 3　若 $\boldsymbol{A}\in\mathbb{C}^{n\times n}$ 的 n 个盖尔圆中有 k 个孤立圆，则 $\boldsymbol{A}$ 至少有 k 个相异特征值，特别 $\boldsymbol{A}$ 的 n 个盖尔圆两两不相交，则 $\boldsymbol{A}$ 有 n 个相异特征值，从而 $\boldsymbol{A}$ 可对角化。

推论 4　若 $\boldsymbol{A}\in\mathbb{C}^{n\times n}$，$\boldsymbol{A}$ 的盖尔圆中有 k 个孤立圆，则 $\boldsymbol{A}$ 至少有 k 个实特征根，特别若 n 个盖尔圆两两不相交，则 $\boldsymbol{A}$ 有 n 个相异实特征值。

事实上，$\boldsymbol{A}$ 的 n 个盖尔圆的圆心都在实轴上，故每孤立盖尔圆中只能有一个特征值，而实矩阵 $\boldsymbol{A}$ 若有复特征值则必有共轭对出现，故孤立盖尔圆中的特征值必为实特征值（否则其共轭也出现在该圆中，矛盾）。

注： 任一个特征值 λ_i 与离它最近的中心点 a_{ii} 的距离有可能超过 δ_i。如果取 $\boldsymbol{A}=\begin{pmatrix}1&-1\\\frac{7}{2}&5\end{pmatrix}$，特征值 $\lambda_{1,2}=3\pm\frac{\sqrt{2}}{2}$，这里 λ_1,λ_2 均位于 G_2/G_1 中，其中 λ_2 与离它最近中心点是 1，但距离却大于 1（G_1 的半径）。

例 4.4-2　证明

$$A=\begin{pmatrix} 9 & 1 & -2 & 1 \\ 0 & 8 & 1 & 1 \\ -1 & 0 & 4 & 0 \\ 1 & 0 & 0 & 1 \end{pmatrix}$$

至少有两个实特征值。

证明: A 的盖尔圆 $G_1:|z-9|\leqslant 4$,$G_2:|z-8|\leqslant 2$,$G_3:|z-4|\leqslant 1$,$G_4:|z-1|\leqslant 1$,如图 4-3 所示,G_4 为孤立圆,其含有一个实特征值,$G_1\cup G_2\cup G_3$ 中含 A 的另三个特征值,三个特征值中必有一个为实特征值,否则 $G_1\cup G_2\cup G_3$ 将出现四个特征值,矛盾。

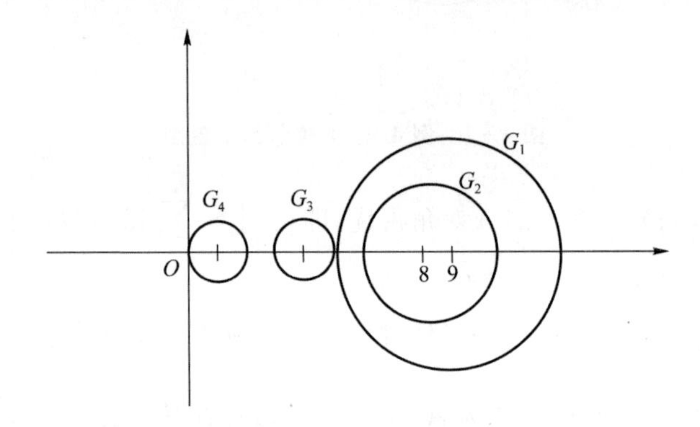

图 4-3 例 4.4-2 盖尔圆示意图

使用盖尔圆定理估计 A 的特征值,往往希望得到更多的孤立盖尔圆,通常采用以下方法。

(1) 对 A^T 使用盖尔圆定理(因为 A^T 与 A 有相同特征值)

设 A^T 的盖尔圆为 $G_1',G_2',\cdots,G_n'$,同样有圆盘定理可知,G_i 与 G_i' 有同一个圆心($1\leqslant i\leqslant n$),故 $\lambda_i\in(\bigcup\limits_{i=1}^{n}G_i)\cap(\bigcup\limits_{i=1}^{n}G_i')$。

(2) 选取适当正数 $d_1,d_2,\cdots,d_n$,令 $D=\mathrm{diag}\{d_1,d_2,\cdots,d_n\}$,则

$$B=DAD^{-1}=\left(a_{ij}\frac{d_i}{d_j}\right)_{n\times n}$$

B 的盖尔圆心仍是 $a_{ii}(1\leqslant i\leqslant n)$。$A$ 与 B 相似,故有相同特征值。选择 d_i 通常为

① 若 $d_i<1$,其余为 1,则使 A 的第 i 个盖尔圆 G_i 缩小,其余放大;

② 若 $d_i>1$,其余为 1,则使 A 的第 i 个盖尔圆 G_i 放大,其余缩小。

例 4.4-3 设

$$A=\begin{pmatrix} 9 & 1 & 1 \\ 1 & \mathrm{i} & 1 \\ 1 & 1 & 3 \end{pmatrix}\quad(\mathrm{i}^2=-1)$$

估计 A 的特征值。

解 A 的 3 个盖尔圆为:$G_1:|z-9|\leqslant 2$,$G_2:|z-\mathrm{i}|\leqslant 2$,$G_3:|z-3|\leqslant 2$

如图 4-4 所示,G_1 孤立,G_2 与 G_3 相交。取 $D=\mathrm{diag}\{2,1,1\}$,则

$$B=DAD^{-1}=\begin{pmatrix} 9 & 2 & 2 \\ \frac{1}{2} & \mathrm{i} & 1 \\ \frac{1}{2} & 1 & 3 \end{pmatrix}$$

则 $\boldsymbol{B}$ 的 3 个盖尔圆 G_1'：$|z-9|\leqslant 4$，G_2'：$|z-i|\leqslant\frac{3}{2}$，$G_3'$：$|z-3|\leqslant\frac{3}{2}$。

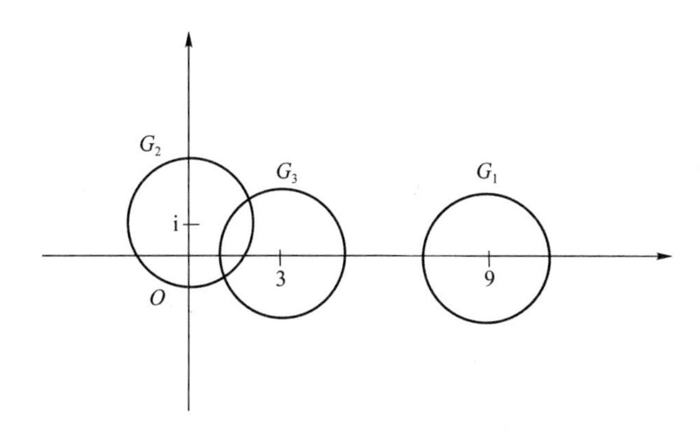

图 4－4　例 4.4－3 盖尔圆示意图

如图 4－5 所示，G_2' 与 G_3' 的圆心距为 $\sqrt{10}$，半径之和为 3。G_1' 与 G_3' 的圆心距为 6，半径之和为 $\frac{11}{2}$。故 G_1'，G_2'，G_3' 均为孤立的盖尔圆，从而各含一个 $\boldsymbol{B}$（也是 $\boldsymbol{A}$）的特征值。

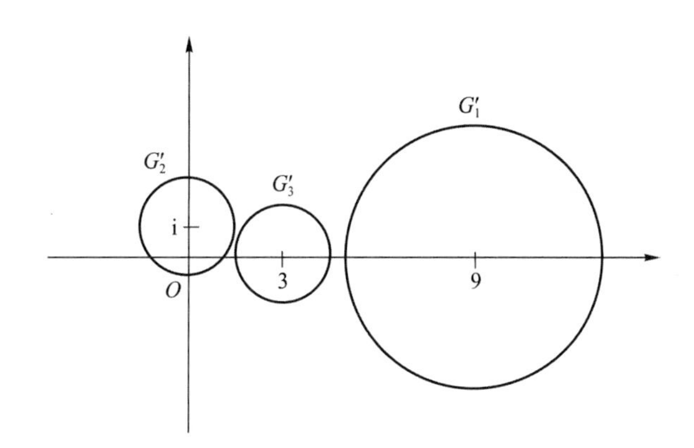

图 4－5　例 4.4－3 隔离后的盖尔圆示意图

关于 Gerschgorin 圆盘定理有各种不同的推广与应用，在此不再赘述。

4.4.3　对称矩阵特征值的极性

定义 4.4－1　设 $\boldsymbol{A}$ 是 n 阶实对称矩阵，$\boldsymbol{x}\in\mathbb{R}^n$。称

$$R(\boldsymbol{x})=\frac{\boldsymbol{x}^{\mathrm{T}}\boldsymbol{A}\boldsymbol{x}}{\boldsymbol{x}^{\mathrm{T}}\boldsymbol{x}}\ (\boldsymbol{x}\neq\boldsymbol{0})$$

为矩阵 $\boldsymbol{A}$ 的 Rayleigh 商。

Rayleigh 商式具有以下性质：

性质 1　$R(\boldsymbol{x})$ 是 $\boldsymbol{x}$ 的连续函数。

性质 2　$R(\boldsymbol{x})$ 是 $\boldsymbol{x}$ 的零次齐次函数。

事实上，对任意的实数 $\lambda\neq 0$，有

$$R(\lambda \boldsymbol{x})=\frac{(\lambda \boldsymbol{x})^{\mathrm{T}}\boldsymbol{A}(\lambda \boldsymbol{x})}{(\lambda \boldsymbol{x})^{\mathrm{T}}(\lambda \boldsymbol{x})}=\frac{\boldsymbol{x}^{\mathrm{T}}\boldsymbol{A}\boldsymbol{x}}{\boldsymbol{x}^{\mathrm{T}}\boldsymbol{x}}=R(\boldsymbol{x})=\lambda^{0}R(\boldsymbol{x})$$

性质 3　$\boldsymbol{x}\in L(\boldsymbol{x}_0)(\boldsymbol{x}_0\neq\boldsymbol{0})$时，$R(\boldsymbol{x})$是一常数。

性质 4　$R(\boldsymbol{x})$的最大值和最小值存在，且能够在单位球面 $S=\{\boldsymbol{x}\mid\boldsymbol{x}\in\mathbb{R}^n,\ \|\boldsymbol{x}\|_2=1\}$上取得。

事实上，S 是闭集，而 $R(\boldsymbol{x})$在 S 上连续，于是有 $\boldsymbol{x}_1,\boldsymbol{x}_2\in S$，使

$$\min_{x\in S}R(\boldsymbol{x})=R(\boldsymbol{x}_1),\quad \max_{x\in S}R(\boldsymbol{x})=R(\boldsymbol{x}_2)$$

任取 $\boldsymbol{0}\neq\boldsymbol{y}\in\mathbb{R}^n$，令 $\boldsymbol{y}_0=\frac{1}{\|\boldsymbol{y}\|_2}\boldsymbol{y}$，则 $\boldsymbol{y}_0\in S$。根据性质 3，有 $R(\boldsymbol{y})=R(\boldsymbol{y}_0)$，从而 $R(\boldsymbol{x}_1)\leqslant R(\boldsymbol{y})\leqslant R(\boldsymbol{x}_2)$。

基于性质 4，在考虑 $R(\boldsymbol{x})$的极性时，可以只在单位球面 $\|\boldsymbol{x}\|_2=1$ 上讨论。将实对称矩阵 $\boldsymbol{A}$ 的特征值(都是实数)按其大小顺序排列为

$$\lambda_1\leqslant\lambda_2\leqslant\cdots\leqslant\lambda_n$$

对应的标准正交特征向量系设为

$$\boldsymbol{p}_1,\boldsymbol{p}_2,\cdots,\boldsymbol{p}_n$$

则有下面的结论。

定理 4.4-7　设 $\boldsymbol{A}$ 为实对称矩阵，则

$$\min_{x\neq\boldsymbol{0}}R(\boldsymbol{x})=\lambda_1,\quad \max_{x\neq\boldsymbol{0}}R(\boldsymbol{x})=\lambda_n$$

证明　任取 $\boldsymbol{0}\neq\boldsymbol{x}\in\mathbb{R}^n$，则

$$\boldsymbol{x}=c_1\boldsymbol{p}_1+c_2\boldsymbol{p}_2+\cdots+c_n\boldsymbol{p}_n\quad(c_1^2+c_2^2+\cdots+c_n^2\neq 0)$$

于是有

$$\boldsymbol{A}\boldsymbol{x}=c_1\lambda_1\boldsymbol{p}_1+c_2\lambda_2\boldsymbol{p}_2+\cdots+c_n\lambda_n\boldsymbol{p}_n$$
$$\boldsymbol{x}^{\mathrm{T}}\boldsymbol{A}\boldsymbol{x}=c_1^2\lambda_1+c_2^2\lambda_2+\cdots+c_n^2\lambda_n$$
$$\boldsymbol{x}^{\mathrm{T}}\boldsymbol{x}=c_1^2+c_2^2+\cdots+c_n^2$$

令 $k_i=\frac{c_i^2}{c_1^2+c_2^2+\cdots+c_n^2}\ (i=1,2,\cdots,n)$，则有 $k_1+k_2+\cdots+k_n=1$，且

$$R(\boldsymbol{x})=k_1\lambda_1+k_2\lambda_2+\cdots+k_n\lambda_n$$

由此可得 $\lambda_1\leqslant R(\boldsymbol{x})\leqslant\lambda_n$，容易验证 $R(\boldsymbol{p}_1)=\lambda_1$，$R(\boldsymbol{p}_n)=\lambda_n$，故 $\min_{x\neq\boldsymbol{0}}R(\boldsymbol{x})=\lambda_1$，$\max_{x\neq\boldsymbol{0}}R(\boldsymbol{x})=\lambda_n$ 成立。

证毕。

推论 1　在 $\|\boldsymbol{x}\|_2=1$ 上，$\boldsymbol{p}_1$ 和 $\boldsymbol{p}_n$ 分别是 $R(\boldsymbol{x})$的一个极小点和极大点，即有

$$R(\boldsymbol{p}_1)=\lambda_1,\quad R(\boldsymbol{p}_n)=\lambda_n$$

推论 2　如果 $\lambda_1=\lambda_2=\cdots=\lambda_k(1\leqslant k\leqslant n)$，则在 $\|\mathrm{x}\|_2=1$ 上 $R(\boldsymbol{x})$的所有极小点为

$$\beta_1\boldsymbol{p}_1+\beta_2\boldsymbol{p}_2+\cdots+\beta_k\boldsymbol{p}_k$$

其中 $\beta_i\in\mathbb{R}\ (i=1,2,\cdots,k)$，且满足 $\beta_1^2+\beta_2^2+\cdots+\beta_k^2=1$。

下面对定理 4.4-7 的结果进行推广。

由于 $\boldsymbol{p}_1,\boldsymbol{p}_2,\cdots,\boldsymbol{p}_n$ 构成$\mathbb{R}^n$的一组标准正交基，所以 $L^{\perp}(\boldsymbol{p}_1,\boldsymbol{p}_n)=L(\boldsymbol{p}_2,\cdots,\boldsymbol{p}_{n-1})$。当 $\boldsymbol{x}\in$

$L^{\perp}(\boldsymbol{p}_1,\boldsymbol{p}_n)$且 $\boldsymbol{x}\neq\boldsymbol{0}$ 时，表达式

$$\boldsymbol{x}=c_2\boldsymbol{p}_2+c_3\boldsymbol{p}_3+\cdots+c_{n-1}\boldsymbol{p}_{n-1}\ (c_2^2+c_3^2+\cdots+c_{n-1}^2\neq 0)$$

是唯一的。于是有

$$R(\boldsymbol{x})=k_2\lambda_2+k_3\lambda_3+\cdots+k_{n-1}\lambda_{n-1}$$

其中 $k_i=\dfrac{c_i}{c_2^2+c_3^2+\cdots+c_{n-1}^2}(i=2,3,\cdots,n-1)$，且有 $k_2+k_3+\cdots+k_{n-1}=1$。

仿定理 4.4－7 的证明可得：$\lambda_2\leqslant R(\boldsymbol{x})\leqslant\lambda_{n-1}$ 及 $R(\boldsymbol{p}_2)=\lambda_2$，$R(\boldsymbol{p}_{n-1})=\lambda_{n-1}$，故有

$$\min_{\boldsymbol{x}\neq\boldsymbol{0}} R(\boldsymbol{x})=\lambda_2,\quad \max_{\boldsymbol{x}\neq\boldsymbol{0}} R(\boldsymbol{x})=\lambda_{n-1}$$

其中 $\boldsymbol{x}\in L^{\perp}(\boldsymbol{p}_1,\boldsymbol{p}_n)$。

一般地，有如下定理。

定理 4.4－8　设 $\boldsymbol{x}\in L(\boldsymbol{p}_r,\boldsymbol{p}_{r+1},\cdots,\boldsymbol{p}_s)$，$1\leqslant r\leqslant s\leqslant n$，则有

$$\min_{\boldsymbol{x}\neq\boldsymbol{0}} R(\boldsymbol{x})=\lambda_r,\quad \max_{\boldsymbol{x}\neq\boldsymbol{0}} R(\boldsymbol{x})=\lambda_s$$

如果直接使用上式来求对称矩阵 $\boldsymbol{A}$ 的第 $k(1<k<n)$ 个特征值，将会遇到这样的困难，即 $\boldsymbol{A}$ 的标准特征向量系 $\boldsymbol{p}_1,\boldsymbol{p}_2,\cdots,\boldsymbol{p}_n$ 是事先未知的。为此，进一步讨论下面的定理。

定理 4.4－9(Courant－Fischer)　设实对称矩阵 $\boldsymbol{A}$ 的特征值按其大小顺序排列，则 $\boldsymbol{A}$ 的第 k 个特征值为

$$\lambda_k=\min_{V_k}\max\{\boldsymbol{x}^{\mathrm{T}}\boldsymbol{A}\boldsymbol{x}\mid\boldsymbol{x}\in V_k,\ \|\boldsymbol{x}\|_2=1\}$$

其中 V_k 是$\mathbb{R}^n$的任意一个 k 维子空间，$1\leqslant k\leqslant n$。

证明　构造$\mathbb{R}^n$的子空间 $W_k=L(\boldsymbol{p}_k,\boldsymbol{p}_{k+1},\cdots,\boldsymbol{p}_n)$，则 $\dim W_k=n-k+1$。由于 $V_k+W_k\subset\mathbb{R}^n$，所以

$$n\geqslant\dim(V_k+W_k)=\dim V_k+\dim W_k-\dim(V_k\cap W_k)=n+1-\dim(V_k\cap W_k)$$

即 $\dim(V_k\cap W_k)\geqslant 1$。于是存在 $\boldsymbol{x}_0\in V_k\cap W_k$，满足 $\|\boldsymbol{x}_0\|_2=1$，且有

$$\boldsymbol{x}_0=c_k\boldsymbol{p}_k+\cdots+c_n\boldsymbol{p}_n\quad(c_k^2+\cdots+c_n^2=1)$$

故 $\boldsymbol{x}_0^{\mathrm{T}}\boldsymbol{A}\boldsymbol{x}_0=c_k^2\lambda_k+\cdots+c_n^2\lambda_n\geqslant\lambda_k$，即

$$\max\{\boldsymbol{x}^{\mathrm{T}}\boldsymbol{A}\boldsymbol{x}\mid\boldsymbol{x}\in V_k,\ \|\boldsymbol{x}\|_2=1\}\geqslant\boldsymbol{x}_0^{\mathrm{T}}\boldsymbol{A}\boldsymbol{x}\geqslant\lambda_k$$

根据 V_k 的任意性，可得

$$\min_{V_k}\max\{\boldsymbol{x}^{\mathrm{T}}\boldsymbol{A}\boldsymbol{x}\mid\boldsymbol{x}\in V_k,\ \|\boldsymbol{x}\|_2=1\}\geqslant\lambda_k$$

令 $V_k^0=L(\boldsymbol{p}_1,\boldsymbol{p}_2,\cdots,\boldsymbol{p}_k)$，取 $\boldsymbol{x}\in V_k^0$ 满足 $\|\boldsymbol{x}\|_2=1$，则有

$$\boldsymbol{x}=\sum_{i=1}^{k}\gamma_i\boldsymbol{p}_i,\quad\sum_{i=1}^{k}\gamma_i^2=1$$

于是

$$\boldsymbol{x}^{\mathrm{T}}\boldsymbol{A}\boldsymbol{x}=\sum_{i=1}^{k}\lambda_i\gamma_i^2\leqslant\lambda_k\sum_{i=1}^{k}\gamma_i^2=\lambda_k$$

所以

$$\max\{\boldsymbol{x}^{\mathrm{T}}\boldsymbol{A}\boldsymbol{x}\mid\boldsymbol{x}\in V_k^0,\ \|\boldsymbol{x}\|_2=1\}\leqslant\lambda_k$$

结合$\min\limits_{V_k}\max\{\boldsymbol{x}^{\mathrm{T}}\boldsymbol{A}\boldsymbol{x}\mid\boldsymbol{x}\in V_k,\ \|\boldsymbol{x}\|_2=1\}\geqslant\lambda_k$ 和 $\max\{\boldsymbol{x}^{\mathrm{T}}\boldsymbol{A}\boldsymbol{x}\mid\boldsymbol{x}\in V_k^0,\ \|\boldsymbol{x}\|_2=1\}\leqslant\lambda_k$

即得

$$\lambda_k=\min_{V_k}\max\{\boldsymbol{x}^{\mathrm{T}}\boldsymbol{A}\boldsymbol{x}\mid\boldsymbol{x}\in V_k,\ \|\boldsymbol{x}\|_2=1\}$$

证毕。

习 题

1. 分别写出下列矩阵的盖尔圆盘并画图。

(1) $\begin{pmatrix} 1 & 1 & 2 \\ 2 & 1 & 3 \\ 2 & 3 & 5 \end{pmatrix}$； (2) $\begin{pmatrix} 1 & 2 & 3 & 6 \\ 2 & 4 & 6 & 12 \\ 1 & 2 & 3 & 6 \\ 2 & 4 & 6 & 12 \end{pmatrix}$； (3) $\begin{pmatrix} 0 & \mathrm{i} & 1 \\ -\mathrm{i} & 0 & 0 \\ 1 & 0 & 0 \end{pmatrix}$

2. 设 $\boldsymbol{A},\boldsymbol{B}\in\mathbb{C}^{n\times n}$，$\|\cdot\|$ 为算子范数，$\lambda_i(A)$ 为 $\boldsymbol{A}$ 的第 i 个特征值，证明：

(1) $\max\limits_i|\lambda_i(\boldsymbol{A})|\leqslant\|\boldsymbol{A}\|$；

(2) $\max\limits_i\{|\lambda_i(\boldsymbol{A}+\boldsymbol{B})|\}\leqslant\|\boldsymbol{A}\|+\|\boldsymbol{B}\|$。

3. 设 $\boldsymbol{A}=\begin{pmatrix} 2 & 1 \\ 1 & 3 \end{pmatrix}$，$\boldsymbol{B}=\begin{pmatrix} -2 & 2 \\ -1 & -3 \end{pmatrix}$，$\boldsymbol{C}=\begin{pmatrix} -1 & -1 \\ 1 & 1 \end{pmatrix}$，求出它们的特征值，并验证盖尔圆盘定理。

4. 设实对称阵 $\boldsymbol{A}$ 的特征值为 $\lambda_1\leqslant\lambda_2\cdots\leqslant\lambda_n$，$\boldsymbol{x}$ 是单位向量，则有 $\lambda_1\leqslant\boldsymbol{x}^{\mathrm{H}}\boldsymbol{A}\boldsymbol{x}\leqslant\lambda_n$。

5. 证明 $\|\boldsymbol{A}^k\|\leqslant\|\boldsymbol{A}\|^k$；$\rho(\boldsymbol{A}^k)=\rho(\boldsymbol{A})^k\leqslant\|\boldsymbol{A}^k\|$。

6. 设矩阵 $\boldsymbol{A}=\begin{pmatrix} \frac{1}{4} & \frac{1}{4} & \frac{1}{4} & \frac{1}{4} \\ \frac{1}{5} & \frac{2}{5} & \frac{1}{5} & \frac{1}{5} \\ \frac{1}{6} & \frac{1}{6} & \frac{3}{6} & \frac{1}{6} \\ \frac{1}{7} & \frac{1}{7} & \frac{1}{7} & \frac{3}{7} \end{pmatrix}$，$\boldsymbol{B}=\begin{pmatrix} \frac{1}{4} & \frac{1}{4} & \frac{1}{4} & \frac{1}{4} \\ \frac{1}{5} & \frac{2}{5} & \frac{1}{5} & \frac{1}{5} \\ \frac{1}{6} & \frac{1}{6} & \frac{3}{6} & \frac{1}{6} \\ \frac{1}{7} & \frac{1}{7} & \frac{1}{7} & \frac{4}{7} \end{pmatrix}$，

证明：谱半径 $\rho(\boldsymbol{A})<1$，而 $\rho(\boldsymbol{B})=1$。

7. 用盖尔圆定理证明：

$\boldsymbol{A}=\begin{pmatrix} 2 & 1 & 1 \\ \frac{3}{5} & 3 & 2 \\ \frac{6}{5} & 1 & 4 \end{pmatrix}$，$\boldsymbol{B}=\begin{pmatrix} 2 & \frac{1}{2} & \frac{3}{2} \\ \mathrm{i} & 3 & 2 \\ 1 & \frac{11}{10} & 3 \end{pmatrix}$，$D=\begin{pmatrix} 1 & & \\ & 1 & \\ & & \frac{6}{5} \end{pmatrix}$，$\boldsymbol{DBD}^{-1}$ 都可逆。

8. 证明：矩阵 $\boldsymbol{A}=\begin{pmatrix} 0 & 0 & 1 & 0 \\ 1 & 4 & 0 & 1 \\ 1 & 0 & 6 & 2 \\ 0 & 1 & 1 & 8 \end{pmatrix}$ 至少有两个实特征值。

9. 由盖尔定理证明：矩阵 $\boldsymbol{A}=\begin{pmatrix} 1 & \frac{1}{3} & \frac{1}{3^2} & \cdots & \frac{1}{3^{n-1}} \\ -\frac{1}{3} & 2 & \frac{1}{3^2} & \cdots & \frac{1}{3^{n-1}} \\ -\frac{1}{3} & -\frac{1}{3^2} & 3 & \cdots & \frac{1}{3^{n-1}} \\ \vdots & \vdots & \vdots & \cdots & \vdots \\ -\frac{1}{3} & -\frac{1}{3^2} & -\frac{1}{3^3} & \cdots & n \end{pmatrix}$ 相似于对角阵，且 $\boldsymbol{A}$ 的特征值都是实数。

10. 设 $\boldsymbol{A}=\begin{pmatrix} 20 & 2 & 1 \\ 3 & 10 & 1 \\ 6 & 0 & 1 \end{pmatrix}$，$\boldsymbol{D}=\begin{pmatrix} \frac{3}{2} & & \\ & 1 & \\ & & 1 \end{pmatrix}$ 用 $\boldsymbol{DAD}^{-1}$ 的盖尔圆隔离特征值，并由实矩阵特征值的性质改进结果。

4.5　范数在稀疏重构类 DOA 估计领域的应用

本小节主要介绍范数在稀疏重构类 DOA 估计领域的应用。将稀疏重构思想应用于阵列信号处理 DOA 估计领域，可以弥补传统子空间估计类 DOA 估计方法在小样本、低信噪比情况下适应能力不足的问题，其中关键在于合理进行稀疏性约束。本节首先介绍阵列信号处理及稀疏重构类 *DOA* 估计的数学模型，并利用范数进行稀疏性约束，通过仿真验证其可行性。

1. 模型建立

采用由 $\boldsymbol{M}$ 个阵元组成的线阵，假设有 K 个窄带信号从远场入射，信号 $s_k(t)$ 在第 m 个阵元上的接收信号为 $s_k(t)=u_k\mathrm{e}^{\mathrm{j}(2\pi f_0+\varphi_k(t))}$，其中 u_k 表示幅度，f_0 表示中心频率，$\varphi_k(t)$ 表示信号相位。则信号 $s_k(t)$ 到达各阵元的相位差组成的向量为

$$\alpha_k(\theta)=[1,\mathrm{e}^{\mathrm{j}2\pi d\cos\theta_k/\lambda},\cdots,\mathrm{e}^{\mathrm{j}2\pi(M-1)d\cos\theta_k/\lambda}]^{\mathrm{T}}=[\alpha_{k1},\alpha_{k2},\cdots,\alpha_{kM}]^{\mathrm{T}},k=1,2,\cdots,K$$

称为信号 $s_k(t)$ 的导向矢量。则在第 m 个阵元上接收的信号 $y_m(t)$ 为

$$y_m(t)=\sum_{k=1}^{K}\alpha_{km}s_k(t)+n_m(t),m=1,2,\cdots,M$$

式中，$n_m(t)$ 表示第 m 个阵元上的热噪声。

将 M 个阵元上的观测数据组成 $M\times1$ 维观测数据矢量，即

$$\boldsymbol{y}(t)=(y_1(t),y_2(t),\cdots,y_M(t))^{\mathrm{T}}$$

类似地，可以定义 $M\times1$ 维观测噪声矢量和输入信号矢量，即

$$\boldsymbol{n}(t)=(n_1(t),n_2(t),\cdots,n_M(t))^{\mathrm{T}}$$

$$s(t)=(s_1(t),s_2(t),\cdots,s_K(t))^{\mathrm{T}}$$

则天线阵列接收到的信号可表示为

$$y(t)=(y_1(t),y_2(t),\cdots,y_M(t))^{\mathrm{T}}=(\boldsymbol{\alpha}_1,\boldsymbol{\alpha}_2,\cdots,\boldsymbol{\alpha}_K)\cdot\boldsymbol{s}(t)+\boldsymbol{n}(t)$$

令

$$\boldsymbol{A}(\theta)=(\boldsymbol{\alpha}_1(\theta),\boldsymbol{\alpha}_2(\theta),\cdots,\boldsymbol{\alpha}_K(\theta))_{M\times K}$$

为阵列流形矩阵，则阵列信号模型为

$$\boldsymbol{y}(t)=\boldsymbol{A}(\theta)\boldsymbol{s}(t)+\boldsymbol{n}(t)$$

在实际的阵列信号处理中，一般都是针对多快拍情况，此时阵列信号模型为：

$$\boldsymbol{Y}=\boldsymbol{A}(\theta)\boldsymbol{S}+\boldsymbol{N}$$

其中阵列输出信号 $\boldsymbol{Y}=(\boldsymbol{y}(t_1),\boldsymbol{y}(t_2),\cdots,\boldsymbol{y}(T))_{M\times T}$，入射信号矩阵 $\boldsymbol{S}=(\boldsymbol{s}(t_1),\boldsymbol{s}(t_2),\cdots,\boldsymbol{s}(T))_{K\times T}$，噪声信号矩阵 $\boldsymbol{N}=(\boldsymbol{n}(t_1),\boldsymbol{n}(t_2),\cdots,\boldsymbol{n}(T))_{M\times T}$。

2. 稀疏重构类 DOA 估计 On - grid 模型

稀疏重构类 DOA 估计方法旨在利用入射阵列信号的空域稀疏特性，结合阵列的几何构型，构建稀疏重构模型，依据精确的信号空域特征重构结果，实现 DOA 估计。其中空域稀疏特性指的是，相对于空间连续的角度集，感兴趣的入射信号角度数量较少，则不同的入射信号就构成了一个具有空域稀疏性的信号。

实际应用中难以构建连续的角度集，在允许一定量化误差的情况下，一般利用网格将空域连续角度集划分为一个有限的离散角度集 $\bar{\theta}=\{\theta_1,\theta_2,\cdots,\theta_N\}$，$N$ 为网格点数。通常对空间入射角度 $\theta\in[0°,180°]$，采用网络间隔 $r=1°$ 对其进行均匀网格划分，此时量化误差范围在 $[-\frac{r}{2},\frac{r}{2}]$。根据模型假设中信号来向是否精确落在离散网格点上，稀疏重构 DOA 估计又划分为 On - grid(在网格)和 Off-grid(离网格)两种方法，以下主要讨论假设信号来向精准落在网格点上的稀疏重构 On-grid DOA 估计方法。

将一般情况的单快拍阵列信号模型扩展到 $\bar{\theta}$ 得到 On-grid DOA 估计模型，即

$$\boldsymbol{y}(t)=\boldsymbol{A}(\bar{\theta})\bar{\boldsymbol{s}}(t)+\boldsymbol{n}(t)$$

式中，$\boldsymbol{A}(\bar{\theta})=(\boldsymbol{\alpha}_1(\theta),\boldsymbol{\alpha}_2(\theta),\cdots,\boldsymbol{\alpha}_N(\theta))_{M\times N}$ 为扩充后的超完备冗余阵列流型字典(以下简写为 $\bar{\boldsymbol{A}}$)，满足 $M\ll N$；$\bar{\boldsymbol{s}}(t)=(\bar{s}_1(t),\bar{s}_2(t),\cdots,\bar{s}_N(t))^{\mathrm{T}}$ 为由入射信号组成的空域稀疏信号，稀疏度为 K，其定义为

$$\bar{s}_n(t)=\begin{cases}\bar{s}_n(t)=s_k(t) & \overline{\theta_n}=\theta_k\\ 0 & \text{其他}\end{cases},n=1,2,\cdots,N$$

针对多快拍情况，模型转为

$$\boldsymbol{Y}=\bar{\boldsymbol{A}}\,\bar{\boldsymbol{S}}+\boldsymbol{N}$$

式中，$\bar{\boldsymbol{S}}=(\bar{\boldsymbol{s}}(1),\cdots,\bar{\boldsymbol{s}}(T))_{N\times T}$ 具有结构化稀疏特性，其非零行的个数 K 定义为 $\bar{\boldsymbol{S}}$ 的稀疏度，每一个非零行对应着真实入射信号的 DOA。通过上述建模，最终要解决的问题即为在已知阵列接收信号 $\boldsymbol{Y}$ 条件下，构造超完备冗余阵列流形字典 $\bar{\boldsymbol{A}}$，并引入稀疏性约束，最终重构得到入射信号 $\bar{\boldsymbol{S}}$。

对稀疏重构类信号处理问题的求解，有范数类方法、匹配追踪方法、稀疏贝叶斯学习方法等。其中范数类方法具有先验信息要求低，以及低信噪比、小样本条件下性能较好等特点。在约束目标函数的过程中，常用 ℓ_p 范数作惩罚项的范数。此外，需要引入 ℓ_0 范数，其定义为向量中非零元素的个数。ℓ_0，ℓ_1 范数可以将参数的大部分元素置零，得到稀疏解，两者在一定条件下以概率 1 等价；ℓ_2 范数则会让参数的各元素尽量小，但不为零，最终得出稠密解。利用的矩

阵范数为 Frobenius 范数(F -范数)，常用于比较真实矩阵与估计矩阵之间的相似性。

针对多快拍 DOA 估计模型，对模型中的入射信号$\bar{\boldsymbol{S}}$引入稀疏性约束作为惩罚项，以总体拟合误差作为目标函数，可得如下优化模型：

$$\min_{\bar{S}} F(\bar{\boldsymbol{S}})$$
$$\text{s.t.}\ \|\boldsymbol{Y}-\bar{\boldsymbol{A}}\bar{\boldsymbol{S}}\|_F \leqslant \varepsilon$$

式中，$\|\boldsymbol{Y}-\bar{\boldsymbol{A}}\bar{\boldsymbol{S}}\|_F$ 表示假设模型与观测数据之间的拟合误差；ε 表示假设模型和观测数据之间允许拟合误差的上界，其取值与噪声功率水平相关，一般取噪声功率的上界；$F(\cdot)$为惩罚函数，用于约束 $\bar{\boldsymbol{S}}$ 中非零行的个数。由于期望的入射信号$\bar{\boldsymbol{S}}$具有空域稀疏特性，采用 ℓ_0 范数来描述最贴近预期，又因为 $\bar{\boldsymbol{S}}$ 是一个结构化稀疏矩阵，仅具有行稀疏特性，因此采用先按行计算 ℓ_2 范数，再计算 ℓ_0 范数的 $\ell_{2,0}$ 混合范数来描述，即

$$F(\bar{\boldsymbol{S}})=\|\bar{\boldsymbol{S}}\|_{2,0}=\|\bar{\boldsymbol{S}}^{(\ell_2)}\|_0$$

式中，$\bar{\boldsymbol{S}}^{(\ell_2)}$ 为 $\bar{\boldsymbol{S}}$ 的函数 $\bar{s}_i^{(\ell_2)}=\|\bar{s}_i(t_1),\bar{s}_i(t_2),\cdots,\bar{s}_i(t_T)\|_2$。实际求解中，$\ell_0$ 范数难以在多项式时间内求解，即该类问题是一个 NP-hard 问题，因此通常采用 ℓ_0 范数的最紧凸松弛范数 ℓ_1 范数替代其进行约束，简化问题的求解。则优化模型可重写为

$$\min_{\bar{S}} \|\bar{\boldsymbol{S}}\|_{2,1}$$
$$\text{s.t.}\ \|\boldsymbol{Y}-\bar{\boldsymbol{A}}\bar{\boldsymbol{S}}\|_F \leqslant \varepsilon$$

引入 Lagrange 数乘法，可将上式转换为如下目标函数，即

$$\min_{\bar{S}} \beta\|\bar{\boldsymbol{S}}\|_{2,1}+\|\boldsymbol{Y}-\bar{\boldsymbol{A}}\bar{\boldsymbol{S}}\|_F^2$$

式中，$\beta>0$ 为 Lagrange 乘子，用于均衡 $\bar{\boldsymbol{S}}$ 的稀疏度与数据拟合误差，β 越大，对 $\bar{\boldsymbol{S}}$ 的稀疏性约束越强，反之则越弱。至此，通过引入范数对稀疏性进行约束，将稀疏重构的 DOA 估计问题转化为上述的典型 LASSO 凸优化问题，可以通过一些标准凸优化工具包如 CVX，SeDuMi 等进行求解，得到入射信号 $\bar{\boldsymbol{S}}$ 的估计值$\hat{\bar{S}}$，可进一步得到 DOA 的估计值。

3. 实验分析

针对以上理论分析，使用 MATLAB 构建相应阵列信号模型进行仿真，并采用 CVX 工具包进行优化问题的求解。假设两个非相关远场窄带信号，其信源 1 的入射角为 80°，信源 2 的入射角为 120°，接收阵列为均匀线阵，阵元数目为 5，阵元间距为半个波长，快拍次数为 10，信噪比为 10 dB，β 参数为 10，仿真结果如图 4 - 7 所示。

实验结果表明，稀疏重构类方法在较少阵元数、快拍数以及较低信噪比条件下可以实现准确的 DOA 估计，其空间谱峰相较于子空间类算法也更为明显，但存在计算量大、计算时间较长的问题，通常会引入奇异值分解以减小运算量，提高运算速度。此外，对于稀疏性约束中的 β 参数也需要通过实验合理取值。

通过上述的分析与实验，得出了稀疏重构类 On-grid DOA 估计模型，利用范数得到求解方法，并通过仿真验证了稀疏重构方法应用于 DOA 估计的可行性。此方法能够弥补传统子空间分解类 DOA 估计方法在小样本(阵元数少、快拍数少)、低信噪比条件下的不足，同时对于噪声种类、信号带宽不敏感，即对不同情况下的 DOA 估计有更好的适应能力，能够在一些特殊应用场景下发挥较大的作用。此外，需要根据不同的阵元数、快拍数合理选择 β 参数，保证对目标函数达到最优估计。

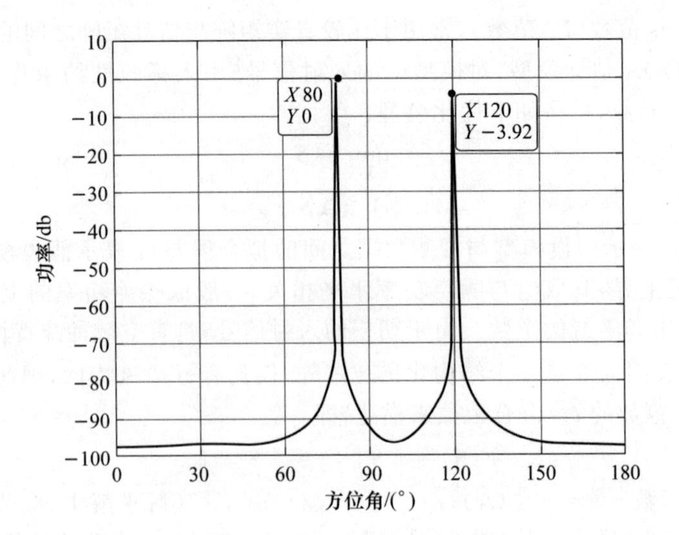

图 4-7　DOA 估计仿真结果

第 5 章　矩阵分析及应用

前面只研究了矩阵的代数运算，而在数学的许多分支和工程实际中，特别是涉及多元分析时，还要用到矩阵的分析运算。首先引入矩阵级数的相关概念，进而讨论矩阵函数，它们在力学，控制理论，信号处理等学科中具有重要的应用。最后引入矩阵的微分与积分概念，并介绍它们在微分方程中的应用。

5.1　矩阵级数

在数学分析中，以序列极限理论来讨论级数理论，现在以矩阵序列理论为基础来引入矩阵级数。在 4.1 节中知道，矩阵序列 $\{\boldsymbol{A}_k\}$ 按任一范数收敛于 $\boldsymbol{A}$，当且仅当对 $1\leqslant i\leqslant m$，$\forall 1\leqslant j\leqslant n$，$\lim\limits_{k\to\infty}a_{ij}^{(k)}=a_{ij}^{(0)}$，其中 $\boldsymbol{A}_k=(a_{ij}^{(k)})_{m\times n}$，$\boldsymbol{A}_0=(a_{ij}^{(0)})_{m\times n}$，即 $\lim\limits_{k\to\infty}\boldsymbol{A}_k=\boldsymbol{A}_0\Leftrightarrow\lim\limits_{k\to\infty}a_{ij}^{(k)}=a_{ij}^{(0)}\ \forall 1\leqslant j\leqslant n$，$1\leqslant i\leqslant m$。

现引入矩阵级数的概念。

定义 5.1-1　设 $\{\boldsymbol{A}_k\}$ 为矩阵序列，其中 $\boldsymbol{A}_k\in\mathbb{C}^{n\times n}$，称 $\sum\limits_{k=1}^{\infty}\boldsymbol{A}_k$ 为矩阵级数。令 $\boldsymbol{S}_N=\sum\limits_{k=1}^{N}\boldsymbol{A}_k$，若矩阵序列 $\{\boldsymbol{S}_k\}$ 收敛且有极限 S，即 $\lim\limits_{N\to\infty}\boldsymbol{S}_N=S$，则该级数 $\sum\limits_{k=1}^{\infty}\boldsymbol{A}_k$ 收敛并其和为 $\boldsymbol{S}$，记为 $\boldsymbol{S}=\sum\limits_{k=1}^{\infty}\boldsymbol{A}_k=\lim\limits_{N\to\infty}\sum\limits_{k=1}^{N}\boldsymbol{A}_k$。

不收敛的矩阵级数称之为**发散的**。

由定义可见 $\sum\limits_{k=1}^{\infty}\boldsymbol{A}_k$ 收敛 $\Leftrightarrow mn$ 个数值级数 $\sum\limits_{k=1}^{\infty}(\boldsymbol{A}_k)_{ij}\,(1\leqslant i\leqslant m,1\leqslant j\leqslant n)$ 都收敛，而 $\sum\limits_{k=1}^{\infty}\boldsymbol{A}_k$ 发散当且仅当 mn 个数值级数中至少有一个发散。

定义 5.1-2　若 $\sum\limits_{k=1}^{\infty}\boldsymbol{A}_k$ 所对应的 mn 个数值级数 $\sum\limits_{k=1}^{\infty}(\boldsymbol{A}_k)_{ij}\,(1\leqslant i\leqslant m,1\leqslant j\leqslant n)$ 都绝对收敛，则称 $\sum\limits_{k=1}^{\infty}\boldsymbol{A}_k$ 绝对收敛。

显然有以下性质：

(1) $\sum_{k=1}^{\infty}\boldsymbol{A}_k$ 绝对收敛 $\Rightarrow \sum_{k=1}^{\infty}\boldsymbol{A}_k$ 收敛；

(2) $\sum_{k=1}^{\infty}\boldsymbol{A}_k$ 绝对收敛 $\Leftrightarrow$ 对任一(向量) 范数 $\|\cdot\|$，$\sum_{k=1}^{\infty}\|\boldsymbol{A}_k\|$ 收敛。

(3) 对于任取的常矩阵 $\boldsymbol{P},\boldsymbol{Q},\boldsymbol{P}\in\mathbb{C}^{p\times m},\boldsymbol{Q}\in\mathbb{C}^{n\times q}$。若矩阵级数 $\sum_{k=1}^{\infty}\boldsymbol{A}_k$ 收敛(绝对收敛)，则矩阵级数 $\sum_{k=1}^{\infty}\boldsymbol{P}\boldsymbol{A}_k\boldsymbol{Q}$ 也收敛(绝对收敛)。

证明 (1) 证明略。

(2) $\Leftarrow$ $\sum_{k=1}^{\infty}\|\boldsymbol{A}_k\|_1$ 收敛，此处 $\|\boldsymbol{A}_k\|_1=\sum_{\substack{1\leqslant i\leqslant m\\1\leqslant j\leqslant n}}|(\boldsymbol{A}_k)_{ij}|$，而 $|(\boldsymbol{A}_k)_{ij}|\leqslant\|\boldsymbol{A}_k\|_1,1\leqslant i\leqslant m,1\leqslant j\leqslant n$。由比较原理知，$\sum_{k=1}^{\infty}|(\boldsymbol{A}_k)_{ij}|$ 收敛$(1\leqslant i\leqslant m,1\leqslant j\leqslant n)$，即 $\sum_{k=1}^{\infty}\boldsymbol{A}_k$ 绝对收敛。

$\Rightarrow$：由条件 $\sum_{k=1}^{\infty}|(\boldsymbol{A}_k)_{ij}|$ 收敛$(1\leqslant i\leqslant m,1\leqslant j\leqslant n)$，从而级数 $\sum_{k=1}^{\infty}\left(\sum_{\substack{1\leqslant i\leqslant m\\1\leqslant j\leqslant n}}|(\boldsymbol{A}_k)_{ij}|\right)$ 收敛，即 $\sum_{k=1}^{\infty}\|\boldsymbol{A}_k\|_1$ 收敛。对任一范数(矩阵的向量范数) $\|\cdot\|$，由等价性知，存在 $k_2\geqslant k_1>0$ 使 $k_1\|\boldsymbol{A}_k\|\leqslant\|\boldsymbol{A}_k\|_1\leqslant k_2\|\boldsymbol{A}_k\|$，由比较原理 $\sum_{k=1}^{\infty}\|\boldsymbol{A}_k\|$ 收敛。

(3) $\sum_{k=1}^{\infty}(\boldsymbol{P}\boldsymbol{A}_k\boldsymbol{Q})=\lim_{N\to\infty}\sum_{k=1}^{N}(\boldsymbol{P}\boldsymbol{A}_k\boldsymbol{Q})=\lim_{N\to\infty}\boldsymbol{P}\left(\sum_{k=1}^{N}\boldsymbol{A}_k\right)\boldsymbol{Q}=\boldsymbol{P}\left(\lim_{N\to\infty}\sum_{k=1}^{N}\boldsymbol{A}_k\right)\boldsymbol{Q}=\boldsymbol{P}\left(\sum_{k=1}^{\infty}\boldsymbol{A}_k\right)\boldsymbol{Q}$ (若 $\sum_{k=1}^{\infty}\boldsymbol{A}_k$ 收敛)

若 $\sum_{k=1}^{\infty}\boldsymbol{A}_k$ 绝对收敛，则由(2)可知，$\sum_{k=1}^{\infty}\|\boldsymbol{A}_k\|$ 收敛。$\|\boldsymbol{P}\boldsymbol{A}_k\boldsymbol{Q}\|\leqslant\|\boldsymbol{P}\|\|\boldsymbol{Q}\|\|\boldsymbol{A}_k\|=k\|\boldsymbol{A}_k\|$(取相容的矩阵范数)，由比较原理可知 $\sum_{k=1}^{\infty}\|\boldsymbol{P}\boldsymbol{A}_k\boldsymbol{Q}\|$ 收敛。再由(2)，$\sum_{k=1}^{\infty}\boldsymbol{P}\boldsymbol{A}_k\boldsymbol{Q}$ 绝对收敛。

以下讨论一类重要的矩阵级数 —— 矩阵幂级数，即形如 $\sum_{m=0}^{\infty}c_m\boldsymbol{A}^m$($\boldsymbol{A}$ 为 n 阶方阵) 的矩阵级数，称为 $\boldsymbol{A}$ 的**幂级数**。可证明以下基本定理。

定理 5.1-1 设复变量幂级数 $\sum_{m=0}^{\infty}c_m z^m$ 的收敛半径为 R，$\boldsymbol{A}\in\mathbb{C}^{n\times n}$，谱半径为 $\rho(\boldsymbol{A})$，则：

(1) 当 $\rho(\boldsymbol{A})<R$ 时矩阵幂级数 $\sum_{m=0}^{\infty}c_m\boldsymbol{A}^m$ 绝对收敛(矩阵幂级数的 Abel 型定理)；

(2) 当 $\rho(\boldsymbol{A})>R$ 时 $\sum_{m=0}^{\infty}c_m\boldsymbol{A}^m$ 发散。

证明 (1) $\rho(\boldsymbol{A})<R$，存在 $\varepsilon>0$ 使 $\rho(\boldsymbol{A})+\varepsilon<R$。由 Abel 定理知 $\sum_{m=0}^{\infty}|c_m|(\rho(\boldsymbol{A})+\varepsilon)^m$ 收敛。由定理 4.1-10 可知，必有矩阵范数 $\|\cdot\|$ 使 $\|\boldsymbol{A}\|\leqslant\rho(\boldsymbol{A})+\varepsilon$。

所以 $\| c_m\boldsymbol{A}^m \| = |c_m| \|\boldsymbol{A}^m\| \leqslant |c_m| \|\boldsymbol{A}^m\|^m \leqslant |c_m| (\rho(\boldsymbol{A}))^m$，由比较原理知 $\sum_{m=0}^{\infty}\| c_m\boldsymbol{A}^m \|$ 收敛，从而 $\sum_{m=0}^{\infty} c_m\boldsymbol{A}^m$ 绝对收敛。

(2) 若 $\rho(\boldsymbol{A}) > R$，设 $\rho(\boldsymbol{A}) = |\lambda_k|$。取 $\boldsymbol{x}$，$\|\boldsymbol{x}\|^2 = \boldsymbol{x}^{\mathrm{H}}\boldsymbol{x} = 1$，使 $\boldsymbol{A}\boldsymbol{x} = \lambda\boldsymbol{x}_k$。若 $\sum_{m=0}^{\infty} c_m\boldsymbol{A}^m$ 收敛，则有

$$\boldsymbol{x}^{\mathrm{H}}\left(\sum_{m=0}^{\infty} c_m\boldsymbol{A}^m\right)\boldsymbol{x} = \sum_{m=0}^{\infty} c_m\boldsymbol{x}^{\mathrm{H}}\boldsymbol{A}^m\boldsymbol{x} = \sum_{m=0}^{\infty} c_m\boldsymbol{x}^{\mathrm{H}}\lambda_k^m\boldsymbol{x} = \sum_{m=0}^{\infty} c_m\lambda_k^m\boldsymbol{x}^{\mathrm{H}}\boldsymbol{x} = \sum_{m=0}^{\infty} c_m\lambda_k^m$$

也收敛，与 Abel 定理矛盾。故 $\rho(\boldsymbol{A}) > R$ 时，$\sum_{m=0}^{\infty} c_m\boldsymbol{A}^m$ 发散。

定理 5.1-1 实际上定义了一种映射 $f(z) = \sum_{m=0}^{\infty} c_m z^m$，$|z| < R$（收敛半径）。令 $\Omega = \{\boldsymbol{A}\in\mathbb{C}^{n\times n} \mid \rho(\boldsymbol{A}) < R\}$，作

$$F:\Omega \to \mathbb{C}^{n\times n}, \boldsymbol{A} \to \sum_{m=0}^{\infty} c_m\boldsymbol{A}^m = F(\boldsymbol{A})$$

即任取 $\boldsymbol{A} \in \Omega$，得一矩阵 $F(\boldsymbol{A})$，称之为**矩阵函数**。特别当 $f(z) = \sum_{m=0}^{\infty} c_m z^m$ 为整函数（整个$\mathbb{C}$上都收敛），则任 $\boldsymbol{A} \in \mathbb{C}^{n\times n}$，$\sum_{m=0}^{\infty} c_m\boldsymbol{A}^m$ 均收敛于某矩阵。

推论　$\sum_{m=0}^{\infty}\boldsymbol{A}^m$ 收敛 $\Leftrightarrow \rho(\boldsymbol{A}) < 1$（Neumann），此时其和等于 $(\boldsymbol{I} - \boldsymbol{A})^{-1}$。

证明　$\because \sum_{m=0}^{\infty} z^m$ 收敛半径为 1，故当 $\rho(\boldsymbol{A}) < 1$，由定理 5.1-1 可知，$\sum_{m=0}^{\infty}\boldsymbol{A}^m$ 绝对收敛，从而 $\sum_{m=0}^{\infty}\boldsymbol{A}^m$ 收敛。

反之，设 $\boldsymbol{A}$ 的特征值为 $\lambda_1, \lambda_2, \cdots, \lambda_n$。令 $\varphi_N(z) = 1 + z + z^2 + \cdots + z^{N-1}$，则 $\boldsymbol{S}_N = \varphi_N(\boldsymbol{A}) = \sum_{k=0}^{N-1}\boldsymbol{A}^k$ 的 n 各特征值为 $\varphi_N(\lambda_1), \cdots, \varphi_N(\lambda_n)$。令

$$\boldsymbol{P}^{-1}\boldsymbol{A}\boldsymbol{P} = \begin{pmatrix} \lambda_1 & & * \\ & \ddots & \\ \boldsymbol{0} & & \lambda_n \end{pmatrix}$$

则

$$\boldsymbol{P}^{-1}\boldsymbol{S}_N\boldsymbol{P} = \begin{pmatrix} \varphi_N(\lambda_1) & & * \\ & \ddots & \\ \boldsymbol{0} & & \varphi_N(\lambda_n) \end{pmatrix}$$

由条件 $\sum_{m=0}^{\infty}\boldsymbol{A}^m$ 收敛即 $\lim_{N\to\infty}\boldsymbol{S}_N$ 存在，从而 $\lim_{N\to\infty}\boldsymbol{P}^{-1}\boldsymbol{S}_N\boldsymbol{P}$ 存在，故 $\lim_{N\to\infty}\varphi_N(\lambda_i)$ 均存在（$1 \leqslant i \leqslant n$）。即对 $1 \leqslant i \leqslant n$，$\sum_{m=0}^{\infty}\lambda_i^m$ 收敛，从而 $|\lambda_i| < 1$，$i = 1, 2, \cdots, n$，所以 $\rho(\boldsymbol{A}) < 1$。

现确定 $\sum_{m=0}^{\infty}\boldsymbol{A}^m$ 的和。由 $\rho(\boldsymbol{A}) < 1$，故存在 $\varepsilon > 0$，使 $\rho(\boldsymbol{A}) + \varepsilon < 1$。所以存在某种范数 $\|\cdot\|$，

使 $\|\boldsymbol{A}\| \leqslant \rho(\boldsymbol{A})+\varepsilon<1$。由定理 5.1-1 的推论知$(\boldsymbol{I}-\boldsymbol{A})$ 非奇异，而 $\boldsymbol{S}_N(\boldsymbol{I}-\boldsymbol{A})=\boldsymbol{I}-\boldsymbol{A}^N$，故有

$$\boldsymbol{S}_N=(\boldsymbol{I}-\boldsymbol{A}^N)(\boldsymbol{I}-\boldsymbol{A})^{-1}=(\boldsymbol{I}-\boldsymbol{A})^{-1}-\boldsymbol{A}^N(\boldsymbol{I}-\boldsymbol{A})^{-1} \tag{5-1}$$

而 $\rho(\boldsymbol{A})<1$，可断言 $\lim\limits_{N\to\infty}\boldsymbol{A}^N=0$。

设 $\boldsymbol{A}$ 的 Jordan 标准型为 $\boldsymbol{J}$，即有 $\boldsymbol{P}$ 使得 $\boldsymbol{A}=\boldsymbol{PJP}^{-1}$，$\boldsymbol{A}^m=\boldsymbol{PJ}^m\boldsymbol{P}^{-1}$。故

$$\lim_{m\to\infty}\boldsymbol{A}^m=0\Leftrightarrow\lim_{m\to\infty}\boldsymbol{J}^m=0$$

设

$$\boldsymbol{J}=\begin{pmatrix}\boldsymbol{J}_1 & & \boldsymbol{0}\\ & \boldsymbol{J}_2 & \\ & & \ddots \\ \boldsymbol{0} & & \boldsymbol{J}_r\end{pmatrix},\boldsymbol{J}_i=\begin{pmatrix}\lambda_i & 1 & & \boldsymbol{0}\\ & \ddots & \ddots & \\ & & \ddots & 1\\ \boldsymbol{0} & & & \lambda_n\end{pmatrix}_{n_i\times n_i}\quad (\sum_{i=1}^{r}n_i=n)$$

所以

$$\boldsymbol{J}^m=\begin{pmatrix}\boldsymbol{J}_1^m & & \boldsymbol{0}\\ & \boldsymbol{J}_2^m & \\ & & \ddots \\ \boldsymbol{0} & & \boldsymbol{J}_r^m\end{pmatrix}$$

故有

$$\lim_{m\to\infty}\boldsymbol{J}^m=0\Leftrightarrow\lim_{m\to\infty}\boldsymbol{J}_i^m=0(i=1,2,\cdots,r)$$

$$\boldsymbol{J}_i^m=\begin{pmatrix}\lambda_i^m & C_m^1\lambda_i^{m-1} & \cdots & \cdots & C_m^{n_i-1}\lambda_i^{m-n_i-1}\\ 0 & \lambda_i^m & C_m^1\lambda_i^{m-1} & & \vdots\\ \vdots & \ddots & \ddots & \ddots & \vdots\\ \vdots & & \ddots & \ddots & C_m^1\lambda_i^{m-1}\\ 0 & 0 & \cdots & \cdots & \lambda_i^m\end{pmatrix}_{n_i\times n_i}\quad (i=1,2,\cdots,r;m\geqslant n)$$

因为 $|\lambda_i|<1(1\leqslant i\leqslant r)$，从而 $\lim\limits_{m\to\infty}C_m^l\lambda_i^{m-l}=0(0\leqslant l\leqslant n_i-1)$（注意 C_m^l 为 m 的多项式，λ_i^{m-l} 为 m 的指数函数）。从而 $\lim\limits_{m\to\infty}\boldsymbol{J}_i^m=0(i=1,\cdots,r)$，即有 $\lim\limits_{m\to\infty}\boldsymbol{A}^m=0$*。

从而由式(5-1)可知，$\sum\limits_{m=0}^{\infty}\boldsymbol{A}^m=\lim\limits_{N\to\infty}\boldsymbol{S}_N=(\boldsymbol{I}-\boldsymbol{A})^{-1}-(\lim\limits_{N\to\infty}\boldsymbol{A}^N)(\boldsymbol{I}-\boldsymbol{A})^{-1}=(\boldsymbol{I}-\boldsymbol{A})^{-1}$。

习　题

1. 证明：若 $\boldsymbol{A}^{(k)}\in\mathbb{C}^{n\times n}$，且 $\sum\limits_{k=0}^{\infty}\boldsymbol{A}^{(k)}$ 收敛，则 $\lim\limits_{k\to\infty}\boldsymbol{A}^{(k)}=0$，但其逆不真，试举反例。

2. 设 $\sum\limits_{k=0}^{\infty}\boldsymbol{A}^{(k)}=A$，$\sum\limits_{k=0}^{\infty}\boldsymbol{B}^{(k)}=B$，其中 $\boldsymbol{A}^{(k)},\boldsymbol{B}^{(k)},\boldsymbol{A},\boldsymbol{B}\in\mathbb{C}^{m\times n}$，证明：

$$\sum_{k=0}^{\infty}[\alpha\boldsymbol{A}^{(k)}+\beta\boldsymbol{B}^{(k)}]=\alpha\boldsymbol{A}+\beta\boldsymbol{B}，其中\ \alpha,\beta\in\mathbb{C}。$$

---

* 由证明过程知，$\lim\limits_{m\to\infty}\boldsymbol{A}^m=0\Leftrightarrow\rho(\boldsymbol{A})<1$。

3. 讨论敛散性：(1) $\sum_{k=1}^{\infty}\frac{1}{k^2}\begin{pmatrix}1 & 1\\0 & 1\end{pmatrix}^k$；　(2) $\sum_{k=0}^{\infty}\frac{k}{6^k}\begin{pmatrix}1 & -8\\-2 & 1\end{pmatrix}^k$。

4. 计算矩阵幂级数 $\sum_{k=0}^{\infty}\begin{pmatrix}\frac{1}{10} & \frac{7}{10}\\\frac{3}{10} & \frac{3}{5}\end{pmatrix}^k$。

5. 设方阵序列 $\{\boldsymbol{A}^{(K)}\}$ 收敛于 A，且 $\boldsymbol{A}^{(k)}$，$\boldsymbol{A}$ 均可逆，则

(1) $\lim_{k\to\infty}|\boldsymbol{A}^{(K)}|=|\boldsymbol{A}|$；　　(2) $\lim_{k\to\infty}(\boldsymbol{A}^{(K)})^{-1}=\boldsymbol{A}^{-1}$

6. 设 $\boldsymbol{A}=\begin{pmatrix}0 & c & c\\c & 0 & c\\c & c & 0\end{pmatrix}$，讨论 c 取何值时 $\sum_{k=0}^{\infty}\boldsymbol{A}^{(k)}$ 收敛。

7. 设 $\boldsymbol{A}\in\mathbb{C}^{n\times n}$，且 $\rho(\boldsymbol{A})<1$，试求 $\sum_{k=1}^{\infty}k\boldsymbol{A}^k$ 及 $\sum_{k=1}^{\infty}k^2\boldsymbol{A}^k$。

8. 计算矩阵幂级数 $\sum_{k=1}^{\infty}\frac{k^2}{10^k}\begin{pmatrix}1 & 2\\8 & 1\end{pmatrix}^k$。

9. 设 $\boldsymbol{A}\in\mathbb{R}^{n\times n}$，$\lim_{k\to\infty}\boldsymbol{A}^k=0$，$\boldsymbol{C}=\begin{pmatrix}\boldsymbol{A} & \boldsymbol{I}_n\\\boldsymbol{0} & \boldsymbol{I}_n\end{pmatrix}$，求 $\lim_{k\to\infty}\boldsymbol{C}^k$。

10. 讨论 $\sum_{k=1}^{\infty}\frac{1}{k^2}\boldsymbol{A}^k$ 的收敛性，其中 $\boldsymbol{A}=\begin{pmatrix}-2 & 1 & -1\\0 & 1 & 0\\1 & 1 & 0\end{pmatrix}$。

5.2　矩阵函数及其计算

矩阵函数的概念与通常的函数概念类似，它是以方阵为自变元，函数值也是方阵的一类函数。基于定理 5.1-1，给出矩阵函数的定义，并首先介绍矩阵指数函数及矩阵的三角函数，给出其一些性质及计算方法。一般地给出计算矩阵函数的 Sylvester 公式，最后着重介绍计算矩阵函数的另一种方法——矩阵的谱上一致多项式，并由此来计算矩阵函数。

5.2.1　矩阵函数定义

定义 5.2-1　设幂函数 $\sum_{m=0}^{\infty}c_m z^m$ 的收敛半径为 R，且当 $|z|<R$ 时，幂函数收敛于函数 $f(z)$，即

$$f(z)=\sum_{m=0}^{\infty}c_m z^m\quad(|z|<R)$$

若 $\boldsymbol{A}\in\mathbb{C}^{n\times n}$，满足 $\rho(\boldsymbol{A})<R$，则称收敛的矩阵幂级数 $\sum_{m=0}^{\infty}c_m\boldsymbol{A}^m$ 的和为矩阵函数，记为 $f(\boldsymbol{A})$。即 $f(\boldsymbol{A})=\sum_{m=0}^{\infty}c_m\boldsymbol{A}^m$，特别 $R=+\infty$ 时，则 $\forall\boldsymbol{A}\in\mathbb{C}^{n\times n}$，$f(\boldsymbol{A})=\sum_{m=0}^{\infty}c_m\boldsymbol{A}^m$。

由此，可以得到在形式上和数学分析中的一些函数类似的矩阵函数，如

$$\mathrm{e}^z=\sum_{m=0}^{\infty}\frac{1}{m!}z^m(R=+\infty)$$

$$\sin z=\sum_{m=0}^{\infty}\frac{(-1)^m}{(2m+1)!}z^{2m+1}(R=+\infty)$$

$$\cos z=\sum_{m=0}^{\infty}\frac{(-1)^m}{(2m)!}z^{2m}(R=+\infty)$$

$$(1-z)^{-1}=\sum_{m=0}^{\infty}z^m(R=1)$$

相应的矩阵函数为

$$\mathrm{e}^{\boldsymbol{A}}=\sum_{m=0}^{\infty}\frac{1}{m!}\boldsymbol{A}^m\quad(\forall\boldsymbol{A}\in\mathbb{C}^{n\times n})$$

$$\sin A=\sum_{m=0}^{\infty}\frac{(-1)^m}{(2m+1)!}\boldsymbol{A}^{2m+1}\quad(\forall\boldsymbol{A}\in\mathbb{C}^{n\times n})$$

$$\cos\boldsymbol{A}=\sum_{m=0}^{\infty}\frac{(-1)^m}{(2m)!}\boldsymbol{A}^{2m}\quad(\forall\boldsymbol{A}\in\mathbb{C}^{n\times n})$$

$$(\boldsymbol{I}-\boldsymbol{A})^{-1}=\sum_{m=0}^{\infty}\boldsymbol{A}^m\quad(\rho(\boldsymbol{A})<1)$$

称 $\mathrm{e}^{\boldsymbol{A}}$ 为矩阵指数函数，$\sin\boldsymbol{A}$ 为矩阵正弦函数，$\cos\boldsymbol{A}$ 为矩阵余弦函数。

若矩阵函数 $f(\boldsymbol{A})$ 的变元换成 $\boldsymbol{A}t$，t 为参数，则相应有

$$f(\boldsymbol{A}t)=\sum_{m=0}^{\infty}c_m(\boldsymbol{A}t)^m\quad(|t|\rho(\boldsymbol{A})<R)。$$

在实际应用中，经常要求含参数的矩阵函数。以下列出一些常见矩阵指数及三角函数的性质：

命题 5.2-1 设 $\boldsymbol{A}\in\mathbb{C}^{n\times n}$，则

(1) $\mathrm{e}^{\mathrm{i}A}=\cos\boldsymbol{A}+\mathrm{i}\sin\boldsymbol{A}$；

(2) $\cos\boldsymbol{A}=\frac{1}{2}(\mathrm{e}^{\mathrm{i}\boldsymbol{A}}+\mathrm{e}^{-\mathrm{i}\boldsymbol{A}})$；

(3) $\sin\boldsymbol{A}=\frac{1}{2\mathrm{i}}(\mathrm{e}^{\mathrm{i}\boldsymbol{A}}-\mathrm{e}^{-\mathrm{i}\boldsymbol{A}})$；

(4) $\sin^2\boldsymbol{A}+\cos^2\boldsymbol{A}=\boldsymbol{I}$；

(5) 若 $\boldsymbol{AB}=\boldsymbol{BA}$，则 $\mathrm{e}^{\boldsymbol{A}}\mathrm{e}^{\boldsymbol{B}}=\mathrm{e}^{\boldsymbol{B}}\mathrm{e}^{\boldsymbol{A}}=\mathrm{e}^{\boldsymbol{A}+\boldsymbol{B}}$；

(6) 一般地，$\mathrm{e}^{\boldsymbol{A}}\mathrm{e}^{\boldsymbol{B}}$，$\mathrm{e}^{\boldsymbol{B}}\mathrm{e}^{\boldsymbol{A}}$，$\mathrm{e}^{\boldsymbol{A}+\boldsymbol{B}}$ 互不相等；

(7) $\mathrm{e}^{\boldsymbol{A}}\mathrm{e}^{-\boldsymbol{A}}=\mathrm{e}^{-\boldsymbol{A}}\mathrm{e}^{\boldsymbol{A}}=\boldsymbol{I}$，$(\mathrm{e}^{\boldsymbol{A}})^{-1}=\mathrm{e}^{-\boldsymbol{A}}$。

证明(1)～(4)直接由定义验证即可。

(5) 只需验证 $\mathrm{e}^{\boldsymbol{A}}\mathrm{e}^{\boldsymbol{B}}=\mathrm{e}^{\boldsymbol{A}+\boldsymbol{B}}$，

由

$$\begin{aligned}\mathrm{e}^{\boldsymbol{A}}\mathrm{e}^{\boldsymbol{B}}&=\left(\sum_{m=0}^{\infty}\frac{1}{m!}\boldsymbol{A}^m\right)\left(\sum_{n=0}^{\infty}\frac{1}{n!}\boldsymbol{B}^n\right)=\boldsymbol{I}+(\boldsymbol{A}+\boldsymbol{B})+\frac{1}{2!}(\boldsymbol{A}^2+\boldsymbol{AB}+\boldsymbol{BA}+\boldsymbol{B}^2)+\cdots\\&=\boldsymbol{I}+(\boldsymbol{A}+\boldsymbol{B})+\frac{1}{2!}(\boldsymbol{A}+\boldsymbol{B})^2+\cdots=\sum_{m=0}^{\infty}\frac{1}{m!}(\boldsymbol{A}+\boldsymbol{B})^m=\mathrm{e}^{\boldsymbol{A}+\boldsymbol{B}}\end{aligned}$$

(6) 这里指数运算规则 $e^{z_1}e^{z_2}=e^{z_2}e^{z_1}=e^{z_1+z_2}$ 对矩阵指数函数一般不再成立，如取

$$\boldsymbol{A}=\begin{pmatrix}1 & 1\\0 & 0\end{pmatrix},\quad \boldsymbol{B}=\begin{pmatrix}1 & -1\\0 & 0\end{pmatrix}$$

易见 $\boldsymbol{A}^2=\boldsymbol{A},\boldsymbol{B}^2=\boldsymbol{B}$，故 $\boldsymbol{A}=\boldsymbol{A}^2=\boldsymbol{A}^3=\cdots,\boldsymbol{B}=\boldsymbol{B}^2=\boldsymbol{B}^3=\cdots$

所以 $e^{\boldsymbol{A}}=\sum\limits_{m=0}^{\infty}\dfrac{1}{m!}\boldsymbol{A}^m=\boldsymbol{I}+(e-1)\boldsymbol{A}=\begin{pmatrix}e & e-1\\0 & 1\end{pmatrix},e^{\boldsymbol{B}}=\boldsymbol{I}+(e-1)\boldsymbol{B}=\begin{pmatrix}e & 1-e\\0 & 1\end{pmatrix}$，

所以 $e^{\boldsymbol{A}}e^{\boldsymbol{B}}=\begin{pmatrix}e^2 & -(e-1)^2\\0 & 1\end{pmatrix},e^{\boldsymbol{B}}e^{\boldsymbol{A}}=\begin{pmatrix}e^2 & (e-1)^2\\0 & 1\end{pmatrix}$，

又 $\boldsymbol{A}+\boldsymbol{B}=\begin{pmatrix}2 & 0\\0 & 0\end{pmatrix}$，易验证 $(\boldsymbol{A}+\boldsymbol{B})^m=2^{m-1}(\boldsymbol{A}+\boldsymbol{B})$，$m\geqslant 1$ 所以

$$\begin{aligned}e^{\boldsymbol{A}+\boldsymbol{B}}&=\boldsymbol{I}+\sum_{m=1}^{\infty}\frac{1}{m!}(\boldsymbol{A}+\boldsymbol{B})^m=\boldsymbol{I}+\sum_{m=1}^{\infty}\frac{2^{m-1}}{m!}(\boldsymbol{A}+\boldsymbol{B})\\&=\boldsymbol{I}+\frac{1}{2}\left(\sum_{m=1}^{\infty}\frac{2^m}{m!}\right)(\boldsymbol{A}+\boldsymbol{B})=\boldsymbol{I}+\frac{1}{2}(e^2-1)(\boldsymbol{A}+\boldsymbol{B})=\begin{pmatrix}e^2 & 0\\0 & 1\end{pmatrix}\end{aligned}$$

可见 $e^{\boldsymbol{A}}e^{\boldsymbol{B}},e^{\boldsymbol{B}}e^{\boldsymbol{A}},e^{\boldsymbol{A}+\boldsymbol{B}}$ 互不相等。

(7) 为(5)的简单推论，由此可见对任 $\boldsymbol{A}\in\mathbb{C}^{n\times n}$，$e^{\boldsymbol{A}}$ 总是可逆的。

给定了矩阵 $\boldsymbol{A}$，如何计算 $e^{\boldsymbol{A}},\cos\boldsymbol{A},\sin\boldsymbol{A}$，自然从其定义出发求矩阵幂级数的和是不可取的，而若充分利用矩阵 $\boldsymbol{A}$ 本身的性质，则计算往往是可行的。

例 5.2-1　设 $\boldsymbol{A}=\begin{pmatrix}0 & 1\\-1 & 0\end{pmatrix}$，求 $e^{\boldsymbol{A}t}$。

解　$|\lambda\boldsymbol{I}-\boldsymbol{A}|=\lambda^2+1$，由 Cayley 定理，$\boldsymbol{A}^2+\boldsymbol{I}=\boldsymbol{0}$，故

$$\boldsymbol{A}^2=-\boldsymbol{I},\boldsymbol{A}^3=-\boldsymbol{A},\boldsymbol{A}^4=\boldsymbol{I},\boldsymbol{A}^5=\boldsymbol{A},\cdots$$

即有 $\boldsymbol{A}^{2k}=(-1)^k\boldsymbol{I},\boldsymbol{A}^{2k+1}=(-1)^k\boldsymbol{A}$，$k=1,2,\cdots$

故

$$\begin{aligned}e^{\boldsymbol{A}t}&=\sum_{k=0}^{\infty}\frac{1}{k!}(\boldsymbol{A}t)^k=\left(1-\frac{t^2}{2!}+\frac{t^4}{4!}-\cdots\right)\boldsymbol{I}+\left(t-\frac{t^3}{3!}+\frac{t^5}{5!}-\cdots\right)\boldsymbol{A}\\&=(\cos t)\boldsymbol{I}+(\sin t)\boldsymbol{A}=\begin{pmatrix}\cos t & \sin t\\-\sin t & \cos t\end{pmatrix}\end{aligned}$$

例 5.2-2　设 $\boldsymbol{A}\in\mathbb{C}^{4\times 4}$，特征值为 $\pi,-\pi,0,0$，求 $e^{\boldsymbol{A}},\cos\boldsymbol{A},\sin\boldsymbol{A}$。

解　由条件

$$|\lambda\boldsymbol{I}-\boldsymbol{A}|=\lambda^2(\lambda-\pi)(\lambda+\pi)=\lambda^4-\pi^2\lambda^2$$

由 Cayley 定理，$\boldsymbol{A}^4=\pi^2\boldsymbol{A}^2$，所以

$$\begin{aligned}\sin\boldsymbol{A}&=\boldsymbol{A}-\frac{1}{3!}\boldsymbol{A}^3+\frac{1}{5!}\boldsymbol{A}^5-\frac{1}{7!}\boldsymbol{A}^7+\cdots=\boldsymbol{A}-\frac{1}{3!}\boldsymbol{A}^3+\frac{\pi^2}{5!}\boldsymbol{A}^3-\frac{\pi^4}{7!}\boldsymbol{A}^3+\cdots\\&=\boldsymbol{A}+\left(-\frac{1}{3!}+\frac{\pi^2}{5!}-\frac{\pi^4}{7!}+\cdots\right)\boldsymbol{A}^3=\boldsymbol{A}+\frac{\sin\pi-\pi}{\pi^3}\boldsymbol{A}^3=\boldsymbol{A}-\pi^{-2}\boldsymbol{A}^3\end{aligned}$$

同理可求 $\cos\boldsymbol{A}=\boldsymbol{I}-\dfrac{2}{\pi^2}\boldsymbol{A}^2,e^{\boldsymbol{A}}=\boldsymbol{I}+\boldsymbol{A}+\dfrac{p}{\pi^2}\boldsymbol{A}^2+\dfrac{e^{\pi}-\pi-1-p}{\pi^3}\boldsymbol{A}^3$，此处

$$p=\frac{e^{\pi}+e^{-\pi}}{2}-1。$$

注：① 由特征多项式的零化特点，可将矩阵函数计算简化，但一般仍显繁琐。

② 由上两例子可看到，矩阵指数函数及三角函数似乎可表示为一个次数不超过特征多项式次数的矩阵多项式，故有理由推测，一般矩阵函数是否可表为一个矩阵多项式？后面将看到，答案是肯定的。

5.2.2 矩阵函数计算

$\boldsymbol{A}$ 为单纯矩阵，则存在可逆阵 $\boldsymbol{P}$，使得

$$\boldsymbol{A}=\boldsymbol{P}\mathrm{diag}\{\lambda_1,\cdots,\lambda_n\}\boldsymbol{P}^{-1}$$

设 $f(z)=\sum_{m=0}^{\infty}c_m z^m(|z|<R)$，则当 $\rho(\boldsymbol{A})<R$ 时，$f(\boldsymbol{A})=\sum_{m=0}^{\infty}c_m\boldsymbol{A}^m$（由定理 4.3－1 知），所以

$$f(\boldsymbol{A})=\sum_{m=0}^{\infty}c_m\boldsymbol{A}^m=\sum_{m=0}^{\infty}c_m\{\boldsymbol{P}\mathrm{diag}\{\lambda_1,\cdots,\lambda_n\}P^{-1}\}^m=\boldsymbol{P}\left(\sum_{m=0}^{\infty}c_m\mathrm{diag}\{\lambda_1^m,\cdots,\lambda_n^m\}\right)\boldsymbol{P}^{-1}$$

$$=\boldsymbol{P}\left(\mathrm{diag}\left\{\sum_{m=1}^{\infty}c_m\lambda_1^m,\cdots,\sum_{m=1}^{\infty}c_m\lambda_n^m\right\}\right)\boldsymbol{P}^{-1}=\boldsymbol{P}(\mathrm{diag}\{f(\lambda_1),\cdots,f(\lambda_n)\})\boldsymbol{P}^{-1}$$

故当 $\boldsymbol{A}$ 为单纯矩阵，$f(\boldsymbol{A})$ 仍为单纯矩阵，求法如下：

(1) 求出 $\boldsymbol{A}$ 的特征值 $\lambda_1,\cdots,\lambda_n$ 及可逆阵 $\boldsymbol{P}$，使得 $\boldsymbol{P}^{-1}\boldsymbol{A}\boldsymbol{P}=\mathrm{diag}\{\lambda_1,\cdots,\lambda_n\}$；

(2) 若 $\rho(\boldsymbol{A})<R$（$f(z)$ 的幂级数的收敛半径），则

$$f(\boldsymbol{A})=\boldsymbol{P}(\mathrm{diag}\{f(\lambda_1),\cdots,f(\lambda_n)\})\boldsymbol{P}^{-1}$$

特别

$$\mathrm{e}^{\boldsymbol{A}}=\boldsymbol{P}(\mathrm{diag}\{\mathrm{e}^{\lambda_1},\cdots,\mathrm{e}^{\lambda_n}\})\boldsymbol{P}^{-1}$$

$$\sin\boldsymbol{A}=\boldsymbol{P}(\mathrm{diag}\{\sin\lambda_1,\cdots,\sin\lambda_n\})\boldsymbol{P}^{-1}$$

$$\cos\boldsymbol{A}=\boldsymbol{P}(\mathrm{diag}\{\cos\lambda_1,\cdots,\cos\lambda_n\})\boldsymbol{P}^{-1}$$

$$\mathrm{e}^{\boldsymbol{A}t}=\boldsymbol{P}(\mathrm{diag}\{\mathrm{e}^{\lambda_1 t},\cdots,\mathrm{e}^{\lambda_n t}\})\boldsymbol{P}^{-1}$$

$$\sin\boldsymbol{A}t=\boldsymbol{P}(\mathrm{diag}\{\sin\lambda_1 t,\cdots,\sin\lambda_n t\})\boldsymbol{P}^{-1}$$

$$\cos\boldsymbol{A}t=\boldsymbol{P}(\mathrm{diag}\{\cos\lambda_1 t,\cdots,\cos\lambda_n t\})\boldsymbol{P}^{-1}$$

同理有 $f(\boldsymbol{A}t)=\boldsymbol{P}(\mathrm{diag}\{f(\lambda_1 t),\cdots,f(\lambda_n t)\})\boldsymbol{P}^{-1}(|t|\rho(\boldsymbol{A})<R)$，

若 $\boldsymbol{A}$ 为单纯矩阵，有谱分解 $\boldsymbol{A}=\sum_{i=1}^{k}\lambda_i E_i$，$\lambda_1,\cdots,\lambda_k$ 为 $\boldsymbol{A}$ 的相异特征值，若 $\rho(\boldsymbol{A})<R(f(z)=\sum_{m=0}^{\infty}c_m z^m$ 的收敛半径)，则

$$f(\boldsymbol{A})=\sum_{m=0}^{\infty}c_m\boldsymbol{A}^m=\sum_{m=0}^{\infty}c_m\left(\sum_{i=1}^{k}\lambda_i E_i\right)^m=\sum_{i=1}^{k}\left(\sum_{m=0}^{\infty}c_m\lambda_i^m\right)E_i=\sum_{i=1}^{k}f(\lambda_i)E_i{}^{*}$$

例 5.2－3 设 $\boldsymbol{A}=\begin{pmatrix}4&6&0\\-3&-5&0\\-3&-6&1\end{pmatrix}$，求 $\mathrm{e}^{\boldsymbol{A}t}$，$\cos\boldsymbol{A}$。

---

* $\sum_{m=0}^{\infty}c_m\lambda_m^i z^m$ 的收敛半径是 $R\dfrac{1}{|\lambda_i|}\geqslant R\dfrac{1}{\rho(A)}>1$，故 $\sum_{m=0}^{\infty}(c_m\lambda_m^i)E_i$ 绝对收敛。

解　$|\lambda \boldsymbol{I}-\boldsymbol{A}|=(\lambda-1)^2(\lambda+2)$，最小多项式 $m_A(\lambda)=(\lambda-1)(\lambda+2)$ 无重根，故 $\boldsymbol{A}$ 为单纯矩阵。

对 $\lambda=-2$，取特征向量　　$\eta_1=(-1,1,1)^{\mathrm{T}}$

对 $\lambda=1$，取特征向量　　$\eta_2=(-2,1,0)^{\mathrm{T}},\eta_3=(0,0,1)^{\mathrm{T}}$

令 $\boldsymbol{P}=[\eta_1,\eta_2,\eta_3]=\begin{bmatrix}-1 & -2 & 0\\ 1 & 1 & 0\\ 1 & 0 & 1\end{bmatrix}$，使 $\boldsymbol{P}^{-1}\boldsymbol{AP}=\mathrm{diag}\{-2,1,1\}$

所以

$$\mathrm{e}^{\boldsymbol{A}t}=\boldsymbol{P}\begin{pmatrix}\mathrm{e}^{-2t} & & 0\\ & \mathrm{e}^{t} & \\ 0 & & \mathrm{e}^{t}\end{pmatrix}\boldsymbol{P}^{-1}=\begin{pmatrix}2\mathrm{e}^{t}-\mathrm{e}^{-2t} & 2\mathrm{e}^{t}-2\mathrm{e}^{-2t} & 0\\ \mathrm{e}^{-2t}-\mathrm{e}^{t} & 2\mathrm{e}^{-2t}-\mathrm{e}^{t} & 0\\ \mathrm{e}^{-2t}-\mathrm{e}^{t} & 2\mathrm{e}^{-2t}-2\mathrm{e}^{t} & \mathrm{e}^{t}\end{pmatrix}$$

而*

$$\cos\boldsymbol{A}=\boldsymbol{P}\begin{pmatrix}\cos(-2) & & 0\\ & \cos 1 & \\ 0 & & \cos 1\end{pmatrix}\boldsymbol{P}^{-1}$$

$$=\begin{pmatrix}2\cos 1-\cos 2 & 2\cos 1-2\cos 2 & 0\\ \cos 2-\cos 1 & 2\cos 2-\cos 1 & 0\\ \cos 2-\cos 1 & 2\cos 2-2\cos 1 & \cos 1\end{pmatrix}$$

矩阵函数计算一般都较烦琐，尽管对单纯矩阵而言相对简单一些。

5.2.3 矩阵函数的另一定义

一般地，设 $\boldsymbol{A}\in\mathbb{C}^{n\times n}$（未必是单纯矩阵），存在可逆阵 $\boldsymbol{P}$，

使

$$\boldsymbol{P}^{-1}\boldsymbol{AP}=\boldsymbol{J}(\text{Jordan 标准型})=\begin{pmatrix}\boldsymbol{J}_1(\lambda_1) & & \boldsymbol{0}\\ & \ddots & \\ \boldsymbol{0} & & \boldsymbol{J}_s(\lambda_s)\end{pmatrix}$$

其中

$$\boldsymbol{J}_i(\lambda_i)=\begin{pmatrix}\lambda_i & 1 & & & \boldsymbol{0}\\ & \lambda_i & 1 & & \\ & & \ddots & \ddots & \\ & & & \ddots & 1\\ \boldsymbol{0} & & & & \lambda_i\end{pmatrix}_{n_i\times n_i}\quad(1\leqslant i\leqslant s)$$

设 $f(z)=\sum\limits_{m=0}^{\infty}c_m z^m$，$\rho(\boldsymbol{A})<R$（收敛半径），由定理 4.3-1 可知

$$f(\boldsymbol{A})=\sum_{m=0}^{\infty}c_m\boldsymbol{A}^m=\sum_{m=0}^{\infty}c_m(\boldsymbol{PJP}^{-1})^m=\boldsymbol{P}\left(\sum_{m=0}^{\infty}c_m\boldsymbol{J}^m\right)\boldsymbol{P}^{-1}$$

$$=\boldsymbol{P}\begin{pmatrix}\sum\limits_{m=0}^{\infty}c_m\boldsymbol{J}_1^m(\lambda_1) & & \boldsymbol{0}\\ & \ddots & \\ \boldsymbol{0} & & \sum\limits_{m=0}^{\infty}c_m\boldsymbol{J}_s^m(\lambda_s)\end{pmatrix}\boldsymbol{P}^{-1}=\boldsymbol{P}f(\boldsymbol{J})\boldsymbol{P}^{-1}$$

而

$$J_i^m(\lambda_i)=\begin{pmatrix} \lambda_i^m & C_m^1\lambda_i^{m-1} & \cdots & C_m^{n_i-1}\lambda_i^{m-n_i+1} \\ & \lambda_i^m & \ddots & \\ & & \ddots & C_m^1\lambda_i^{m-1} \\ \mathbf{0} & & & \lambda_i^m \end{pmatrix}_{n_i\times n_i} \quad (1\leqslant i\leqslant s, m\geqslant n_i-1)$$

所以

$$f(J_i(\lambda_i)) = \sum_{m=0}^{\infty} c_m J_i^m(\lambda_i)$$

$$= \begin{pmatrix} \sum\limits_{m=0}^{\infty} c_m\lambda_i^m & \sum\limits_{m=1}^{\infty} c_m C_m^1\lambda_i^{m-1} & \cdots & \sum\limits_{m=n_i-1}^{\infty} c_m C_m^{n_i-1}\lambda_i^{m-n_i+1} \\ & \sum\limits_{m=0}^{\infty} c_m\lambda_i^m & \ddots & \vdots \\ & & \ddots & \sum\limits_{m=1}^{\infty} c_m C_m^1\lambda_i^{m-1} \\ \mathbf{0} & & & \sum\limits_{m=0}^{\infty} c_m\lambda_i^m \end{pmatrix}_{n_i\times n_i}$$

上三角元 $\sum\limits_{m=l}^{\infty} c_m C_m^l\lambda_i^{m-l} = \dfrac{1}{l!}\sum\limits_{m=l}^{\infty} c_m m(m-1)\cdots(m-l+1)\lambda_i^{m-l} = \dfrac{1}{l!}f^{(l)}(\lambda_i)\ (0\leqslant l\leqslant n_i-1)$

所以

$$f(J_i(\lambda_i))=\begin{pmatrix} f(\lambda_i) & f'(\lambda_i) & \cdots & \dfrac{1}{(n_i-1)!}f^{(n_i-1)}(\lambda_i) \\ & f(\lambda_i) & \ddots & \vdots \\ & & \ddots & f'(\lambda_i) \\ \mathbf{0} & & & f(\lambda_i) \end{pmatrix}_{n_i\times n_i} \quad (i=1,2,\cdots,s)$$

所以

$$f(\boldsymbol{A})=\boldsymbol{P}\begin{pmatrix} f(J_1(\lambda_1)) & & \mathbf{0} \\ & \ddots & \\ \mathbf{0} & & f(J_s(\lambda_s)) \end{pmatrix}\boldsymbol{P}^{-1} \tag{5-2}$$

此公式称为 Sylvester 公式。

推论 1 $\boldsymbol{A}\in\mathbb{C}^{n\times n}$,$\boldsymbol{A}$ 的特征值为 $\lambda_1,\cdots,\lambda_n$,$f(z)=\sum\limits_{m=0}^{\infty}c_m z^m$ 的收敛半径为 R。当 $\rho(\boldsymbol{A})<R$ 时,$f(\boldsymbol{A})$ 的特征值为 $f(\lambda_1),\cdots,f(\lambda_n)$,特别对 $\forall\boldsymbol{A}\in\mathbb{C}^{n\times n}$,$e^{\boldsymbol{A}}$ 的特征值为 $e^{\lambda_1},\cdots,e^{\lambda_n}$;$\sin\boldsymbol{A}$ 的特征值为 $\sin\lambda_1,\cdots,\sin\lambda_n$;$\cos\boldsymbol{A}$ 的特征值为 $\cos\lambda_1,\cdots,\cos\lambda_n$。

推论 2 对于 $f(\boldsymbol{A}t)$ 同理可得

$$f(\boldsymbol{A}t)=\boldsymbol{P}\begin{pmatrix} f(J_1(\lambda_1)t) & & \mathbf{0} \\ & \ddots & \\ \mathbf{0} & & f(J_s(\lambda_s)t) \end{pmatrix}\boldsymbol{P}^{-1}$$

此处 $f(\boldsymbol{J}_i(\lambda_i)t)=\begin{pmatrix} f(\lambda_i t) & tf'(\lambda_i t) & \cdots & \frac{t^{n_i-1}}{(n_i-1)!}f^{(n_i-1)}(\lambda_i t) \\ & f(\lambda_i t) & \ddots & \vdots \\ & & \ddots & tf'(\lambda_i t) \\ \boldsymbol{0} & & & f(\lambda_i t) \end{pmatrix}_{n_i\times n_i}$　　$(i=1,2,\cdots,s)$

例 5.2-4　设 $\boldsymbol{A}=\begin{pmatrix} -1 & 0 & 1 \\ 1 & 2 & 0 \\ -4 & 0 & 3 \end{pmatrix}$，求 $\mathrm{e}^{\boldsymbol{A}}$，$\sin \boldsymbol{A}t$。

解　易计算 $\boldsymbol{A}$ 的初等因子为$(\lambda-1)^2$，$(\lambda-2)$
故 $\boldsymbol{A}$ 的若当标准型为

$$\boldsymbol{J}=\left(\begin{array}{cc:c} 1 & 1 & 0 \\ 0 & 1 & 0 \\ \hdashline 0 & 0 & 2 \end{array}\right)$$

可求可逆阵 $\boldsymbol{P}=\begin{pmatrix} 1 & 0 & 0 \\ -1 & -1 & 1 \\ 2 & 1 & 0 \end{pmatrix}$，使 $\boldsymbol{P}^{-1}\boldsymbol{A}\boldsymbol{P}=\boldsymbol{J}$。

故

$$\mathrm{e}^{\boldsymbol{A}}=\boldsymbol{P}\left(\begin{array}{cc:c} \mathrm{e} & \mathrm{e} & 0 \\ 0 & \mathrm{e} & 0 \\ \hdashline 0 & 0 & \mathrm{e}^2 \end{array}\right)\boldsymbol{P}^{-1}=\begin{pmatrix} -\mathrm{e} & 0 & \mathrm{e} \\ 3\mathrm{e}-\mathrm{e}^2 & \mathrm{e}^2 & -2\mathrm{e}+\mathrm{e}^2 \\ -4\mathrm{e} & 0 & 3\mathrm{e} \end{pmatrix}$$

$$\sin \boldsymbol{A}t=\boldsymbol{P}\left(\begin{array}{cc:c} \sin t & t\cos t & 0 \\ 0 & \sin t & 0 \\ \hdashline 0 & 0 & \sin 2t \end{array}\right)\boldsymbol{P}^{-1}=\begin{pmatrix} \sin t-2t\cos t & 0 & t\cos t \\ \sin t+2t\cos t-\sin 2t & \sin 2t & -t\cos t-\sin t+\sin 2t \\ -4t\cos t & 0 & 2t\cos t+\sin t \end{pmatrix}$$

尽管 Sylverster 公式在理论上非常漂亮而圆满，但当 $\boldsymbol{A}$ 是非单纯矩阵时，利用此公式计算就显得烦琐。这里涉及可逆阵 $\boldsymbol{P}$、Jordan 标准型 $\boldsymbol{J}=\mathrm{diag}\{\boldsymbol{J}_1,\cdots,\boldsymbol{J}_s\}$ 以及 $f(\boldsymbol{J}_i)$ $(1\leqslant i\leqslant s)$ 的计算，计算量是较大的，故应尽可能地避开这条途径，从另一角度去计算矩阵函数，由此引入谱上一致多项式。

定理 5.2-1　设 $\boldsymbol{A}\in\mathbb{C}^{n\times n}$，$m_{\boldsymbol{A}}(\lambda)$ 为 $\boldsymbol{A}$ 的最小多项式，$\deg(m_{\boldsymbol{A}}(\lambda))=l$，复函数 $f(z)=\sum\limits_{m=0}^{\infty}c_m z^m$，收敛半径为 R，若 $\rho(\boldsymbol{A})<R$，则 $f(\boldsymbol{A})=\sum\limits_{m=0}^{\infty}c_m\boldsymbol{A}^m$ 可表成 $\boldsymbol{A}$ 的 $l-1$ 次多项式 $P(\boldsymbol{A})$，即存在 $l-1$ 次多项式 $p(\lambda)=\beta_0+\beta_1\lambda+\cdots+\beta_{l-1}\lambda^{l-1}$，使得

$$f(\boldsymbol{A})=\beta_0\boldsymbol{I}+\beta_1\boldsymbol{A}+\cdots+\beta_{l-1}\boldsymbol{A}^{l-1}=p(\boldsymbol{A})$$

且 $p(\lambda)$ 是唯一确定的。

证明　$m_{\boldsymbol{A}}(\lambda)$ 为 $\boldsymbol{A}$ 的最小多项式，$\deg(m_{\boldsymbol{A}}(\lambda))=l$，则 $m\geqslant l$ 时

$$\lambda^m=q_m(\lambda)m_{\boldsymbol{A}}(\lambda)+r_m(\lambda)$$

此处 $\deg(r_m(\lambda))\leqslant l-1$，所以

$$\boldsymbol{A}^m=q_m(\boldsymbol{A})m_{\boldsymbol{A}}(\boldsymbol{A})+r_m(\boldsymbol{A})=r_m(\boldsymbol{A})$$

故

$$f(\boldsymbol{A})=\sum_{m=0}^{\infty}c_m\boldsymbol{A}^m=\sum_{m=0}^{l-1}c_m\boldsymbol{A}^m+\sum_{m\geqslant l}c_m r_m(\boldsymbol{A})$$

由条件 $\sum\limits_{m=0}^{\infty}c_m\boldsymbol{A}^m$ 绝对收敛，故任意调整次序仍是绝对收敛，故有

$$f(\mathbf{A})=\beta_0\mathbf{I}+\beta_1\mathbf{A}+\cdots+\beta_{l-1}\mathbf{A}^{l-1}$$

式中，$\beta_0,\cdots,\beta_{l-1}$ 均为绝对收敛的数值级数的和。

唯一性，若还有 $p_1(\lambda)=\beta_0'+\beta_1'\lambda+\cdots+\beta_{l-1}'\lambda^{l-1}(\neq p(\lambda))$，使得

$$f(\mathbf{A})=\beta_0'\mathbf{I}+\beta_1'\mathbf{A}+\cdots+\beta_{l-1}'\mathbf{A}^{l-1}=p_1(\mathbf{A})$$

则有 $p(\mathbf{A})-p_1(\mathbf{A})=0$，而 $\deg(p(\lambda)-p_1(\lambda))\leqslant l-1$，将 $\mathbf{A}$ 零化，与 $m_{\mathbf{A}}(\lambda)$ 为最小多项式矛盾。

现在的问题是 $p(\lambda)$ 中的 l 个系数如何确定，自然需要有 l 个独立条件来确定。

定义 5.2-2 设 $\mathbf{A}\in\mathbb{C}^{n\times n}$，$\lambda_1,\cdots,\lambda_s$ 为 $\mathbf{A}$ 的互异特征值，最小多项式为 $m_{\mathbf{A}}(\lambda)=\prod\limits_{i=1}^{s}(\lambda-\lambda_i)^{m_i}$，$m_1+\cdots+m_s=l$。若复函数 $f(z)$ 及其各阶导数 $f^{(j)}(z)$ 在 $z=\lambda_i$ 处的值 $f^{(j)}(\lambda_i)$，$(j=0,1,\cdots,m_i-1,i=1,2,\cdots,s)$ 均为有限值，则称 $f(z)$ 在 $\mathbf{A}$ 的谱上给定，$\lambda_1,\cdots,\lambda_s$ 为谱点，$f^{(j)}(\lambda_i)$ 为 $f(z)$ 在 $\mathbf{A}$ 上的谱值（共 l 个）。

如何确定 l 个待定系数 $\beta_0,\cdots,\beta_{l-1}$，可由定理 4.4-1 知，$f(\mathbf{A})=p(\mathbf{A})$，设 $\mathbf{A}=\mathbf{PJP}^{-1}$，$\mathbf{J}$ 为 $\mathbf{A}$ 的 Jordan 法式，则

$$
\begin{aligned}
f(\mathbf{A})=p(\mathbf{A}) &\overset{\text{Sylvester公式}}{\Longleftrightarrow} \mathbf{P}f(\mathbf{J})\mathbf{P}^{-1}=\mathbf{P}p(\mathbf{J})\mathbf{P}^{-1}\\
&\Leftrightarrow f(\mathbf{J})=p(\mathbf{J})\\
&\Leftrightarrow \mathrm{diag}\{f(\mathbf{J}_1),\cdots f(\mathbf{J}_k)\}=\mathrm{diag}\{p(\mathbf{J}_1),\cdots,p(\mathbf{J}_k)\}\\
&\Leftrightarrow f(\mathbf{J}_i)=p(\mathbf{J}_i)\ (i=1,\cdots,k)\\
&\Leftrightarrow \begin{pmatrix} f(\lambda_i) & f'(\lambda_i) & \cdots & \frac{1}{(n_i-1)}f^{(n_i-1)}(\lambda_i)\\ & f(\lambda_i) & \ddots & \vdots\\ & & \ddots & f'(\lambda_i)\\ \mathbf{0} & & & f(\lambda_i)\end{pmatrix}_{n_i\times n_i}\\
&=\begin{pmatrix} p(\lambda_i) & p'(\lambda_i) & \cdots & \frac{1}{(n_i-1)}p^{(n_i-1)}(\lambda_i)\\ & p(\lambda_i) & \ddots & \vdots\\ & & \ddots & p'(\lambda_i)\\ \mathbf{0} & & & p(\lambda_i)\end{pmatrix}_{n_i\times n_i} \quad (i=1,\cdots,k,n_1+\cdots+n_k=n)\\
&\Leftrightarrow p^{j}(\lambda_i)=f^{(j)}(\lambda_i),\ j=0,\cdots,m-1,\ i=1,\cdots,s
\end{aligned}
$$

这里 m_i 为属于 λ_i 的 Jordan 块的最大阶数，从而有 $m_1+\cdots+m_s=l$ 个线性独立的条件*，进而可唯一确定 $p(\lambda)=\beta_0+\beta_1\lambda+\cdots+\beta_{l-1}\lambda^{l-1}$ 的 l 个系数。

综上所述，将一个矩阵函数 $f(\mathbf{A})$ 表示成一个矩阵多项式的步骤如下：

① 求出 $\mathbf{A}$ 的互异特征值 $\lambda_1,\cdots,\lambda_s$ 及最小多项式，即

$$m_{\mathbf{A}}(\lambda)=\prod_{i=1}^{s}(\lambda-\lambda_i)^{m_i},\deg(m_{\mathbf{A}}(\lambda))=l=m_1+\cdots+m_s$$

② 令 $p(\lambda)=\beta_0+\beta_1\lambda+\cdots+\beta_{l-1}\lambda^{l-1}$，$l$ 个系数 $\beta_0,\cdots,\beta_{l-1}$ 由如下 l 个独立条件唯一确定，即

$$p^{(j)}(\lambda_i)=f^{(j)}(\lambda_i),\ j=0,\cdots,m_i-1,\ i=1,\cdots,s$$

---

* 最小多项式是最后一个不变因子，使 $\mathbf{A}$ 的初等因子组中各类次最高的一次因式的幂的乘积，如有初等因子 $(\lambda-1)^2$，$(\lambda-1)^3$，则相应 $\lambda=1$ 的独立条件只有 3 个，而不是 5 个。

③ $f(\boldsymbol{A})=p(\boldsymbol{A})=\beta_0\boldsymbol{I}+\beta_1\boldsymbol{A}+\cdots+\beta_{l-1}\boldsymbol{A}^{l-1}$，称 $p(\lambda)$为 $\boldsymbol{A}$ 的谱上一致多项式。

无论 $\boldsymbol{A}$ 是否为单纯矩阵，5.2.3 小节中的方法均适用，当 $\boldsymbol{A}$ 为单纯矩阵时，5.2.2 小节中的计算方法及 5.2.3 小节中的方法均可采用，而 $\boldsymbol{A}$ 为非单纯矩阵时，5.2.3 小节中的方法则要简单一些。以上步骤可作为对矩阵函数的重新定义，它显然比定义 5.2-1 更为宽泛。

若不考虑最小多项式方法（计算有困难），也可用待定系数法将 $f(\boldsymbol{A})$表示为 $\boldsymbol{A}$ 的次数不超过 $n-1$ 的矩阵多项式，这是因为由 Cayley 定理可知，$f_{\boldsymbol{A}}(\boldsymbol{A})=0$，则 $m\geqslant n$ 时，$\boldsymbol{A}^m=r_m(\boldsymbol{A})$，$\deg(r_m(\boldsymbol{A}))\leqslant n-1$，所以

$$f(\boldsymbol{A})=\sum_{m=0}^{n-1}c_m\boldsymbol{A}^m+\sum_{m\geqslant n}c_m r_m(\boldsymbol{A})=\alpha_0\boldsymbol{I}+\cdots+\alpha_{n-1}\boldsymbol{A}^{n-1}=q(\boldsymbol{A}) \tag{5-3}$$

还需确定 $q(\lambda)=\alpha_0+\cdots+\alpha_{n-1}\lambda^{n-1}$。

由式(5-3)及 Sylvester 公式，有

$$f(\boldsymbol{J}_i)=q(\boldsymbol{J}_i),\ i=1,\cdots k\Leftrightarrow q^{(j)}(\lambda_i)=f^{(j)}(\lambda_i)(j=0,1,\cdots,m_i-1,i=1,\cdots,s) \tag{5-4}$$

共有 l 个独立条件($\deg(m_A(\lambda))=l=m_1+\cdots+m_s$)。

若 $l<n$，则 $\alpha_0,\cdots,\alpha_{n-1}$ 可求出，但一般不唯一，将式(5-4)写成矩阵形式：$\boldsymbol{Bx}=\boldsymbol{b}$，$\boldsymbol{B}$ 为 $l\times n$ 阶阵，$\boldsymbol{x}=(\alpha_0,\cdots,\alpha_{n-1})^{\mathrm{T}}$，$\boldsymbol{b}=(f(\lambda_1),\cdots,f^{(m_1-1)}(\lambda_1),f(\lambda_s),\cdots,f^{(m_s-1)}(\lambda_s))^{\mathrm{T}}$，由于式(5-4)是 l 个线性独立条件，故 $\mathrm{rank}\boldsymbol{B}=l=\mathrm{rank}(\boldsymbol{B},\boldsymbol{b})$，故此方程是相容的，自然有解$(\alpha_0,\cdots,\alpha_{n-1})^{\mathrm{T}}$，当 $l<n$时 $\alpha_0,\cdots,\alpha_{n-1}$不唯一，但不影响 $q(\boldsymbol{A})=\alpha_0\boldsymbol{I}+\cdots+\alpha_{n-1}\boldsymbol{A}^{n-1}$，最终结果是一样的。

由 l 个独立条件以寻找一个次数不超过 $n-1$ 的多项式 $q(\lambda)$，该多项式也可用 Lagrange 差值法来表出，但实际计算却很烦琐。

例 5.2-5　设 $\boldsymbol{A}=\begin{pmatrix}1&4\\3&2\end{pmatrix}$，求 $\mathrm{e}^{\boldsymbol{A}}$。

解　由 $|\lambda\boldsymbol{I}-\boldsymbol{A}|=(\lambda-5)(\lambda+2)$，故 $m_{\boldsymbol{A}}(\lambda)=(\lambda-5)(\lambda+2)$

令 $p(\lambda)=\beta_0+\beta_1\lambda$，$f(\lambda)=\mathrm{e}^{\lambda}$ 满足 $p(5)=\mathrm{e}^5$，$p(-2)=\mathrm{e}^{-2}$，即

$$\begin{cases}\beta_0+5\beta_1=\mathrm{e}^5\\\beta_0-2\beta_1=\mathrm{e}^{-2}\end{cases}，解得\begin{cases}\beta_0=\dfrac{1}{7}(2\mathrm{e}^5+5\mathrm{e}^{-2})\\\beta_1=\dfrac{1}{7}(\mathrm{e}^5-\mathrm{e}^{-2})\end{cases}$$

所以
$$f(\boldsymbol{A})=\mathrm{e}^{\boldsymbol{A}}=p(\boldsymbol{A})=\beta_0\boldsymbol{I}_2+\beta_1\boldsymbol{A}=\frac{1}{7}\begin{pmatrix}3\mathrm{e}^5+4\mathrm{e}^{-2}&4\mathrm{e}^5-4\mathrm{e}^{-2}\\3\mathrm{e}^5-3\mathrm{e}^{-2}&4\mathrm{e}^5+3\mathrm{e}^{-2}\end{pmatrix}$$

式中，$\boldsymbol{A}$ 为单纯矩阵，也可用 5.2.2 小节中的方法来计算。

例 5.2-6　设 $\boldsymbol{A}=\begin{pmatrix}2&1&4\\0&2&0\\0&3&1\end{pmatrix}$，求 $\sin\boldsymbol{A}$。

解　$|\lambda\boldsymbol{I}-\boldsymbol{A}|=(\lambda-2)^2(\lambda-1)$，而$(\lambda-2)(\lambda-1)$不能将 $\boldsymbol{A}$ 零化（或 $\lambda\boldsymbol{I}-\boldsymbol{A}\cong\mathrm{diag}\{1,1,(\lambda-2)^2(\lambda-1)\}$，最小多项式为$(\lambda-2)^2(\lambda-1)$），所以 $m_{\boldsymbol{A}}(\lambda)=(\lambda-2)^2(\lambda-1)$，$\deg(m_{\boldsymbol{A}}(\lambda))=3$，$f(\lambda)=\sin\lambda$，令 $p(\lambda)=\beta_0+\beta_1\lambda+\beta_2\lambda^2$ 满足条件

$$\begin{cases}p(1)=\sin 1\\p(2)=\sin 2\\p(3)=\cos 2\end{cases}\quad 即\quad\begin{cases}\beta_0+\beta_1+\beta_2=\sin 1\\\beta_0+2\beta_1+4\beta_2=\sin 2\\\beta_1+4\beta_2=\cos 2\end{cases}$$

解得

$$\begin{cases}\beta_0=4\sin 1-3\sin 2+2\cos 2\\ \beta_1=-4\sin 1+4\sin 2-3\cos 2\\ \beta_2=\sin 1-\sin 2+\cos 2\end{cases}$$

所以

$$\begin{aligned}\sin \boldsymbol{A} &= p(\boldsymbol{A})=\beta_0\boldsymbol{I}_3+\beta_1\boldsymbol{A}+\beta_2\boldsymbol{A}^2\\ &=\begin{pmatrix}\sin 2 & 12\sin 1-12\sin 2+13\cos 2 & -4\sin 1+4\sin 2\\ 0 & \sin 2 & 0\\ 0 & -3\sin 1+3\sin 2 & \sin 1\end{pmatrix}\end{aligned}$$

利用谱上一致多项式来计算 $f(\boldsymbol{A}t)$，仍然有效，设

$$f(z)=\sum_{m=0}^{n}c_m z^m,\quad \rho(\boldsymbol{A}t)<R$$

则

$$\begin{aligned}f(\boldsymbol{A}t) &= \sum_{m=0}^{l-1}c_m t^m\boldsymbol{A}^m+\sum_{m\geqslant l}c_m t^m r_m(\boldsymbol{A})\\ &=\alpha_0(t)\boldsymbol{I}+\cdots+\alpha_{l-1}\boldsymbol{A}^{l-1}=p_t(\boldsymbol{A})\end{aligned}$$

式中，$\alpha_0(t),\cdots,\alpha_{l-1}(t)$是收敛的 t 的幂级数的和函数，令

$$p_t(\lambda)=\alpha_0(t)+\alpha_1(t)\lambda+\cdots+\alpha_{l-1}(t)\lambda^{l-1}$$

有

$$\begin{aligned}f(\boldsymbol{A}t)=p_t(\boldsymbol{A}) &\xLeftrightarrow{\boldsymbol{A}=\boldsymbol{PJP}^{-1},\,f(\boldsymbol{J}t)=p_t(\boldsymbol{J})}\operatorname{diag}\{f(\boldsymbol{J}_1t),\cdots,f(\boldsymbol{J}_kt)\}=\operatorname{diag}\{p_t(\boldsymbol{J}_1),\cdots,p_t(\boldsymbol{J}_k)\}\\ &\Leftrightarrow f(\boldsymbol{J}_it)=p_t(\boldsymbol{J}_i)\quad i=1,\cdots,k\\ &\Leftrightarrow t^j f^{(j)}(\lambda_i t)=p_t^{(j)}(\lambda_i)\quad i=1,\cdots,s,j=0,\cdots,m_i-1\end{aligned}$$

（$\boldsymbol{A}$ 有 s 个不同特征值）

故此 l 个独立条件可解出 l 个未知函数 $\alpha_0(t),\cdots,\alpha_{l-1}(t)$。

例 5.2-7 设 $\boldsymbol{A}=\begin{pmatrix}2&1&0\\0&2&1\\0&0&2\end{pmatrix}$，求 $\mathrm{e}^{\boldsymbol{A}t}$。

解 $m_{\boldsymbol{A}}(\lambda)=(\lambda-2)^3$

令

$$p_t(\lambda)=\alpha_0(t)+\alpha_1(t)\lambda+\alpha_2(t)\lambda^2,f(\lambda t)=\mathrm{e}^{\lambda t}$$

$$由\begin{cases}p_t(2)=f(2t)\\ p_t'(2)=tf'(2t)\\ p_t''(2)=t^2f''(2t)\end{cases}，即有\begin{cases}\alpha_0(t)+2\alpha_1(t)+4\alpha_2(t)=\mathrm{e}^{2t}\\ \alpha_1(t)+4\alpha_2(t)=t\mathrm{e}^{2t}\\ 2\alpha_2(t)=t^2\mathrm{e}^{2t}\end{cases}$$

解得

$$\alpha_2(t)=\frac{t^2}{2}\mathrm{e}^{2t},\alpha_1(t)=\mathrm{e}^{2t}(t-2t^2),\alpha_0(t)=\mathrm{e}^{2t}(1-2t+2t^2)$$

所以

$$\begin{aligned}\mathrm{e}^{\boldsymbol{A}t} &= p_t(\boldsymbol{A})=\alpha_0(t)\boldsymbol{I}_3+\alpha_1(t)\boldsymbol{A}+\alpha_2(t)\boldsymbol{A}^2\\ &=\mathrm{e}^{2t}\left[(1-2t+2t^2)\boldsymbol{I}_3+(t-2t^2)\boldsymbol{A}+\frac{t^2}{2}\boldsymbol{A}^2\right]\end{aligned}$$

习　题

1. 设 $\boldsymbol{A}=\begin{pmatrix}\frac{9}{10} & 1\\ 0 & \frac{4}{5}\end{pmatrix}$，求 $\boldsymbol{I}+2\boldsymbol{A}+3\boldsymbol{A}^2+\cdots+k\boldsymbol{A}^{k-1}+\cdots$。

2. 设 $\boldsymbol{A}\in\mathbb{C}^{n\times n}$. 证明：

(1) $\mathrm{e}^{\mathrm{i}\boldsymbol{A}}=\cos\boldsymbol{A}+\mathrm{i}\sin\boldsymbol{A}$，$\sin^2\boldsymbol{A}+\cos^2\boldsymbol{A}=\boldsymbol{I}_n$；

(2) $|\mathrm{e}^{\boldsymbol{A}}|=\mathrm{e}^{\mathrm{tr}\boldsymbol{A}}$；

(3) $\|\mathrm{e}^{\boldsymbol{A}}\|\leqslant\mathrm{e}^{\|\boldsymbol{A}\|}$，$\|\cdot\|$ 是算子范数。

3. 求下列三类 n 阶矩阵 $\boldsymbol{A}$ 的矩阵函数 $\mathrm{e}^{\boldsymbol{A}}$，$\cos\boldsymbol{A}$，$\sin\boldsymbol{A}$。

(1) $\boldsymbol{A}$ 满足 $\boldsymbol{A}^2=\boldsymbol{A}$；

(2) $\boldsymbol{A}$ 满足 $\boldsymbol{A}^2=\boldsymbol{I}_n$；

(3) $\boldsymbol{A}$ 满足 $\boldsymbol{A}^2=\boldsymbol{0}$。

4. 设 $\boldsymbol{A}=\begin{pmatrix}1 & 1\\ 0 & -1\end{pmatrix}$，试计算 $2\boldsymbol{A}^8-3\boldsymbol{A}^5+4\boldsymbol{A}^4+3\boldsymbol{A}^3+\boldsymbol{A}^2-4\boldsymbol{I}$。

5. 设 $\boldsymbol{A},\boldsymbol{B}\in\mathbb{C}^{n\times n}$，$\boldsymbol{AB}=\boldsymbol{BA}$，证明：

(1) $\sin(\boldsymbol{A}+\boldsymbol{B})=\sin\boldsymbol{A}\cos\boldsymbol{B}+\cos\boldsymbol{A}\sin\boldsymbol{B}$

(2) $\cos(\boldsymbol{A}+\boldsymbol{B})=\cos\boldsymbol{A}\cos\boldsymbol{B}-\sin\boldsymbol{A}\sin\boldsymbol{B}$

6. 对下列矩阵 $\boldsymbol{A}$，计算 $\mathrm{e}^{\boldsymbol{A}}$，$\mathrm{e}^{\boldsymbol{A}t}$ 和 $\sin(\boldsymbol{A}t)$。

(1) $\boldsymbol{A}=\begin{pmatrix}2 & 0 & 0\\ 0 & 1 & 1\\ 0 & 0 & 1\end{pmatrix}$　(2) $\boldsymbol{A}=\begin{pmatrix}2 & 2 & 1\\ -2 & 6 & 1\\ 0 & 0 & 4\end{pmatrix}$　(3) $\boldsymbol{A}=\begin{pmatrix}1 & 1 & 0 & 0\\ 0 & 1 & 1 & 0\\ 0 & 0 & 1 & 1\\ 0 & 0 & 0 & 1\end{pmatrix}$

7. 若 A 是反实对称(反 Hermite)矩阵，证明 e^{A} 为实正交(酉)阵。

8. 若 $\boldsymbol{A}$ 是 Hermite 矩阵，证明 $\mathrm{e}^{\mathrm{i}\boldsymbol{A}}$是酉矩阵($\mathrm{i}=\sqrt{-1}$)。

9. 计算下列矩阵函数。

(1) $\boldsymbol{A}=\begin{pmatrix}2 & 2 & 1\\ 1 & 3 & 1\\ 1 & 2 & 2\end{pmatrix}$，求 $\boldsymbol{A}^{1\,000}$；

(2) $\boldsymbol{A}=\begin{pmatrix}16 & 8\\ 8 & 4\end{pmatrix}$，求 $(\boldsymbol{I}+\boldsymbol{A})^{-1}$ 及 $\boldsymbol{A}^{\frac{1}{2}}$。

10. 设 $\boldsymbol{A}=\begin{pmatrix}2 & 1\\ 0 & 2\end{pmatrix}$，求(1)$\mathrm{e}^{A}$；(2)$\sum\limits_{n=0}^{\infty}\frac{1}{n!}(\boldsymbol{A}^{2n}+\boldsymbol{A}^{n+1})$。

11. 设 $\boldsymbol{A}=\begin{pmatrix}2 & 1 & 0\\ 0 & 2 & 1\\ 0 & 0 & 2\end{pmatrix}$，求(1)$\mathrm{e}^{\boldsymbol{A}}$；(2)$\sum\limits_{n=0}^{\infty}\frac{2}{(n+1)!}(\boldsymbol{A}^{2n}+3\boldsymbol{A}^{n+1})$。

5.3 矩阵函数的应用

矩阵微分方程是系统工程及控制理论的重要数学基础，利用矩阵来表示线性微分方程组，则形式比较简单。矩阵函数使线性微分方程的求解问题得到简化，在这一节先简单介绍一下函数矩阵的微分与积分，进而利用矩阵函数对线性常系数微分方程组及 n 阶常系数线性方程的问题进行求解。

5.3.1 矩阵函数的微分

定义 5.3-1 以变量 t 的函数为元素的矩阵 $\boldsymbol{A}(t)=(a_{ij}(t))_{m\times n}$ 称为**函数矩阵**，其中 $a_{ij}(t)$ $(1\leqslant i\leqslant m,1\leqslant j\leqslant n)$ 均为 t 的函数，若每个 $a_{ij}(t)$ 在 $[a,b]$ 上是连续的且可微的，可积时，则称 $\boldsymbol{A}(t)$ 在 $[a,b]$ 上连续、可微、可积。当 $\boldsymbol{A}(t)$ 可微时，定义

$$\boldsymbol{A}'(t)=\frac{\mathrm{d}}{\mathrm{d}t}\boldsymbol{A}(t)=(a'_{ij}(t))_{m\times n}$$

当 $A(t)$ 在 $[a,b]$ 上可积时，定义

$$\int_a^b\boldsymbol{A}(t)\mathrm{d}t=\left(\int_a^b a_{ij}(t)\mathrm{d}t\right)_{m\times n}$$

例 5.3-1 求函数矩阵 $\boldsymbol{A}(t)=\begin{pmatrix}\sin t & \cos t & t\\ \mathrm{e}^t & \mathrm{e}^{2t} & \mathrm{e}^{3t}\\ 0 & 1 & t^2\end{pmatrix}$ 的导数。

解 $\dfrac{\mathrm{d}}{\mathrm{d}t}\boldsymbol{A}(t)=\begin{pmatrix}\cos t & -\sin t & 1\\ \mathrm{e}^t & 2\mathrm{e}^{2t} & 3\mathrm{e}^{3t}\\ 0 & 0 & 2t\end{pmatrix}$

关于函数矩阵的微分有以下简单性质：

命题 5.3-1 设 $\boldsymbol{A}(t)$ 及 $\boldsymbol{B}(t)$ 是适当阶的可微矩阵，则

(1) $\dfrac{\mathrm{d}}{\mathrm{d}t}(\boldsymbol{A}(t)+\boldsymbol{B}(t))=\dfrac{\mathrm{d}}{\mathrm{d}t}\boldsymbol{A}(t)+\dfrac{\mathrm{d}}{\mathrm{d}t}\boldsymbol{B}(t)$；

(2) $\lambda(t)$ 为可微函数时，有 $\dfrac{\mathrm{d}}{\mathrm{d}t}(\lambda(t)\boldsymbol{A}(t))=\dfrac{\mathrm{d}\lambda(t)}{\mathrm{d}t}\boldsymbol{A}(t)+\lambda(t)\dfrac{\mathrm{d}}{\mathrm{d}t}\boldsymbol{A}(t)$；

(3) $\dfrac{\mathrm{d}}{\mathrm{d}t}(\boldsymbol{A}(t)\boldsymbol{B}(t))=(\dfrac{\mathrm{d}}{\mathrm{d}t}\boldsymbol{A}(t))\boldsymbol{B}(t)+\boldsymbol{A}(t)\dfrac{\mathrm{d}}{\mathrm{d}t}\boldsymbol{B}(t)$；

(4) $u=f(t)$ 可微时，有 $\dfrac{\mathrm{d}}{\mathrm{d}t}\boldsymbol{A}(u)=f'(t)\dfrac{\mathrm{d}}{\mathrm{d}u}\boldsymbol{A}(u)$（连锁法则）；

(5) 当 $\boldsymbol{A}^{-1}(t)$ 是可微矩阵时，有 $\dfrac{\mathrm{d}}{\mathrm{d}t}(\boldsymbol{A}^{-1}(t))=-\boldsymbol{A}^{-1}(t)\left(\dfrac{\mathrm{d}}{\mathrm{d}t}\boldsymbol{A}(t)\right)\boldsymbol{A}^{-1}(t)$。

证明 (1)，(2)，(4)直接由定义 5.3-1 可得，以下证明(3)及(5)。

(3) 令 $\boldsymbol{A}(t)=(a_{ij}(t))_{m\times n}$，$\boldsymbol{B}(t)=(b_{ij}(t))_{n\times p}$，则

$$\begin{aligned}\frac{\mathrm{d}}{\mathrm{d}t}(\boldsymbol{A}(t)\boldsymbol{B}(t)) &= \frac{\mathrm{d}}{\mathrm{d}t}\left(\sum_{k=1}^{n} a_{ik}(t)b_{kj}(t)\right)_{m\times p} \\ &= \left(\sum_{k=1}^{n}\left(\frac{\mathrm{d}}{\mathrm{d}t}a_{ik}(t)\right)b_{kj}(t) + \sum_{k=1}^{n} a_{ik}(t)\frac{\mathrm{d}}{\mathrm{d}t}(b_{kj}(t))\right)_{m\times p} \\ &= \left(\frac{\mathrm{d}}{\mathrm{d}t}\boldsymbol{A}(t)\right)\boldsymbol{B}(t) + \boldsymbol{A}(t)\frac{\mathrm{d}}{\mathrm{d}t}\boldsymbol{B}(t)\end{aligned}$$

(5) 由 $\boldsymbol{A}(t)\boldsymbol{A}^{-1}(t)=\boldsymbol{I}$($\boldsymbol{A}(t)$自然为方阵)。两边对 t 求导,得

$$\left(\frac{\mathrm{d}}{\mathrm{d}t}\boldsymbol{A}(t)\right)\boldsymbol{A}^{-1}(t)+\boldsymbol{A}(t)\left(\frac{\mathrm{d}}{\mathrm{d}t}\boldsymbol{A}^{-1}(t)\right)=0$$

从而

$$\frac{\mathrm{d}}{\mathrm{d}t}\left(\boldsymbol{A}^{-1}(t)\right)=-\boldsymbol{A}^{-1}(t)\left(\frac{\mathrm{d}}{\mathrm{d}t}\boldsymbol{A}(t)\right)\boldsymbol{A}^{-1}(t)$$

对于常见的矩阵函数 $\mathrm{e}^{\boldsymbol{A}t}$,$\sin \boldsymbol{A}t$,$\cos \boldsymbol{A}t$,有以下求导规则:

命题 5.3-2　设 $\boldsymbol{A}\in\mathbb{C}^{n\times n}$,有

(1) $\frac{\mathrm{d}}{\mathrm{d}t}\mathrm{e}^{\boldsymbol{A}t}=\boldsymbol{A}e^{\boldsymbol{A}t}=\mathrm{e}^{\boldsymbol{A}t}\boldsymbol{A}$;

(2) $\frac{\mathrm{d}}{\mathrm{d}t}\sin \boldsymbol{A}t=\mathrm{A}\cos \boldsymbol{A}t=(\cos \boldsymbol{A}t)\boldsymbol{A}$;

(3) $\frac{\mathrm{d}}{\mathrm{d}t}\cos \boldsymbol{A}t=-\boldsymbol{A}\sin \boldsymbol{A}t=-(\sin \boldsymbol{A}t)\boldsymbol{A}$。

证明　本节只证(1),类似方法可证(2)与(3)。

由 $\mathrm{e}^{\boldsymbol{A}t}=\sum_{k=0}^{\infty}\frac{t^k}{k!}\boldsymbol{A}^k$(这样的含参量的矩阵幂级数自然可逐项求导),有

$$\frac{\mathrm{d}}{\mathrm{d}t}\mathrm{e}^{\boldsymbol{A}t}=\frac{\mathrm{d}}{\mathrm{d}t}\left(\sum_{k=0}^{\infty}\frac{t^k}{k!}\boldsymbol{A}^k\right)=\sum_{k=1}^{\infty}\frac{t^{k-1}}{(k-1)!}\boldsymbol{A}^k=\boldsymbol{A}\left(\frac{t^{k-1}}{(k-1)!}\boldsymbol{A}^{k-1}\right)=\boldsymbol{A}\mathrm{e}^{\boldsymbol{A}t}=\mathrm{e}^{\boldsymbol{A}t}\boldsymbol{A}$$

关于积分有以下简单的运算规则:

命题 5.3-3　设 $\boldsymbol{A}(t)$,$\boldsymbol{B}(t)$是$[a,b]$上的适当阶的可积矩阵,$\lambda\in\mathbb{C}$,则

(1) $\int_a^b(\boldsymbol{A}(t)+\boldsymbol{B}(t))\mathrm{d}t=\int_a^b\boldsymbol{A}(t)\mathrm{d}t+\int_a^b\boldsymbol{B}(t)\mathrm{d}t$;

(2) $\int_a^b\lambda\boldsymbol{A}(t)\mathrm{d}t=\lambda\int_a^b\boldsymbol{A}(t)\mathrm{d}t$;

(3) 当 $\boldsymbol{A}(t)$ 在$[a,b]$上连续时,则 $\forall t\in(a,b)$,有$\frac{\mathrm{d}}{\mathrm{d}t}\left(\int_a^t\boldsymbol{A}(\tau)\mathrm{d}\tau\right)=\boldsymbol{A}(t)$;

(4) 当 $\boldsymbol{A}(t)$ 在$[a,b]$上可微时,有$\int_a^b\boldsymbol{A}'(t)\mathrm{d}t=\boldsymbol{A}(b)-\boldsymbol{A}(a)$($N$-$L$ 公式)。

注: 可定义函数矩阵的高阶导数$\frac{\mathrm{d}^k}{\mathrm{d}t^k}\boldsymbol{A}(t)=\frac{\mathrm{d}}{\mathrm{d}t}\left(\frac{\mathrm{d}^{k-1}}{\mathrm{d}t^{k-1}}\boldsymbol{A}(t)\right)$。

以下利用矩阵函数及矩阵的微积分来讨论线性微分方程的求解。

5.3.2　一阶线性常系数微分方程组求解

在数学及工程技术中,经常要讨论如下满足初始条件 $x_i(t_0)=c_i(i=1,\cdots,n)$的一阶常系数微分方程组的解。

$$\begin{cases}\dfrac{\mathrm{d}x_1(t)}{\mathrm{d}t}=a_{11}x_1(t)+\cdots+a_{1n}x_n(t)+f_1(t)\\ \vdots\\ \dfrac{\mathrm{d}x_n(t)}{\mathrm{d}t}=a_{n1}x_1(t)+\cdots+a_{nn}x_n(t)+f_n(t)\end{cases}\tag{5-5}$$

由微分方程的理论知式(5-5)的解是存在且稳定的，满足以上初始条件的解是唯一的(Cauchy 定理)。

令 $\boldsymbol{A}=(a_{ij})_{n\times n}$，$\boldsymbol{c}=(c_1,\cdots,c_n)^{\mathrm{T}}$，$\boldsymbol{x}(t)=(x_1(t),\cdots,x_n(t))^{\mathrm{T}}$，$\boldsymbol{f}(t)=(f_1(t),\cdots,f_n(t))^{\mathrm{T}}$ 则上述微分方程组可写成

$$\begin{cases}\dfrac{\mathrm{d}\boldsymbol{x}(t)}{\mathrm{d}t}=\boldsymbol{A}\boldsymbol{x}(t)+\boldsymbol{f}(t)\\ \boldsymbol{x}(t_0)=c\end{cases}\tag{5-6}$$

由

$$\frac{\mathrm{d}}{\mathrm{d}t}(\mathrm{e}^{-\boldsymbol{A}t}\boldsymbol{x}(t))=\mathrm{e}^{-\boldsymbol{A}t}(-\boldsymbol{A})\boldsymbol{x}(t)+\mathrm{e}^{-\boldsymbol{A}t}\frac{\mathrm{d}\boldsymbol{x}(t)}{\mathrm{d}t}=\mathrm{e}^{-\boldsymbol{A}t}\left[\frac{\mathrm{d}\boldsymbol{x}(t)}{\mathrm{d}t}-\boldsymbol{A}\boldsymbol{x}(t)\right]=\mathrm{e}^{-\boldsymbol{A}t}\boldsymbol{f}(t)$$

上式两边积分得
$$\int_{t_0}^{t}\frac{\mathrm{d}}{\mathrm{d}t}(\mathrm{e}^{-\boldsymbol{A}\tau}\boldsymbol{x}(\tau))\mathrm{d}\tau=\int_{t_0}^{t}\mathrm{e}^{-\boldsymbol{A}\tau}\boldsymbol{f}(\tau)\mathrm{d}\tau$$

即
$$\mathrm{e}^{-\boldsymbol{A}t}\boldsymbol{x}(t)-\mathrm{e}^{-\boldsymbol{A}t_0}\boldsymbol{x}(t_0)=\int_{t_0}^{t}\mathrm{e}^{-\boldsymbol{A}\tau}\boldsymbol{f}(\tau)\mathrm{d}\tau$$

于是式(5-6)的解为

$$\boldsymbol{x}(t)=\mathrm{e}^{\boldsymbol{A}(t-t_0)}c+\mathrm{e}^{\boldsymbol{A}t}\int_{t_0}^{t}\mathrm{e}^{-\boldsymbol{A}\tau}\boldsymbol{f}(\tau)\mathrm{d}\tau$$

特别 $f(t)\equiv 0$ 时，即齐次线性常系数微分方程组的解为 $\boldsymbol{x}(t)=\mathrm{e}^{\boldsymbol{A}(t-t_0)}c$。

由式(5-6)的求解知，最终归结到矩阵函数 $\mathrm{e}^{\boldsymbol{A}t}$ 的计算。

例 5.3-2 $\boldsymbol{A}=\begin{pmatrix}2&0&0\\1&1&1\\1&-1&3\end{pmatrix}$，求解 $\begin{cases}\dfrac{\mathrm{d}\boldsymbol{x}(t)}{\mathrm{d}t}=\boldsymbol{A}\boldsymbol{x}(t)+\boldsymbol{f}(t)\\ \boldsymbol{x}(t_0)=\boldsymbol{x}_0\end{cases}$，其中

$\boldsymbol{x}(t)=(x_1(t),x_2(t),x_3(t))^{\mathrm{T}}$，$\boldsymbol{x}_0=(1,0,-1)^{\mathrm{T}}=\boldsymbol{x}(0)$，$\boldsymbol{f}(t)=(1,-t,t)^{\mathrm{T}}$。

解 先计算 $\mathrm{e}^{\boldsymbol{A}t}$，由 $\lambda\boldsymbol{I}-\boldsymbol{A}\cong\begin{pmatrix}1&&0\\&\lambda-2&\\0&&(\lambda-2)^2\end{pmatrix}$

最小多项式为

$$m_{\boldsymbol{A}}(\lambda)=(\lambda-2)^2$$

故令
$$p_t(\lambda)=\alpha_0(t)+\alpha_1(t)\lambda,\ g(\lambda t)=\mathrm{e}^{\lambda t}，则$$
$$\begin{cases}p_t(2)=g(2t)=\alpha_0(t)+2\alpha_1(t)=\mathrm{e}^{2t}\\ p_t'(2)=tg'(2t)=\alpha_1(t)=t\mathrm{e}^{2t}\end{cases}$$

解得
$$\begin{cases}\alpha_0(t)=(1-2t)\mathrm{e}^{2t}\\ \alpha_1(t)=t\mathrm{e}^{2t}\end{cases}$$

从而
$$\boldsymbol{g}(\boldsymbol{A}t)=\mathrm{e}^{\boldsymbol{A}t}=p_t(\boldsymbol{A})=\alpha_0(t)\boldsymbol{I}+\alpha_1(t)\boldsymbol{A}=\mathrm{e}^{2t}\begin{pmatrix}1&0&0\\t&1-t&t\\t&-t&1+t\end{pmatrix}$$

所求微分方程组的定解为

$$
\begin{aligned}
\boldsymbol{x}(t) &= \mathrm{e}^{\boldsymbol{A}t}\boldsymbol{x}(0)+\int_0^t \mathrm{e}^{\boldsymbol{A}(t-\tau)}\boldsymbol{f}(\tau)\mathrm{d}\tau \\
&= \mathrm{e}^{2t}\begin{pmatrix}1 & 0 & 0\\ t & 1-t & t\\ t & -t & 1+t\end{pmatrix}\begin{pmatrix}1\\ 0\\ -1\end{pmatrix}+\int_0^t \mathrm{e}^{2(t-\tau)}\begin{pmatrix}1 & 0 & 0\\ t-\tau & 1-t+\tau & t-\tau\\ t-\tau & -t+\tau & 1+t-\tau\end{pmatrix}\begin{pmatrix}1\\ -\tau\\ \tau\end{pmatrix}\mathrm{d}\tau \\
&= \mathrm{e}^{2t}\begin{pmatrix}\dfrac{3}{2}-\dfrac{1}{2}\mathrm{e}^{-2t}\\ \dfrac{1}{2(t^2+t-2)+(-t^2/2+3t/2+1)\mathrm{e}^{-2t}}\\ \dfrac{(2t^2+t+1/2)\mathrm{e}^{-2t}-3}{2}\end{pmatrix}
\end{aligned}
$$

5.3.3 n 阶常系数微分方程的求解

设 $a_1,\cdots,a_n$ 为常数，$\boldsymbol{u}(t)$ 为已知函数，称

$$
\boldsymbol{y}^{(n)}+a_1\boldsymbol{y}^{(n-1)}+\cdots+a_n\boldsymbol{y}=\boldsymbol{u}(t) \tag{5-7}
$$

为 n 阶常系数微分方程，$\boldsymbol{u}(t)\neq 0$ 时为非齐次的，否则为齐次的，求解此类方程自然可用特征值法。但由前面可知，常系数线性微分方程组的矩阵形式解已经得到，故很自然想到将方程(5-7)化成线性微分方程组来求解，考虑以下初始问题的求解

$$
\begin{cases}\boldsymbol{y}^{(n)}+a_1\boldsymbol{y}^{(n-1)}+\cdots+a_n\boldsymbol{y}=\boldsymbol{u}(t)\\ y^{(j)}(0)=y_0^{(j)},\quad j=0,1,\cdots,n-1\end{cases} \tag{5-8}
$$

令

$$
\begin{cases}x_1(t)=y(t)\\ x_2(t)=y'(t)=x_1'(t)\\ \vdots\\ x_n(t)=y^{(n-1)}(t)=x_{n-1}'(t)\end{cases}
$$

从而

$$
\begin{cases}x_1'(t)=x_2(t)\\ x_2'(t)=x_3(t)\\ \vdots\\ x_{n-1}'(t)=x_n(t)\\ x_n'(t)=-a_nx_1(t)-a_{n-1}x_2(t)-\cdots-a_1x_n(t)+u(t)\end{cases} \tag{5-9}
$$

令
$$
\boldsymbol{x}(t)=(x_1(t),\cdots,x_n(t))^{\mathrm{T}}=(y(t),\cdots,y^{(n-1)}(t))^{\mathrm{T}}
$$
$$
\boldsymbol{x}(0)=(x_1(0),x_2(0),\cdots,x_n(0))^{\mathrm{T}}=(y_0,y_0'\cdots,y_0^{(n-1)})^{\mathrm{T}}
$$

则方程(5-8)的求解问题就是方程组式(5-10)的解的第一个分量。

其中

$$
\begin{cases}\dfrac{\mathrm{d}\boldsymbol{x}(t)}{\mathrm{d}t}=\boldsymbol{A}\boldsymbol{x}(t)+\boldsymbol{B}\boldsymbol{u}(t)\\ \boldsymbol{x}(t)\big|_{t=0}=\boldsymbol{x}(0)\end{cases} \tag{5-10}
$$

$$
\boldsymbol{A}=\begin{pmatrix} 0 & 1 & & & 0 \\ 0 & 0 & 1 & & \\ \vdots & & \ddots & \ddots & \\ 0 & \cdots & \cdots & 0 & 1 \\ -a_n & -a_{n-1} & \cdots & & -a_1 \end{pmatrix},\boldsymbol{B}=\begin{bmatrix} 0 \\ 0 \\ \vdots \\ 0 \\ 1 \end{bmatrix}
$$

由前知方程(5 - 10)的解为($t_0=0,\boldsymbol{f}(\tau)=\boldsymbol{Bu}(\tau)$)

$$
\boldsymbol{x}(t)=\mathrm{e}^{\boldsymbol{A}t}\boldsymbol{x}(0)+\int_0^t \mathrm{e}^{\boldsymbol{A}(t-\tau)}\boldsymbol{Bu}(\tau)\mathrm{d}\tau
$$

从而得方程(5 - 8)的解为

$$
\boldsymbol{y}(0)=(1,0,\cdots,0)\boldsymbol{x}(t)=(1,0,\cdots,0)\left[\mathrm{e}^{\boldsymbol{A}t}\boldsymbol{x}(0)+\int_0^t \mathrm{e}^{\boldsymbol{A}(t-\tau)}\boldsymbol{Bu}(\tau)\mathrm{d}\tau\right]
$$

从而方程(5 - 8)的求解关键之处还是计算矩阵函数 $\mathrm{e}^{\boldsymbol{A}t}$，用此法计算未必简单，但也不失为一种途径。

习　题

1. 设 $\boldsymbol{A}(t)=\begin{pmatrix} t\cos t & \mathrm{e}^t\sin t \\ t^2+1 & \ln(1+t) \end{pmatrix}$，计算：(1) $\dfrac{\mathrm{d}\boldsymbol{A}(t)}{\mathrm{d}t}$　(2) $\int_0^t \boldsymbol{A}(t)\mathrm{d}t$。

2. 求下列线性常系数微分方程组的通解。

$$
\begin{cases} \dfrac{\mathrm{d}x_1(t)}{\mathrm{d}t}=3x_1(t)+x_2(t)-3x_3(t) \\ \dfrac{\mathrm{d}x_2(t)}{\mathrm{d}t}=-6x_1(t)-2x_2(t)+9x_3(t) \\ \dfrac{\mathrm{d}x_3(t)}{\mathrm{d}t}=-2x_1(t)-x_2(t)+4x_3(t) \end{cases}
$$

3. 设 $\boldsymbol{A}=\begin{pmatrix} -1 & -2 & 6 \\ -1 & 0 & 3 \\ -1 & -1 & 4 \end{pmatrix}$，$\boldsymbol{b}(t)=\begin{pmatrix} \mathrm{e}^t \\ 2\mathrm{e}^t \\ \mathrm{e}^t \end{pmatrix}$，求 $\mathrm{e}^{\boldsymbol{A}t}$，并求微分方程 $\dfrac{\mathrm{d}\boldsymbol{x}(t)}{\mathrm{d}t}=\boldsymbol{Ax}(t)+\boldsymbol{b}(t)$ 满足初始条件 $\boldsymbol{x}(0)=(-1,0,1)^{\mathrm{T}}$ 的解。

4. 设 $\boldsymbol{A}=\begin{pmatrix} -3 & 4 & 2 \\ -2 & 3 & 1 \\ -2 & 2 & 2 \end{pmatrix}$，求 $\mathrm{e}^{\boldsymbol{A}t}$ 与 $\dfrac{\mathrm{d}\boldsymbol{x}}{\mathrm{d}t}=\boldsymbol{Ax}$ 满足初始条件 $\boldsymbol{x}(0)=(0,0,1)^{\mathrm{T}}$ 的解。

第 6 章 矩阵的直积

通常矩阵的乘积 $\boldsymbol{AB}$ 要求 $\boldsymbol{A}$ 的列数与 $\boldsymbol{B}$ 的行数相等,否则 $\boldsymbol{AB}$ 没有意义。本章引入矩阵的另一种乘积 $\boldsymbol{A}\otimes\boldsymbol{B}$,它不受行数和列数的限制,这也就是矩阵的直积或张量积。矩阵的直积在矩阵理论和计算中都具有广泛的应用,本章主要讨论矩阵的直积及其在矩阵方程中的一些应用。

6.1 直积的定义与性质

定义 6.1-1 设 $\boldsymbol{A}=(a_{ij})_{m\times n}$,$\boldsymbol{B}=(b_{ij})_{p\times q}$,称如下的分块矩阵

$$\begin{pmatrix} a_{11}\boldsymbol{B} & a_{12}\boldsymbol{B} & \cdots & a_{1n}\boldsymbol{B} \\ a_{21}\boldsymbol{B} & a_{22}\boldsymbol{B} & \cdots & a_{2n}\boldsymbol{B} \\ \vdots & \vdots & & \vdots \\ a_{m1}\boldsymbol{B} & a_{m2}\boldsymbol{B} & \cdots & a_{mn}\boldsymbol{B} \end{pmatrix}_{mp\times nq}$$

为 $\boldsymbol{A}$ 与 $\boldsymbol{B}$ 的**直积**(**张量积**或 Kronecker 积),记为 $\boldsymbol{A}\otimes\boldsymbol{B}=(a_{ij}\boldsymbol{B})_{mp\times nq}$。

由定义可知,$\boldsymbol{A}\otimes\boldsymbol{B}$ 是一个 $m\times n$ 块的分块矩阵,它是一个 mp 行 nq 列的矩阵。

例如 $\boldsymbol{A}=\begin{pmatrix} a & b \\ c & d \end{pmatrix}$,$\boldsymbol{B}=\begin{pmatrix} 2 \\ 3 \end{pmatrix}$,则

$$\boldsymbol{A}\otimes\boldsymbol{B}=\begin{pmatrix} a\boldsymbol{B} & b\boldsymbol{B} \\ c\boldsymbol{B} & d\boldsymbol{B} \end{pmatrix}=\begin{pmatrix} 2a & 2b \\ 3a & 3b \\ 2c & 2d \\ 3c & 3d \end{pmatrix} \quad \boldsymbol{B}\otimes\boldsymbol{A}=\begin{pmatrix} 2\boldsymbol{A} \\ 3\boldsymbol{A} \end{pmatrix}=\begin{pmatrix} 2a & 2b \\ 2c & 2d \\ 3a & 3b \\ 3c & 3d \end{pmatrix}$$

由此例可见,$\boldsymbol{A}\otimes\boldsymbol{B}$ 与 $\boldsymbol{B}\otimes\boldsymbol{A}$ 有相同的阶数,但一般 $\boldsymbol{A}\otimes\boldsymbol{B}\neq\boldsymbol{B}\otimes\boldsymbol{A}$,即矩阵的直积不满足交换律。

由直积定义容易推出如下定理。

定理 6.1-1 (1) 两个上三角阵的直积也是上三角阵;

(2) 两个对角阵的直积仍是对角阵;

(3) $\boldsymbol{I}_n\otimes\boldsymbol{I}_m=\boldsymbol{I}_m\otimes\boldsymbol{I}_n=\boldsymbol{I}_{m\times n}$,$\boldsymbol{I}_m$,$\boldsymbol{I}_n$ 为单位矩阵。

直积具有以下分块运算规律:

命题 6.1-1 下列分块公式成立

(1) $\begin{pmatrix} A & B \\ C & D \end{pmatrix} \otimes F = \begin{pmatrix} A\otimes F & B\otimes F \\ C\otimes F & D\otimes F \end{pmatrix}$;

(2) 设 $\boldsymbol{\alpha}$ 为列向量，且 $B=(\boldsymbol{\beta}_1,\boldsymbol{\beta}_2,\cdots,\boldsymbol{\beta}_s)$，则 $\boldsymbol{\alpha}\otimes B=(\boldsymbol{\alpha}\otimes\boldsymbol{\beta}_1,\boldsymbol{\alpha}\otimes\boldsymbol{\beta}_2,\cdots,\boldsymbol{\alpha}\otimes\boldsymbol{\beta}_s)$；

(3) 设 $A=(\boldsymbol{\alpha}_1,\boldsymbol{\alpha}_2,\cdots,\boldsymbol{\alpha}_t)_{n\times t}$，$B=(\boldsymbol{\beta}_1,\cdots,\boldsymbol{\beta}_s)_{p\times s}$（列分块），则

$$A\otimes B=(\boldsymbol{\alpha}_1\otimes\boldsymbol{\beta}_1,\cdots,\boldsymbol{\alpha}_1\otimes\boldsymbol{\beta}_s,\cdots,\boldsymbol{\alpha}_t\otimes\boldsymbol{\beta}_1\cdots,\boldsymbol{\alpha}_t\otimes\boldsymbol{\beta}_s)_{np\times ts}\text{。}$$

证明 (1) 由定义 $\begin{pmatrix} a_{ij} & b_{ij} \\ c_{ij} & d_{ij} \end{pmatrix} \otimes F = \begin{pmatrix} (a_{ij}F) & (b_{ij}F) \\ (c_{ij}F) & (d_{ij}F) \end{pmatrix} = \begin{pmatrix} A\otimes F & B\otimes F \\ C\otimes F & D\otimes F \end{pmatrix}$

(2) 设列向量 $\boldsymbol{\alpha}=(a_1,a_2,\cdots,a_n)^{\mathrm{T}}$，可写

$$\begin{pmatrix} a_1 \\ \vdots \\ a_n \end{pmatrix} \otimes B = \begin{pmatrix} a_1B \\ \vdots \\ a_nB \end{pmatrix} = \begin{pmatrix} a_1(\beta_1,\cdots,\beta_s) \\ \vdots \\ a_n(\beta_1,\cdots,\beta_s) \end{pmatrix}$$

$$= \left[\begin{pmatrix} a_1\beta_1 \\ \vdots \\ a_n\beta_1 \end{pmatrix},\cdots,\begin{pmatrix} a_1\beta_s \\ \vdots \\ a_n\beta_s \end{pmatrix}\right] = \left[\begin{pmatrix} a_1 \\ \vdots \\ a_n \end{pmatrix}\otimes\boldsymbol{\beta}_1,\cdots,\begin{pmatrix} a_1 \\ \vdots \\ a_n \end{pmatrix}\otimes\boldsymbol{\beta}_s\right]$$

$$=(\boldsymbol{\alpha}\otimes\boldsymbol{\beta}_1,\boldsymbol{\alpha}\otimes\boldsymbol{\beta}_2,\cdots,\boldsymbol{\alpha}\otimes\boldsymbol{\beta}_q)$$

(3) 利用(1)，(2)可得

$$A\otimes B=(\boldsymbol{\alpha}_1\otimes B,\cdots,\boldsymbol{\alpha}_t\otimes B)=(\boldsymbol{\alpha}_1\otimes\boldsymbol{\beta}_1,\cdots,\boldsymbol{\alpha}_1\otimes\boldsymbol{\beta}_s,\cdots,\boldsymbol{\alpha}_t\otimes\boldsymbol{\beta}_1\cdots,\boldsymbol{\alpha}_t\otimes\boldsymbol{\beta}_s)$$

注：若 A 不是列向量，例如 $A=(1,2)$ 为行向量，计算可知 $A\otimes(B_1,B_2)\neq(A\otimes B_1,A\otimes B_2)$。

直积有下列基本性质。

性质 1 $k(A\otimes B)=(kA)\otimes B=A\otimes(kB)$（$k$ 为常数）。

性质 2 分配律 $(A+B)\otimes C=A\otimes C+B\otimes C$，$C\otimes(A+B)=C\otimes A+C\otimes B$。

性质 3 结合律 $(A\otimes B)\otimes C=A\otimes(B\otimes C)$。

证明 设 $A=(a_{ij})_{m\times n}$，由直积定义

$$(A\otimes B)\otimes C=\begin{pmatrix} a_{11}B & \cdots & a_{1n}B \\ \vdots & & \vdots \\ a_{m1}B & \cdots & a_{mn}B \end{pmatrix}\otimes C=\begin{pmatrix} a_{11}B\otimes C & \cdots & a_{1n}B\otimes C \\ \vdots & & \vdots \\ a_{m1}B\otimes C & \cdots & a_{mn}B\otimes C \end{pmatrix}=A\otimes(B\otimes C)\text{。}$$

性质 4 吸收律 $(A\otimes B)(C\otimes D)=(AC)\otimes(BD)$（只要 AC，BD 有定义）。

证明 设 $A=(a_{ij})_{m\times n}$，$B=(b_{ij})_{p\otimes q}$，$C=(C_{ij})_{n\times s}$，$D=(d_{ij})_{q\times t}$

由直积定义

$$(A\otimes B)(C\otimes D)=(a_{ij}B)(c_{ij}D)=\begin{pmatrix} a_{11}B & a_{12}B & \cdots & a_{1n}B \\ a_{21}B & a_{22}B & \cdots & a_{2n}B \\ \vdots & \vdots & & \vdots \\ a_{m1}B & a_{m2}B & \cdots & a_{mn}B \end{pmatrix}\begin{pmatrix} c_{11}D & c_{12}D & \cdots & c_{1s}D \\ c_{21}D & c_{22}D & \cdots & c_{2s}D \\ \vdots & \vdots & & \vdots \\ c_{n1}D & c_{n2}D & \cdots & c_{ns}D \end{pmatrix}$$

$$=\sum_{k=1}^{n}a_{ik}Bc_{kj}D=\sum_{k=1}^{n}a_{ik}c_{kj}BD=(AC)\otimes(BD)$$

推论 若 $A=A_{m\times m}$ 为 m 阶方阵，$B=B_{n\times n}$ 为 n 阶方阵，则

(1) $(\boldsymbol{A}\otimes\boldsymbol{B})^k=\boldsymbol{A}^k\otimes\boldsymbol{B}^k,\ k=1,2,\cdots$;

(2) $(\boldsymbol{A}\otimes\boldsymbol{I}_n)(\boldsymbol{I}_m\otimes\boldsymbol{B})=(\boldsymbol{I}_m\otimes\boldsymbol{B})(\boldsymbol{A}\otimes\boldsymbol{I}_n)=\boldsymbol{A}\otimes\boldsymbol{B}$。

由(2)可知$(\boldsymbol{A}\otimes\boldsymbol{I}_n)$,$(\boldsymbol{I}_m\otimes\boldsymbol{B})$是可交换方阵。

性质 4 可以推广为下列一般情形:

(1) $(\boldsymbol{A}_1\otimes\boldsymbol{B}_1)(\boldsymbol{A}_2\otimes\boldsymbol{B}_2)\cdots(\boldsymbol{A}_k\otimes\boldsymbol{B}_k)=(\boldsymbol{A}_1\boldsymbol{A}_2\cdots\boldsymbol{A}_k)\otimes(\boldsymbol{B}_1\boldsymbol{B}_2\cdots\boldsymbol{B}_k)$;

(2) $(\boldsymbol{A}_1\otimes\boldsymbol{A}_2\otimes\cdots\otimes\boldsymbol{A}_k)(\boldsymbol{B}_1\otimes\boldsymbol{B}_2\otimes\cdots\otimes\boldsymbol{B}_k)=(\boldsymbol{A}_1\boldsymbol{B}_1)\otimes(\boldsymbol{A}_2\boldsymbol{B}_2)\otimes\cdots\otimes(\boldsymbol{A}_k\boldsymbol{B}_k)$。

性质 5　$(\boldsymbol{A}\otimes\boldsymbol{B})^{\mathrm{T}}=\boldsymbol{A}^{\mathrm{T}}\otimes\boldsymbol{B}^{\mathrm{T}}$,$(\boldsymbol{A}\otimes\boldsymbol{B})^{\mathrm{H}}=\boldsymbol{A}^{\mathrm{H}}\otimes\boldsymbol{B}^{\mathrm{H}}$。

证明　设$\boldsymbol{A}=(a_{ij})_{m\times n}$,由直积与转置定义

$$(\boldsymbol{A}\otimes\boldsymbol{B})^{\mathrm{T}}=\begin{pmatrix}a_{11}\boldsymbol{B}&\cdots&a_{1n}\boldsymbol{B}\\\vdots&&\vdots\\a_{m1}\boldsymbol{B}&\cdots&a_{mn}\boldsymbol{B}\end{pmatrix}^{\mathrm{T}}=\begin{pmatrix}a_{11}\boldsymbol{B}^{\mathrm{T}}&\cdots&a_{m1}\boldsymbol{B}^{\mathrm{T}}\\\vdots&&\vdots\\a_{1n}\boldsymbol{B}^{\mathrm{T}}&\cdots&a_{mn}\boldsymbol{B}^{\mathrm{T}}\end{pmatrix}=\boldsymbol{A}^{\mathrm{T}}\otimes\boldsymbol{B}^{\mathrm{T}}$$

同理可证明共轭转置公式 $(\boldsymbol{A}\otimes\boldsymbol{B})^{\mathrm{H}}=\boldsymbol{A}^{\mathrm{H}}\otimes\boldsymbol{B}^{\mathrm{H}}$。

例如 $\boldsymbol{A}=\begin{pmatrix}a&b\\c&d\end{pmatrix}$,$\boldsymbol{B}=\begin{pmatrix}2\\3\end{pmatrix}$,则 $\boldsymbol{A}^{\mathrm{T}}\otimes\boldsymbol{B}^{\mathrm{T}}=\begin{pmatrix}a\boldsymbol{B}^{\mathrm{T}}&c\boldsymbol{B}^{\mathrm{T}}\\b\boldsymbol{B}^{\mathrm{T}}&d\boldsymbol{B}^{\mathrm{T}}\end{pmatrix}=\begin{pmatrix}2a&3a&2c&3c\\2b&3b&2d&3d\end{pmatrix}$

$$(\boldsymbol{A}\otimes\boldsymbol{B})^{\mathrm{T}}=\begin{pmatrix}a\boldsymbol{B}&b\boldsymbol{B}\\c\boldsymbol{B}&d\boldsymbol{B}\end{pmatrix}^{\mathrm{T}}=\begin{pmatrix}2a&2b\\3a&3b\\2c&2d\\3c&3d\end{pmatrix}^{\mathrm{T}}=\begin{pmatrix}2a&3a&2c&3c\\2b&3b&2d&3d\end{pmatrix}=\boldsymbol{A}^{\mathrm{T}}\otimes\boldsymbol{B}^{\mathrm{T}}。$$

性质 6　设$\boldsymbol{A}$,$\boldsymbol{B}$分别为m阶与n阶可逆矩阵,则$\boldsymbol{A}\otimes\boldsymbol{B}$可逆,且

$$(\boldsymbol{A}\otimes\boldsymbol{B})^{-1}=\boldsymbol{A}^{-1}\otimes\boldsymbol{B}^{-1}$$

由性质 5,6 可知,转置和求逆的反序法对直积不再成立,这也是直积与矩阵乘法的主要区别之一。

证明　由性质 4 可知,$(\boldsymbol{A}\otimes\boldsymbol{B})(\boldsymbol{A}^{-1}\otimes\boldsymbol{B}^{-1})=(\boldsymbol{A}\boldsymbol{A}^{-1})\otimes(\boldsymbol{B}\boldsymbol{B}^{-1})=\boldsymbol{I}_m\otimes\boldsymbol{I}_n=\boldsymbol{I}_{mn}$。

推论　若$\boldsymbol{A}$与$\boldsymbol{B}$是酉矩阵,则$\boldsymbol{A}\otimes\boldsymbol{B}$是酉矩阵。

证明　因为$(\boldsymbol{A}\otimes\boldsymbol{B})^{-1}=\boldsymbol{A}^{-1}\otimes\boldsymbol{B}^{-1}=\boldsymbol{A}^{\mathrm{H}}\otimes\boldsymbol{B}^{\mathrm{H}}=(\boldsymbol{A}\otimes\boldsymbol{B})^{\mathrm{H}}$。

性质 7　秩公式:$\mathrm{rank}(\boldsymbol{A}\otimes\boldsymbol{B})=(\mathrm{rank}\,\boldsymbol{A})(\mathrm{rank}\,\boldsymbol{B})$,其中$\boldsymbol{A}=\boldsymbol{A}_{m\times n}$,$\boldsymbol{B}=\boldsymbol{B}_{p\times q}$。

证明　设$\mathrm{rank}\,\boldsymbol{A}=r$,$\mathrm{rank}\,\boldsymbol{B}=s$,$\boldsymbol{A}$与$\boldsymbol{B}$的标准型分别为$\boldsymbol{A}_1$,$\boldsymbol{B}_1$,则存在可逆阵$\boldsymbol{P}$,$\boldsymbol{Q}$,$\boldsymbol{P}$,$\boldsymbol{Q}$(从而$\boldsymbol{P}\otimes\boldsymbol{P}$,$\boldsymbol{Q}\otimes\boldsymbol{Q}$也可逆),使得

$$\boldsymbol{PAQ}=\boldsymbol{A}_1=\begin{pmatrix}\boldsymbol{I}_r&\boldsymbol{0}\\\boldsymbol{0}&\boldsymbol{0}\end{pmatrix}_{m\times n},\quad \boldsymbol{PB\,Q}=\boldsymbol{B}_1=\begin{pmatrix}\boldsymbol{I}_s&\boldsymbol{0}\\\boldsymbol{0}&\boldsymbol{0}\end{pmatrix}_{p\times q}$$

$$\boldsymbol{A}_1\otimes\boldsymbol{B}_1=\begin{pmatrix}\boldsymbol{I}_r\otimes\boldsymbol{B}_1&\boldsymbol{0}\otimes\boldsymbol{B}_1\\\boldsymbol{0}\otimes\boldsymbol{B}_1&\boldsymbol{0}\otimes\boldsymbol{B}_1\end{pmatrix}=\begin{pmatrix}\boldsymbol{I}_r\otimes\boldsymbol{B}_1&\boldsymbol{0}\\\boldsymbol{0}&\boldsymbol{0}\end{pmatrix}$$

且　$\boldsymbol{I}_r\otimes\boldsymbol{B}_1=\begin{pmatrix}\boldsymbol{B}_1&&\\&\ddots&\\&&\boldsymbol{B}_1\end{pmatrix}$ 故 $\mathrm{rank}(\boldsymbol{A}_1\otimes\boldsymbol{B}_1)=rs=(\mathrm{rank}\,\boldsymbol{A})(\mathrm{rank}\,\boldsymbol{B})$

利用　$$(\boldsymbol{P}\otimes\boldsymbol{P})\boldsymbol{A}\otimes\boldsymbol{B}(\boldsymbol{Q}\otimes\boldsymbol{Q})=(\boldsymbol{PAQ})\otimes(\boldsymbol{PBQ})=\boldsymbol{A}_1\otimes\boldsymbol{B}_1$$

可得　$$\mathrm{rank}(\boldsymbol{A}\otimes\boldsymbol{B})=\mathrm{rank}(\boldsymbol{A}_1\otimes\boldsymbol{B}_1)=(\mathrm{rank}\,\boldsymbol{A})(\mathrm{rank}\,\boldsymbol{B})$$

性质 8 设 $\boldsymbol{A}=(a_{ij})_{m\times m}$，$\boldsymbol{B}=\boldsymbol{B}_{n\times n}$，则

(1) $\mathrm{tr}(\boldsymbol{A}\otimes\boldsymbol{B})=\mathrm{tr}\boldsymbol{A}\cdot\mathrm{tr}\boldsymbol{B}$； (2) $\det(\boldsymbol{A}\otimes\boldsymbol{B})=(\det\boldsymbol{A})^n(\det\boldsymbol{B})^m$。

证明 (1) 计算可知

$\mathrm{tr}(\boldsymbol{A}\otimes\boldsymbol{B})=\mathrm{tr}(a_{11}\boldsymbol{B})+\mathrm{tr}(a_{22}\boldsymbol{B})+\cdots+\mathrm{tr}(a_{mm}\boldsymbol{B})=a_{11}\mathrm{tr}\boldsymbol{B}+a_{22}\mathrm{tr}\boldsymbol{B}+\cdots+a_{mm}\mathrm{tr}\boldsymbol{B}=\mathrm{tr}\boldsymbol{A}\cdot\mathrm{tr}\boldsymbol{B}$

(2) 由 Schur 公式可知，存在可逆阵 P 使得

$$\boldsymbol{P}^{-1}\boldsymbol{A}\boldsymbol{P}=\boldsymbol{A}_1=\begin{pmatrix}\lambda_1 & & *\\ & \ddots & \\ \boldsymbol{0} & & \lambda_m\end{pmatrix}\text{(上三角形)}$$

由性质 4 可得

$$(\boldsymbol{P}\otimes\boldsymbol{I})^{-1}\boldsymbol{A}\otimes\boldsymbol{B}(\boldsymbol{P}\otimes\boldsymbol{I})=(\boldsymbol{P}^{-1}\boldsymbol{A}\boldsymbol{P})\otimes\boldsymbol{B}=\begin{pmatrix}\lambda_1\boldsymbol{B} & & & *\boldsymbol{B}\\ & \lambda_2\boldsymbol{B} & & \\ & & \ddots & \\ \boldsymbol{0} & & & \lambda_m\boldsymbol{B}\end{pmatrix}$$

故行列式为

$$\begin{aligned}\det(\boldsymbol{A}\otimes\boldsymbol{B})&=|\boldsymbol{A}\otimes\boldsymbol{B}|=(|\lambda_1\boldsymbol{B}|)\cdots(|\lambda_m\boldsymbol{B}|)=(\lambda_1{}^n|\boldsymbol{B}|)\cdots(\lambda_m{}^n|\boldsymbol{B}|)\\&=(\lambda_1\cdots\lambda_m)^n|\boldsymbol{B}|^m=|\boldsymbol{A}|^n|\boldsymbol{B}|^m\end{aligned}$$

例 6.1-1 设 $\boldsymbol{A}=\boldsymbol{A}_{m\times m}$，$\boldsymbol{B}=\boldsymbol{B}_{n\times n}$，证明 $\mathrm{e}^{\boldsymbol{A}\otimes\boldsymbol{I}_n}=\mathrm{e}^{\boldsymbol{A}}\otimes\boldsymbol{I}_n$，$\mathrm{e}^{\boldsymbol{I}_m\otimes\boldsymbol{B}}=\boldsymbol{I}_m\otimes\mathrm{e}^{\boldsymbol{B}}$。

证明 只需证明第一个公式，利用性质 4 可写

$$\mathrm{e}^{\boldsymbol{A}\otimes\boldsymbol{I}}=\sum_{k=1}^{\infty}\frac{1}{k!}(\boldsymbol{A}\otimes\boldsymbol{I})^k=\sum_{k=1}^{\infty}\frac{1}{k!}(\boldsymbol{A}^k\otimes\boldsymbol{I}^k)=\left(\sum_{k=1}^{\infty}\frac{1}{k!}\boldsymbol{A}^k\right)\otimes\boldsymbol{I}=\mathrm{e}^{\boldsymbol{A}}\otimes\boldsymbol{I}$$

注：由此例与前推论可得公式：$\mathrm{e}^{(\boldsymbol{A}\otimes\boldsymbol{I}_n+\boldsymbol{I}_m\otimes\boldsymbol{B})}=\mathrm{e}^{\boldsymbol{A}}\otimes\mathrm{e}^{\boldsymbol{B}}$。

例 6.1-2 设 $\boldsymbol{A}\in\mathbb{C}^{m\times m}$，$\boldsymbol{x}\in\mathbb{C}^m$ 是 $\boldsymbol{A}$ 关于特征值 λ 的特征向量，$\boldsymbol{y}\in\mathbb{C}^m$ 是 $\boldsymbol{B}\in\mathbb{C}^{n\times n}$ 关于特征值 μ 的特征向量，则

(1) $\boldsymbol{x}\otimes\boldsymbol{y}$ 是 $\boldsymbol{A}\otimes\boldsymbol{B}$ 关于特征值 $\lambda\mu$ 的一个特征向量；

(2) $\boldsymbol{x}\otimes\boldsymbol{y}$ 是 $\boldsymbol{A}\otimes\boldsymbol{I}_n+\boldsymbol{I}_m\otimes\boldsymbol{B}$ 关于 $\lambda+\mu$ 的一个特征向量。

证明 (1) 因为 $\boldsymbol{x}\neq\boldsymbol{0}$，$\boldsymbol{y}\neq\boldsymbol{0}$，故 $\boldsymbol{x}\otimes\boldsymbol{y}\neq 0$，且

$$(\boldsymbol{A}\otimes\boldsymbol{B})(\boldsymbol{x}\otimes\boldsymbol{y})=(\boldsymbol{A}\boldsymbol{x})\otimes(\boldsymbol{B}\boldsymbol{y})=(\lambda\boldsymbol{x})\otimes(\mu\boldsymbol{y})=\lambda\mu(\boldsymbol{x}\otimes\boldsymbol{y})$$

(2) 易知 $(\boldsymbol{A}\otimes\boldsymbol{I}_n)(\boldsymbol{x}\otimes\boldsymbol{y})=(\boldsymbol{A}\boldsymbol{x})\otimes(\boldsymbol{I}_n\boldsymbol{y})=\lambda(\boldsymbol{x}\otimes\boldsymbol{y})$

$$(\boldsymbol{I}_m\otimes\boldsymbol{B})(\boldsymbol{x}\otimes\boldsymbol{y})=(\boldsymbol{I}_m\boldsymbol{x})(\boldsymbol{B}\boldsymbol{y})=\mu(\boldsymbol{x}\otimes\boldsymbol{y})$$

从而

$$(\boldsymbol{A}\otimes\boldsymbol{I}_n+\boldsymbol{I}_m\otimes\boldsymbol{B})(\boldsymbol{x}\otimes\boldsymbol{y})=(\boldsymbol{A}\otimes\boldsymbol{I}_n)(\boldsymbol{x}\otimes\boldsymbol{y})+(\boldsymbol{I}_m\otimes\boldsymbol{B})(\boldsymbol{x}\otimes\boldsymbol{y})=(\lambda+\mu)(\boldsymbol{x}\otimes\boldsymbol{y})$$

6.2 直积的特征值

定理 6.2-1 若 $\boldsymbol{A}=\boldsymbol{A}_{m\times m}$ 的特征值为 $\lambda_1,\lambda_2,\cdots,\lambda_m$，$\boldsymbol{B}=\boldsymbol{B}_{n\times n}$ 的特征值为 $t_1,t_2,\cdots,t_n$，则

(1) $\boldsymbol{A}\otimes\boldsymbol{I}_n+\boldsymbol{I}_m\otimes\boldsymbol{B}$ 的 mn 个特征值为 $\{\lambda_k+t_j\}(k=1,2,\cdots,m,j=1,2,\cdots,n)$；

(2) $\boldsymbol{A}\otimes\boldsymbol{I}_n-\boldsymbol{I}_m\otimes\boldsymbol{B}$ 的 mn 个特征值为$\{\lambda_k-t_j\}(k=1,2,\cdots,m,j=1,2,\cdots,n)$；

(3) $\boldsymbol{A}\otimes\boldsymbol{B}$ 的全体特征值(含重复) 为 mn 个数$\{\lambda_k t_j\}(k=1,2,\cdots,m,j=1,2,\cdots,n)$。

证明　(1) 由 Schur 公式可知,存在可逆 $\boldsymbol{P},\boldsymbol{Q}$ 使得

$$\boldsymbol{P}^{-1}\boldsymbol{A}\boldsymbol{P}=\boldsymbol{A}_1=\begin{pmatrix}\lambda_1 & & *\\ & \ddots & \\ \boldsymbol{0} & & \lambda_m\end{pmatrix},\boldsymbol{Q}^{-1}\boldsymbol{B}\boldsymbol{Q}=\boldsymbol{B}_1=\begin{pmatrix}t_1 & & & *\\ & t_2 & & \\ & & \ddots & \\ \boldsymbol{0} & & & t_n\end{pmatrix}$$

由 6.1 节直积的性质 4 可知

$$\begin{aligned}&(\boldsymbol{P}\otimes\boldsymbol{Q})^{-1}(\boldsymbol{A}\otimes\boldsymbol{I}_n+\boldsymbol{I}_m\otimes\boldsymbol{B})(\boldsymbol{P}\otimes\boldsymbol{Q})\\&=(\boldsymbol{P}^{-1}\boldsymbol{A}\boldsymbol{P})\otimes\boldsymbol{I}_n+\boldsymbol{I}_m\otimes(\boldsymbol{Q}^{-1}\boldsymbol{B}\boldsymbol{Q})=\boldsymbol{A}_1\otimes\boldsymbol{I}_n+\boldsymbol{I}_m\otimes\boldsymbol{B}_1\\&=\begin{pmatrix}\lambda_1\boldsymbol{I}_n & & & *\\ & \lambda_2\boldsymbol{I}_n & & \\ & & \ddots & \\ \boldsymbol{0} & & & \lambda_m\boldsymbol{I}_n\end{pmatrix}+\begin{pmatrix}1\boldsymbol{B}_1 & & & \\ & 1\boldsymbol{B}_1 & & \\ & & \ddots & \\ \boldsymbol{0} & & & 1\boldsymbol{B}_1\end{pmatrix}\\&=\begin{pmatrix}\lambda_1\boldsymbol{I}_n+\boldsymbol{B}_1 & & & *\\ & \lambda_2\boldsymbol{I}_n+\boldsymbol{B}_1 & & \\ & & \ddots & \\ \boldsymbol{0} & & & \lambda_m\boldsymbol{I}_n+\boldsymbol{B}_1\end{pmatrix}=\begin{pmatrix}\lambda_1+t_1 & & *\\ & \ddots & \\ \boldsymbol{0} & & \lambda_m+t_n\end{pmatrix}.\end{aligned}$$

故 $\boldsymbol{A}\otimes\boldsymbol{I}_n+\boldsymbol{I}_m\otimes\boldsymbol{B}$ 的全体特征值为 mn 个数$\{\lambda_k+t_j\}$。

(2) 同理可证明 $\boldsymbol{A}\otimes\boldsymbol{I}_n-\boldsymbol{I}_m\otimes\boldsymbol{B}$ 的 mn 个特征值为$\{\lambda_k-t_j\}$。

(3) 由 6.1 节直积的性质 4 可知

$$\begin{aligned}&(\boldsymbol{P}\otimes\boldsymbol{Q})^{-1}\boldsymbol{A}\otimes\boldsymbol{B}(\boldsymbol{P}\otimes\boldsymbol{Q})=(\boldsymbol{P}^{-1}\boldsymbol{A}\boldsymbol{P})\otimes(\boldsymbol{Q}^{-1}\boldsymbol{B}\boldsymbol{Q})\\&=\boldsymbol{A}_1\otimes\boldsymbol{B}_1=\begin{pmatrix}\lambda_1\boldsymbol{B}_1 & & & *\\ & \lambda_2\boldsymbol{B}_1 & & \\ & & \ddots & \\ \boldsymbol{0} & & & \lambda_m\boldsymbol{B}_1\end{pmatrix}=\begin{pmatrix}\lambda_1 t_1 & & *\\ & \ddots & \\ \boldsymbol{0} & & \lambda_m t_n\end{pmatrix}\end{aligned}$$

故 $\boldsymbol{A}\otimes\boldsymbol{B}$ 的全体特征值为 mn 个数$\{\lambda_k t_j\}$。

注： 由此也可得到 $\det(\boldsymbol{A}\otimes\boldsymbol{B})=(\det\boldsymbol{A})^n(\det\boldsymbol{B})^m$。

因为 $\boldsymbol{B}$ 与转置 $\boldsymbol{B}^{\mathrm{T}}$ 具有相同的特征值,所以有以下推论。

推论 1　$\boldsymbol{A}\otimes\boldsymbol{I}_n\pm\boldsymbol{I}_m\otimes\boldsymbol{B}^{\mathrm{T}}$ 的 mn 个特征值为$\{\lambda_k\pm t_j\}(k=1,2,\cdots,m,j=1,2,\cdots,n)$。

由于"行列式等于特征值的乘积",可得以下推论。

推论 2　(1) $\boldsymbol{A}\otimes\boldsymbol{I}_n-\boldsymbol{I}_m\otimes\boldsymbol{B}$ 可逆 $\Leftrightarrow\{\lambda_k-t_j\neq 0\}$；

(2) $\boldsymbol{A}\otimes\boldsymbol{I}_n-\boldsymbol{I}_m\otimes\boldsymbol{B}$ 可逆 $\Leftrightarrow\boldsymbol{A}$ 和 $\boldsymbol{B}$ 没有公共特征值；

(3) $\boldsymbol{A}\otimes\boldsymbol{I}_n-\boldsymbol{I}_m\otimes\boldsymbol{B}^{\mathrm{T}}$ 可逆 $\Leftrightarrow\boldsymbol{A}$ 和 $\boldsymbol{B}$ 没有公共特征值；

(4) $\boldsymbol{A}\otimes\boldsymbol{I}_n+\boldsymbol{I}_m\otimes\boldsymbol{B}$ 可逆 $\Leftrightarrow\{\lambda_k+t_j\neq 0\}$；

(5) $\boldsymbol{A}\otimes\boldsymbol{I}_n+\boldsymbol{I}_m\otimes\boldsymbol{B}$ 可逆 $\Leftrightarrow\boldsymbol{A}$ 和$(-\boldsymbol{B})$ 没有公共特征值；

(6) $\boldsymbol{A}\otimes\boldsymbol{I}_n+\boldsymbol{I}_m\otimes\boldsymbol{B}^{\mathrm{T}}$ 可逆 $\Leftrightarrow\boldsymbol{A}$ 和$(-\boldsymbol{B})$ 没有公共特征值。

定理 6.2-2　若 $\boldsymbol{A},\boldsymbol{B}$ 都相似于对角阵,则 $\boldsymbol{A}\otimes\boldsymbol{B}$ 相似于对角矩阵。

设 $\boldsymbol{A}=\boldsymbol{A}_{m\times n}$ 相似于对角阵 $\mathrm{diag}(\lambda_1,\lambda_2,\cdots,\lambda_m)$,$\boldsymbol{B}=\boldsymbol{B}_{n\times n}$ 相似于 $\mathrm{diag}(t_1,t_2,\cdots,t_n)$。

则 $\boldsymbol{A}\otimes\boldsymbol{B}$ 相似于对角阵 $\mathrm{diag}(\lambda_1 t_1,\cdots,\lambda_1 t_n,\lambda_2 t_1,\cdots,\lambda_2 t_n,\cdots,\lambda_m t_1,\cdots,\lambda_m t_n)$。

证明 由题设存在 m 与 n 阶可逆矩阵 $\boldsymbol{P}$ 和 $\boldsymbol{Q}$,使得

$$\boldsymbol{P}^{-1}\boldsymbol{A}\boldsymbol{P}=\boldsymbol{A}_1=\begin{pmatrix}\lambda_1 & & & \boldsymbol{0}\\ & \lambda_2 & & \\ & & \ddots & \\ \boldsymbol{0} & & & \lambda_m\end{pmatrix},\quad \boldsymbol{Q}^{-1}\boldsymbol{B}\boldsymbol{Q}=B_1=\begin{pmatrix}t_1 & & & \boldsymbol{0}\\ & t_2 & & \\ & & \ddots & \\ \boldsymbol{0} & & & t_n\end{pmatrix}$$

所以

$$(\boldsymbol{P}^{-1}\boldsymbol{A}\boldsymbol{P})\otimes(\boldsymbol{Q}^{-1}\boldsymbol{B}\boldsymbol{Q})=\boldsymbol{A}_1\otimes\boldsymbol{B}_1=\begin{pmatrix}\lambda_1\boldsymbol{B}_1 & & & \boldsymbol{0}\\ & \lambda_2\boldsymbol{B}_1 & & \\ & & \ddots & \\ \boldsymbol{0} & & & \lambda_m\boldsymbol{B}_1\end{pmatrix}$$

利用 6.1 节直积的性质 4 有

$$(\boldsymbol{P}\otimes\boldsymbol{Q})^{-1}(\boldsymbol{A}\otimes\boldsymbol{B})(\boldsymbol{P}\otimes\boldsymbol{Q})=(\boldsymbol{P}^{-1}\boldsymbol{A}\boldsymbol{P})\otimes(\boldsymbol{Q}^{-1}\boldsymbol{B}\boldsymbol{Q})=\begin{pmatrix}\lambda_1\boldsymbol{B}_1 & & & \boldsymbol{0}\\ & \lambda_2\boldsymbol{B}_1 & & \\ & & \ddots & \\ \boldsymbol{0} & & & \lambda_m\boldsymbol{B}_1\end{pmatrix}$$

即 $\boldsymbol{A}\otimes\boldsymbol{B}$ 相似于对角阵 $\mathrm{diag}(\lambda_1 t_1,\cdots,\lambda_1 t_n,\lambda_2 t_1,\cdots,\lambda_2 t_n,\cdots,\lambda_m t_1,\cdots,\lambda_m t_n)$。

例 6.2-1 若 $\boldsymbol{A},\boldsymbol{B}$ 都可对角化,则 $\boldsymbol{A}\otimes\boldsymbol{I}_n+\boldsymbol{I}_m\otimes\boldsymbol{B}$ 可对角化。

证明 由题设存在可逆阵 $\boldsymbol{P}$ 和 $\boldsymbol{Q}$,使得

$$\boldsymbol{P}^{-1}\boldsymbol{A}\boldsymbol{P}=\boldsymbol{A}_1=\begin{pmatrix}\lambda_1 & & & \boldsymbol{0}\\ & \lambda_2 & & \\ & & \ddots & \\ \boldsymbol{0} & & & \lambda_m\end{pmatrix},\boldsymbol{Q}^{-1}\boldsymbol{B}\boldsymbol{Q}=\boldsymbol{B}_1=\begin{pmatrix}t_1 & & & \boldsymbol{0}\\ & t_2 & & \\ & & \ddots & \\ \boldsymbol{0} & & & t_n\end{pmatrix}$$

所以

$$\begin{aligned}&(\boldsymbol{P}\otimes\boldsymbol{Q})^{-1}(\boldsymbol{A}\otimes\boldsymbol{I}_n+\boldsymbol{I}_m\otimes\boldsymbol{B})(\boldsymbol{P}\otimes\boldsymbol{Q})\\ &=\boldsymbol{A}_1\otimes\boldsymbol{I}_n+\boldsymbol{I}_m\otimes\boldsymbol{B}_1=\begin{pmatrix}\lambda_1\boldsymbol{I}_n+\boldsymbol{B}_1 & & & \boldsymbol{0}\\ & \lambda_2 I_n+\boldsymbol{B}_1 & & \\ & & \ddots & \\ \boldsymbol{0} & & & \lambda_m\boldsymbol{I}_n+\boldsymbol{B}_1\end{pmatrix}\\ &=\begin{pmatrix}(\lambda_1+t_j) & & & \boldsymbol{0}\\ & (\lambda_2+t_j) & & \\ & & \ddots & \\ \boldsymbol{0} & & & (\lambda_m+t_j)\end{pmatrix}\end{aligned}$$

定理 6.2-3 设 $\boldsymbol{A}$ 和 $\boldsymbol{B}$ 分别是 m 阶与 n 阶方阵,$f(x,y)$是二元多项式

$$f(x,y)=\sum_{i,j=1}^{p}c_{ij}x^i y^j,\quad (x^0=1,y^0=1)$$

定义 mn 阶矩阵 $f(\boldsymbol{A},\boldsymbol{B})$为

$$f(\boldsymbol{A},\boldsymbol{B})=\sum_{i,j=1}^{p}c_{ij}\boldsymbol{A}^i\otimes\boldsymbol{B}^j,\quad (\boldsymbol{A}^0=\boldsymbol{I}_m,\boldsymbol{B}^0=\boldsymbol{I}_n)$$

如果 $\boldsymbol{A}$ 和 $\boldsymbol{B}$ 的特征值分别是 $\lambda_1,\lambda_2,\cdots,\lambda_m$ 和 $\mu_1,\mu_2,\cdots,\mu_n$，它们对应的特征向量分别是 $\boldsymbol{x}_1,\boldsymbol{x}_2,\cdots,\boldsymbol{x}_m$ 和 $\boldsymbol{y}_1,\boldsymbol{y}_2,\cdots,\boldsymbol{y}_n$，则矩阵 $f(\boldsymbol{A},\boldsymbol{B})$ 的特征值是 $f(\lambda_r,\mu_s)$，且 $f(\lambda_r,\mu_s)$ 对应的特征向量为 $\boldsymbol{x}_r\otimes\boldsymbol{y}_s(r=1,2,\cdots,m;s=1,2,\cdots,n)$。

证明　因为 $\boldsymbol{A}\boldsymbol{x}_r=\lambda_r\boldsymbol{x}_r,\boldsymbol{B}\boldsymbol{y}_s=\mu_s\boldsymbol{y}_s$，可知 $\boldsymbol{A}^i\boldsymbol{x}_r=\lambda_r^i\boldsymbol{x}_r,\boldsymbol{B}^j\boldsymbol{y}_s=\mu_s^j\boldsymbol{y}_s$。于是

$$f(\boldsymbol{A},\boldsymbol{B})(\boldsymbol{x}_r\otimes\boldsymbol{y}_s)=\Big[\sum_{i,j=1}^{p}c_{ij}\boldsymbol{A}^i\otimes\boldsymbol{B}^j\Big](\boldsymbol{x}_r\otimes\boldsymbol{y}_s)=\sum_{i,j=1}^{p}c_{ij}(\boldsymbol{A}^i\otimes\boldsymbol{B}^j)(\boldsymbol{x}_r\otimes\boldsymbol{y}_s)$$

$$=\sum_{i,j=1}^{p}c_{ij}(\boldsymbol{A}^i\boldsymbol{x}_r\otimes\boldsymbol{B}^j\boldsymbol{y}_s)=\sum_{i,j=1}^{p}c_{ij}\lambda_r^i\mu_s^j(\boldsymbol{x}_r\otimes\boldsymbol{y}_s)=f(\lambda_r,\mu_s)(\boldsymbol{x}_r\otimes\boldsymbol{y}_s)$$

特别，若 $f(x,y)=xy$，则 $f(\boldsymbol{A},\boldsymbol{B})=\boldsymbol{A}\otimes\boldsymbol{B}$ 的特征值为 $\{\lambda_r\mu_s\}$ 且 $\lambda_r\mu_s$ 对应的特征向量为 $\boldsymbol{x}_r\otimes\boldsymbol{y}_s$。

若 $f(x,y)=xy^0\pm x^0y$，则 $f(\boldsymbol{A},\boldsymbol{B})=\boldsymbol{A}\otimes\boldsymbol{I}_n\pm\boldsymbol{I}_m\otimes\boldsymbol{B}$ 的特征值是 $\{\lambda_r\pm\mu_s\}$，且 $\lambda_r\pm\mu_s$ 对应的特征向量为 $\boldsymbol{x}_r\otimes\boldsymbol{y}_s$。

6.3　矩阵的拉直

用直积来讨论矩阵方程十分简明方便，为此引入矩阵的拉直公式。

定义 6.3-1　设矩阵 $\boldsymbol{A}=(a_{ij})_{m\times n}$，规定 $\boldsymbol{A}$ 的按行拉直是一个列向量，即

$$\vec{\boldsymbol{A}}=(a_{11},a_{12},\cdots,a_{1n},a_{21},a_{22},\cdots,a_{2n},\cdots,a_{m1},a_{m2},\cdots,a_{mn})^{\mathrm{T}}$$

从定义可见，$\vec{\boldsymbol{A}}$ 是 mn 元的列向量，它由 $\boldsymbol{A}$ 的各行依次按列重排得到。

例如　$\boldsymbol{A}=\begin{pmatrix}2&5\\3&1\end{pmatrix}$，　则 $\vec{\boldsymbol{A}}=(2,5,3,1)^{\mathrm{T}}$。

引理 6.3-1　设 $\boldsymbol{A}=(a_{ij})_{m\times n}$，记 $\boldsymbol{A}$ 的 m 个行分别为 $\boldsymbol{A}_1,\boldsymbol{A}_2,\cdots,\boldsymbol{A}_m$，则有

$$\boldsymbol{A}=\begin{pmatrix}\boldsymbol{A}_1\\\vdots\\\boldsymbol{A}_m\end{pmatrix}\text{（按行分块），且 }\vec{\boldsymbol{A}}=(\boldsymbol{A}_1,\boldsymbol{A}_2,\cdots,\boldsymbol{A}_m)^{\mathrm{T}}=\begin{pmatrix}\boldsymbol{A}_1{}^{\mathrm{T}}\\\vdots\\\boldsymbol{A}_m{}^{\mathrm{T}}\end{pmatrix}$$

例如 1　$\boldsymbol{A}=\begin{pmatrix}1&1\\3&4\end{pmatrix}$，$\boldsymbol{A}_1=(1,1)$，$\boldsymbol{A}_2=(3,4)$，则

$$\vec{\boldsymbol{A}}=(\boldsymbol{A}_1,\boldsymbol{A}_2)^{\mathrm{T}}=\begin{pmatrix}\boldsymbol{A}_1{}^{\mathrm{T}}\\\boldsymbol{A}_2{}^{\mathrm{T}}\end{pmatrix}=\begin{pmatrix}1\\1\\3\\4\end{pmatrix}$$

矩阵的拉直具有下列性质。

性质 1　线性公式：$\overrightarrow{\boldsymbol{A}+\boldsymbol{B}}=\vec{\boldsymbol{A}}+\vec{\boldsymbol{B}}$，$\overrightarrow{k\boldsymbol{A}}=k\vec{\boldsymbol{A}}$

性质 2　设 $\boldsymbol{X}=\boldsymbol{X}(t)\in\mathbb{C}^{m\times n}$，则 $\overrightarrow{\dfrac{\mathrm{d}\boldsymbol{X}}{\mathrm{d}t}}=\dfrac{d}{\mathrm{d}t}\vec{\boldsymbol{X}}$

证明从略。

性质 3　（拉直公式）$\overrightarrow{\boldsymbol{ABC}}=(\boldsymbol{A}\otimes\boldsymbol{C}^{\mathrm{T}})\vec{\boldsymbol{B}}$（只要 $\boldsymbol{ABC}$ 有意义）。

证明 设 $\boldsymbol{A}=(a_{ij})_{m\times n}$，$\boldsymbol{B}=(b_{ij})_{n\times p}$，$\boldsymbol{C}=(c_{ij})_{p\times q}$，由引理 5.3-1 可得

$$\boldsymbol{B}=(b_{ij})=\begin{pmatrix}\boldsymbol{B}_1\\ \vdots\\ \boldsymbol{B}_n\end{pmatrix}(\text{按行分块}),\vec{\boldsymbol{B}}=\begin{pmatrix}\boldsymbol{B}_1^{\mathrm{T}}\\ \vdots\\ \boldsymbol{B}_n^{\mathrm{T}}\end{pmatrix}$$

$$\boldsymbol{ABC}=\begin{pmatrix}(a_{11}\boldsymbol{B}_1+\cdots+a_{1n}\boldsymbol{B}_n)\boldsymbol{C}\\ \vdots\\ (a_{m1}\boldsymbol{B}_1+\cdots+a_{mn}\boldsymbol{B}_n)\boldsymbol{C}\end{pmatrix}$$

从而

$$\overrightarrow{\boldsymbol{ABC}}=((a_{11}\boldsymbol{B}_1+\cdots+a_{1n}\boldsymbol{B}_n)\boldsymbol{C},\ \cdots,\ (a_{m1}\boldsymbol{B}_1+\cdots+a_{mn}\boldsymbol{B}_n)\boldsymbol{C})^{\mathrm{T}}$$

$$=\begin{bmatrix}\boldsymbol{C}^{\mathrm{T}}(a_{11}\boldsymbol{B}_1^{\mathrm{T}}+\cdots+a_{1n}\boldsymbol{B}_n^{\mathrm{T}})\\ \vdots\\ \boldsymbol{C}^{\mathrm{T}}(a_{m1}\boldsymbol{B}_1^{\mathrm{T}}+\cdots+a_{mn}\boldsymbol{B}_n^{\mathrm{T}})\end{bmatrix}=\begin{pmatrix}a_{11}\boldsymbol{C}^{\mathrm{T}} & \cdots & a_{1n}\boldsymbol{C}^{\mathrm{T}}\\ & \vdots & \\ a_{m1}\boldsymbol{C}^{\mathrm{T}} & \cdots & a_{mn}\boldsymbol{C}^{\mathrm{T}}\end{pmatrix}\begin{pmatrix}\boldsymbol{B}_1^{\mathrm{T}}\\ \vdots\\ \boldsymbol{B}_n^{\mathrm{T}}\end{pmatrix}=(\boldsymbol{A}\otimes\boldsymbol{C}^{\mathrm{T}})\vec{\boldsymbol{B}}$$

推论 设 $\boldsymbol{A}=(a_{ij})_{m\times m}$，$\boldsymbol{X}=(x_{ij})_{m\times n}$，$\boldsymbol{B}=(b_{ij})_{n\times n}$，则有

(1) $\overrightarrow{\boldsymbol{AX}}=(\boldsymbol{A}\otimes\boldsymbol{I}_n)\vec{\boldsymbol{X}}$，$\overrightarrow{\boldsymbol{XB}}=(\boldsymbol{I}_m\otimes\boldsymbol{B}^{\mathrm{T}})\vec{\boldsymbol{X}}$；

(2) $\overrightarrow{\boldsymbol{AX}+\boldsymbol{XB}}=(\boldsymbol{A}\otimes\boldsymbol{I}_n+\boldsymbol{I}_m\otimes\boldsymbol{B}^{\mathrm{T}})\vec{\boldsymbol{X}}$。

证明 可写 $\boldsymbol{AX}=\boldsymbol{AXI}_n$，$\boldsymbol{XB}=\boldsymbol{I}_m\boldsymbol{XB}$，由拉直公式可知结论成立。

6.4 线性矩阵方程

首先利用矩阵的拉直可以求解线性矩阵方程 $\boldsymbol{AXB}=\boldsymbol{C}$，其中 $\boldsymbol{A}=\boldsymbol{A}_{m\times n}$，$\boldsymbol{X}=\boldsymbol{X}_{n\times p}$，$\boldsymbol{B}=\boldsymbol{B}_{p\times q}$。记 $\boldsymbol{X}=(x_{ij})$，实际上它是 np 个未知量 x_{ij} 的线性方程组的问题。用拉直公式将方程 $\boldsymbol{AXB}=\boldsymbol{C}$ 两边拉直可得$(\boldsymbol{A}\otimes\boldsymbol{B}^{\mathrm{T}})\vec{\boldsymbol{X}}=\vec{\boldsymbol{C}}$。

由线性方程理论可知，方程 $\boldsymbol{AXB}=\boldsymbol{C}$ 有解的充分必要条件是：

$$\mathrm{rank}(\boldsymbol{A}\otimes\boldsymbol{B}^{\mathrm{T}}\quad\vec{\boldsymbol{C}})=\mathrm{rank}(\boldsymbol{A}\otimes\boldsymbol{B}^{\mathrm{T}})$$

注：同理可知，齐次方程 $\boldsymbol{AXB}=\boldsymbol{0}$ 的基础解系含有

$$np-\mathrm{rank}(\boldsymbol{A}\otimes\boldsymbol{B}^{\mathrm{T}})=np-(\mathrm{rank}\boldsymbol{A})(\mathrm{rank}\boldsymbol{B})\text{ 个基解。}$$

而一般的线性矩阵方程 $\boldsymbol{A}_1\boldsymbol{XB}_1+\boldsymbol{A}_2\boldsymbol{XB}_2+\cdots+\boldsymbol{A}_s\boldsymbol{XB}_s=\boldsymbol{C}$

拉直后为 $\overrightarrow{\boldsymbol{A}_1\boldsymbol{XB}_1+\boldsymbol{A}_2\boldsymbol{XB}_2+\cdots+\boldsymbol{A}_s\boldsymbol{XB}_s}=\vec{\boldsymbol{C}}$

即

$$[\boldsymbol{A}_1\otimes\boldsymbol{B}_1^{\mathrm{T}}+\boldsymbol{A}_2\otimes\boldsymbol{B}_2^{\mathrm{T}}+\cdots+\boldsymbol{A}_s\otimes\boldsymbol{B}_s^{\mathrm{T}}]\vec{\boldsymbol{X}}=\vec{\boldsymbol{C}}$$

这里 $\boldsymbol{A}_i$ 与 $\boldsymbol{B}_i$ 分别是 $m\times n$ 和 $p\times q$ 的已知矩阵，$\boldsymbol{C}$ 是 $m\times q$ 的已知矩阵，$\boldsymbol{X}$ 是 $n\times p$ 未知矩阵。由此可得下列结论。

引理 6.4-1 $\boldsymbol{A}_1\boldsymbol{XB}_1+\boldsymbol{A}_2\boldsymbol{XB}_2+\cdots+\boldsymbol{A}_s\boldsymbol{XB}_s=\boldsymbol{C}$ 有解 $\Leftrightarrow(\boldsymbol{A}_1\otimes\boldsymbol{B}_1^{\mathrm{T}}+\boldsymbol{A}_2\otimes\boldsymbol{B}_2^{\mathrm{T}}+\cdots+\boldsymbol{A}_s\otimes\boldsymbol{B}_s^{\mathrm{T}})\vec{\boldsymbol{X}}=\vec{\boldsymbol{C}}$ 有解。

推论 1 $\boldsymbol{A}_1\boldsymbol{XB}_1+\boldsymbol{A}_2\boldsymbol{XB}_2+\cdots+\boldsymbol{A}_s\boldsymbol{XB}_s=\boldsymbol{C}$ 有解 $\Leftrightarrow\mathrm{rank}(\boldsymbol{G}\,\vdots\,\vec{\boldsymbol{C}})=\mathrm{rank}\boldsymbol{G}$。

其中 $\boldsymbol{G}=\boldsymbol{A}_1\otimes\boldsymbol{B}_1^{\mathrm{T}}+\boldsymbol{A}_2\otimes\boldsymbol{B}_2^{\mathrm{T}}+\cdots+\boldsymbol{A}_s\otimes\boldsymbol{B}_s^{\mathrm{T}}$。

推论 2　设 $\boldsymbol{A}_i,\boldsymbol{B}_i$ 都是方阵，$\boldsymbol{G}=\boldsymbol{A}_1\otimes\boldsymbol{B}_1^{\mathrm{T}}+\boldsymbol{A}_2\otimes\boldsymbol{B}_2^{\mathrm{T}}+\cdots+\boldsymbol{A}_s\otimes\boldsymbol{B}_s^{\mathrm{T}}$ 则

$$\boldsymbol{A}_1\boldsymbol{X}\boldsymbol{B}_1+\boldsymbol{A}_2\boldsymbol{X}\boldsymbol{B}_2+\cdots+\boldsymbol{A}_s\boldsymbol{X}\boldsymbol{B}_s=\boldsymbol{C}\text{ 有唯一解}\Leftrightarrow\boldsymbol{G}\text{ 为可逆阵。}$$

下面讨论一些矩阵方程的求解。

1. Lyapunov 矩阵方程

求解　Lyapunov 矩阵方程 $\boldsymbol{AX}+\boldsymbol{XB}=\boldsymbol{C}$，其中 $\boldsymbol{A}\in\mathbb{C}^{m\times m},\boldsymbol{B}\in\mathbb{C}^{n\times n},\boldsymbol{X}\in\mathbb{C}^{m\times n}$。

其具体解法是：利用拉直公式 $\overrightarrow{\boldsymbol{AX}+\boldsymbol{XB}}=(\boldsymbol{A}\otimes\boldsymbol{I}_n+\boldsymbol{I}_m\otimes\boldsymbol{B}^{\mathrm{T}})\vec{\boldsymbol{X}}$ 将方程拉直为

$$[\boldsymbol{A}\otimes\boldsymbol{I}_n+\boldsymbol{I}_m\otimes\boldsymbol{B}^{\mathrm{T}}]\vec{\boldsymbol{X}}=\vec{\boldsymbol{C}}\text{。}$$

记 $\boldsymbol{G}=\boldsymbol{A}\otimes\boldsymbol{I}_n+\boldsymbol{I}_m\otimes\boldsymbol{B}^{\mathrm{T}}$，可知 $\boldsymbol{AX}+\boldsymbol{XB}=\boldsymbol{C}$ 有解的充分必要条件是

$$\operatorname{rank}(\boldsymbol{G}|\vec{\boldsymbol{C}})=\operatorname{rank}G\text{。}$$

注： 此方程有唯一解的充要条件是 $\det\boldsymbol{G}=|\boldsymbol{A}\otimes\boldsymbol{I}_n+\boldsymbol{I}_m\otimes\boldsymbol{B}^{\mathrm{T}}|\neq0$。

据 6.2-1 及其推论可得，若 $\boldsymbol{A}$ 和 $(-\boldsymbol{B})$ 没有公共的特征值，则 $(\boldsymbol{A}\otimes\boldsymbol{I}_n+\boldsymbol{I}_m\otimes\boldsymbol{B}^{\mathrm{T}})$ 可逆。因此，对于方阵 $\boldsymbol{A}\in\mathbb{C}^{m\times m}$ 与 $\boldsymbol{B}\in\mathbb{C}^{n\times n}$ 可得以下结论。

定理 6.4-1　若 $\boldsymbol{A}$ 和 $\boldsymbol{B}$ 分别是 m 阶和 n 阶方阵，则有

(1) $\boldsymbol{AX}+\boldsymbol{XB}=\boldsymbol{C}$ 有唯一解 $\Leftrightarrow(\boldsymbol{A}\otimes\boldsymbol{I}_n+\boldsymbol{I}_m\otimes\boldsymbol{B}^{\mathrm{T}})$ 可逆

$\Leftrightarrow\boldsymbol{A}$ 和 $(-\boldsymbol{B})$ 没有公共特征值。

(2) $\boldsymbol{AX}-\boldsymbol{XB}=\boldsymbol{C}$ 有唯一解 $\Leftrightarrow\boldsymbol{A}$ 和 $\boldsymbol{B}$ 没有公共特征值

$\Leftrightarrow(\boldsymbol{A}\otimes\boldsymbol{I}_n-\boldsymbol{I}_m\otimes\boldsymbol{B}^{\mathrm{T}})$ 可逆。

证明　将方程两端拉直可知 $\boldsymbol{AX}-\boldsymbol{XB}=\boldsymbol{C}$ 等价于线性方程组

$$(\boldsymbol{A}\otimes\boldsymbol{I}_n-\boldsymbol{I}_m\otimes\boldsymbol{B}^{\mathrm{T}})\vec{\boldsymbol{X}}=\vec{\boldsymbol{C}}$$

其系数矩阵是 mn 阶方阵。该方程有唯一解的充要条件是

$$\det(\boldsymbol{A}\otimes\boldsymbol{I}_n-\boldsymbol{I}_m\otimes\boldsymbol{B}^{\mathrm{T}})\neq0$$

即矩阵 $\boldsymbol{A}\otimes\boldsymbol{I}_n-\boldsymbol{I}_m\otimes\boldsymbol{B}^{\mathrm{T}}$ 可逆。

由 6.2 节的 6.2-1 定理及推论可知，$\boldsymbol{A}\otimes\boldsymbol{I}_n-\boldsymbol{I}_m\otimes\boldsymbol{B}^{\mathrm{T}}$ 可逆的充要条件是 $\boldsymbol{A}$ 与 $\boldsymbol{B}$ 没有相同特征值。于是，原方程有唯一解的充要条件是 $\boldsymbol{A}$ 与 $\boldsymbol{B}$ 没有相同特征值。

同理，若 $\boldsymbol{A}$ 与 $-\boldsymbol{B}$ 没有公共的特征值，则 $\boldsymbol{AX}+\boldsymbol{XB}=\boldsymbol{C}$ 有唯一解。

定理 6.4-2　若 $\boldsymbol{A}$ 和 $\boldsymbol{B}$ 的特征值都有负实部，则 $\boldsymbol{AX}+\boldsymbol{XB}=\boldsymbol{C}$ 有唯一解。

例 6.4-1　设 $\boldsymbol{A}$ 和 $\boldsymbol{B}$ 分别是 m 阶和 n 阶方阵，若 $\boldsymbol{A}$ 和 $\boldsymbol{B}$ 没有公共特征值，则

$$\begin{pmatrix}\boldsymbol{A}&\boldsymbol{C}\\\boldsymbol{0}&\boldsymbol{B}\end{pmatrix}\text{与}\begin{pmatrix}\boldsymbol{A}&\boldsymbol{0}\\\boldsymbol{0}&\boldsymbol{B}\end{pmatrix}\text{相似，}\boldsymbol{C}\text{ 是 }m\times n\text{ 矩阵。}$$

证明　令 $\boldsymbol{P}=\begin{pmatrix}\boldsymbol{I}_m&\boldsymbol{X}\\\boldsymbol{0}&\boldsymbol{I}_n\end{pmatrix}$（$\boldsymbol{X}$ 待定）

则

$$\boldsymbol{P}^{-1}=\begin{pmatrix}\boldsymbol{I}_m&-\boldsymbol{X}\\\boldsymbol{0}&\boldsymbol{I}_n\end{pmatrix}$$

$$\boldsymbol{P}\begin{pmatrix}\boldsymbol{A}&\boldsymbol{C}\\\boldsymbol{0}&\boldsymbol{B}\end{pmatrix}\boldsymbol{P}^{-1}=\begin{pmatrix}\boldsymbol{A}&\boldsymbol{C}+\boldsymbol{XB}-\boldsymbol{AX}\\\boldsymbol{0}&\boldsymbol{B}\end{pmatrix}$$

由定理 6.3-1 可知，$\boldsymbol{AX}-\boldsymbol{XB}=\boldsymbol{C}$ 有唯一解 $\boldsymbol{X}$，$\boldsymbol{X}$ 确定的 $\boldsymbol{P}$，满足

$$\boldsymbol{P}\begin{pmatrix}\boldsymbol{A}&\boldsymbol{C}\\\boldsymbol{0}&\boldsymbol{B}\end{pmatrix}\boldsymbol{P}^{-1}=\begin{pmatrix}\boldsymbol{A}&\boldsymbol{0}\\\boldsymbol{0}&\boldsymbol{B}\end{pmatrix}$$

例 6.4-2 设 $\boldsymbol{A}=\begin{pmatrix}-2 & 0\\ 0 & 3\end{pmatrix}$，$\boldsymbol{B}=\begin{pmatrix}1 & -1\\ 0 & 1\end{pmatrix}$，$\boldsymbol{C}=\begin{pmatrix}0 & 1\\ 1 & 0\end{pmatrix}$

求解矩阵方程 $\boldsymbol{AX}+\boldsymbol{XB}=\boldsymbol{C}$。

解 $\boldsymbol{A}$ 的特征值为 $-2,3$；$\boldsymbol{B}$ 的特征值为 $1,1$，可知方程有唯一解。

记 $\boldsymbol{X}=\begin{pmatrix}x_1 & x_2\\ x_3 & x_4\end{pmatrix}$，且

$$\boldsymbol{A}\otimes\boldsymbol{I}_2=\begin{pmatrix}-2I_2 & 0\\ 0 & 3I_2\end{pmatrix}=\begin{pmatrix}-2 & 0 & 0 & 0\\ 0 & -2 & 0 & 0\\ 0 & 0 & 3 & 0\\ 0 & 0 & 0 & 3\end{pmatrix},\ \boldsymbol{B}^{\mathrm{T}}=\begin{pmatrix}1 & 0\\ -1 & 1\end{pmatrix}$$

$$\boldsymbol{I}_2\otimes\boldsymbol{B}^{\mathrm{T}}=\begin{pmatrix}1 & 0 & 0 & 0\\ -1 & 1 & 0 & 0\\ 0 & 0 & 1 & 0\\ 0 & 0 & -1 & 1\end{pmatrix},\quad \vec{\boldsymbol{C}}=\begin{pmatrix}0\\ 1\\ 1\\ 0\end{pmatrix}$$

所以
$$\boldsymbol{A}\otimes\boldsymbol{I}_2+\boldsymbol{I}_2\otimes\boldsymbol{B}^{\mathrm{T}}=\begin{pmatrix}-1 & 0 & 0 & 0\\ -1 & -1 & 0 & 0\\ 0 & 0 & 4 & 0\\ 0 & 0 & -1 & 4\end{pmatrix}$$

原方程拉直等价于
$$(\boldsymbol{A}\otimes\boldsymbol{I}_2+\boldsymbol{I}_2\otimes\boldsymbol{B}^{\mathrm{T}})\vec{\boldsymbol{X}}=\vec{\boldsymbol{C}}，即$$

$$\begin{pmatrix}-1 & 0 & 0 & 0\\ -1 & -1 & 0 & 0\\ 0 & 0 & 4 & 0\\ 0 & 0 & -1 & 4\end{pmatrix}\vec{\boldsymbol{X}}=\begin{pmatrix}0\\ 1\\ 1\\ 0\end{pmatrix}$$

解得
$$\vec{\boldsymbol{X}}=\left(0,-1,\frac{1}{4},\frac{1}{16}\right)^{\mathrm{T}}$$

由此可得方程有唯一解 $\boldsymbol{X}=\begin{pmatrix}0 & -1\\ \frac{1}{4} & \frac{1}{16}\end{pmatrix}$。

注：当矩阵方程的阶数较低时，也可按原矩阵形式求解。

如上例中，可将 $\boldsymbol{AX}+\boldsymbol{XB}=\boldsymbol{C}$ 写成

$$\begin{pmatrix}-2 & 0\\ 0 & 3\end{pmatrix}\begin{pmatrix}x_1 & x_2\\ x_3 & x_4\end{pmatrix}+\begin{pmatrix}x_1 & x_2\\ x_3 & x_4\end{pmatrix}\begin{pmatrix}1 & -1\\ 0 & 1\end{pmatrix}=\begin{pmatrix}0 & 1\\ 1 & 0\end{pmatrix}$$

即

$$\begin{pmatrix}-2x_1 & -2x_2\\ 3x_3 & 3x_4\end{pmatrix}+\begin{pmatrix}x_1 & x_2-x_1\\ x_3 & x_4-x_3\end{pmatrix}=\begin{pmatrix}0 & 1\\ 1 & 0\end{pmatrix}\quad 或\quad \begin{pmatrix}-x_1 & -x_1-x_2\\ 4x_3 & 4x_4-x_3\end{pmatrix}=\begin{pmatrix}0 & 1\\ 1 & 0\end{pmatrix}$$

可得
$$\boldsymbol{X}=\begin{pmatrix}0 & -1\\ \frac{1}{4} & \frac{1}{16}\end{pmatrix}$$

例 6.4-3 设 $\boldsymbol{A}=\begin{pmatrix}2 & -1\\ 0 & 2\end{pmatrix}$，$\boldsymbol{B}=\begin{pmatrix}3 & -2\\ 1 & 0\end{pmatrix}$，$\boldsymbol{C}=\begin{pmatrix}0 & -2\\ 2 & -4\end{pmatrix}$，

求解矩阵方程 $\boldsymbol{AX}-\boldsymbol{XB}=\boldsymbol{C}$。

解　$\boldsymbol{A}$ 的特征值为 2,2;$\boldsymbol{B}$ 的特征值为 1,2,故 $\boldsymbol{A}$ 和 $\boldsymbol{B}$ 有公共特征值 $\lambda_2=\mu_2=2$。

设 $\boldsymbol{X}=\begin{pmatrix}x_1 & x_2\\ x_3 & x_4\end{pmatrix}$,可将方程 $\boldsymbol{AX}-\boldsymbol{XB}=\boldsymbol{C}$ 拉直化为

$$\begin{pmatrix}-1 & -1 & -1 & 0\\ 2 & 2 & 0 & -1\\ 0 & 0 & -1 & -1\\ 0 & 0 & 2 & 2\end{pmatrix}\vec{\boldsymbol{X}}=\begin{pmatrix}0\\ -2\\ 2\\ -4\end{pmatrix},\quad \vec{\boldsymbol{X}}=\begin{pmatrix}x_1\\ x_2\\ x_3\\ x_4\end{pmatrix}$$

令
$$\boldsymbol{G}=\begin{pmatrix}-1 & -1 & -1 & 0\\ 2 & 2 & 0 & -1\\ 0 & 0 & -1 & -1\\ 0 & 0 & 2 & 2\end{pmatrix},\quad \boldsymbol{b}=\begin{pmatrix}0\\ -2\\ 2\\ -4\end{pmatrix}$$

则有 $\mathrm{rank}(\boldsymbol{G}|\boldsymbol{b})=3=\mathrm{rank}\boldsymbol{G}$,故方程有解(不唯一),其解为

$$\boldsymbol{X}=\begin{pmatrix}-4 & 0\\ 4 & -6\end{pmatrix}+k\begin{pmatrix}-1 & 1\\ 0 & 0\end{pmatrix},\ k \text{ 为任意常数}$$

2. 求解一般的矩阵方程 $\boldsymbol{A}_1\boldsymbol{XB}_1+\boldsymbol{A}_2\boldsymbol{XB}_2+\cdots+\boldsymbol{A}_s\boldsymbol{XB}_s=\boldsymbol{C}$

例 6.6-4　求解矩阵方程 $\boldsymbol{A}_1\boldsymbol{XB}_1+\boldsymbol{A}_2\boldsymbol{XB}_2=\boldsymbol{D}$,其中 $\boldsymbol{A}_1=\begin{pmatrix}2 & 2\\ 2 & -1\end{pmatrix}$, $\boldsymbol{B}_1=\begin{pmatrix}1 & 0\\ -1 & 1\end{pmatrix}$, $\boldsymbol{A}_2=\begin{pmatrix}0 & 1\\ -2 & -1\end{pmatrix}$, $\boldsymbol{B}_2=\begin{pmatrix}0 & 2\\ -1 & 3\end{pmatrix}$,$\boldsymbol{D}=\begin{pmatrix}4 & -6\\ 3 & 6\end{pmatrix}$。

解　设 $\boldsymbol{X}=\begin{pmatrix}x_1 & x_2\\ x_3 & x_4\end{pmatrix}$, 方程可拉直为$(\boldsymbol{A}_1\otimes\boldsymbol{B}_1{}^{\mathrm{T}}+\boldsymbol{A}_2\otimes\boldsymbol{B}_2{}^{\mathrm{T}})\vec{\boldsymbol{X}}=\vec{\boldsymbol{D}}$

即
$$\begin{pmatrix}2 & -2 & 2 & -3\\ 0 & 2 & 2 & 5\\ 2 & 0 & -1 & 2\\ -4 & -4 & -2 & -4\end{pmatrix}\begin{pmatrix}x_1\\ x_2\\ x_3\\ x_4\end{pmatrix}=\begin{pmatrix}4\\ -6\\ 3\\ 6\end{pmatrix}$$

可知
$$\mathrm{rank}(\boldsymbol{A}_1\otimes\boldsymbol{B}_1{}^{\mathrm{T}}+\boldsymbol{A}_2\otimes\boldsymbol{B}_2{}^{\mathrm{T}}\,|\,\vec{\boldsymbol{D}})=\mathrm{rank}(\boldsymbol{A}_1\otimes\boldsymbol{B}_1{}^{\mathrm{T}}+\boldsymbol{A}_2\otimes\boldsymbol{B}_2{}^{\mathrm{T}})=4$$

方程有唯一解为
$$\boldsymbol{X}=\begin{pmatrix}1 & -2\\ -1 & 0\end{pmatrix}$$

3. 矩阵方程 $\mathbf{AX}-\mathbf{XA}=\mu\mathbf{X}$

设 $\boldsymbol{A},\boldsymbol{X}\in\mathbb{C}^{n\times n}$, μ 是常数, 解矩阵方程 $\boldsymbol{AX}-\boldsymbol{XA}=\mu\boldsymbol{X}$。

具体步骤是:

将方程拉直化为
$$(\boldsymbol{A}\otimes\boldsymbol{I}_n-\boldsymbol{I}_n\otimes\boldsymbol{A}^{\mathrm{T}})\vec{\boldsymbol{X}}=\mu\vec{\boldsymbol{X}}$$

记 $\boldsymbol{G}=\boldsymbol{A}\otimes\boldsymbol{I}_n-\boldsymbol{I}_n\otimes\boldsymbol{A}^{\mathrm{T}}$,原方程化为

$$\boldsymbol{G}\vec{\boldsymbol{X}}=\mu\vec{\boldsymbol{X}}\quad \text{或}\quad (\mu\boldsymbol{I}-\boldsymbol{G})\vec{\boldsymbol{X}}=\boldsymbol{0}$$

可知 $\boldsymbol{AX}-\boldsymbol{XA}=\mu\boldsymbol{X}$ 有非零解的充要条件是 $\det(\mu\boldsymbol{I}-\boldsymbol{G})=0$ 。

即 μ 是 $\boldsymbol{G}$ 的特征值,但 $\boldsymbol{G}$ 的特征值是$\lambda_r-\lambda_s$,其中 λ_r,λ_s 是 $\boldsymbol{A}$ 的特征值, 且 $1\leqslant r,s\leqslant n$, 因此可得以下推论。

推论 3 设 $\boldsymbol{A},\boldsymbol{X}\in\mathbb{C}^{n\times n}$，$\mu$ 是常数，$\lambda_1,\lambda_2,\cdots\lambda_n$ 是 $\boldsymbol{A}$ 的特征值，则矩阵方程 $\boldsymbol{AX}-\boldsymbol{XA}=\mu\boldsymbol{X}$ 有非零解 $\boldsymbol{X}$ 的充要条件是：存在 r,s 使 $\mu=\lambda_r-\lambda_s(1\leqslant r,s\leqslant n)$。

例 6.4-5 设 $\boldsymbol{A}=\begin{pmatrix}1&0\\2&3\end{pmatrix}$，$\mu=-2$，求解矩阵方程 $\boldsymbol{AX}-\boldsymbol{XA}=\mu\boldsymbol{X}$。

解 记 $\boldsymbol{X}=\begin{pmatrix}x_1&x_2\\x_3&x_4\end{pmatrix}$，方程可化为

$$\begin{pmatrix}0&-2&0&0\\0&-2&0&0\\2&0&2&-2\\0&2&0&0\end{pmatrix}\vec{\boldsymbol{X}}=-2\vec{\boldsymbol{X}}$$

通解为
$$\boldsymbol{X}=k\begin{pmatrix}1&1\\-1&-1\end{pmatrix}，k\text{ 为任意常数}$$

易知 $\boldsymbol{A}$ 的特征值为 $\lambda_1=1,\lambda_2=3$，且 $\mu=\lambda_1-\lambda_2=-2$，故方程有非零解。

例 6.4-6 设 $\boldsymbol{A},\boldsymbol{B}\in\mathbb{C}^{n\times n}$，且 $\boldsymbol{A}$ 的特征值全为实数，证明：矩阵方程 $\boldsymbol{X}+\boldsymbol{AXA}+\boldsymbol{A}^2\boldsymbol{XA}^2=\boldsymbol{B}$ 有唯一解。

证明 利用拉直公式可得

$$(\boldsymbol{I}_n\otimes\boldsymbol{I}_n+\boldsymbol{A}\otimes\boldsymbol{A}^{\mathrm{T}}+\boldsymbol{A}^2\otimes(\boldsymbol{A}^2)^{\mathrm{T}})\vec{\boldsymbol{X}}=\vec{\boldsymbol{B}}$$
$$(\boldsymbol{I}_{n^2}+\boldsymbol{A}\otimes\boldsymbol{A}^{\mathrm{T}}+(\boldsymbol{A}\otimes\boldsymbol{A}^{\mathrm{T}})^2)\vec{\boldsymbol{X}}=\vec{\boldsymbol{B}}$$

设 $\boldsymbol{A}$ 的特征值为 $\lambda_1,\lambda_2,\cdots,\lambda_n$，则 $\boldsymbol{A}\otimes\boldsymbol{A}^{\mathrm{T}}$ 的特征值为 $\lambda_r\lambda_s(r,s=1,2,\cdots,n)$，可知 $\boldsymbol{I}_{n^2}+\boldsymbol{A}\otimes\boldsymbol{A}^{\mathrm{T}}+(\boldsymbol{A}\otimes\boldsymbol{A}^{\mathrm{T}})^2$ 的 n^2 个特征值为

$$1+\lambda_r\lambda_s+(\lambda_r\lambda_s)^2>0(r,s=1,2,\cdots,n)$$

从而 $\boldsymbol{I}_{n^2}+\boldsymbol{A}\otimes\boldsymbol{A}^{\mathrm{T}}+(\boldsymbol{A}\otimes\boldsymbol{A}^{\mathrm{T}})^2$ 可逆，故原方程有唯一解。

例 6.4-7 设 $\boldsymbol{A}\in\mathbb{C}^{m\times m},\boldsymbol{B}\in\mathbb{C}^{n\times n},\boldsymbol{X}=\boldsymbol{X}(t)\in\mathbb{C}^{m\times n}$，证明矩阵微分方程初值问题 $\frac{\mathrm{d}\boldsymbol{X}}{\mathrm{d}t}=\boldsymbol{AX}+\boldsymbol{XB}$，$\boldsymbol{X}(0)=\boldsymbol{D}$ 的解为 $\boldsymbol{X}=\mathrm{e}^{\boldsymbol{A}t}\boldsymbol{D}\mathrm{e}^{\boldsymbol{B}t}$。

证明 利用拉直公式与例 5.1-1，可得

$$\frac{\mathrm{d}\vec{\boldsymbol{X}}}{\mathrm{d}t}=(\boldsymbol{A}\otimes\boldsymbol{I}_n+\boldsymbol{I}_m\otimes\boldsymbol{B}^{\mathrm{T}})\vec{\boldsymbol{X}},\quad\vec{\boldsymbol{X}}(0)=\vec{\boldsymbol{D}}$$

$$\vec{\boldsymbol{X}}=\mathrm{e}^{t(\boldsymbol{A}\otimes\boldsymbol{I}_n+\boldsymbol{I}_m\otimes\boldsymbol{B}^{\mathrm{T}})}\vec{\boldsymbol{D}}=(e^{\boldsymbol{A}t}\otimes\mathrm{e}^{\boldsymbol{B}^{\mathrm{T}}t})\vec{\boldsymbol{D}}=\overrightarrow{\mathrm{e}^{\boldsymbol{A}t}\boldsymbol{D}(\mathrm{e}^{\boldsymbol{B}^{\mathrm{T}}t})^{\mathrm{T}}}$$

因为
$$(\mathrm{e}^{\boldsymbol{B}^{\mathrm{T}}t})^{\mathrm{T}}=\left(\sum_{k=0}^{\infty}\frac{1}{k!}(\boldsymbol{B}^{\mathrm{T}})^kt^k\right)^{\mathrm{T}}=\sum_{k=0}^{\infty}\frac{1}{k!}\boldsymbol{B}^kt^k=\mathrm{e}^{\boldsymbol{B}t}$$

可得
$$\boldsymbol{X}=\mathrm{e}^{\boldsymbol{A}t}\boldsymbol{D}\mathrm{e}^{\boldsymbol{B}t}$$

6.5 矩阵的直积在空时滤波中的应用

空时滤波算法就是在空域滤波的前提下，利用时间延迟构成数字时域 FIR 滤波器。如图 6-1 所示，图中每个通道后都加入 $N-1$ 个延迟器，假设延迟时间为 T，当然对于数字系统

来说，可以正好让 T 为采样间隔的整数倍，即 $T=a\cdot\frac{1}{f_s}$ $(a=1,2,3\cdots)$，f_s 为系统的采样率。横向来看，每个天线的接收信号与其 $N-1$ 个延迟信号构成 N 阶数字 FIR 滤波器，而纵向来看，其依然是空域滤波模型，显然，整个系统并没有增加天线阵元数目，但是却能够将空域滤波和时域滤波结合起来，既利用空域滤波在空间中具有良好的抗干扰能力，同时又在不增加天线阵元的情况下，利用 FIR 滤波器滤除窄带的干扰，提高了接收机抗干扰的自由度，这不仅避免了空域滤波抗干扰自由度不够的麻烦，同时也解决了仅采用时域 FIR 滤波器只能滤除窄带干扰的问题。

图 6－1 中，M 个天线阵元，接收的信号分别为 $x_1,x_2,\cdots,x_M$，每个阵元后经过 $N-1$ 次延迟，所有 M 个阵元接收的信号及其 $N-1$ 阶延迟器后的信号构成新的空时输入矢量 $\boldsymbol{X}=[x_{10},x_{11},\cdots,x_{1N-1},x_{20},x_{21},\cdots x_{2N-1},\cdots,x_{M0},x_{M1},\cdots,x_{MN-1}]^{\mathrm{T}}$；每个空时输入信号都有一个对应的权值，这些权值组成空时权值矢量 $\boldsymbol{W}$，则

$$\boldsymbol{W}=[w_{10},w_{11},\cdots,w_{1N-1},w_{20},w_{21},\cdots,w_{2N-1},\cdots,w_{M0},w_{M1},\cdots,w_{MN-1}]^{\mathrm{T}}$$

因而可知道空时滤波结构的输出为 $\boldsymbol{y}=\boldsymbol{W}^{\mathrm{H}}\boldsymbol{X}$。

图 6－1 所示的空时滤波器接收信号矢量为

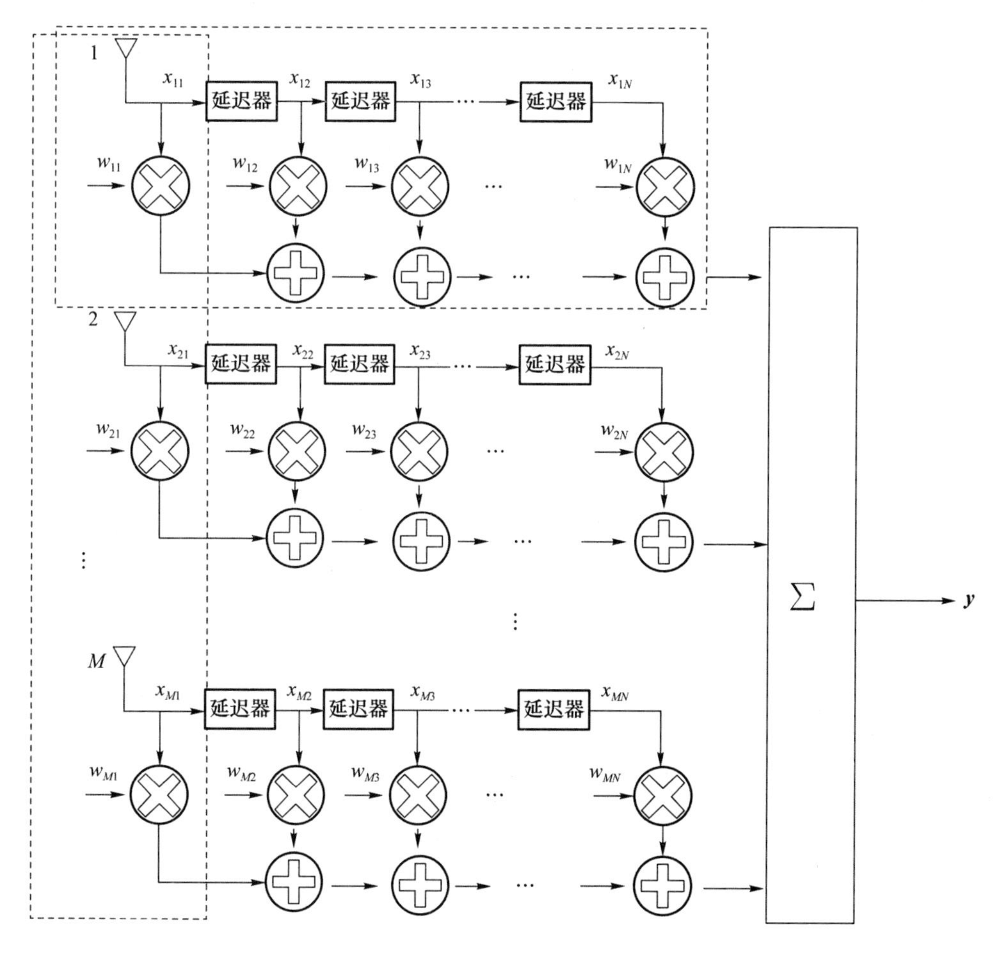

图 6－1　空时滤波结构示意图

$$\boldsymbol{X}(t)=\boldsymbol{A}(\theta,\varphi)\boldsymbol{S}(t)+\boldsymbol{N}(t)$$

式中,$\boldsymbol{X}=[x_{11},x_{12},\cdots,x_{1N},x_{21},x_{22},\cdots,x_{2N},\cdots,x_{M1},x_{M2},\cdots,x_{MN}]^{\mathrm{T}}$ 为 $MN\times 1$ 维接收信号矢量,$x_{lj}(l=1,2,\cdots,M,j=0,2,\cdots,N-1)$为第 l 个阵元的第 j 个延迟接收的信号;$\boldsymbol{A}(\theta,\phi)=[\boldsymbol{\alpha}_1,\boldsymbol{\alpha}_2,\cdots,\boldsymbol{\alpha}_q]$为 $MN\times q$ 维接收信号的方向矩阵,θ,ϕ 分别为信号的俯仰角和方位角;$\boldsymbol{S}(t)=[s_1(t),s_2(t),\cdots,s_q(t)]^{\mathrm{T}}$ 为 $q\times 1$ 维的矢量;$\boldsymbol{N}(t)=[n_1,n_2,\cdots,n_M]^{\mathrm{T}}$ 为 $M\times 1$ 维天线噪声矢量,$n_i(i=1,2,\cdots,L)$是第 i 个阵元的热噪声,服从零均值高斯分布,方差为 σ^2,各阵元间的噪声彼此独立,且与接收信号互不相关。

另外,$\alpha_i=\left(\mathrm{e}^{\mathrm{j}\frac{2\pi c}{\lambda_0}\nabla\tau_{i1}},\mathrm{e}^{\mathrm{j}\frac{2\pi c}{\lambda_0}(\nabla\tau_{i1}-\tau)},\cdots,\mathrm{e}^{\mathrm{j}\frac{2\pi c}{\lambda_0}[\nabla\tau_{i1}-(N-1)\tau]},\mathrm{e}^{\mathrm{j}\frac{2\pi c}{\lambda_0}\nabla\tau_{i2}},\mathrm{e}^{\mathrm{j}\frac{2\pi c}{\lambda_0}(\nabla\tau_{i2}-\tau)},\cdots,\mathrm{e}^{\mathrm{j}\frac{2\pi c}{\lambda_0}[\nabla\tau_{i2}-(N-1)\tau]},\cdots,\mathrm{e}^{\mathrm{j}\frac{2\pi c}{\lambda_0}\nabla\tau_{iM}},\mathrm{e}^{\mathrm{j}\frac{2\pi c}{\lambda_0}(\nabla\tau_{iM}-\tau)},\cdots,\mathrm{e}^{\mathrm{j}\frac{2\pi c}{\lambda_0}[\nabla\tau_{iM}-(N-1)\tau]}\right)^{\mathrm{T}}$,$(i=1,2,\cdots,q)$为 $MN\times 1$ 维信号的方向矢量,$\nabla\tau_{il}$ $(i=1,2,\cdots,q,l=1,2,\cdots,M)$为第 i 个信号到达阵元 l 的时间延迟(相对于参考点),τ 为时域滤波器的时延,c 为信号传播速度,λ_0 为信号波长。从导向矢量$\boldsymbol{\alpha}_i$ 的表示形式可以看出,其可以表示为空域滤波器的导向矢量 $\beta_i=\left(\mathrm{e}^{\mathrm{j}\frac{2\pi c}{\lambda_0}\nabla\tau_{i1}},\mathrm{e}^{\mathrm{j}\frac{2\pi c}{\lambda_0}\nabla\tau_{i2}},\cdots,\mathrm{e}^{\mathrm{j}\frac{2\pi c}{\lambda_0}\nabla\tau_{iM}}\right)^{\mathrm{T}}$ 和时域滤波器的延迟矢量 $\left(1,\mathrm{e}^{-\mathrm{j}\frac{2\pi c}{\lambda_0}\tau},\mathrm{e}^{-\mathrm{j}\frac{2\pi c}{\lambda_0}2\tau}\cdots,\mathrm{e}^{-\mathrm{j}\frac{2\pi c}{\lambda_0}(N-1)\tau}\right)^{\mathrm{T}}$ 的直积,即

$$\boldsymbol{\alpha}_i=\left(\mathrm{e}^{\mathrm{j}\frac{2\pi c}{\lambda_0}\nabla\tau_{i1}},\mathrm{e}^{\mathrm{j}\frac{2\pi c}{\lambda_0}\nabla\tau_{i2}},\cdots,\mathrm{e}^{\mathrm{j}\frac{2\pi c}{\lambda_0}\nabla\tau_{iM}}\right)^{T}\otimes\left(1,\mathrm{e}^{-\mathrm{j}\frac{2\pi c}{\lambda_0}\tau},\mathrm{e}^{-\mathrm{j}\frac{2\pi c}{\lambda_0}2\tau}\cdots,\mathrm{e}^{-\mathrm{j}\frac{2\pi c}{\lambda_0}(N-1)\tau}\right)^{\mathrm{T}}$$

因此

$$\begin{aligned}\boldsymbol{A}(\theta,\phi)&=(\boldsymbol{\alpha}_1,\boldsymbol{\alpha}_2,\cdots,\boldsymbol{\alpha}_q)=(\boldsymbol{\beta}_1,\boldsymbol{\beta}_2,\cdots,\boldsymbol{\beta}_q)\otimes\left(1,\mathrm{e}^{-\mathrm{j}\frac{2\pi c}{\lambda_0}\tau},\mathrm{e}^{-\mathrm{j}\frac{2\pi c}{\lambda_0}2\tau},\cdots,\mathrm{e}^{-\mathrm{j}\frac{2\pi c}{\lambda_0}(N-1)\tau}\right)^{\mathrm{T}}\\&=\boldsymbol{B}\otimes\left(1,\mathrm{e}^{-\mathrm{j}\frac{2\pi c}{\lambda_0}\tau},\mathrm{e}^{-\mathrm{j}\frac{2\pi c}{\lambda_0}2\tau},\cdots,\mathrm{e}^{-\mathrm{j}\frac{2\pi c}{\lambda_0}(N-1)\tau}\right)^{\mathrm{T}}\end{aligned}$$

习　题

1. 设 $f(x)$是多项式,$\boldsymbol{A}$ 是 n 阶方阵,$\boldsymbol{I}_m$ 为单位阵,证明:

(1) $f(\boldsymbol{I}_m\otimes\boldsymbol{A})=\boldsymbol{I}_m\otimes f(\boldsymbol{A})$;

(2) $f(\boldsymbol{A}\otimes\boldsymbol{I}_m)=f(\boldsymbol{A})\otimes\boldsymbol{I}_m$。

2. 若 $\boldsymbol{A}\otimes\boldsymbol{B}=\boldsymbol{0}$,则 $\boldsymbol{A}=\boldsymbol{0}$ 或 $\boldsymbol{B}=\boldsymbol{0}$。

3. 证明 $(\boldsymbol{A}\otimes\boldsymbol{B})^{+}=\boldsymbol{A}^{+}\otimes\boldsymbol{B}^{+}$。

4. 设 $\boldsymbol{A}\in\mathbb{C}^{m\times m},\boldsymbol{B}\in\mathbb{C}^{n\times n}$,证明:

(1) $(\boldsymbol{A}\otimes\boldsymbol{B})^3=\boldsymbol{A}^3\otimes\boldsymbol{B}^3$,且 $\mathrm{tr}(\boldsymbol{A}\otimes\boldsymbol{B})^3=\mathrm{tr}(\boldsymbol{A}^3)\cdot\mathrm{tr}(\boldsymbol{B}^3)$;

(2) 若 $\boldsymbol{A}$ 和 $\boldsymbol{B}$ 都是 Hermite 阵,则 $\boldsymbol{A}\otimes\boldsymbol{B}$ 也是 Hermite 阵;

(3) 设 $\boldsymbol{A}$ 和 $\boldsymbol{B}$ 都是正交阵,则 $\boldsymbol{A}\otimes\boldsymbol{B}$ 也是正交阵;

(4) 若 $\boldsymbol{A}$ 和 $\boldsymbol{B}$ 均为正规矩阵,则 $\boldsymbol{A}\otimes\boldsymbol{B}$ 为正规矩阵。

5. 设 $\boldsymbol{A}^2=\boldsymbol{A},\boldsymbol{B}^2=\boldsymbol{B}$,证明:$(\boldsymbol{A}\otimes\boldsymbol{B})^2=\boldsymbol{A}\otimes\boldsymbol{B}$。

6. (1) 证明分块公式:$\begin{pmatrix}\boldsymbol{A}_1&\boldsymbol{A}_2\\\boldsymbol{A}_3&\boldsymbol{A}_4\end{pmatrix}\otimes\boldsymbol{B}=\begin{pmatrix}\boldsymbol{A}_1\otimes\boldsymbol{B}&\boldsymbol{A}_2\otimes\boldsymbol{B}\\\boldsymbol{A}_3\otimes\boldsymbol{B}&\boldsymbol{A}_4\otimes\boldsymbol{B}\end{pmatrix}$

(2) 举例说明 $\boldsymbol{B}\otimes\begin{pmatrix}\boldsymbol{A}_1\\\boldsymbol{A}_2\end{pmatrix}\neq\begin{pmatrix}\boldsymbol{B}\otimes\boldsymbol{A}_1\\\boldsymbol{B}\otimes\boldsymbol{A}_2\end{pmatrix}$,$\boldsymbol{B}\otimes(\boldsymbol{A}_1,\boldsymbol{A}_2)\neq(\boldsymbol{B}\otimes\boldsymbol{A}_1,\boldsymbol{B}\otimes\boldsymbol{A}_2)$。

7. 设列向量 $\boldsymbol{x}\in\mathbb{C}^m$, $\boldsymbol{y}\in\mathbb{C}^n$ 证明：

(1) $\|\boldsymbol{x}\otimes\boldsymbol{y}\|_2=\|\boldsymbol{x}\|_2\|\boldsymbol{y}\|_2$；

(2) 若 $\|\boldsymbol{x}\|_2=\|\boldsymbol{y}\|_2=1$，则 $\|\boldsymbol{x}\otimes\boldsymbol{y}\|_2=1$；

(3) $\boldsymbol{x}\boldsymbol{y}^{\mathrm{T}}=\boldsymbol{x}\otimes\boldsymbol{y}^{\mathrm{T}}=\boldsymbol{y}^{\mathrm{T}}\otimes\boldsymbol{x}$；

(4) $\overrightarrow{\boldsymbol{x}\boldsymbol{y}^{\mathrm{T}}}=\overrightarrow{\boldsymbol{x}\otimes\boldsymbol{y}^{\mathrm{T}}}=\boldsymbol{x}\otimes\boldsymbol{y}$。

8. 设 $\boldsymbol{A}\in\mathbb{C}^{m\times m}$, $\boldsymbol{B}\in\mathbb{C}^{n\times n}$, $\boldsymbol{F}\in\mathbb{C}^{m\times n}$，若 $\boldsymbol{A}$ 和 $\boldsymbol{B}$ 没有公共特征值，则 $\begin{pmatrix}\boldsymbol{B} & \boldsymbol{0}\\ \boldsymbol{F} & \boldsymbol{A}\end{pmatrix}$ 相似于 $\begin{pmatrix}\boldsymbol{B} & \boldsymbol{0}\\ \boldsymbol{0} & \boldsymbol{A}\end{pmatrix}$。

9. 设 $\boldsymbol{A}\in\mathbb{C}^{n\times n}$ 的特征值为 $\lambda_1,\lambda_2,\cdots\lambda_n$，求 $\boldsymbol{A}\otimes\boldsymbol{B}$ 的特征值，其中

$$\boldsymbol{B}=\begin{pmatrix}1 & 1 & \cdots & 1\\ 1 & 1 & \cdots & 1\\ \vdots & \vdots & & \vdots\\ 1 & 1 & \cdots & 1\end{pmatrix}\in\mathbb{C}^{p\times p}。$$

10. 若 $\boldsymbol{A}$ 和 $\boldsymbol{B}$ 是可对角化矩阵，证明：$A\otimes B$ 是可对角化矩阵。

11. 求解矩阵方程 $\boldsymbol{AX}+\boldsymbol{XB}=\boldsymbol{C}$，其中

(1) $\boldsymbol{A}=\begin{pmatrix}1 & -1\\ 0 & 2\end{pmatrix}$, $\boldsymbol{B}=\begin{pmatrix}-3 & 4\\ 1 & 0\end{pmatrix}$, $\boldsymbol{C}=\begin{pmatrix}1 & 3\\ -2 & 2\end{pmatrix}$；

(2) $\boldsymbol{A}=\begin{pmatrix}1 & -1\\ 0 & 2\end{pmatrix}$, $\boldsymbol{B}=\begin{pmatrix}-3 & 4\\ 0 & -1\end{pmatrix}$, $\boldsymbol{C}=\begin{pmatrix}0 & 5\\ 2 & -9\end{pmatrix}$。

12. 设 $\boldsymbol{A}=\begin{pmatrix}1 & 1\\ 0 & 1\end{pmatrix}$, $\boldsymbol{B}=\begin{pmatrix}3 & -2\\ 1 & 0\end{pmatrix}$, $\boldsymbol{C}=\begin{pmatrix}-2 & 4\\ -3 & 3\end{pmatrix}$，求解方程 $\boldsymbol{AX}-\boldsymbol{XB}=\boldsymbol{C}$。

13. 设 $\boldsymbol{A}=(\boldsymbol{x}_1,\boldsymbol{x}_2,\cdots,\boldsymbol{x}_p)\in\mathbb{C}^{m\times p}$, $\boldsymbol{B}=(\boldsymbol{y}_1,\boldsymbol{y}_2,\cdots,\boldsymbol{y}_q)\in\mathbb{C}^{n\times q}$

(1) 证明：$\boldsymbol{A}\otimes\boldsymbol{B}=(\boldsymbol{x}_1\otimes\boldsymbol{y}_1,\boldsymbol{x}_1\otimes\boldsymbol{y}_2,\cdots,\boldsymbol{x}_1\otimes\boldsymbol{y}_q,\cdots,\boldsymbol{x}_p\otimes\boldsymbol{y}_1,\boldsymbol{x}_p\otimes\boldsymbol{y}_2,\cdots,\boldsymbol{x}_p\otimes\boldsymbol{y}_q)$；

(2) 设 $\boldsymbol{x}_1,\boldsymbol{x}_2,\cdots,\boldsymbol{x}_p\in\mathbb{C}^m$ 是 p 个线性无关的向量，$\boldsymbol{y}_1,\boldsymbol{y}_2,\cdots,\boldsymbol{y}_q\in\mathbb{C}^n$ 是 q 个线性无关的向量，证明 pq 个向量 $\boldsymbol{x}_r\otimes\boldsymbol{y}_s$ $(r=1,2,\cdots,p;s=1,2,\cdots,q)$ 线性无关。

(3) 设 $\boldsymbol{A}\in\mathbb{C}^{n\times n}$ 有 n 个线性无关的特征向量为 $\boldsymbol{x}_1,\boldsymbol{x}_2,\cdots,\boldsymbol{x}_n$，证明 $\boldsymbol{A}\otimes\boldsymbol{A}$ 有 n^2 个线性无关的特征向量。

14. 设 $\boldsymbol{A}\in\mathbb{C}^{m\times m}$, $\boldsymbol{B}\in\mathbb{C}^{n\times n}$, $\boldsymbol{F}\in\mathbb{C}^{m\times n}$, $\boldsymbol{A}$ 与 $\boldsymbol{B}$ 的特征值全为实数，证明：矩阵方程 $\boldsymbol{X}+\boldsymbol{AXB}+\boldsymbol{A}^2\boldsymbol{XB}^2=\boldsymbol{F}$ 有唯一解。

15. 设 $\boldsymbol{A}=(a_{ij})_{m\times m}$, $\boldsymbol{B}=(b_{ij})_{n\times n}$，证明 $\mathrm{e}^{(\boldsymbol{A}\otimes\boldsymbol{I}_n+\boldsymbol{I}_m\otimes\boldsymbol{B})}=\mathrm{e}^{\boldsymbol{A}}\otimes\mathrm{e}^{\boldsymbol{B}}$。

16. 求解微分方程 $\dfrac{\mathrm{d}\boldsymbol{X}}{\mathrm{d}t}=\boldsymbol{AX}+\boldsymbol{XB}$, $\boldsymbol{X}(0)=\boldsymbol{C}$，其中

(1) $\boldsymbol{A}=\begin{pmatrix}1 & 1\\ 0 & 0\end{pmatrix}$, $\boldsymbol{B}=\begin{pmatrix}1 & -1\\ 0 & 0\end{pmatrix}$, $\boldsymbol{C}=\begin{pmatrix}1 & 0\\ 0 & 1\end{pmatrix}$；

(2) $\boldsymbol{A}=\begin{pmatrix}1 & -1\\ 0 & 2\end{pmatrix}$, $\boldsymbol{B}=\begin{pmatrix}1 & 0\\ 0 & -1\end{pmatrix}$, $\boldsymbol{C}=\begin{pmatrix}1 & 0\\ 1 & 1\end{pmatrix}$。

17. 若 $\boldsymbol{A}$ 和 $\boldsymbol{B}$ 的特征值都具有负实部，则 $\boldsymbol{AY}+\boldsymbol{YB}=\boldsymbol{C}$ 有唯一解，且 $\boldsymbol{Y}=-\int_0^{\infty}\mathrm{e}^{\boldsymbol{A}t}\boldsymbol{C}\mathrm{e}^{\boldsymbol{B}t}\mathrm{d}t$。

提示：若 $\boldsymbol{A}$ 的特征值 λ 都具有负实部，可推出 $\lim\limits_{t\to+\infty} \mathrm{e}^{\boldsymbol{A}t}=0$。例如 λ 为 $\boldsymbol{A}$ 极小式的 p 重根，令 $f(x)=\mathrm{e}^{tx}$，则 $f(\boldsymbol{A})=\mathrm{e}^{t\boldsymbol{A}}$ 的有限型公式中含有 λ 的项，可写成

$$f(\lambda)\boldsymbol{G}_1+f'(\lambda)\boldsymbol{G}_2+\cdots f^{(p-1)}(\lambda)\boldsymbol{G}_p$$

因为 $\lim\limits_{t\to+\infty} f^{(k)}(\lambda)=\lim\limits_{t\to+\infty} t^k\mathrm{e}^{t\lambda}=0$ 可知

$$\lim_{t\to+\infty}[f(\lambda)\boldsymbol{G}_1+f'(\lambda)\boldsymbol{G}_2+\cdots f^{(p-1)}(\lambda)\boldsymbol{G}_p]=0，从而 \lim_{t\to+\infty}\mathrm{e}^{t\boldsymbol{A}}=0$$

同样有 $\lim\limits_{t\to+\infty}\mathrm{e}^{t\boldsymbol{B}}=0$，故 $\lim\limits_{t\to+\infty}\mathrm{e}^{\boldsymbol{A}t}C\mathrm{e}^{\boldsymbol{B}t}=0$

另外可知 $\boldsymbol{X}=\mathrm{e}^{\boldsymbol{A}t}\boldsymbol{C}\mathrm{e}^{\boldsymbol{B}t}$ 为 $\dfrac{\mathrm{d}\boldsymbol{X}}{\mathrm{d}t}=\boldsymbol{AX}+\boldsymbol{XB}$ 的解；上式两边求积分并利用 $\boldsymbol{X}(+\infty)=\lim\limits_{t\to+\infty}\mathrm{e}^{\boldsymbol{A}t}\boldsymbol{C}\mathrm{e}^{\boldsymbol{B}t}=0$，可得

$$\boldsymbol{X}(\infty)-\boldsymbol{X}(0)=\boldsymbol{A}\int_0^{\infty}\boldsymbol{X}\mathrm{d}t+\left(\int_0^{\infty}\boldsymbol{X}\mathrm{d}t\right)\boldsymbol{B} \text{ 或 } \boldsymbol{A}\left(-\int_0^{\infty}\boldsymbol{X}\mathrm{d}t\right)+\left(-\int_0^{\infty}\boldsymbol{X}\mathrm{d}t\right)\boldsymbol{B}=\boldsymbol{C}$$

即 $\boldsymbol{Y}=-\int_0^{\infty}\boldsymbol{X}\mathrm{d}t=-\int_0^{\infty}\mathrm{e}^{\boldsymbol{A}t}\boldsymbol{C}\mathrm{e}^{\boldsymbol{B}t}\mathrm{d}t$ 是 $\boldsymbol{AY}+\boldsymbol{YB}=\boldsymbol{C}$ 的唯一解。

18. 若 $\boldsymbol{A}$ 的特征值具有负实部，则 $\boldsymbol{A}^{\mathrm{H}}\boldsymbol{Y}+\boldsymbol{YA}=-\boldsymbol{F}$ 有唯一解，即 $\boldsymbol{Y}=\int_0^{\infty}\mathrm{e}^{\boldsymbol{A}^{\mathrm{H}}t}\boldsymbol{F}\mathrm{e}^{\boldsymbol{A}t}\mathrm{d}t$，如果 $\boldsymbol{F}$ 是 Hermite 正定阵，则 $\boldsymbol{Y}$ 也是 Hermite 正定阵。

19. 设 $\boldsymbol{A}\in\mathbb{C}^{m\times m}$，$\boldsymbol{B}\in\mathbb{C}^{n\times n}$，$\boldsymbol{D}\in\mathbb{C}^{m\times n}$，$\rho(\boldsymbol{A})\cdot\rho(\boldsymbol{B})<1$，则方程 $\boldsymbol{X}=\boldsymbol{AXB}+\boldsymbol{D}$ 有唯一解，且 $\boldsymbol{X}=\sum\limits_{k=0}^{\infty}\boldsymbol{A}^k\boldsymbol{DB}^k$。

20. 若规定矩阵 $\boldsymbol{Y}=(y_{ij})$ 的模长为 $\|\boldsymbol{Y}\|=\sqrt{\sum|y_{ij}|^2}$，证明矩阵方程：$\boldsymbol{AYB}=\boldsymbol{D}$ 的最佳极小二乘解为 $\boldsymbol{Y}=\boldsymbol{A}^+\boldsymbol{DB}^+$。

第 7 章　特殊矩阵

本章主要介绍几类重要的矩阵，包括投影矩阵、*Fourier* 矩阵、*Toeplitz* 矩阵、非负矩阵，并且介绍了 *Toeplitz* 矩阵在阵列误差校正中的应用。

7.1　投影矩阵

7.1.1　投影算子与投影矩阵

设 L 和 M 都是$\mathbb{C}^n$的子空间，且 $L\oplus M=\mathbb{C}^n$。由第 1 章知，任意 $x\in\mathbb{C}^n$都可唯一分解为

$$\boldsymbol{x}=\boldsymbol{y}+z,\ \boldsymbol{y}\in L,\ z\in M$$

称 $\boldsymbol{y}$ 是 $\boldsymbol{x}$ 沿着 M 到 L 的投影。

定义 7.1-1　将任意 $\boldsymbol{x}\in\mathbb{C}^n$变为沿着 M 到 L 的投影，该变换称为沿着 M 到 L 的投影算子，记为 $P_{L,M}$，即

$$P_{L,M}\boldsymbol{x}=\boldsymbol{y}$$

由定义 7.1-1 知，投影算子 $P_{L,M}$将整个空间$\mathbb{C}^n$变到子空间 L。特别地，若 $\boldsymbol{x}\in L$，则 $P_{L,M}\boldsymbol{x}=\boldsymbol{x}$；若 $\boldsymbol{x}\in M$，则 $P_{L,M}\boldsymbol{x}=\boldsymbol{0}$。因此，$P_{L,M}$的值域为$R(P_{L,M})=L$，零空间为 $N(P_{L,M})=M$。容易证明，投影算子 $P_{L,M}$是一个线性算子，即对任意向量 $\boldsymbol{x}_1,\boldsymbol{x}_2\in\mathbb{C}^n$和任意复数$\lambda,\mu$，恒有

$$P_{L,M}(\lambda\boldsymbol{x}_1+\mu\boldsymbol{x}_2)=\lambda P_{L,M}\boldsymbol{x}_1+\mu P_{L,M}\boldsymbol{x}_2$$

根据线性代数的结果，当确定$\mathbb{C}^n$的一组基后，投影算子 $P_{L,M}$可由 n 阶矩阵表示。

定义 7.1-2　投影算子 $P_{L,M}$在$\mathbb{C}^n$的基 $\boldsymbol{e}_1,\boldsymbol{e}_2,\cdots,\boldsymbol{e}_n$ 下的矩阵称为投影矩阵。

为方便使用，投影矩阵记为 $\boldsymbol{P}_{L,M}$。

投影矩阵与幂等矩阵有着密切的关系。首先给出幂等矩阵的一个重要性质。

引理 7.1-1　设 $\boldsymbol{A}\in\mathbb{C}^{n\times n}$是幂等矩阵，则

$$N(\boldsymbol{A})=R(\boldsymbol{I}-\boldsymbol{A})$$

证明　因为 $\boldsymbol{A}^2=\boldsymbol{A}$，即

$$\boldsymbol{A}(\boldsymbol{I}-\boldsymbol{A})=\boldsymbol{0}$$

所以对任意 $\boldsymbol{x}\in R(\boldsymbol{I}-\boldsymbol{A})$，有

$$\boldsymbol{x}=(\boldsymbol{I}-\boldsymbol{A})\boldsymbol{y}\quad(\boldsymbol{y}\in\mathbb{C}^n)$$

从而 $\boldsymbol{Ax}=\mathbf{0}$，亦即

$$R(\boldsymbol{I}-\boldsymbol{A})\subset N(\boldsymbol{A})$$

下面证明 $\dim R(\boldsymbol{I}-\boldsymbol{A})=\dim N(\boldsymbol{A})$，由此即可得到

$$R(\boldsymbol{I}-\boldsymbol{A})=N(\boldsymbol{A})$$

从 $R(\boldsymbol{I}-\boldsymbol{A})\subset N(\boldsymbol{A})$ 可得

$$\dim R(\boldsymbol{I}-\boldsymbol{A})\leqslant \dim N(\boldsymbol{A})=n-\dim R(\boldsymbol{A})$$

即

$$\operatorname{rank}(\boldsymbol{I}-\boldsymbol{A})\leqslant n-\operatorname{rank}\boldsymbol{A} \tag{7-1}$$

又因为 $\boldsymbol{I}=\boldsymbol{A}+(\boldsymbol{I}-\boldsymbol{A})$，所以

$$n\leqslant \operatorname{rank}\boldsymbol{A}+\operatorname{rank}(\boldsymbol{I}-\boldsymbol{A})$$

结合式(7-1)得

$$\operatorname{rank}(\boldsymbol{I}-\boldsymbol{A})=n-\operatorname{rank}\boldsymbol{A}$$

故有

$$\dim R(\boldsymbol{I}-\boldsymbol{A})=n-\dim R(\boldsymbol{A})=\dim N(\boldsymbol{A})$$

证毕。

定理 7.1-1 矩阵 $\boldsymbol{P}$ 为投影矩阵的充要条件是 $\boldsymbol{P}$ 为幂等矩阵。

证明 设 $\boldsymbol{P}=\boldsymbol{P}_{L,M}$ 是投影矩阵，于是对任意 $\boldsymbol{x}\in\mathbb{C}^n$（$\boldsymbol{x}$ 有如 $\boldsymbol{x}=\boldsymbol{y}+\boldsymbol{z}$，$\boldsymbol{y}\in L$，$\boldsymbol{z}\in M$ 的分解），有

$$\boldsymbol{P}_{L,M}^2\boldsymbol{x}=\boldsymbol{P}_{L,M}(\boldsymbol{P}_{L,M}\boldsymbol{x})=\boldsymbol{P}_{L,M}\boldsymbol{y}=\boldsymbol{y}=\boldsymbol{P}_{L,M}\boldsymbol{x}$$

所以

$$\boldsymbol{P}^2=\boldsymbol{P}_{L,M}^2=\boldsymbol{P}_{L,M}=\boldsymbol{P}$$

反之，设 $\boldsymbol{P}$ 是幂等矩阵。由于 $R(\boldsymbol{P})$ 和 $N(\boldsymbol{P})$ 均是 $\mathbb{C}^n$ 的线性子空间，且对任意 $\boldsymbol{x}\in\mathbb{C}^n$，有

$$\boldsymbol{x}=\boldsymbol{x}+\boldsymbol{Px}-\boldsymbol{Px}=\boldsymbol{Px}+(\boldsymbol{I}-\boldsymbol{P})\boldsymbol{x}$$

其中 $\boldsymbol{Px}\in R(\boldsymbol{P})$，$(\boldsymbol{I}-\boldsymbol{P})\boldsymbol{x}\in N(\boldsymbol{P})$（由引理 7.1-1），因而

$$\mathbb{C}^n=R(\boldsymbol{P})+N(\boldsymbol{P})$$

下面证明 $R(\boldsymbol{P})+N(\boldsymbol{P})$ 是直和。

设 $z\in R(\boldsymbol{P})\cap N(\boldsymbol{P})$，即 $z\in R(\boldsymbol{P})$，$z\in N(\boldsymbol{P})=R(\boldsymbol{I}-\boldsymbol{P})$（由引理 7.1-1）。所以存在 $\boldsymbol{u},\boldsymbol{v}\in\mathbb{C}^n$，使得

$$z=\boldsymbol{Pu}=(\boldsymbol{I}-\boldsymbol{P})\boldsymbol{v}$$

从而

$$\boldsymbol{z}=\boldsymbol{Pu}=\boldsymbol{P}^2\boldsymbol{u}=\boldsymbol{P}(\boldsymbol{I}-\boldsymbol{P})\boldsymbol{v}=\mathbf{0}$$

即 $R(\boldsymbol{P})\cap N(\boldsymbol{P})=\{\mathbf{0}\}$，因此

$$\mathbb{C}^n=R(\boldsymbol{P})\oplus N(\boldsymbol{P})$$

由 $\boldsymbol{x}=\boldsymbol{x}+\boldsymbol{Px}-\boldsymbol{Px}=\boldsymbol{Px}+(\boldsymbol{I}-\boldsymbol{P})\boldsymbol{x}$ 可见，对任意 $\boldsymbol{x}\in\mathbb{C}^n$，$\boldsymbol{Px}$ 是 $\boldsymbol{x}$ 沿着 $N(\boldsymbol{P})$ 到 $R(\boldsymbol{P})$ 的投影，故而

$$\boldsymbol{P}=\boldsymbol{P}_{R(\boldsymbol{P}),N(\boldsymbol{P})}$$

证毕。

该定理表明，n 阶幂等矩阵和 n 阶投影矩阵是一一对应的。

投影矩阵 $\boldsymbol{P}_{L,M}$ 可按如下方法求得：

假定 $\dim L=r$，则 $\dim M=n-r$。在子空间 L 和 M 中分别取定基底，即

$$\boldsymbol{x}_1,\boldsymbol{x}_2,\cdots,\boldsymbol{x}_r;\quad \boldsymbol{y}_1,\boldsymbol{y}_2,\cdots,\boldsymbol{y}_{n-r}$$

这两组向量联合起来便构成 $\mathbb{C}^n$ 的基底。根据投影矩阵的性质，有

$$\begin{cases} P_{L,M}x_i = x_i (i=1,2,\cdots,r) \\ P_{L,M}y_j = 0 \ (j=1,2,\cdots,n-r) \end{cases} \tag{7-2}$$

做分块矩阵

$$X=(x_1,x_2,\cdots,x_r)$$
$$Y=(y_1,y_2,\cdots,y_{n-r})$$

从而式(7-2)等价于

$$P_{L,M}[X \mid Y]=[X \mid 0]$$

由于$[X|Y]$是n阶可逆矩阵，因此投影矩阵为

$$P_{L,M}=[X \mid 0][X \mid Y]^{-1}$$

后面将会看到，幂等矩阵在广义逆矩阵中所起的作用，在某种意义上相当于单位矩阵在通常的逆矩阵中所起的作用。

例 7.1-1　设L是由向量$\begin{pmatrix}1\\0\end{pmatrix}$张成的子空间，$M$是由向量$\begin{pmatrix}1\\-1\end{pmatrix}$张成的子空间，则由$P_{L,M}=(X \mid O)(X \mid Y)^{-1}$可求得，$\mathbb{R}^2$上沿着$M$到$L$的投影矩阵为

$$P_{L,M}=\begin{pmatrix}1&0\\0&0\end{pmatrix}\begin{pmatrix}1&1\\0&-1\end{pmatrix}^{-1}=\begin{pmatrix}1&0\\0&0\end{pmatrix}\begin{pmatrix}1&1\\0&-1\end{pmatrix}=\begin{pmatrix}1&1\\0&0\end{pmatrix}$$

7.1.2　正交投影算子与正交投影矩阵

投影算子的一个子类——正交投影算子，具有更为良好的性质。

定义 7.1-3　设L是$\mathbb{C}^n$的子空间，则称沿着$L^{\perp}$到L的投影算子$P_{L,L^{\perp}}$为正交投影算子，简记为P_L。正交投影算子在$\mathbb{C}^n$的基$e_1,e_2,\cdots,e_n$下的矩阵称为正交投影矩阵，记为P_L。

正交投影矩阵不仅是幂等矩阵，而且还是 Hermite 矩阵。

定理 7.1-2　矩阵P为正交投影矩阵的充要条件是P为幂等 Hermite 矩阵。

证明　若$P=P_L$是正交投影矩阵，由定理 6.1-1 的证明可知，它是幂等矩阵，将任意$x\in\mathbb{C}^n$分解为

$$x=y+z,\quad y\in L,\quad z\in L^{\perp}$$

则$P_L x=y\in L$，$(I-P_L)x=x-y=z\in L^{\perp}$，即$P_L x$正交于$(I-P_L)x$，也就是

$$x^H P_L^H (I-P_L) x=0$$

由x的任意性得

$$P_L^H (I-P_L)=0$$

因此$P_L^H=P_L^H P_L$，从而

$$P^H=P_L^H=P_L^H P_L=(P_L^H P_L)^H=P_L=P$$

可见P是幂等 Hermite 矩阵。

反之，设P是幂等 Hermite 矩阵，由定理 6.1-1 得

$$P=P_{R(P),N(P)}=P_{R(P),N(P^H)}=P_{R(P),R^{\perp}(P)}=P_{R(P)}$$

证毕。

该定理表明，n阶幂等 Hermite 矩阵与n阶正交投影矩阵是一一对应的。

已知子空间L的基后，正交投影矩阵可按如下方法求得：

设 $\dim L=r$，则 $\dim L^{\perp}=n-r$。取 L 的基为 $\boldsymbol{x}_1,\boldsymbol{x}_2,\cdots,\boldsymbol{x}_r$，又设 $L^{\perp}$ 的基为 $\boldsymbol{y}_1,\boldsymbol{y}_2,\cdots,\boldsymbol{y}_{n-r}$ 并将其作为分块矩阵，即

$$\boldsymbol{X}=(\boldsymbol{x}_1,\boldsymbol{x}_2,\cdots,\boldsymbol{x}_r),\quad \boldsymbol{Y}=(\boldsymbol{y}_1,\boldsymbol{y}_2,\cdots,\boldsymbol{y}_{n-r})$$

显然 $\boldsymbol{X}^{\mathrm{H}}\boldsymbol{Y}=\boldsymbol{O}$。由 $\boldsymbol{P}_{L,M}=(\boldsymbol{X}\ \vdots\ \boldsymbol{0})(\boldsymbol{X}\ \vdots\ \boldsymbol{Y})^{-1}$ 得

$$\begin{aligned}\boldsymbol{P}_L &=(\boldsymbol{X}\ \vdots\ \boldsymbol{0})(\boldsymbol{X}\ \vdots\ \boldsymbol{Y})^{-1}\\ &=(\boldsymbol{X}\ \vdots\ \boldsymbol{0})(\boldsymbol{X}\ \vdots\ \boldsymbol{Y})^{\mathrm{H}}\ (\boldsymbol{X}\ \vdots\ \boldsymbol{Y})^{-1}(\boldsymbol{X}\ \vdots\ \boldsymbol{Y})^{\mathrm{H}}\\ &=(\boldsymbol{X}\ \vdots\ \boldsymbol{0})\begin{pmatrix}\boldsymbol{X}^{\mathrm{H}}\boldsymbol{X} & \boldsymbol{0}\\ \boldsymbol{0} & \boldsymbol{Y}^{\mathrm{H}}\boldsymbol{Y}\end{pmatrix}^{-1}\begin{pmatrix}\boldsymbol{X}^{\mathrm{H}}\\ \boldsymbol{Y}^{\mathrm{H}}\end{pmatrix}\\ &=(\boldsymbol{X}\ \vdots\ \boldsymbol{0})\begin{pmatrix}(\boldsymbol{X}^{\mathrm{H}}\boldsymbol{X})^{-1} & \boldsymbol{0}\\ \boldsymbol{0} & (\boldsymbol{Y}^{\mathrm{H}}\boldsymbol{Y})^{-1}\end{pmatrix}\begin{pmatrix}\boldsymbol{X}^{\mathrm{H}}\\ \boldsymbol{Y}^{\mathrm{H}}\end{pmatrix}=\boldsymbol{X}(\boldsymbol{X}^{\mathrm{H}}\boldsymbol{X})^{-1}\boldsymbol{X}^{\mathrm{H}}\end{aligned}$$

例 7.1-2 在 $\mathbb{R}^3$ 中 L 是由向量 $\boldsymbol{\alpha}=(1,2,0)^{\mathrm{T}}$ 和 $\boldsymbol{\beta}=(0,1,1)^{\mathrm{T}}$ 张成的子空间，求正交投影矩阵 $\boldsymbol{P}_L$ 和向量 $\boldsymbol{x}=(1,2,3)^{\mathrm{T}}$ 沿 $L^{\perp}$ 到 L 的投影。

解 因为

$$\boldsymbol{X}=\begin{pmatrix}1&0\\2&1\\0&1\end{pmatrix},\quad \boldsymbol{X}^{\mathrm{H}}\boldsymbol{X}=\begin{pmatrix}5&2\\2&2\end{pmatrix},\quad (\boldsymbol{X}^{\mathrm{H}}\boldsymbol{X})^{-1}=\frac{1}{6}\begin{pmatrix}2&-2\\-2&5\end{pmatrix}$$

由 $\boldsymbol{P}_L=\boldsymbol{X}(\boldsymbol{X}^{\mathrm{H}}\boldsymbol{X})^{-1}\boldsymbol{X}^{\mathrm{H}}$ 得

$$\boldsymbol{P}_L=\boldsymbol{X}(\boldsymbol{X}^{\mathrm{H}}\boldsymbol{X})^{-1}\boldsymbol{X}^{\mathrm{H}}=\frac{1}{6}\begin{pmatrix}2&2&-2\\2&5&1\\-2&1&5\end{pmatrix}$$

$\boldsymbol{x}$ 在 L 上的投影为

$$\boldsymbol{P}_L\boldsymbol{x}=\left(0,\frac{5}{2},\frac{5}{2}\right)^{\mathrm{T}}$$

7.2 Fourier 矩阵

Fourier 矩阵是一种特殊结构的 Vandermonde 矩阵，在信号处理、图像处理、生物医学和生物信息、模式识别、自动控制等中有着广泛的应用。离散时间信号 $x_0,x_1,\cdots,x_{N-1}$ 的 Fourier 变换称为信号的离散 Fourier 变换(DFT)或频谱，定义为

$$X_k=\sum_{n=0}^{N-1}x_n\mathrm{e}^{-\mathrm{j}2\pi nk/N}=\sum_{n=0}^{N-1}x_n w^{nk},k=0,1,\cdots,N-1 \tag{7-3}$$

写成矩阵形式，有

$$\begin{pmatrix}X_0\\X_1\\\vdots\\X_{N-1}\end{pmatrix}=\begin{pmatrix}1&1&\cdots&1\\1&w&\cdots&w^{N-1}\\\vdots&\vdots&\vdots&\vdots\\1&w^{N-1}&\cdots&w^{(N-1)(N-1)}\end{pmatrix}\begin{pmatrix}x_0\\x_1\\\vdots\\x_{N-1}\end{pmatrix} \tag{7-4}$$

或简记作

$$\hat{\boldsymbol{x}}=\boldsymbol{F}\boldsymbol{x} \tag{7-5}$$

式中，$\boldsymbol{x}=(x_0,x_1,\cdots,x_{N-1})^{\mathrm{T}}$ 和 $\hat{\boldsymbol{x}}=(X_0,X_1,\cdots,X_{N-1})^{\mathrm{T}}$ 分别是离散时间信号向量和频谱向量，而

$$\boldsymbol{F}=\begin{pmatrix} 1 & 1 & \cdots & 1 \\ 1 & w & \cdots & w^{N-1} \\ \vdots & \vdots & \vdots & \vdots \\ 1 & w^{N-1} & \cdots & w^{(N-1)(N-1)} \end{pmatrix}, \quad \boldsymbol{w}=\mathrm{e}^{-\mathrm{j}2\pi/N} \tag{7-6}$$

称为(原始)Fourier 矩阵，其(i,k)元素为 $F(i,k)=w^{(i-1)(k-1)}$。

显然，Fourier 矩阵的每一行和每一列的元素都分别组成各自的等比序列，是一种具有特殊结构的 $N\times N$ 维 Vandermonde 矩阵。

另由定义易知，Fourier 矩阵为对称矩阵，即 $\boldsymbol{F}^{\mathrm{T}}=\boldsymbol{F}$。

式(7-5)表明，一个离散时间信号向量的离散 Fourier 变换可以用矩阵 $\boldsymbol{F}$ 表示。这就是为什么称矩阵 $\boldsymbol{F}$ 为 Fourier 矩阵的缘故。

根据定义容易验证 $\boldsymbol{F}^{\mathrm{H}}\boldsymbol{F}=\boldsymbol{F}\boldsymbol{F}^{\mathrm{H}}=N\boldsymbol{I}$。注意到 Fourier 矩阵是一个 $N\times N$ 的特殊 Vandermonde 矩阵，它是非奇异的。于是，由 $\boldsymbol{F}^{\mathrm{H}}\boldsymbol{F}=N\boldsymbol{I}$ 知，Fourier 矩阵的逆矩阵为

$$\boldsymbol{F}^{-1}=\frac{1}{N}\boldsymbol{F}^{\mathrm{H}}=\frac{1}{N}\boldsymbol{F}^{*} \tag{7-7}$$

因此，由式(7-5)有

$$\boldsymbol{x}=\boldsymbol{F}^{-1}\hat{\boldsymbol{x}}=\frac{1}{N}\boldsymbol{F}^{*}\hat{\boldsymbol{x}} \tag{7-8}$$

或写作

$$\begin{pmatrix} x_0 \\ x_1 \\ \vdots \\ x_{N-1} \end{pmatrix}=\frac{1}{N}\begin{pmatrix} 1 & 1 & \cdots & 1 \\ 1 & w^{*} & \cdots & (w^{N-1})^{*} \\ \vdots & \vdots & \vdots & \vdots \\ 1 & (w^{N-1})^{*} & \cdots & (w^{(N-1)(N-1)})^{*} \end{pmatrix}\begin{pmatrix} X_0 \\ X_1 \\ \vdots \\ X_{N-1} \end{pmatrix} \tag{7-9}$$

即有

$$x_n=\frac{1}{N}\sum_{k=0}^{N-1}X_k\mathrm{e}^{\mathrm{j}2\pi nk/N}, \quad n=0,1,\cdots,N-1 \tag{7-10}$$

这恰好就是离散 Fourier 逆变换的公式。

根据定义易知，$n\times n$ 阶 Fourier 矩阵具有以下性质：

(1) Fourier 矩阵为对称矩阵，即 $\boldsymbol{F}^{\mathrm{T}}=\boldsymbol{F}$；

(2) Fourier 矩阵的逆矩阵 $\boldsymbol{F}^{-1}=\frac{1}{N}\boldsymbol{F}^{*}$；

(3) $\boldsymbol{F}^2=\boldsymbol{P}=[e_1,e_n,e_{n-1},\cdots,e_2]$(置换矩阵)，其中 e_k 是标准向量(仅第 k 个元素为 1，其他元素皆为 0 的向量)；

(4) $\boldsymbol{F}^4=\boldsymbol{I}$；

(5) 令$\sqrt{n}\boldsymbol{F}=\boldsymbol{C}+j\boldsymbol{S}$，则 $\boldsymbol{CS}=\boldsymbol{SC}$ 和 $\boldsymbol{C}^2+\boldsymbol{S}^2=\boldsymbol{I}$，且矩阵 $\boldsymbol{C}$ 和 $\boldsymbol{S}$ 的元素

$$C_{ij}=\cos\left(\frac{2\pi}{n}(\mathrm{i}-1)(\mathrm{i}-1)\right)$$

$$S_{ij}=\sin\left(\frac{2\pi}{n}(\mathrm{i}-1)(\mathrm{i}-1)\right)$$

式中，$i,j=1,2,\cdots n$。

无论利用式(7-5)计算离散 Fourier 变换，还是使用式(7-6)计算离散 Fourier 逆变换，都希望有快速算法。

7.3 Toeplitz 矩阵

20 世纪初，Toeplitz 正研究与 Laurent 级数有关的双线性函数的一篇论文中，提出了一种具有特殊结构的矩阵(其任何一条对角线的元素取相同值)，即

$$\mathbf{A}=\begin{pmatrix} a_0 & a_{-1} & a_{-2} & \cdots & a_{-n} \\ a_1 & a_0 & a_{-1} & \cdots & a_{-n+1} \\ a_2 & a_1 & a_0 & & \vdots \\ \vdots & \vdots & \vdots & & a_{-1} \\ a_n & a_{n-1} & \cdots & a_1 & a_0 \end{pmatrix}=[a_{i-j}]_{i,j=0}^{n} \tag{7-11}$$

这种形式取 $\mathbf{A}=[a_{i-j}]_{i,j=0}^{n}$ 的矩阵称为 Toeplitz 矩阵，显然，一个 $(n+1)\times(n+1)$ 的 Toeplitz 矩阵由其第一行元素 $a_0,a_{-1},\cdots,a_{-n}$ 和第一列元素 $a_0,a_1,\cdots,a_n$ 完全确定。

最常见的 Toeplitz 矩阵为对称 Toeplitz 矩阵 $\mathbf{A}=[a_{i-j}]_{i,j=0}^{n}$，其元素满足对称关系即 $a_{-i}=a_i,i=1,2,\cdots,n$。可见，对称 Toeplitz 矩阵仅由其第 1 行元素就可以完全描述。因此，常将 $(n+1)\times(n+1)$ 对称 Toeplitz 矩阵 $\mathbf{A}$ 简记作 $\mathbf{A}=\mathrm{Toep}[a_0,a_1,\cdots,a_n]$。

若一个复 Toeplitz 矩阵的元素满足复共轭对称关系($a_{-i}=a_i^*$)，即

$$\mathbf{A}=\begin{pmatrix} a_0 & a_1^* & a_2^* & \cdots & a_n^* \\ a_1 & a_0 & a_1^* & \cdots & a_{n-1}^* \\ a_2 & a_1 & a_0 & & \vdots \\ \vdots & \vdots & \vdots & & a_1^* \\ a_n & a_{n-1} & \cdots & a_1 & a_0 \end{pmatrix} \tag{7-12}$$

则称其为 Hermitian Toeplitz 矩阵。特别地，具有特殊结构

$$\mathbf{A}_S=\begin{pmatrix} 0 & -a_1^* & -a_2^* & \cdots & -a_n^* \\ a_1 & 0 & -a_1^* & \cdots & -a_{n-1}^* \\ a_2 & a_1 & 0 & & \vdots \\ \vdots & \vdots & \vdots & & -a_1^* \\ a_n & a_{n-1} & \cdots & a_1 & 0 \end{pmatrix} \tag{7-13}$$

的 $(n+1)\times(n+1)$ 维 Toeplitz 矩阵称为斜 Hermitian Toeplitz 矩阵；而

$$\mathbf{A}=\begin{pmatrix} a_0 & -a_1^* & -a_2^* & \cdots & -a_n^* \\ a_1 & a_0 & -a_1^* & \cdots & -a_{n-1}^* \\ a_2 & a_1 & a_0 & & \vdots \\ \vdots & \vdots & \vdots & & -a_1^* \\ a_n & a_{n-1} & \cdots & a_1 & a_0 \end{pmatrix} \tag{7-14}$$

称为斜 Hermitian 型 Toeplitz 矩阵。

以下定理给出了检验对称 Toeplitz 矩阵为半正定性的一种简单方法，它不需要计算任何主子式。

定理 7.3-1　令 $\boldsymbol{R}_p = r_{|i-j|}, i,j=0,\cdots,p$ 是一个对称 Toeplitz 矩阵。若 m 是满足 $\boldsymbol{R}_{m-1}$ 正定和 $\boldsymbol{D}_m=0$ 条件的最小正整数，则矩阵 $\boldsymbol{R}_p(p\geqslant m)$ 是半正定的，当且仅当系数 $\{r_i, i>m\}$ 服从递归方程

$$r_i = -\sum_{k=1}^{m} a_m(k) r_{i-k}, \quad i = m+1, m+2, \cdots, p \tag{7-15}$$

式中，$\{a_m(k)\}, 1\leqslant k\leqslant m$ 为 m 阶自回归(autoregressive)模型 AR(m)的系数。

Toeplitz 矩阵具有以下性质：

(1) Toeplitz 矩阵的线性组合仍然为 Toeplitz 矩阵；

(2) 若 Toeplitz 矩阵 $\boldsymbol{A}$ 的元素 $a_{ij}=a_{|i-j|}$，则 $\boldsymbol{A}$ 为对称 Toeplitz 矩阵；

(3) Toeplitz 矩阵 $\boldsymbol{A}$ 的转置 $\boldsymbol{A}^{\mathrm{T}}$ 仍然为 Toeplitz 矩阵；

(4) Toeplitz 矩阵的元素相对于交叉对角线对称。

在统计信号处理和其他的相关领域，经常需要求解线性方程组 $\boldsymbol{Ax}=\boldsymbol{b}$，其中，系数矩阵 $\boldsymbol{A}$ 为对称 Toeplitz 矩阵，这类方程称为 Toeplitz 线性方程组。

7.4　非负矩阵

有些矩阵的元素均为非负数，这类矩阵在经济数学、概率论以及系统稳定性分析等方面都有应用。本章简单讨论这类矩阵的一些性质。

7.4.1　非负矩阵的定义与性质

定义 7.4-1　设矩阵 $\boldsymbol{A}=(a_{ij})\in\mathbb{R}^{m\times n}$，若每个元 $a_{ij}\geqslant 0$，则称 $\boldsymbol{A}$ 为非负的(nonnegative)，记为 $\boldsymbol{A}\geqslant 0$。
如果每个元 $a_{ij}>0$，则称 $\boldsymbol{A}$ 为正的(positive)，记为 $\boldsymbol{A}>0$。

类似地，一个向量 $\boldsymbol{x}=(x_1,\cdots,x_n)^{\mathrm{T}}\in\mathbb{R}^n$，若每个元 $x_i\geqslant 0$，则称它为非负的(nonnegative)，记作 $\boldsymbol{x}\geqslant 0$；若每一 $x_i>0$，则称它为正的(positive)记作 $\boldsymbol{x}>0$。

注： 设 $\boldsymbol{A},\boldsymbol{B}\in\mathbb{R}^{m\times n}$，若 $\boldsymbol{A}-\boldsymbol{B}\geqslant 0$，则记为 $\boldsymbol{A}\geqslant\boldsymbol{B}$；若 $\boldsymbol{A}-\boldsymbol{B}>0$，则写 $\boldsymbol{A}>\boldsymbol{B}$。类似的可定义关系 $\boldsymbol{A}\leqslant\boldsymbol{B}$ 和 $\boldsymbol{A}<\boldsymbol{B}$。

定义 7.4-2　对 $\boldsymbol{A}=(a_{ij})_{m\times n}$，定义它的绝对矩阵为

$$|\boldsymbol{A}| \triangleq (|a_{ij}|)$$

注： 此处绝对矩阵为非负的 $|\boldsymbol{A}|\geqslant 0$；在此记号 $|\boldsymbol{A}|$ 不表示行列式 $\det\boldsymbol{A}$。

由定义可直接导出以下结论。

命题 7.4-1　设 $\boldsymbol{A}=(a_{ij})_{m\times n}$，$\boldsymbol{B}=(b_{ij})_{m\times n}$，有

(1) $|\boldsymbol{A}|=(|a_{ij}|)\geqslant 0$；$|\boldsymbol{A}|=0$ 当且仅当 $\boldsymbol{A}=\boldsymbol{0}$；

(2) $|k\boldsymbol{A}|=|k|\,|\boldsymbol{A}|, k\in\mathbb{C}$;

(3) $|\boldsymbol{A}+\boldsymbol{B}|\leqslant|\boldsymbol{A}|+|\boldsymbol{B}|$;

(4) 如果 $\boldsymbol{A}\geqslant 0$, $\boldsymbol{A}\neq\boldsymbol{0}$,则 $\boldsymbol{A}>0$ 不一定成立;

(5) 若 $\boldsymbol{A}\geqslant 0, \boldsymbol{B}\geqslant 0, a\geqslant 0, b\geqslant 0$ 则 $a\boldsymbol{A}+b\boldsymbol{B}\geqslant 0$;

(6) $\boldsymbol{A}\geqslant\boldsymbol{B}, \boldsymbol{C}\geqslant\boldsymbol{D}$,则 $\boldsymbol{A}+\boldsymbol{C}\geqslant\boldsymbol{B}+\boldsymbol{D}$;

(7) $\boldsymbol{A}\geqslant\boldsymbol{B}, \boldsymbol{B}\geqslant\boldsymbol{C}$,则 $\boldsymbol{A}\geqslant\boldsymbol{C}$。

命题 7.4-2 设 $\boldsymbol{A},\boldsymbol{B},\boldsymbol{C},\boldsymbol{D}\in\mathbb{C}^{n\times n}, \boldsymbol{x},\boldsymbol{y}\in\mathbb{C}^n$,有

(1) $|\boldsymbol{A}\boldsymbol{x}|\leqslant|\boldsymbol{A}|\,|\boldsymbol{x}|$,且 $|\boldsymbol{A}\boldsymbol{B}|\leqslant|\boldsymbol{A}|\,|\boldsymbol{B}|$;

(2) $|\boldsymbol{A}^k|\leqslant|\boldsymbol{A}|^k, k=1,2,\cdots$;

(3) 若 $0\leqslant\boldsymbol{A}\leqslant\boldsymbol{B}, 0\leqslant\boldsymbol{C}\leqslant\boldsymbol{D}$,则 $0\leqslant\boldsymbol{A}\boldsymbol{C}\leqslant\boldsymbol{A}\boldsymbol{D}\leqslant\boldsymbol{B}\boldsymbol{D}$;

(4) 若 $0\leqslant\boldsymbol{A}\leqslant\boldsymbol{B}$,则 $0\leqslant\boldsymbol{A}^k\leqslant\boldsymbol{B}^k, k=1,2,\cdots$;

(5) 若 $\boldsymbol{A}>0$,则 $\boldsymbol{A}^k>0, k=1,2,\cdots$;

(6) 若 $|\boldsymbol{A}|\leqslant|\boldsymbol{B}|$,则范数 $\|\boldsymbol{A}\|_F\leqslant\|\boldsymbol{B}\|_F$, $\|\boldsymbol{A}\|_1\leqslant\|\boldsymbol{B}\|_1$;

(7) $\|\boldsymbol{A}\|_F=\|(|\boldsymbol{A}|)\|_F$, $\|\boldsymbol{A}\|_1=\|(|\boldsymbol{A}|)\|_1$, $\|\boldsymbol{A}\|_\infty=\|(|\boldsymbol{A}|)\|_\infty$;

(8) 若 $\boldsymbol{A}>0, \boldsymbol{x}\neq\boldsymbol{0}$ 且 $\boldsymbol{x}\geqslant 0$,则 $\boldsymbol{A}\boldsymbol{x}$ 为正,$\boldsymbol{A}\boldsymbol{x}>0$;

注:若 $\boldsymbol{x}>0, \boldsymbol{A}\geqslant 0$,且 $\boldsymbol{A}$ 的各行都不是 0,则也有 $\boldsymbol{A}\boldsymbol{x}>0$;

(9) 若 $\boldsymbol{A}\geqslant 0, \boldsymbol{x}>0$ 且 $\boldsymbol{A}\boldsymbol{x}=\boldsymbol{0}$,则 $\boldsymbol{A}=\boldsymbol{0}$;

(10) 若 $\boldsymbol{A}\geqslant\boldsymbol{B}, \boldsymbol{x}>0$ 且 $\boldsymbol{A}\boldsymbol{x}=\boldsymbol{B}\boldsymbol{x}$,则 $\boldsymbol{A}=\boldsymbol{B}$。

(证明从略)

定义 7.4-3 设 $\boldsymbol{A}=\boldsymbol{A}_{n\times n}$ 的全体特征值为 $\sigma(\boldsymbol{A})=\{\lambda_1,\lambda_2,\cdots,\lambda_n\}$($\boldsymbol{A}$ 的谱),令 $\rho(\boldsymbol{A})=\max\{|\lambda_1|,\cdots,|\lambda_n|\}$,称 $\rho(\boldsymbol{A})$ 为 $\boldsymbol{A}$ 的谱半径。

引理 7.4-1 设 $\boldsymbol{A}\in\mathbb{C}^{n\times n}$, $\|\boldsymbol{A}\|$ 是任一矩阵范数,则

(1) 谱半径不大于任何矩阵范数,即 $\rho(\boldsymbol{A})\leqslant\|\boldsymbol{A}\|$;

(2) $\rho(\boldsymbol{A})=\lim\limits_{k\to\infty}\|\boldsymbol{A}^k\|^{\frac{1}{k}}$。

特别 $\rho(\boldsymbol{A})\leqslant\|\boldsymbol{A}\|_\infty$(行范数),且 $\rho(\boldsymbol{A})\leqslant\|\boldsymbol{A}\|_1$ 或 $\rho(\boldsymbol{A})\leqslant\|\boldsymbol{A}^{\mathrm{T}}\|_\infty$。

(证明从略)

定理 7.4-1 设 $\boldsymbol{A},\boldsymbol{B}\in\mathbb{C}^{n\times n}$, $|\boldsymbol{A}|\leqslant\boldsymbol{B}$,则 $\rho(\boldsymbol{A})\leqslant\rho(|\boldsymbol{A}|)\leqslant\rho(\boldsymbol{B})$。

证明 令 $k=1,2,\cdots$,可知 $|\boldsymbol{A}^k|\leqslant|\boldsymbol{A}|^k\leqslant\boldsymbol{B}^k$,因此

$$\|\boldsymbol{A}^k\|_1\leqslant\|(|\boldsymbol{A}|^k)\|_1\leqslant\|\boldsymbol{B}^k\|_1$$

且

$$[\|\boldsymbol{A}^k\|_1]^{\frac{1}{k}}\leqslant[\|(|\boldsymbol{A}|^k)\|_1]^{\frac{1}{k}}\leqslant[\|\boldsymbol{B}^k\|_1]^{\frac{1}{k}}$$

令 $k\to\infty$ 利用定理 4.3-4 可得 $\rho(\boldsymbol{A})\leqslant\rho(|\boldsymbol{A}|)\leqslant\rho(\boldsymbol{B})$。

推论 1 $0\leqslant\boldsymbol{A}\leqslant\boldsymbol{B}$ 则 $\rho(\boldsymbol{A})\leqslant\rho(\boldsymbol{B})$。

推论 2 $\boldsymbol{A}=\boldsymbol{A}_{n\times n}\geqslant 0$,$\boldsymbol{D}$ 为 $\boldsymbol{A}$ 中任一主子阵,则 $\rho(\boldsymbol{A})\geqslant\rho(\boldsymbol{D})$,特别有,$\rho(\boldsymbol{A})\geqslant a_{jj}, j=1,\cdots,n$。

证明 把 $\boldsymbol{A}$ 中 $\boldsymbol{D}$ 以外的元素都写成 0,得到一个矩阵记为 $\boldsymbol{B}$,则

$$\boldsymbol{A}\geqslant\boldsymbol{B}\geqslant 0,\ \rho(\boldsymbol{A})\geqslant\rho(\boldsymbol{B})=\rho(\boldsymbol{D})$$

推论 3　$\boldsymbol{A}=\boldsymbol{A}_{n\times n}>0$，则 $\rho(\boldsymbol{A})>0$。

推论 4　若 $0\leqslant\boldsymbol{A}<\boldsymbol{B}$ 则 $\rho(\boldsymbol{A})<\rho(\boldsymbol{B})$。

（提示：可取 $b<1$ 使得 $0\leqslant\boldsymbol{A}<b\boldsymbol{B}$）。

引理 7.4－2　设 $\boldsymbol{A}=\boldsymbol{A}_{n\times n}\geqslant0$，若 $\boldsymbol{A}$ 的每个行和为常数 a，则

$$\rho(\boldsymbol{A})=a=\|\boldsymbol{A}\|_{\infty}\text{（行范数）}$$

若 $\boldsymbol{A}$ 的每个列和为常数 b，则 $\rho(\boldsymbol{A})=b=\|\boldsymbol{A}\|_1$（列范数）。

证明　由 $\boldsymbol{A}\boldsymbol{x}=(\|\boldsymbol{A}\|_{\infty})\boldsymbol{x}$，$\boldsymbol{x}=(1,\cdots,1)^{\mathrm{T}}$，可得 $\rho(\boldsymbol{A})=\|\boldsymbol{A}\|_{\infty}$。

定理 7.4－2（Frobenius）　设非负阵 $\boldsymbol{A}=(a_{ij})_{n\times n}\geqslant0$，令 $h=$（$\boldsymbol{A}$ 的最小行和），$l=$（$\boldsymbol{A}$ 的最小列和），则

(1) $h\leqslant\rho(\boldsymbol{A})\leqslant\|\boldsymbol{A}\|_{\infty}$（最大行和）；

(2) $l\leqslant\rho(\boldsymbol{A})\leqslant\|\boldsymbol{A}\|_1$（最大列和）。

证明　令 $h=$（$\boldsymbol{A}$ 的最小行和），可做一个矩阵 $\boldsymbol{B}=(b_{ij})_{n\times n}$，使得 $\boldsymbol{B}$ 的各行和等于 h，且 $\boldsymbol{A}\geqslant\boldsymbol{B}\geqslant0$，可知 $\rho(\boldsymbol{A})\geqslant\rho(\boldsymbol{B})=\|\boldsymbol{B}\|_{\infty}=h$。

利用 $\rho(\boldsymbol{A})=\rho(\boldsymbol{A}^{\mathrm{T}})$ 可得结论(2)。

推论 1　设 $\boldsymbol{A}=\boldsymbol{A}_{n\times n}$，$\boldsymbol{A}\geqslant0$ 且 $\boldsymbol{A}$ 的各行（或列）的和为正，则 $\rho(\boldsymbol{A})>0$，特别若 $\boldsymbol{A}>0$，则 $\rho(\boldsymbol{A})>0$。

注：因为不可约矩阵没有 0 行与 0 列，可知若 $\boldsymbol{A}=\boldsymbol{A}_{n\times n}$ 是不可约非负矩阵，则 $\rho(\boldsymbol{A})>0$。

可以证明，若 $\boldsymbol{A}>0$，且最小行和 $\boldsymbol{h}<\|\boldsymbol{A}\|_{\infty}$，则 $\boldsymbol{h}<\rho(\boldsymbol{A})<\|\boldsymbol{A}\|_{\infty}$。

另外，利用公式 $p(\boldsymbol{D}^{-1}\boldsymbol{A}\boldsymbol{D})=\rho(\boldsymbol{A})$ 可估计 $\rho(\boldsymbol{A})$。

选正数 $\boldsymbol{x}_1,\boldsymbol{x}_2,\cdots,\boldsymbol{x}_n$，令 $\boldsymbol{D}=\mathrm{diag}(\boldsymbol{x}_1,\boldsymbol{x}_2,\cdots,\boldsymbol{x}_n)>0$ 则有

$$\boldsymbol{D}^{-1}\boldsymbol{A}\boldsymbol{D}=(\boldsymbol{x}_i{}^{-1}\boldsymbol{a}_{ij}\boldsymbol{x}_j)$$

定理 7.4－3　设 $\boldsymbol{A}=(a_{ij})_{n\times n}\geqslant0$，任取正向量 $\boldsymbol{x}=(\boldsymbol{x}_1,\boldsymbol{x}_2,\cdots,\boldsymbol{x}_n)>0$，则

(1) $\min\limits_i\left(\dfrac{1}{x_i}\sum\limits_{j=1}^n a_{ij}\boldsymbol{x}_j\right)\leqslant\rho(\boldsymbol{A})\leqslant\max\limits_i\left(\dfrac{1}{\boldsymbol{x}_i}\sum\limits_{j=1}^n a_{ij}\boldsymbol{x}_j\right)$；

(2) $\min\limits_j\left(\boldsymbol{x}_j\sum\limits_{i=1}^n\dfrac{a_{ij}}{\boldsymbol{x}_i}\right)\leqslant\rho(\boldsymbol{A})\leqslant\max\limits_j\left(\boldsymbol{x}_j\sum\limits_{i=1}^n\dfrac{a_{ij}}{\boldsymbol{x}_i}\right)$；

(3) 若 $\boldsymbol{x}=(\boldsymbol{x}_1,\boldsymbol{x}_2,\cdots,\boldsymbol{x}_n)>0$ 且 $\boldsymbol{A}\boldsymbol{x}=\lambda_1\boldsymbol{x}$，则有 $\lambda_1=\rho(\boldsymbol{A})$。

证明　只须证(3)，由 $\boldsymbol{A}\boldsymbol{x}=\lambda_1\boldsymbol{x}$ 可知对任意 x_i，有

$$\lambda_1=\frac{1}{\boldsymbol{x}_i}\sum_{j=1}^n a_{ij}\boldsymbol{x}_j$$

从而

$$\lambda_1=\min_i\left(\frac{1}{\boldsymbol{x}_i}\sum_{j=1}^n a_{ij}\boldsymbol{x}_j\right)\leqslant\rho(\boldsymbol{A})\leqslant\max_i\left(\frac{1}{\boldsymbol{x}_i}\sum_{j=1}^n a_{ij}\boldsymbol{x}_j\right)=\lambda_1$$

由此可知，若非负阵 $\boldsymbol{A}=\boldsymbol{A}_{n\times n}$ 有正特征向量 $\boldsymbol{x}>0$，则它对应的特征值恰为谱半径 $\rho(\boldsymbol{A})$。

推论 2　设 $\boldsymbol{x}=(\boldsymbol{x}_1,\boldsymbol{x}_2,\cdots,\boldsymbol{x}_n)^{\mathrm{T}}>0$，$\boldsymbol{A}=(a_{ij})_{n\times n}\geqslant0$，

(1) 若 $a\geqslant0$，$b\geqslant0$ 使得 $a\boldsymbol{x}\leqslant\boldsymbol{A}\boldsymbol{x}\leqslant b\boldsymbol{x}$，则 $a\leqslant\rho(\boldsymbol{A})\leqslant b$；

(2) 若 $a\boldsymbol{x}<\boldsymbol{A}\boldsymbol{x}<b\boldsymbol{x}$，则 $a<\rho(\boldsymbol{A})<b$。

证明　令 $a'>a$，$b'<b$ 使 $a'\boldsymbol{x}<A\boldsymbol{x}<b'\boldsymbol{x}$ 即可证明(2)。

注：由(1)也可知，若 $\boldsymbol{A}\boldsymbol{x}=\lambda\boldsymbol{x}$，$\boldsymbol{x}>0$，$\boldsymbol{A}\geqslant0$ 则 $\lambda=\rho(\boldsymbol{A})$。

推论 3 设 $x=(x_1,x_2,\cdots,x_n)^T\geqslant 0, A=(a_{ij})_{n\times n}\geqslant 0$

(1) 若 $A>0$ 是正的，$Ax=\lambda x, x\geqslant 0, x\neq 0$，则必有 $x>0$，且 $\lambda=\rho(A)$。

(2) 设 $A\geqslant 0, A\neq 0$，A 有正特征向量 $x>0$，则 $\rho(A)>0$。

7.4.2 正矩阵与 Perron 定理

Perron 在 1907 年最早得到了：任何 n 阶正矩阵 A 的谱半径 $\rho(A)$ 必为它的一个特征值。对于正矩阵来说，非负矩阵理论显示出它有最简单的形式。

定理 7.4-4 设 $A=A_{n\times n}>0$，$Ax=\lambda x, x\neq 0$ 若 $|\lambda|=\rho(A)$ 则

(1) $|Ax|=A|x|=\rho(A)|x|$，且 $|x|=(|x_1|,\cdots,|x_2|)^T>0$；

(2) 存在实数 θ，使得 $x=e^{i\theta}|x|$ 且 $|x|>0$；

(3) 若特征值 $\lambda\neq\rho(A)$，则 $|\lambda|<\rho(A)$。

此定理也叫 Wieland 引理。

证明 (1) 由于 $\rho(A)|x|=|\lambda\|x|=|\lambda x|=|Ax|\leqslant|A\|x|=A|x|$

且

$$y\triangleq A|x|-\rho(A)|x|\geqslant 0$$

由 $A>0, |x|\neq 0$ 可知 $A|x|>0$。$A=A_{n\times n}>0$ 可知 $\rho(A)>0$

若 $y=0$ 则有 $A|x|=\rho(A)|x|$ 且 $|x|=\rho(A)^{-1}A|x|>0$。

若 $y\neq 0$ 且 $y\geqslant 0$ 则有 $Ay>0$，令 $v\triangleq A|x|>0$，可得

$$Av-\rho(A)v=Ay>0, Av>\rho(A)v>0$$

可得矛盾 $\rho(A)>\rho(A)$，故只有 $y=0$。

(2) 因为 $|Ax|=A|x|$，两边取绝对值便得

$$\left|\sum_{j=1}^{n}a_{ij}x_j\right|=\sum_{j=1}^{n}a_{ij}|x_j|\quad i=1,2,\cdots,n \tag{7-16}$$

这表明三角不等式中等式必须成立，则复数 $a_{ij}x_j$ 都在一条射线上必有相同的幅角 θ。又 $a_{ij}>0$，故式(7-16)表明各个 x_j 有相同的幅角 θ，即 $x_j=|x_j|e^{i\theta}(i=\sqrt{-1}), j=1,2,\cdots,n$，其中 θ 是不依赖于 j 的常数，因而 $x=e^{i\theta}|x|$。

(3) 若特征值 $\lambda\neq\rho(A)$，则 $|\lambda|\leqslant\rho(A)$。如果 $|\lambda|=\rho(A)$，且 $Ax=\lambda x, x\neq 0$。

由(2)可得

$$x=e^{i\theta}|x|, |x|>0$$

于是

$$A|x|=\lambda|x|$$

即 A 有正特征向量，由谱半径定义知 $\lambda=\rho(A)$，从而 $|\lambda|<\rho(A)$。

由此可知 $\rho(A)$ 有一个正特征向量 $|x|>0$，于是有下面推论。

推论 设 $A=A_{n\times n}>0$，则

(1) $\rho(A)$ 是 A 的特征值，且 $\rho(A)>0$；

(2) 存在正向量 $x>0$，且 $\|x\|_1=\sum x_j=1$ 使得 $Ax=\rho(A)x$。

注： 称适合条件(2)的正向量 x 为 A 的 Perron 向量，$\rho(A)$ 叫作 A 的 Perron 根。

定理 7.4-5 设 $A=A_{n\times n}>0$，则在 $B=\rho^{-1}(A)A$ 的 Jordan 形中，特征值 1 对应唯一的一阶 Jordan 块，从而 1 是 B 的单根。

推论 正矩阵 A 的特征值 $\rho(A)$ 是单根(根的重数等于 1)。

证明 令 $B=\rho^{-1}(A)A$，显然 $B>0$ 且 $\rho(B)=1$，所以 1 是 B 的特征值，且其他的特征值 λ

都$|\lambda|<1$。

由 Jordan 分解定理可写为

$$\boldsymbol{P}^{-1}\boldsymbol{BP}=\boldsymbol{J}$$

先证明特征值 1 对应的 Jordan 块是一阶的。

设 $\boldsymbol{y}=(\boldsymbol{y}_1,\cdots,\boldsymbol{y}_n)^{\mathrm{T}}>0,\boldsymbol{By}=\boldsymbol{y}$,对整数 $k>1$ 有 $\boldsymbol{B}^k\boldsymbol{y}=\boldsymbol{y}$

令
$$\boldsymbol{y}_s=\max_j(y_j)>0,\quad \boldsymbol{y}_t=\min_j(y_j)>0,\quad \boldsymbol{B}^k=(b_{ij}^{(k)})$$

则
$$\boldsymbol{y}_s\geqslant\boldsymbol{y}_i=\sum_{l=1}^{n}b_{il}^{(k)}\boldsymbol{y}_l\geqslant b_{ij}^{(k)}\boldsymbol{y}_j\geqslant b_{ij}^{(k)}\boldsymbol{y}_t$$

从而有
$$b_{ij}^{(k)}\leqslant\frac{\boldsymbol{y}_s}{\boldsymbol{y}_t},\quad 1\leqslant i,j\leqslant n$$

这证明了$\{\boldsymbol{B}^k\}$是有界的，故 $\boldsymbol{B}$ 的 Jordan 型中特征值 1 对应的 Jordan 块必定是一阶的。

假若 $\boldsymbol{B}$ 的 Jordan 型中有一个对应于特征值 1 的 Jordan 块的阶数大于 1,不妨设其为 2 阶的,则存在可逆矩阵 $\boldsymbol{P}$,使得

$$\boldsymbol{B}^k=\boldsymbol{P}\begin{pmatrix}1 & k & & & \\ & 1 & & & \\ & & \boldsymbol{J}_1^k(\lambda_1) & & \\ & & & \ddots & \\ & & & & \boldsymbol{J}_m^k(\lambda_m)\end{pmatrix}\boldsymbol{P}^{-1}$$

它对任何 $k>1$ 成立,这与 $\boldsymbol{B}^k$ 有界相矛盾。

下证特征值 1 对应于唯一的 Jordan 块,即只有一阶块 $\boldsymbol{J}(1)=(1)$。

因为特征值 1 对应 Jordan 块都是一阶的,可设 $\boldsymbol{B}$ 的 Jordan 型为

$$\boldsymbol{J}=\begin{pmatrix}\boldsymbol{I}_r & & & \\ & \boldsymbol{J}_1(\lambda_1) & & \\ & & \ddots & \\ & & & \boldsymbol{J}_l(\lambda_l)\end{pmatrix}$$

其中 $\boldsymbol{I}_r$ 为 r 阶单位矩阵,且$|\lambda_j|<1(j=1,\cdots,l)$,故

$$r=\dim N(\boldsymbol{B}-\boldsymbol{I})=\dim N(\boldsymbol{J}-\boldsymbol{I})\geqslant 1$$

令 $\boldsymbol{x}>0,\boldsymbol{Bx}=\boldsymbol{x}$ 则

$$(\boldsymbol{B}-\boldsymbol{I})\boldsymbol{x}=0,\boldsymbol{x}\in N(\boldsymbol{B}-\boldsymbol{I})$$

如果 $r>1$,必然还有另一向量 $\boldsymbol{y}$ 满足

$$\boldsymbol{By}=\boldsymbol{y},\boldsymbol{y}=(\boldsymbol{y}_1,\cdots,\boldsymbol{y}_n)^{\mathrm{T}}>0$$

并且 $\boldsymbol{x}$ 与 $\boldsymbol{y}$ 线性无关,令

$$b=\max_i\left(\frac{\boldsymbol{y}_i}{\boldsymbol{x}_i}\right)=\frac{\boldsymbol{y}_s}{\boldsymbol{x}_s}$$

则有 $\boldsymbol{bx}\geqslant\boldsymbol{y}$,且 $\boldsymbol{bx}-\boldsymbol{y}\neq 0,\boldsymbol{B}>0$,于是

$$\boldsymbol{B}(\boldsymbol{bx}-\boldsymbol{y})>0,\text{ 即 }\quad \boldsymbol{bx}-\boldsymbol{y}>0$$

写出上式的第 s 个分量,则有

$$b>\frac{y_s}{x_s}$$

这与 b 的定义相矛盾，故 $r=1$。

定理 7.4-6 设 $\boldsymbol{A}=\boldsymbol{A}_{n\times n}>0$，则存在极限 $\lim\limits_{k\to\infty}[\rho(\boldsymbol{A})^{-1}\boldsymbol{A}]^k=\boldsymbol{L}$，且 $\text{rank}\boldsymbol{L}=1$。

证明 令 $\boldsymbol{B}=\rho^{-1}(\boldsymbol{A})\boldsymbol{A}$，显然 $\boldsymbol{B}>0$ 且 $\rho(\boldsymbol{B})=1$，所以知 1 是 $\boldsymbol{B}$ 的特征值，其他特征值 λ 都 $|\lambda|<1$。由 Jordan 定理可得 $\boldsymbol{P}^{-1}\boldsymbol{BP}=\boldsymbol{J}$，由于特征值 1 对应的 Jordan 块是一阶的，可知 $\{B^k\}$ 一定收敛。由 Jordan 型可知 $\text{rank}\boldsymbol{L}=1$。

注： 可以证明 $\boldsymbol{L}^2=\boldsymbol{L}$。

配朗(Perron)1907 年给出了正矩阵的影谱(即矩阵的特征值与特征向量)的性质，即如下的 Perron 定理。

定理 7.4-7(Perron 定理) 设 $\boldsymbol{A}=\boldsymbol{A}_{n\times n}>0$，有以下结论：

(1) $\rho(\boldsymbol{A})>0$，且 $\rho(\boldsymbol{A})$ 是 $\boldsymbol{A}$ 的正特征值；

(2) 存在正特征向量 $\boldsymbol{x}>0$，使 $\boldsymbol{Ax}=\rho(\boldsymbol{A})\boldsymbol{x}$；

(3) $\rho(\boldsymbol{A})$ 是 $\boldsymbol{A}$ 的单特征值(特征多项式的单根)；

(4) 若特征值 $\lambda\neq\rho(\boldsymbol{A})$ 则 $|\lambda|<\rho(\boldsymbol{A})$($\rho(\boldsymbol{A})$ 是唯一的极大模特征值)；

(5) $\lim\limits_{k\to\infty}[\rho(\boldsymbol{A})^{-1}\boldsymbol{A}]^k=\boldsymbol{L}=\boldsymbol{xy}^{\mathrm{T}}>0$，其中 $\boldsymbol{x}>0,\boldsymbol{y}>0,\boldsymbol{x}^{\mathrm{T}}\boldsymbol{y}=1$，且 $\boldsymbol{Ax}=\rho(\boldsymbol{A})\boldsymbol{x},\boldsymbol{A}^{\mathrm{T}}\boldsymbol{y}=\rho(\boldsymbol{A})\boldsymbol{y}$。

证明 只须证(5)，令 $\boldsymbol{B}=\rho^{-1}(\boldsymbol{A})\boldsymbol{A}$，显然 $\boldsymbol{B}>0$ 且 $\rho(\boldsymbol{B})=1$，所以 1 是 $\boldsymbol{B}$ 的唯一极大模特征值，其他的特征值 λ 都 $|\lambda|<1$。

可取正向量 $\boldsymbol{x}>0,\boldsymbol{y}>0$，使

$$\boldsymbol{Bx}=\boldsymbol{x},\boldsymbol{B}^{\mathrm{T}}\boldsymbol{y}=\boldsymbol{y},\boldsymbol{x}^{\mathrm{T}}\boldsymbol{y}=\boldsymbol{y}^{\mathrm{T}}\boldsymbol{x}=1$$

令 $\boldsymbol{L}=\boldsymbol{xy}^{\mathrm{T}}$ 则

$$\boldsymbol{L}>0,\boldsymbol{L}^2=\boldsymbol{L}=\boldsymbol{L}^k,k=1,2,\cdots$$

且有

(1) $\boldsymbol{Lx}=\boldsymbol{x}=\boldsymbol{Bx},\boldsymbol{y}^{\mathrm{T}}\boldsymbol{L}=\boldsymbol{y}^{\mathrm{T}}=\boldsymbol{y}^{\mathrm{T}}\boldsymbol{B},\boldsymbol{BL}=\boldsymbol{L}=\boldsymbol{LB}$；

(2) $\boldsymbol{B}^k\boldsymbol{L}=\boldsymbol{L}=\boldsymbol{LB}^k,k=1,2,\cdots$；

(3) $\boldsymbol{L}(\boldsymbol{B}-\boldsymbol{L})=(\boldsymbol{B}-\boldsymbol{L})\boldsymbol{L}=\boldsymbol{0},(\boldsymbol{B}-\boldsymbol{L})^k=\boldsymbol{B}^k-\boldsymbol{L}$。

由于 $\boldsymbol{L}^2=\boldsymbol{L},\boldsymbol{Lx}=\boldsymbol{x},\text{rank}\,\boldsymbol{L}=1$ 可把 $\boldsymbol{x}$ 扩充为可逆阵 $\boldsymbol{P}=(\boldsymbol{x},\boldsymbol{x}_2,\cdots,\boldsymbol{x}_n)$ 使

$$\boldsymbol{P}^{-1}\boldsymbol{LP}=\begin{pmatrix}1 & \boldsymbol{0}\\ \boldsymbol{0} & \boldsymbol{0}\end{pmatrix}_{n\times n},\quad \boldsymbol{P}^{-1}\boldsymbol{BP}=\begin{pmatrix}1 & *\\ \boldsymbol{0} & \boldsymbol{B}_1\end{pmatrix}$$

其中，第二式成立是因为 $\boldsymbol{Bx}=\boldsymbol{x},\boldsymbol{P}^{-1}\boldsymbol{x}=(1,0,\cdots,0)^{\mathrm{T}}$。

由于特征值 1 是 $\boldsymbol{B}$ 的单根，其余特征值 λ 有 $|\lambda|<1$，于是谱半径 $\rho(\boldsymbol{B}_1)<1$。又因为

$$\boldsymbol{P}^{-1}(\boldsymbol{B}-\boldsymbol{L})\boldsymbol{P}=\begin{pmatrix}\boldsymbol{0} & *\\ \boldsymbol{0} & \boldsymbol{B}_1\end{pmatrix}$$

可得谱半径

$$\rho(\boldsymbol{B}-\boldsymbol{L})=\rho(\boldsymbol{B}_1)<1$$

故

$$\lim_{k\to\infty}(\boldsymbol{B}-\boldsymbol{L})^k=0$$

最后在 $(\boldsymbol{B}-\boldsymbol{L})^k=\boldsymbol{B}^k-\boldsymbol{L}$ 的两边求极限，可得

$$\lim_{k\to\infty}\boldsymbol{B}^k=\boldsymbol{L}$$

7.4.3　随机矩阵

定义 7.4-4　如果非负矩阵 $\boldsymbol{A}=\boldsymbol{A}_{n\times n}$ 的所有行和都是 1，则 $\boldsymbol{A}$ 称为一个(行)随机矩阵。若 $\boldsymbol{A}$ 与转置 $\boldsymbol{A}^{\mathrm{T}}$ 都是随机矩阵，则称 $\boldsymbol{A}$ 为双随机矩阵。

显然，双随机矩阵 $\boldsymbol{A}$ 的行和与列和都是 1，同理也可定义列随机矩阵。

例如在有限事件的纯马尔可夫链中，条件概率矩阵 $\boldsymbol{A}=(p_{ij})_{n\times n}$ 就是一个行随机矩阵。这里显然有

$$p_{ij}\geqslant 0,\ \sum_{j=1}^{n}p_{ij}=1,\ i,j=1,2,\cdots,n$$

又如，对于一个正交阵或酉矩阵 $\boldsymbol{V}=[v_{ij}]_{n\times n}$，令

$$\boldsymbol{A}=[|v_{ij}|^2]_{n\times n}$$

则 $\boldsymbol{A}$ 就是双随机矩阵。

随机矩阵有许多应用，它经常出现在数理经济学及运筹学的各种模型中。随机矩阵作为一类非负矩阵，具有前述非负矩阵的各种性质，这里只是考虑它的一些特殊的性质。

从定义得知，随机矩阵 $\boldsymbol{A}$ 有特征值 1，且与之对应的正特征向量为 $\boldsymbol{x}=(1,\cdots,1)^{\mathrm{T}}$。反之，若非负矩阵 $\boldsymbol{A}$ 有特征向量 $\boldsymbol{x}=(1,\cdots,1)^{\mathrm{T}}$ 且特征值为 1，则 $\boldsymbol{A}$ 是随机矩阵，于是有下述定理。

定理 7.4-9　非负矩阵 $\boldsymbol{A}=(a_{ij})_{n\times n}$ 是随机矩阵，当且仅当

$$\boldsymbol{Ax}=\boldsymbol{x},\text{其中 }\boldsymbol{x}=(1,\cdots,1)^{\mathrm{T}}\in\mathbb{R}^n$$

由 Perron 定理可知，1 是随机矩阵的极大模特征值，其他特征值的模都不大于 1。

定理 7.4-10　若非负矩阵 $\boldsymbol{A}=(a_{ij})_{n\times n}\neq\boldsymbol{0}$ 有正的特征向量

$$\boldsymbol{x}=(\boldsymbol{x}_1,\boldsymbol{x}_2,\cdots,\boldsymbol{x}_n)^{\mathrm{T}}>0,\quad \boldsymbol{Ax}=\lambda\boldsymbol{x}$$

则谱半径 $\rho(\boldsymbol{A})>0$，且 $\boldsymbol{A}$ 相似于某个随机矩阵 $\boldsymbol{B}$ 的正倍数 $(\rho(\boldsymbol{A})\boldsymbol{B})$，即

$$\boldsymbol{D}^{-1}\boldsymbol{AD}=\rho(\boldsymbol{A})\boldsymbol{B},\quad \boldsymbol{D}=\mathrm{diag}(\boldsymbol{x}_1,\cdots,\boldsymbol{x}_n)$$

由此可知 $(\boldsymbol{D}^{-1}\boldsymbol{AD})/\rho(\boldsymbol{A})$ 是随机矩阵。

这个结论可把具有正特征向量的非负矩阵转化为随机矩阵。

证明　因为 $\rho(\boldsymbol{A})>0$ 且 $\boldsymbol{Ax}=\rho(\boldsymbol{A})\boldsymbol{x}$，令

$$\boldsymbol{D}=\mathrm{diag}(\boldsymbol{x}_1,\cdots,\boldsymbol{x}_n),\ \boldsymbol{B}=(\boldsymbol{D}^{-1}\boldsymbol{AD})/\rho(\boldsymbol{A}),\ y=\boldsymbol{D}^{-1}\boldsymbol{x}$$

则

$$\boldsymbol{By}=\frac{\boldsymbol{D}^{-1}\boldsymbol{AD}(\boldsymbol{D}^{-1}\boldsymbol{x})}{\rho(\boldsymbol{A})}=\frac{\boldsymbol{D}^{-1}\boldsymbol{Ax}}{\rho(\boldsymbol{A})}=\frac{\boldsymbol{D}^{-1}p(\boldsymbol{A})\boldsymbol{x}}{\rho(\boldsymbol{A})}=\boldsymbol{D}^{-1}\boldsymbol{x}=\boldsymbol{y}$$

又可知 $\boldsymbol{y}=\boldsymbol{D}^{-1}\boldsymbol{x}=(1,\cdots,1)^{\mathrm{T}}$，且 $\boldsymbol{By}=\boldsymbol{y}$，可得 $\boldsymbol{B}$ 是随机矩阵，且有相似关系 $\boldsymbol{D}^{-1}\boldsymbol{AD}=\rho(\boldsymbol{A})\boldsymbol{B}$。

关于随机矩阵 $\boldsymbol{A}$ 的幂序列 $\{\boldsymbol{A}^m\}$ 的收敛性，直接引入如下结果。

定理 7.4-11　设 $\boldsymbol{A}$ 为不可约随机矩阵，令 $\boldsymbol{Ax}=\boldsymbol{x},\boldsymbol{A}^{\mathrm{T}}\boldsymbol{y}=\boldsymbol{y},\boldsymbol{L}=\boldsymbol{xy}^{\mathrm{T}}$，其中 $\boldsymbol{x}>0,\boldsymbol{y}>0,\boldsymbol{x}^{\mathrm{T}}\boldsymbol{y}=1$，则

(1) 存在极限 $\lim\limits_{m\to\infty}\dfrac{1}{m}(\boldsymbol{A}+\boldsymbol{A}^2+\cdots+\boldsymbol{A}^m)=\boldsymbol{L}=\boldsymbol{xy}^{\mathrm{T}}$；

(2) 若 $\boldsymbol{A}$ 为素的随机矩阵，则有极限 $\lim\limits_{m\to\infty}\boldsymbol{A}^m=\boldsymbol{L}=\boldsymbol{xy}^{\mathrm{T}}$。

7.5 Toeplitz 矩阵在阵列误差校正中的应用

在阵列信号处理领域，信号来向估计(direction of arrival，DOA)估计是一个重要的研究方向。实际环境中，由于非理想的硬件条件，使阵列天线存在通道幅度/相位的不一致性、阵元互耦、阵元位置等。对于典型的子空间类 DOA 估计方法如多重信号分类(multiple signal classification，MUSIC)算法，这些误差将导致阵列流形出现偏差，使得 DOA 估计性能下降。Toeplitz 处理是补偿阵列误差的方法之一，通过对协方差矩阵进行处理，使其恢复理想情况下的 Toeplitz 结构，达到抑制干扰的目的。本节首先介绍阵列信号模型，之后从协方差矩阵 Toeplitz 结构的角度分析阵列位置存在偏差时产生的影响，并利用 Toeplitz 预处理对位置误差进行补偿校正。

假设有 K 个窄带信号从远场入射到由 M 个阵元组成的均匀线性天线阵列，各天线各向同性且不受通道的不一致性、互耦等因素的影响，则 t 时刻阵列接收信号为

$$\boldsymbol{x}(t)=\boldsymbol{A}(\theta)\boldsymbol{s}(t)+\boldsymbol{n}(t)$$

式中，$\boldsymbol{s}(t)$为 $K\times 1$ 维信号矢量；$\boldsymbol{n}(t)$为 $M\times 1$ 维噪声矢量；$\boldsymbol{A}(\theta)=[\boldsymbol{a}(\theta_1),\boldsymbol{a}(\theta_2),\cdots,\boldsymbol{a}(\theta_K)]$为 $M\times K$ 维阵列流形矩阵，$\boldsymbol{a}(\theta_K)$为 $K\times 1$ 维导向矢量，其定义为

$$\boldsymbol{a}(\theta_k)=(\mathrm{e}^{\mathrm{j}\omega_0\tau_{1k}},\mathrm{e}^{\mathrm{j}\omega_0\tau_{2k}},\cdots,\mathrm{e}^{\mathrm{j}\omega_0\tau_{Mk}})^{\mathrm{T}}$$

式中，$\omega_0=2\pi c/\lambda$ 表示信号角频率，c 为光速，λ 为信号波长；τ_{mk} 表示第 k 个信号入射第 m 个阵元时相对于入射第 1 个阵元的时延，根据几何关系有

$$\tau_{mk}=\frac{d_m\cos\theta_k}{c}$$

式中，d_m 表示第 m 个阵元相对参考阵元的距离。对于均匀线阵，通常取阵元间距 $d=\lambda/2$，因此有 $d_m=(m-1)d=(m-1)\lambda/2$。

阵列接收信号协方差矩阵为

$$\boldsymbol{R}=E\{x(t)\,\boldsymbol{x}^{\mathrm{H}}(t)\}=\boldsymbol{A}\boldsymbol{R}_s\boldsymbol{A}^{\mathrm{H}}+\sigma^2\boldsymbol{I}$$

$$=\begin{pmatrix}\sum_{k=1}^{K}p_k & \sum_{k=1}^{K}p_k\mathrm{e}^{\mathrm{j}\omega_0(\tau_{1k}-\tau_{2k})} & \cdots & \sum_{k=1}^{K}p_k\mathrm{e}^{\mathrm{j}\omega_0(\tau_{1k}-\tau_{Mk})}\\ \sum_{k=1}^{K}p_k\mathrm{e}^{\mathrm{j}\omega_0(\tau_{2k}-\tau_{1k})} & \sum_{k=1}^{K}p_k & \cdots & \sum_{k=1}^{K}p_k\mathrm{e}^{\mathrm{j}\omega_0(\tau_{2k}-\tau_{Mk})}\\ \vdots & \vdots & & \vdots\\ \sum_{k=1}^{K}p_k\mathrm{e}^{\mathrm{j}\omega_0(\tau_{Mk}-\tau_{1k})} & \sum_{k=1}^{K}p_k\mathrm{e}^{\mathrm{j}\omega_0(\tau_{Mk}-\tau_{2k})} & \cdots & \sum_{k=1}^{K}p_k\end{pmatrix}+\sigma^2\boldsymbol{I}$$

式中，p_k 表示第 k 个信号的功率。协方差矩阵 $\boldsymbol{R}$ 的特性由波程时延差决定。波程时延差计算如下：

$$\Delta\tau_{ij}=\tau_{ik}-\tau_{jk}=\frac{1}{c}(d_i-d_j)\cos\theta_k$$

当理想情况下，阵元位置不存在偏差时，有 $d_i-d_j=(i-j)\lambda/2$，可得到 $\Delta\tau_{ij}=$

$\frac{(i-j)\cos\theta_k}{2\omega_0}$。此时协方差矩阵可以表示为

$$\boldsymbol{R}=\begin{pmatrix} \sum_{k=1}^{K}p_k & \sum_{k=1}^{K}p_k\mathrm{e}^{\mathrm{j}(-1)\frac{\cos\theta_k}{2}} & \sum_{k=1}^{K}p_k\mathrm{e}^{\mathrm{j}(-2)\frac{\cos\theta_k}{2}} & \cdots & \sum_{k=1}^{K}p_k\mathrm{e}^{\mathrm{j}(1-M)\frac{\cos\theta_k}{2}} \\ \sum_{k=1}^{K}p_k\mathrm{e}^{\mathrm{j}\frac{\cos\theta_k}{2}} & \sum_{k=1}^{K}p_k & \sum_{k=1}^{K}p_k\mathrm{e}^{\mathrm{j}(-1)\frac{\cos\theta_k}{2}} & \ddots & \vdots \\ \sum_{k=1}^{K}p_k\mathrm{e}^{\mathrm{j}2\frac{\cos\theta_k}{2}} & \sum_{k=1}^{K}p_k\mathrm{e}^{\mathrm{j}\frac{\cos\theta_k}{2}} & \sum_{k=1}^{K}p_k & \ddots & \sum_{k=1}^{K}p_k\mathrm{e}^{\mathrm{j}(-2)\frac{\cos\theta_k}{2}} \\ \vdots & \ddots & \ddots & \ddots & \sum_{k=1}^{K}p_k\mathrm{e}^{\mathrm{j}(-1)\frac{\cos\theta_k}{2}} \\ \sum_{k=1}^{K}p_k\mathrm{e}^{\mathrm{j}(M-1)\frac{\cos\theta_k}{2}} & \cdots & \sum_{k=1}^{K}p_k\mathrm{e}^{\mathrm{j}2\frac{\cos\theta_k}{2}} & \sum_{k=1}^{K}p_k\mathrm{e}^{\mathrm{j}\frac{\cos\theta_k}{2}} & \sum_{k=1}^{K}p_k \end{pmatrix}+\sigma^2\boldsymbol{I} \tag{7-17}$$

由式(7－17)可以看出，当不存在阵列位置误差时，协方差矩阵 $\boldsymbol{R}$ 对角线上的元素以及每一条平行于对角线的斜线上的元素均相等，即协方差矩阵 $\boldsymbol{R}$ 具有 Toeplitz 性质。

当存在位置误差，即 $d_m=(m-1)\lambda/2+\Delta_m$（$\Delta_m$ 表示第 m 个阵元位置的随机误差），则此时波程时延差 $\Delta\tau_{ij}$ 将增加一项与位置误差 Δ_i，Δ_j 以及信号入射角度 θ_k 有关的项。由于位置误差是随机的，协方差矩阵 $\boldsymbol{R}$ 的 Toeplitz 性质将被破坏，直接影响了子空间类 DOA 估计算法的性能。

由上述分析可知，阵列位置误差破坏了协方差矩阵 Toeplitz 的性质，因此恢复其 Toeplitz 结构能够在一定程度补偿位置误差造成的影响。以下介绍基于 Toeplitz 处理的阵列误差校正 MUSIC 算法。

首先，考虑到实际应用中接收数据的样本有限，一般近似取 $\boldsymbol{R}$ 的最大似然估计 $\hat{\boldsymbol{R}}$ 来表示其表达式为

$$\hat{\boldsymbol{R}}=\frac{1}{L}\sum_{l=1}^{L}\boldsymbol{x}(l)\,\boldsymbol{x}^{\mathrm{H}}(l)$$

式中，L 表示快拍数。

接下来对 $\hat{\boldsymbol{R}}$ 进行 Toeplitz 处理，传统的方法有 JTOP（对数据协方差矩阵的斜对角上的元素进行平均）、MTOP（对数据协方差矩阵的斜对角线上的元素的幅度进行平均，而元素的相位不变）和 PTOP（对数据协方差矩阵的斜对角线上的元素的相位进行平均，而元素的幅度不变）。这里考虑误差的表示形式，选择用 JTOP 方法进行处理。

由于协方差矩阵同时还具有 Hermitian 性质，只需要对其上三角元素进行处理即可。记恢复 Toeplitz 结构后的协方差矩阵为$\hat{\boldsymbol{R}}_{\mathrm{T}}$，则处理过程可以表示为

$$\hat{r}_{\mathrm{T}}(m)=\frac{1}{M-m+1}\sum_{i=1}^{M-m+1}\hat{r}_{i,i+m-1},m=1,\cdots,M$$

$$\hat{r}_{\mathrm{T}}(-m)=\hat{r}_{\mathrm{T}}(m)^*$$

式中，$(\cdot)^*$ 表示复共轭；$\hat{r}_{\mathrm{T}}(m)$表示平行于主对角线并且在主对角线上方的第 m 条斜对角线

上的元素值；$\hat{r}_{\mathrm{T}}(-m)$表示平行于主对角线并且在主对角线下方的第 m 条斜对角线上的元素值；$\hat{r}_{i,j}$表示 $\hat{\boldsymbol{R}}$ 的第 i 行、第 j 列的元素。

得到具有 Toeplitz 结构的协方差矩阵$\hat{\boldsymbol{R}}_{\mathrm{T}}$后，可以利用 MUSIC 算法进行谱估计。首先对$\hat{\boldsymbol{R}}_{\mathrm{T}}$进行特征分解，计算出 $M-K$ 个小特征值以及特征值对应的噪声子空间特征矢量矩阵$\hat{\boldsymbol{U}}_{\mathrm{N}}$，进而可以得到 MUSIC 算法的谱函数，即

$$P_{\mathrm{MUSIC}}=\frac{1}{\boldsymbol{a}^{\mathrm{H}}(\theta)\hat{\boldsymbol{U}}_{\mathrm{N}}\hat{\boldsymbol{U}}_{\mathrm{N}}^{\mathrm{H}}\boldsymbol{a}(\theta)} \tag{7-18}$$

理想情况下，由于阵列导向矢量和噪声子空间正交，式(7-18)中分母为0。但由于存在噪声，实际上分母只会取相应极小值，于是可以根据谱估计的峰值位置得到最终 DOA 估计结果。值得一提的是，上述 Toeplitz 处理依赖于阵元数量，由于阵元数量有限，因此该方法单独使用具有一定的局限性，常与特征值重构方法、低秩矩阵重构方法等其他校正补偿方法相结合。

针对以上理论分析，使用 MATLAB 构建相应阵列信号模型进行仿真。假设三个非相关远场窄带信号从 50°，75°，110°入射，接收阵列为均匀线阵，阵元数目为 16，阵元间距为半波长，快拍数为 128，信噪比为 5 dB。其中，阵元位置存在误差 Δ_m，并设误差服从均值为 0、方差为$\sigma_{\Delta}^2=0.05$的高斯分布。仿真未处理的 MUSIC 算法和采用了 Toeplitz 处理的 MUSIC 算法的 DOA 空间谱如图 7-1 所示。

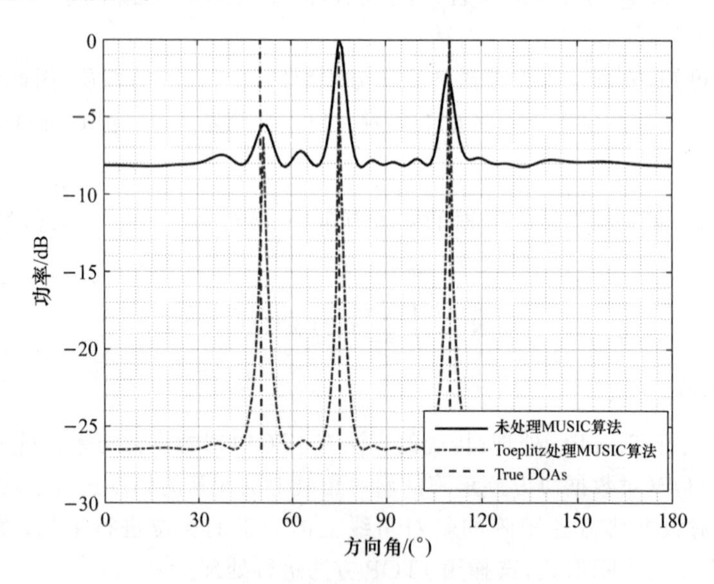

图 7-1 Toeplitz 处理前后 DOA 估计仿真结果

实验结果表明，当阵列位置存在误差，MUSIC 算法的峰值高度和峰值位置受到了影响，同时峰值不再尖锐，难以得到准确的 DOA 估计结果。经过 Toeplitz 处理后，峰值变得尖锐，谱峰位置误差得到了一定程度的校正，整体 DOA 估计性能有所提高。

习　题

1. 若 $\boldsymbol{A} \geqslant 0$ 且有一个 $\boldsymbol{A}^k > 0$，则 $\rho(\boldsymbol{A}) > 0$。
2. 设 $\boldsymbol{A} \geqslant 0, \boldsymbol{A} \neq \boldsymbol{0}$，若 $\boldsymbol{A}$ 有正特征向量，则 $\rho(\boldsymbol{A}) > 0$。

参考文献

[1] 张绍飞,赵迪.矩阵论教程[M].北京:机械工业出版社,2012.

[2] 张凯院,徐仲.矩阵论[M].西安:西北工业大学出版社,2017.

[3] 张贤达.矩阵论分析与应用[M].2版.北京:清华大学出版社,2013.

[4] 史荣昌.矩阵分析[M].3版.北京:北京理工大学出版社,2010.

[5] 陈祖明,周家胜.矩阵论引论[M].2版.北京:北京航空航天大学出版社,2012.

[6] 王松桂,杨振海.广义逆矩阵及其应用[M].北京:北京工业大学出版社,1996.

[8] 杨明,刘先忠.矩阵论[M].2版.武汉:华中科技大学出版社,2005.

[9] 罗家洪.矩阵论分析引论[M].广州:华南理工大学出版社,2006.

[10] 韩志涛.矩阵分析[M].2版.沈阳:东北大学出版社,2023.

[11] C. D. Meyer. Matrix analysis and applied linear algebra: study and solution guide [M]. Pennsylvania: Society for Industrial and Applied Mathematics, 2023.

[12] Toeplitz O. Zur Theorie der quadratischen und bilinearen Formen von unendlichvielen Ver?nderlichen. I Teil: Theorie der L-Formen[J], Math Annal, 1911, 70: 351～376.

[13] R. Bellman. Introduction to Matrix Analysis[M]. New York: McGraw-Hill, 1970.

[14] R. Horn and C. Johnson. Topics in Matrix Analysis[M]. New York: Cambridge University Press, 2005.

[15] Lütkepohl H. Handbook of Matrices[M]. New York: John Wiley & Sons, 1996.